郑阿奇 主编

高等院校程序设计规划教材

Oracle

教程（第2版）

U0293203

清华大学出版社

北京

内容简介

本书以当前流行的 Oracle 11g(中文版)为平台,主要介绍 Oracle 基础以及如何在流行平台上开发 Oracle 数据库应用系统。Oracle 基础部分首先介绍数据库基础,然后系统介绍 Oracle 11g 的主要功能。本书采用 DBCA 创建数据库、SQL Developer 界面操作工具和 SQL＊Plus 命令。实验和练习与教程紧密结合完成本书的部分实例,并给出思考和练习,基本上包含了 Oracle 11g 的主要内容。在上述基础上介绍如何在流行平台上开发 Oracle 数据库应用系统,流行平台包括 Visual Basic. NET、Visual C♯、ASP. NET、PHP 和 Java EE。综合应用实践数据准备不但简单总结了 Oracle 的主要命令,而且为后面的数据库应用开发打下了基础。不同平台操作同样的数据库,实现同样的功能,这给读者带来了极大的方便。

本书可作为大学本科、高职高专有关课程的教材,也可供广大数据库应用开发人员使用或参考。

本教程在清华大学出版社网站 http://www. tup. com. cn 免费提供教学课件、综合应用案例源文件和有关数据库。

图书在版编目(CIP)数据

Oracle 教程/郑阿奇主编 . —2 版 . —北京: 清华大学出版社,2018
(高等院校程序设计规划教材)
ISBN 978-7-302-49820-9

Ⅰ. ①O… Ⅱ. ①郑… Ⅲ. ①关系数据库系统－高等学校－教材 Ⅳ. ①TP311. 138

中国版本图书馆 CIP 数据核字(2018)第 037608 号

责任编辑:张瑞庆
封面设计:常雪影
责任校对:焦丽丽
责任印制:李红英

出版发行:清华大学出版社
　　　　网　　址:http://www. tup. com. cn, http://www. wqbook. com
　　　　地　　址:北京清华大学学研大厦 A 座　　　　　　邮　　编:100084
　　　　社 总 机:010-62770175　　　　　　　　　　　　邮　　购:010-62786544
　　　　投稿与读者服务:010-62776969, c-service@tup. tsinghua. edu. cn
　　　　质量反馈:010-62772015, zhiliang@tup. tsinghua. edu. cn
　　　　课件下载:http://www. tup. com. cn,010-62795954
印 装 者:北京密云胶印厂
经　　销:全国新华书店
开　　本:185mm×260mm　　　　印　　张:29.75　　　　字　　数:721 千字
版　　次:2012 年 1 月第 1 版　　2018 年 6 月第 2 版　　印　　次:2018 年 6 月第 1 次印刷
印　　数:1～1500
定　　价:69.00 元

产品编号:077481-01

前 言

racle 是目前最流行的关系型数据库管理系统之一,广泛应用于信息系统管理、企业数据处理、Internet 和电子商务网站等领域。

本书以当前流行的 Oracle 11g(中文版)为平台,首先第 1 章介绍数据库基础,然后第 2～13 章系统地介绍 Oracle 11g 的主要功能,包括:创建数据库,创建表,操作表记录,数据库的查询和视图,索引与数据完整性,PL/SQL 编程,存储过程和触发器,高级数据类型,备份与恢复,系统安全管理,事务、锁、闪回和 Undo 表空间,以及同义词、链接、快照和序列等内容。

本书采用 DBCA 创建数据库、SQL Developer 界面操作工具和 SQL * Plus 命令。界面操作和命令相结合,以命令操作为主。第 14 章实验和练习与教程紧密结合完成本书的部分实例,并且完成思考和练习,基本包含了 Oracle 11g 的主要内容。

在上述基础上介绍如何在流行平台上开发 Oracle 数据库应用系统,流行平台包括 Visual Basic. NET、Visual C♯、ASP. NET、PHP 和 Java EE。第 15 章综合应用实践数据准备不但简单总结了 Oracle 的主要命令,而且为后面数据库应用开发准备了基本条件,打下了良好基础。第 16～20 章不同平台操作同样的数据库,实现同样的功能,这给读者带来了极大的方便。每个平台都介绍了连接数据库的基本知识,操作 Oracle 数据库的主要方法,并且构成了一个小的应用系统。网上免费提供源代码和数据库下载,很容易让读者模仿和掌握如何开发 Oracle 数据库应用系统。

本书不仅适合作为高等学校的教材,也适合作为 Oracle 的各类培训用书,还可供用 Oracle 开发应用程序的用户学习和参考。

本教程免费提供教学课件、综合应用实习源文件和有关数据库,下载网址为 http://www.tup.com.cn。

本书由东南大学周怡君编写,南京师范大学郑阿奇主编。参加本套丛书编写的还有丁有和、顾韵华、陶卫冬、刘启芬、刘博宇、刘建、郑进、孙德荣、周何骏、周怡明、刘忠等。

由于作者水平有限,不当之处在所难免,恳请读者批评指正。

作者邮箱:easybooks@163.com。

编 者

2018 年 1 月

高等院校程序设计规划教材

目 录

CHAPTER 1 第1章

数据库的基本概念

Oracle 是甲骨文公司开发的数据库管理系统，在介绍 Oracle 数据库之前，首先介绍数据库的基本概念。

1.1 数据库

1.1.1 数据库、数据库管理系统和数据库系统

1. 数据库

数据库(DB)是存放数据的仓库，只不过这些数据存在一定的关联，并按一定的格式存放在计算机上。从广义上讲，数据不仅包含数字，还包括了文本、图像、音频、视频等。

例如，把一个学校的学生、课程、学生成绩等数据有序地组织并存放在计算机内，就可以构成一个数据库。因此，数据库是由一些持久的相互关联的数据的集合组成，并以一定的组织形式存放在计算机的存储介质中。数据库是事务处理、信息管理等应用系统的基础。

2. 数据库管理系统

数据库管理系统(DBMS)按一定的**数据模型**组织数据、管理数据库。数据库应用系统通过 DBMS 提供的接口操作数据库，数据库管理员(DBA)通过 DBMS 提供的界面管理、操作数据库。

数据、数据库、数据库管理系统与操作数据库的应用程序，加上支撑它们的硬件平台、软件平台和与数据库有关的人员一起构成了一个完整的数据库系统。图 1.1 描述了数据库系统的构成。

1.1.2 数据模型

数据模型是指数据库管理系统中数据的存储结构，数据库管理系统根据数据模型对数据进行存储和管理，常见的数据模型有层次模型、网状模型和关系模型。

1. 层次模型

层次模型是最早用于商品数据库管理系统的数据模型，它以树状层次结构组织数据。树状结构的每个节点表示一个记录类型，记录之间的联系是一对多的联系。位于树状结构顶部的节点称为根节点，层次模型有且仅有一个根节点。根节点以外的其他节点有且仅有

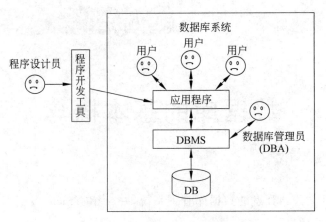

图 1.1 数据库系统的构成

一个父节点。图 1.2 为苏州大学按层次模型组织的数据示例。

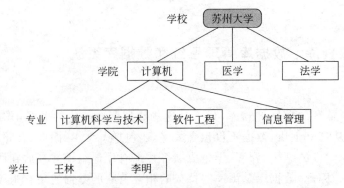

图 1.2 苏州大学按层次模型组织的数据示例

层次模型结构简单,容易实现,对于某些特定的应用系统效率很高,但如果需要动态访问数据(如增加或修改记录类型)时,效率并不高。另外,对于一些非层次性结构(如多对多联系),层次模型表达起来比较繁琐且不直观。

2. 网状模型

网状模型可以被看作层次模型的一种扩展。它采用网状结构组织数据,每个节点表示一个记录类型,记录之间的联系是一对多的联系。一个节点可以有一个或多个父节点和子节点,这样,数据库中的所有数据节点就构成了一个复杂的网络。图 1.3 为按网状模型组织的数据示例。

与层次模型相比,网状模型具有更大的灵活性,更直接地描述现实世界,性能和效率也较好。网状模型的缺点是结构复杂,用户不易掌握。

3. 关系模型

关系模型是目前应用最多、最为重要的一种数据模型。关系模型建立在严格的数学概念基础上,以二维表格(关系表)的形式组织数据库中的数据,二维表由行和列组成。从用户观点看,关系模型是由一组关系组成的,关系之间通过公共属性产生联系。每个关系的数据结构是一个规范化的二维表,所以一个关系数据库就是由若干个表组成的。图 1.4 为按关

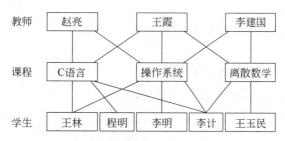

图 1.3 按网状模型组织的数据示例

系模型组织的数据示例。

在图 1.4 所示的关系模型中,描述学生信息时使用的"学生"表,涉及的主要信息有学号、姓名、性别、出生时间、专业、总学分及备注。

表格中的一行称为一个记录,一列称为一个字段,每列的标题称为字段名。如果给关系表取一个名字,则有 n 个字段的关系表的结构可表示为:关系表名(字段名 1,字段名 2,……,字段名 n),通常把关系表的结构称为关系模式。

在关系表中,如果一个字段或几个字段组合的值可唯一标识其对应记录,则称该字段或字段组合为码。例如,学生的"学号"可唯一标识每一个学生,则"学号"字段为"学生"表的码。有时一个表可能有多个码,对于每一个关系表通常可指定一个码为"主码",在关系模式中,一般用下横线标出主码。

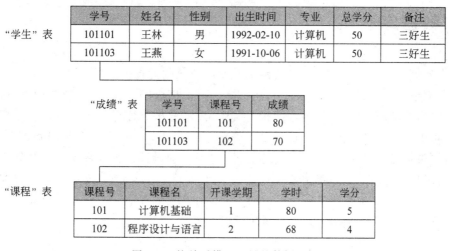

图 1.4 按关系模型组织的数据示例

设"学生"表的名字为 XSB,关系模式可表示为:XSB(学号,姓名,性别,出生时间,专业,总学分,备注)。

从图 1.4 可以看出,按关系模型组织数据表达方式简洁、直观,插入、删除、修改操作方便,而按层次、网状模型组织数据表达方式、操作比较复杂,因此,关系模型得到广泛应用,关系型数据库管理系统(RDBMS)成为主流。Oracle 数据库正是支持关系模型的数据库管理系统。

1.1.3　关系型数据库语言

SQL 语言是用于关系数据库查询的结构化语言,最早由 Boyce 和 Chamberlin 在 1974 年提出。1976 年,SQL 开始在商品化关系数据库管理系统中应用。1982 年,美国国家标准化组织(ANSI)确认 SQL 为数据库系统的工业标准。1992 年,国际标准化组织(ISO)和国际电工委员会(IEC)发布了 SQL 国际标准,称为 SQL-92。

SQL 语言按功能可分为以下 3 部分:

(1) 数据定义语言(Data Definition Language,DDL):定义数据库对象,包括表、视图和索引等。

(2) 数据操纵语言(Data Manipulation Language,DML):主要对数据库中的数据进行查询、插入、删除和修改操作。

(3) 数据控制语言(Data Control Language,DCL):主要包括数据库的安全性控制、完整性控制,以及事务并发控制和故障恢复等语句。

目前,许多关系型数据库管理系统均支持 SQL 语言,例如 Oracle、SQL Server、Access、Sybase、MySQL、DB2 等。但是,不同数据库管理系统之间的 SQL 语言不能完全通用。例如,甲骨文公司的 Oracle 数据库所使用的 SQL 语言是 Procedural Language/SQL,简称 PL/SQL;而微软公司的 SQL Server 数据库系统支持的则是 Transact-SQL,简称 T-SQL。

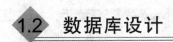

1.2　数据库设计

数据库设计是将业务对象转换为表等数据库对象的过程。

关系型数据库的设计分为 6 个阶段:需求分析、概念结构设计、逻辑结构设计、物理结构设计、数据库实施、数据库运行与维护。其中,需求分析是通过详细调查现实世界要处理的对象,明确用户的各种需求,在此基础上确定系统的功能。在需求分析的基础上,进行数据库设计,包括概念结构设计、逻辑结构设计、物理结构设计。数据库实施就是在数据库设计完成后由数据库管理员(DBA)在 DBMS 上进行操作,完成设计。运行与维护就是数据库投入使用后,DBA 对数据库进行管理、维护和处置,保证正常运行。这里仅介绍概念结构设计、逻辑结构设计和物理结构设计。

1.2.1　概念结构设计

通常,把每一类数据对象的个体称为"实体",而每一类对象个体的集合称为"实体集"。例如,在管理学生所选课程的成绩时,主要涉及"学生"和"课程"两个实体集。

其他非主要的实体可以很多,例如班级、班长、任课教师、辅导员等。把每个实体集涉及的信息项称为属性。就"学生"实体集而言,它的属性有学号、姓名、性别、出生时间、专业、总学分、备注;"课程"实体集的属性有课程号、课程名、开课学期、学时和学分。

实体集"学生"和实体集"课程"之间存在"选课"的关系,通常把这类关系称为"联系",将实体集及实体集联系的图称为 E-R 模型。E-R 模型的表示方法如下：

（1）实体集采用矩形框表示，框内为实体名。

（2）实体的属性采用椭圆框表示，框内为属性名，并用无向边与其相应实体集连接。

（3）实体间的联系采用菱形框表示，联系以适当的含义命名，名字写在菱形框中，用无向边将参加联系的实体矩形框分别与菱形框相连，并在连线上标明联系的类型，即 1—1、1—n 或 m—n。

（4）如果一个联系有属性，则这些属性也应采用无向边与该联系相连接起来。

因此，E-R 模型也称为 E-R 图。关系数据库的设计者通常使用 E-R 图来对信息世界建模。从分析用户项目涉及的数据对象及数据对象之间的联系出发，到获取 E-R 图的这一过程就称为概念结构设计。

两个实体集 A 和 B 之间的联系可能是以下 3 种情况之一。

1. 一对一的联系（1：1）

A 中的一个实体至多与 B 中的一个实体相联系，B 中的一个实体也至多与 A 中的一个实体相联系。例如："班级"与"正班长"这两个实体集之间的联系是一对一的联系，因为一个班只有一个正班长，反过来，一个正班长只属于一个班。"班级"与"正班长"两个实体集的 E-R 模型如图 1.5 所示。

2. 一对多的联系（1：n）

A 中的一个实体可以与 B 中的多个实体相联系，而 B 中的一个实体至多与 A 中的一个实体相联系。例如："班级"与"学生"这两个实体集之间的联系是一对多的联系，因为一个班可有若干学生，反过来，一个学生只能属于一个班。"班级"与"学生"两个实体集的 E-R 模型如图 1.6 所示。

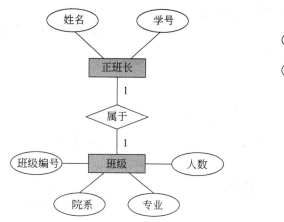

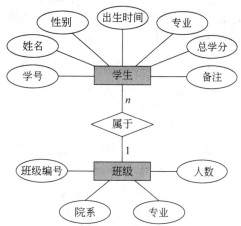

图 1.5　"班级"与"正班长"两个实体集的 E-R 模型　　图 1.6　"班级"与"学生"两个实体集的 E-R 模型

3. 多对多的联系（m：n）

A 中的一个实体可以与 B 中的多个实体相联系，而 B 中的一个实体也可与 A 中的多个实体相联系。例如："学生"与"课程"这两个实体集之间的联系是多对多的联系，因为一个学生可选多门课程，反过来，一门课程可被多个学生选修，每个学生选修了一门课以后都有一个成绩。"学生"与"课程"两个实体集的 E-R 模型如图 1.7 所示。

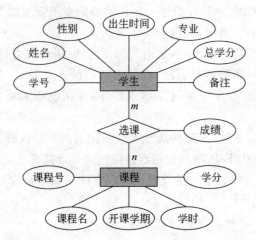

图 1.7 "学生"与"课程"两个实体集的 E-R 模型

1.2.2 逻辑结构设计

用 E-R 图描述学生成绩管理系统中实体集与实体集之间的联系,目的是以 E-R 图为工具,设计出关系模式,即确定应用系统所使用的数据库应包含的表和表的结构。通常这一设计过程就称为逻辑结构设计。

1. (1∶1) 联系的 E-R 图到关系模式的转换

对于(1∶1)的联系既可单独对应一个关系模式,也可以不单独对应一个关系模式。

(1) 联系单独对应一个关系模式,则由联系属性、参与联系的各实体集的主码属性构成关系模式,其主码可选参与联系的实体集的任一方的主码。

例如,图 1.5 描述的"班级(BJB)"与"正班长(BZB)"实体集通过"属于(SYB)"联系的 E-R 模型可设计如下关系模式(下画线"——"表示该字段为主码):

BJB(<u>班级编号</u>,院系,专业,人数)
BZB(<u>学号</u>,姓名)
SYB(<u>学号</u>,<u>班级编号</u>)

(2) 联系不单独对应一个关系模式,则将联系的属性及一方的主码加入另一方实体集对应的关系模式中。

例如,图 1.5 的 E-R 模型可设计如下关系模式:

BJB(<u>班级编号</u>,院系,专业,人数)
BZB(<u>学号</u>,姓名,<u>班级编号</u>)

或者

BJB(<u>班级编号</u>,院系,专业,人数,<u>学号</u>)
BZB(<u>学号</u>,姓名)

2. (1∶n)联系的 E-R 图到关系模式的转换

对于(1∶n)的联系既可单独对应一个关系模式,也可以不单独对应一个关系模式。

（1）联系单独对应一个关系模式，则由联系的属性、参与联系的各实体集的主码属性构成关系模式，n 端的主码作为该关系模式的主码。

例如，图 1.6 描述的"班级（BJB）"与"学生（XSB）"实体集的 E-R 模型可设计如下关系模式：

BJB（<u>班级编号</u>，院系，专业，人数）

XSB（<u>学号</u>，姓名，性别，出生时间，专业，总学分，备注）

SYB（<u>学号</u>，班级编号）

（2）联系不单独对应一个关系模式，则将联系的属性及 1 端的主码加入 n 端实体集对应的关系模式中，主码仍为 n 端的主码。

例如，图 1.6"班级（BJB）"与"学生（XSB）"实体集 E-R 模型可设计如下关系模式：

BJB（<u>班级编号</u>，院系，专业，人数）

XSB（<u>学号</u>，姓名，性别，出生时间，专业，总学分，备注，班级编号）

3.（$m:n$）联系的 E-R 图到关系模式的转换

对于（$m:n$）的联系，单独对应一个关系模式，该关系模式包括联系的属性、参与联系的各实体集的主码属性，该关系模式的主码由各实体集的主码属性共同组成。

例如，图 1.7 描述的"学生（XSB）"与"课程（KCB）"实体集之间的联系可设计如下关系模式：

XSB（<u>学号</u>，姓名，性别，出生时间，专业，总学分，备注）

KCB（<u>课程号</u>，课程名，开课学期，学时，学分）

CJB（<u>学号</u>，<u>课程号</u>，成绩）

关系模式 CJB 的主码是由"学号"和"课程号"两个属性组合构成的，一个关系模式只能有一个主码。

1.2.3　物理结构设计

数据库在物理设备上的存储结构与存取方法称为数据库的物理结构。数据库的物理结构设计通常分为以下 2 步：

（1）确定数据库的物理结构，在关系数据库中主要指存取方法和存储结构。

（2）对物理结构进行评价，评价的重点是时间和空间效率。

1.3　数据库应用系统

客户端应用程序或应用服务器向数据库服务器请求服务时，首先必须和数据库建立连接。虽然现有的 DBMS 几乎都遵循 SQL 标准，但因为不同厂家开发的 DBMS 有差异，所以存在适应性和可移植性等方面的问题。为此，人们研究和开发了连接不同 DBMS 的通用方法、技术和软件接口。

需要注意的是,同一 DBMS,但不同平台开发操作 DBMS 需要对应不同的驱动程序。例如,在用 PHP、Java EE、ASP. NET 开发操作 Oracle 数据库时,需要分别安装对应版本的驱动程序。驱动程序可以通过 DBMS 对应的官方网站进行下载。另外,有些 ASP. NET 开发平台已经包含了该平台操作有关 DBMS 版本的驱动程序,这时,针对该平台的 DBMS 版本的驱动程序不需要另外安装。

本书后续章节将详细介绍在 PHP、Java EE、ASP. NET 平台操作 Oracle 11g 的驱动程序的安装和使用。

1.3.1　C/S 架构的应用系统

DBMS 通过命令和适合专业人员的界面来操作数据库。对于一般的数据库应用系统,除了 DBMS 外,还需要设计适合普通人员操作数据库的界面。目前,开发数据库界面的工具有 Visual Basic、Visual C++ 、Visual C♯ 、QT、PowerBuilder、Delphi 等。应用程序与数据库、数据库管理系统之间的关系如图 1.8 所示。

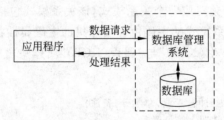

图 1.8　应用程序与数据库、数据库管理系统之间的关系

从图 1.8 中可看出,当应用程序需要处理数据库中的数据时,首先向数据库管理系统发送一个数据请求,数据库管理系统接收到这一请求后,对其进行分析;然后执行数据库操作,并把处理结果返回给应用程序。由于应用程序直接与用户交互,而数据库管理系统不直接与用户打交道,所以应用程序称为"前台",而数据库管理系统称为"后台"。由于应用程序是向数据库管理系统提出服务请求的,通常称为客户(Client)程序;而数据库管理系统是为应用程序提供服务的,通常称为服务器(Server)程序,所以又将这一操作数据库的模式称为客户/服务器(C/S)架构。

应用程序和数据库管理系统可以运行在同一台计算机上(单机方式),也可以运行在网络环境下。在网络环境下,数据库管理系统在网络中的一台主机(一般是服务器)上运行,应用程序可以在网络上的多台主机上运行,即一对多的方式。

例如,用 Visual C♯ 开发的客户/服务器架构的学生成绩管理系统界面如图 1.9 所示。

1.3.2　B/S 架构的应用系统

基于 Web 的数据库应用采用三层,即浏览器/Web 服务器/数据库服务器模式,也称 B/S 架构,如图 1.10 所示。其中,浏览器(Browser)是用户输入数据和显示结果的交互界面,用户在浏览器表单中输入数据,然后将表单中的数据提交并发送到 Web 服务器。Web 服务器接收并处理用户的数据,通过数据库服务器,从数据库中查询需要的数据(或把数据

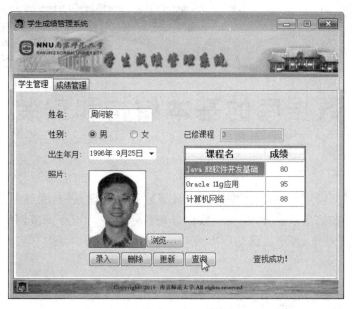

图 1.9 C/S 架构的学生成绩管理系统界面

录入数据库)后，将这些数据回送到 Web 服务器。Web 服务器把返回的结果插入 HTML 页面，传送给客户端，在浏览器中显示出来。

图 1.10 B/S 架构

目前，流行的开发数据库 Web 界面的工具主要有 ASP.NET(C♯)、PHP、Java EE 等。例如，用 Java EE 开发的 B/S 架构的学生成绩管理系统，其学生信息录入界面如图 1.11 所示。

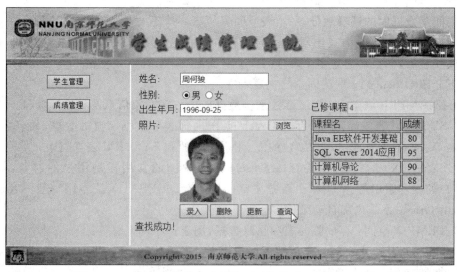

图 1.11 B/S 架构的学生成绩管理系统的学生信息录入界面

第2章

数据库的基本结构和安装

Oracle 是目前世界上使用最为广泛的关系型数据库管理系统,在数据库领域一直处于领先地位,多被用在信息系统管理、企业数据处理、Internet 和电子商务网站等领域,作为应用数据的后台处理系统,当前主流的版本为 Oracle 11g。

2.1 Oracle 数据库的基本结构

Oracle 数据库是一个容器,它包含了存储、操作和管理数据的逻辑对象,其中最基本的对象是表。用户只有和一个确定的数据库连接,才能使用和管理该数据库中的数据。

Oracle 内部结构描述如何组织、存储、管理表空间、表、列、分区、用户、索引、视图、权限、角色、段、盘区、块等;而外部结构则是从"操作系统"角度来看,Oracle 数据库包括数据文件、重做日志文件和控制文件等。

2.1.1 内部结构

1. 表空间

表空间是数据库的逻辑划分,一个表空间只属于一个数据库。每个表空间由一个或多个数据文件组成,表空间中其逻辑结构的数据存储在这些数据文件中。一般来说,Oracle 系统完成安装后,会自动建立多个表空间。

以下介绍 Oracle 11g 默认创建的主要表空间。

(1) EXAMPLE 表空间:用于存放示例数据库的方案对象信息及其培训资料。

(2) SYSTEM 表空间:用于存放 Oracle 系统内部表和数据字典的数据,如表名、列名和用户名等。一般不赞成将用户创建的表、索引等存放在 SYSTEM 表空间中。

(3) SYSAUX 表空间:主要存放 Oracle 系统内部的常用样例用户的对象,如存放 CMR 用户的表和索引等,从而减少系统表空间的负荷。SYSAUX 表空间一般不存储用户的数据,由 Oracle 系统内部自动维护。

(4) TEMP 表空间:存放临时表和临时数据,用于排序和汇总等。

(5) UNDOTBS1 表空间。存放数据库中有关重做的相关信息和数据。当用户对数据库表进行增加、删除、修改等操作时,Oracle 系统自动使用重做表空间来临时存放修改前的数据。当所做的修改完成并提交后,系统根据需要保留修改前数据的时间长短来释放重做表空间的部分空间。

(6) USERS 表空间。存放永久性用户对象的数据和私有信息,因此也被称为数据表空间。每个数据库都应该有一个用户表空间,以便在创建用户时将其分配给用户。

除了 Oracle 系统默认创建的表空间以外,用户可以根据应用系统的规模及其所要存放对象的情况创建多个表空间,以区分用户数据和系统数据。

2. 表

表是数据库中存放用户数据的对象。它包含一组固定的列,表中的列描述该表所跟踪的实体的属性,每个列都有一个名字和若干个属性。表格中的一行称为一个记录,所有的记录就是表内容。

3. 约束条件

可以为一个表列创建约束条件。此时,表中的每一行都必须满足约束条件定义所规定的条件。

数据库的约束条件有助于确保数据的引用完整性,引用完整性保证数据库中的所有列引用都有效且全部约束条件都得到满足。

4. 分区

在非常大的数据库中,可以通过把一个大表的数据分成多个小表来简化数据库的管理,这些小表称为分区。除了对表分区外,还可以对索引进行分区。分区不仅简化了数据库的管理还改善了其应用性能。在 Oracle 中,能够细分分区,创建子分区。例如,可以根据一组值分割一个表,然后再根据另一种分割方法分割分区。

5. 索引

在关系数据库表中,一个行数据的物理位置无关紧要。为了能够找到数据,表中的每一行都用一个 RowID 来标识,包括所在的文件、该文件中的块和该块中的行地址。

索引是帮助用户在表中快速地找到记录的数据库结构。它既可以提高数据库性能,又能够保证列值的唯一性。

6. 用户

用户账号虽然不是数据库中的一个物理结构,但它与数据库中的对象有着重要的关系,这是因为用户拥有数据库的对象。例如,用户 SYS 拥有数据字典表,这些表中存储了数据库中其他对象的所有信息;用户 SYSTEM 拥有访问数据字典表的视图,这些视图供数据库其他用户使用。

为数据库创建对象(如表)必须在用户账户下进行。可以对每一个用户账户进行自定义,以便将一个特定的表空间作为它的默认表空间。

把操作系统的账户和数据库账户联系在一起,这样可以不必既输入操作系统口令,又输入数据库的口令。

7. 方案

用户账户拥有的对象集称为用户的方案。可以创建不能注册到数据库的用户账户,这样的用户账户提供一种方案,可以用来保存一组其他用户方案分开的数据库对象。

8. 同义词

为了给不同的用户使用数据库对象时提供一个简单的、唯一标识数据库对象的名称,可以为数据库对象创建同义词。同义词有公用同义词和私有同义词两种。

9. 权限及角色

为了访问其他账户所有的对象,必须首先被授予访问这个对象的权限。权限可以授予给某个用户或 PUBLIC,PUBLIC 把权限授予数据库中的全体用户。

可以创建角色即权限组来简化权限的管理。可以把一些权限授予一个角色,而这个角色又可以被授予多个用户。在应用程序中,角色可以被动态地启用或禁用。

10. 段、盘区和数据块

依照不同的数据处理性质,可能需要在数据表空间内划分出不同区域以存放不同的数据,这些区域称为"段"。例如,存放数据的区域称为"数据区段",存放索引的区域称为"索引区段"。

由于段是一个物理实体,所以必须把它分配到数据库中的一个表空间中(放在表空间的一个数据文件中)。段其实就是由许多盘区组合而成的。当段中的空间用完时,该段就获取另外的盘区。

数据块是最小的储存单元,Oracle 数据库是操作系统块的倍数。图 2.1 说明了段、盘区和数据块之间的关系。

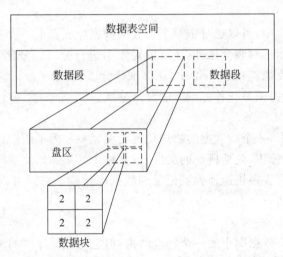

图 2.1   段、盘区和数据块之间的关系

2.1.2   外部结构

1. 数据文件

每一个 Oracle 数据库都有一个或多个数据文件,而一个数据文件只能属于一个表空间。数据文件创建后可改变大小,创建新的表空间需要创建新的数据文件。数据文件一旦加入表空间,就不能从这个表空间中移走,也不能和其他表空间发生联系。

如果数据库对象存储在多个表空间中,可以通过把它们各自的数据文件存放在不同的磁盘上来对其进行物理分割。数据库、表空间和数据文件之间的关系如图 2.2 所示。

2. 重做日志文件

除了数据文件外,最重要的 Oracle 数据库实体档案就是重做日志文件(Redo Log

Files)。Oracle 保存所有数据库事务的日志。这些事务被记录在联机重做日志文件(Online Redo Log File)中。当数据库中的数据遭到破坏时,可以用这些日志来恢复数据库。

一个数据库至少需要两个重做日志文件。Oracle 以循环方式向重做日志文件写入。第一个日志被填满后,就向第二个日志文件写入,依此类推。当所有日志文件都被写满时,就又回到第一个日志文件,用新事务的数据对其进行重写。

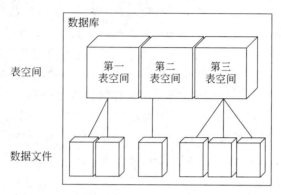

图 2.2   数据库、表空间和数据文件之间的关系

3. 控制文件

每个 Oracle 数据库都有一个控制文件,用以记录与描述数据库的外部结构,包括:

(1) Oracle 数据库名称与建立时间。

(2) 数据文件与重做日志文件名称及其所在位置。

(3) 日志记录序列码(Log Sequence Number)。

每当数据库被激活时,Oracle 会在实例激活后立刻读取控制文件内容,待所有数据库外部结构文件所在信息都收集完毕,数据库才会启动。为了避免控制文件损毁导致数据库系统停止,建议用户至少配置两个控制文件,并存放在不同的硬盘上。

2.1.3   数据库实例

数据库实例(Instance)也称为服务器(Server),是指用来访问数据库文件集的存储结构系统全局区(System Global Area,SGA)以及后台进程的集合。一个数据库可以被多个实例访问,这是 Oracle 的并行服务器选项。实例与数据库之间的关系如图 2.3 所示。

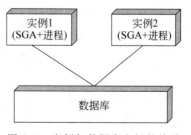

图 2.3   实例与数据库之间的关系

每当启动数据库时,系统全局区首先被分配,并且有一个或多个 Oracle 进程被启动。一个实例的 SGA 和进程为管理数据库数据和为该数据库一个或多个用户服务而工作。在 Oracle 系统中,首先启动实例,然后由实例装配数据库。

1. 系统全局区

当激活 Oracle 数据库时,系统会先在内存内规划一个固定区域,用来存储每位使用者所需存取的数据以及 Oracle 运作时必备的系统信息。这个区域就称为系统全局区(SGA)。

SGA 又包含数个重要区域,分别是数据块缓存区(Data Block Buffer Cache)、字典缓存区(Dictionary Cache)、重做日志缓冲区(Redo Log Buffer)和 SQL 共享池(Shared SQL Pool)。图 2.4 给出了 SGA 各重要区域之间的关系。

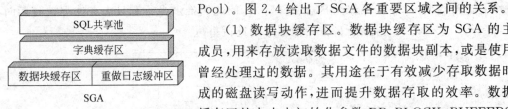

图 2.4　SGA 各重要区域之间的关系

(1) 数据块缓存区。数据块缓存区为 SGA 的主要成员,用来存放读取数据文件的数据块副本,或是使用者曾经处理过的数据。其用途在于有效减少存取数据时造成的磁盘读写动作,进而提升数据存取的效率。数据块缓存区的大小由初始化参数 DB_BLOCK_BUFFERS 决定。数据块缓存区的大小是固定的,它不可能一次装载所有的数据库的内容。通常,数据块缓存区大小只有数据库大小的 1%～2%,Oracle 使用最近最少使用算法(LRU)来管理可用空间。当存储区需要自由空间时,最近最少使用的块将被移出,释放的存储区空间被新调入的数据块占用。这种算法能够让最频繁使用的数据保留在存储区中。

(2) 字典缓存区。数据库对象的信息存储在数据字典中,这些信息包括用户账户、数据文件名、盘区位置、表说明和权限等。当数据库需要这些信息(如要验证用户账户)时,就要读取数据字典,从中获得需要的信息数据,并且将这些数据存储在 SGA 的字典缓存区中。

字典缓存区也是通过 LRU 算法来管理的。字典缓存区的大小由数据库内部管理。字典缓存区是 SQL 共享池的一部分,SQL 共享池的大小由 SHARED_POOL_SIZE 参数设置。

字典缓存区的大小会影响到数据库查询的速度。如果字典缓存区太小,数据库就不得不重复访问数据字典以获得数据库所需的信息,查询速度会大幅降低。

(3) 重做日志缓冲区。前面已介绍过,联机重做日志文件用于记录数据库的更改,以便在数据库恢复过程中用于向前滚动。但这些修改并不是马上写入日志文件中的,在被写入联机重做日志文件之前,事务首先被记录在称为重做日志缓冲区的 SGA 中。数据库可以周期性地分批向联机重做日志文件中写入修改的内容,从而优化这个操作。

(4) SQL 共享池。SQL 共享池存储数据字典缓存区及库缓存区(Library Cache),即共享对数据库进行操作的语句信息。当使用者将 SQL 指令送至 Oracle 数据库后,系统将会先解析语法是否正确。解析时所需要的系统信息,以及解析后的结果将放置在共享区内。如果不同的使用者执行了相同的 SQL 指令,就可以共享已解析的结果,这样加速 SQL 指令的执行速度。SQL 共享池的大小由参数 SHARED_POOL_SIZE 决定。

2. 后台进程

数据库的物理结构和存储结构之间的关系是由后台进程来维持的。数据库拥有多个后台进程,其数量取决于数据库的配置。这些进程由数据库管理,它们只需要进行很少的管理。每个进程在数据库中执行不同的任务。图 2.5 显示了后台进程在数据库外部结构、SGA 中的作用和地位。下面介绍几个常用的后台进程。

(1) DBWR(数据库写入进程):负责将数据块缓存区内变动过的数据块回写至硬盘内的数据文件。Oracle 系统预设激活一个 DBWR 处理程序,但在大型数据库系统下,数据库变动情况可能十分频繁,可依实际需求额外配置其他的 DBWR。

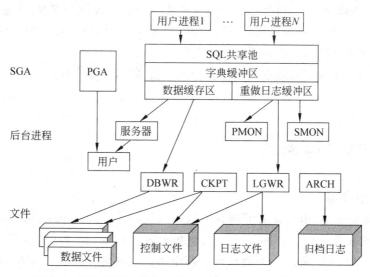

图 2.5　后台进程在数据库外部结构、SGA 中的作用和地位

(2) LGWR(日志写入进程)：负责将重做日志缓冲区内的数据变动记录循序写入重做日志文件。重做日志缓冲区条目总是包含着数据库的最新状态,因为 DBWR 进程可以一直等待到数据块缓冲区中的修改数据块写入数据文件中。

(3) SMON(系统监控进程)：如果因为停电或其他因素导致 Oracle 数据库不正常关闭,那么下一次激活数据库时将由 SMON 进行必要的数据库修复动作。

(4) PMON(进程监控进程)：当某个处理程序异常终止时,PMON 清除数据块缓存区内不再使用的空间,并释放该程序之前使用的系统资源。PMON 也会定期检查各服务器处理程序以及分配器的状态,如果某个处理程序因故停摆,也是由 PMON 负责将它重新激活。

(5) CKPT(检查点进程)：检查点是指一个事件或指定的时间。在适当的时候产生一个检查点时,CKPT 确保缓冲区内经常变动的数据定期被写入数据文件。在检查点之后,因为所有更新过的数据已经回写至磁盘数据文件,万一需要进行实例恢复时,就不再需要检查点之前的重置记录,这样,可缩短数据库重新激活的时间。检查点发生后,CKPT 会先通知 DBWR 将数据块缓存区的改动数据回写到数据文件,然后更新数据文件与控制文件的检查点信息。

(6) RECO(恢复进程)：该进程是在具有分布式选项时所使用的一个进程,用于自动解决在分布式事务中的故障。在 Oracle 11g 分布式数据库环境中,RECO 进程会自动处理分布式操作失败时产生的问题。所谓分布式操作,简单地说,就是针对多个数据库同时进行数据处理动作。

(7) ARCH(归档进程)：LGWR 后台进程以循环方式向重做日志文件写入。当 Oracle 以 ARCHIVELOG 模式运行时,数据库在开始重写重做日志文件之前先对其进行备份。可以将这些归档文件写入磁盘设备。这些归档功能由 ARCH 后台完成。

(8) LCKn(锁进程)：在 Oracle 并行服务器环境中,为了避免进程间在数据存取时发生冲突,在一个数据库实例访问一个数据库对象时,LCKn 进程自动封锁它所访问的数据库对象,访问结束之后再解锁。

(9) Dnnn(调度进程)：调度进程允许用户共享有限的服务器进程,该进程接收用户进程的要求,并将它们放入请求队列中,然后为请求队列中的用户进程分配一个共享的服务器进程。一个数据库实例可以建立多个调度进程。

除了以上几个重要的后台进程之外,Oracle 11g 数据库运作时还有其他的后台进程互相配合运作。

2.2 Oracle 11g 安装

1. 安装前的准备

登录(需要先注册)甲骨文官方网站 http://www. oracle. com/technetwork/database/enterprise-edition/downloads/index. html,免费下载 Oracle 11g 的安装包(共两个文件,大小约 2. 1GB),如图 2. 6 所示。下载得到的两个压缩包文件 win32_11gR2_database_1of2. zip 和 win32_11gR2_database_2of2. zip,将它们解压到同一个目录(database)下,然后双击解压目录中的 setup. exe,软件会加载并初步校验系统是否达到 Oracle 11g 安装的最低要求,只有达到要求才会继续加载程序并开始安装。安装时,计算机要始终保持与互联网连接。

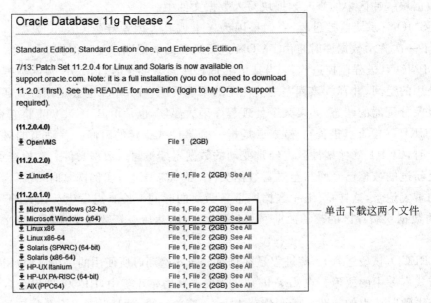

图 2.6　下载 Oracle 11g 的安装包

2. 安装过程

(1) 开始安装后,首先出现如图 2.7 所示的"配置安全更新"窗口,取消勾选"我希望通过 My Oracle Support 接收安全更新",在"电子邮件"栏中填写邮件地址(登录甲骨文官网时注册的),单击"下一步"按钮。

(2) 在"选择安装选项"窗口中选择"创建和配置数据库",如图 2.8 所示,单击"下一步"按钮。

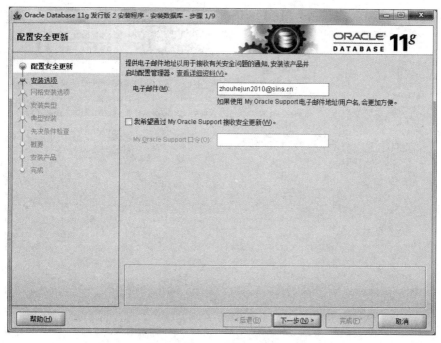

图 2.7 "配置安全更新"窗口

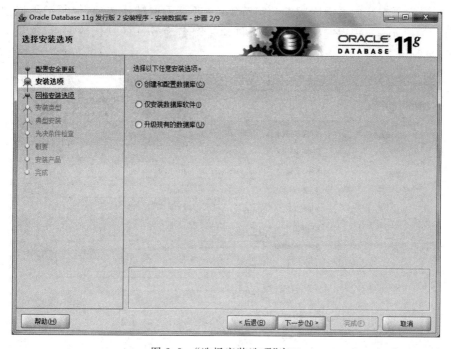

图 2.8 "选择安装选项"窗口

（3）在"系统类"窗口中根据介绍选择软件安装的类型，如图 2.9 所示。因本书安装 Oracle 不是用于生产而是仅用于教学，故这里选择"桌面类"，单击"下一步"按钮。

（4）在"典型安装配置"窗口中，选择 Oracle 的基目录、软件安装路径和数据库文件的存

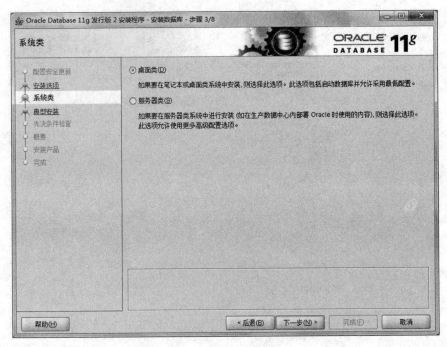

图 2.9   "系统类"窗口

放路径,并选择要安装的数据库版本和字符集(一般都采取默认选项,但须记下以便日后使用),如图 2.10 所示。稍后安装时,系统会创建一个名为 orcl 的默认数据库,这里为它设置管理口令为 Mm123456,单击"下一步"按钮。

图 2.10   "典型安装配置"窗口

　　注意：Oracle 11g 对用户的口令强度有着严格要求，规范的标准口令组合为：小写字母＋数字＋大写字母（顺序不限），且字符长度还必须保持在 Oracle 数据库要求的范围之内。系统对此强制检查，用户只有输入了符合规范的口令字符串才被允许继续下面的操作。

　　设置好后将进行检查，在"执行先决条件检查"窗口中，单击"下一步"按钮。

　　（5）若第（4）步检查没有问题，就会生成安装设置概要信息，如图 2.11 所示，可保存这些信息到本地，方便以后查阅。在这步确认后单击"完成"按钮，系统将依据这些配置开始执行整个安装进程。

图 2.11　"概要"窗口

　　（6）安装完成后会弹出如图 2.12 所示的对话框。

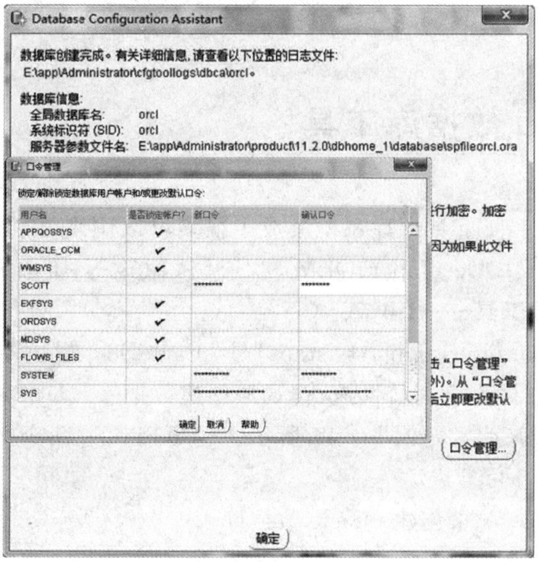

图 2.12　修改管理口令

单击"口令管理"按钮,在弹出的窗口中解锁以下用户账户并修改其口令。

① SYS(超级管理员),口令改为:Change_on_install123。

② SYSTEM(普通管理员),口令改为:Manager123。

③ SCOTT(普通用户),口令改为:Mm123456。

这里的口令也是需要符合 Oracle 口令规范的,可以参考前面设置默认数据库管理口令的方式。修改完成,单击"确定"按钮。

(7) 若安装成功,则会出现如图 2.13 所示的"完成"界面,单击"关闭"按钮即可。

图 2.13   Oracle 11g 安装成功完成

2.3   Oracle 11g 数据库工具

安装成功后的 Oracle 11g 数据库系统集成了很多可以用来管理和操作数据库的工具,其中常用的有 DBCA、SQL Developer、OEM 和 SQL * Plus 等,下面分别简要介绍。

1. 数据库界面创建工具——DBCA

DBCA(Database Configuration Assistant)是 Oracle 11g 提供的一个具有图形化用户界面的工具,用来帮助数据库管理员快速、直观地创建数据库。DBCA 可以通过"开始"菜单中的 Oracle 程序组选项来启动,如图 2.14 所示。也可以通过命令行方式(在 Windows 命令提示符下输入 dbca 后回车)启动。

第 3 章将要使用 DBCA 来创建 Oracle 数据库。

图 2.14　启动 DBCA

2. 数据库管理工具——SQL Developer

　　Oracle SQL Developer 是 Oracle 公司出品的一个图形化、免费的集成开发环境。它操作直观、方便，可以轻松地创建、浏览、修改和删除数据库对象，运行 SQL 语句脚本，编辑和调试 PL/SQL 语句。另外，还可以创建、执行和保存报表。该工具可连接至任何 Oracle 9.2.0.1 或以上版本的 Oracle 数据库，且支持 Windows、Linux 和 Mac OS X 等多种操作系统平台。Oracle 11g 本身就集成了 SQL Developer，故也可从 Oracle 程序组选项里启动它，如图 2.15 所示。

图 2.15　启动 SQL Developer

　　首先出现 SQL Developer 的启动画面，然后打开主界面，如图 2.16 所示。

　　在主界面左侧窗口中右击"连接"→"新建连接"选项，弹出如图 2.17 所示的"新建/选择数据库连接"对话框，在其中设置连接参数，这里设置连接名为 myorcl，用户名为 SCOTT，口令为 Mm123456，SID（数据库标识）为 XSCJ。完成后单击"测试"按钮，若连接成功则窗体左下角显示"状态：成功"，单击"连接"按钮，则成功连上 Oracle 数据库。

3. 数据库管理工具——OEM

　　Oracle 企业管理器（Oracle Enterprise Manager，OEM）是一个基于 Java 的框架系统，该系统集成了多个组件，为用户提供了一个功能强大的图形用户界面。OEM 提供可用于管理单个 Oracle 数据库的工具。由于采用了基于 Web 的界面，它对数据库的访问也是通过 HTTP/HTTPS 协议，即使用 B/S 架构访问 Oracle 数据库管理系统。

　　使用 OEM 工具，可以创建方案对象（表、视图等），管理数据库的安全性（权限、角色、用户等），管理数据库的内存和存储结构，备份和恢复数据库，导入和导出数据，以及查询数据库的执行情况和状态等。

　　但是，Oracle 11g 产品默认并未集成 OEM，如果要使用 OEM，还需要到 Oracle 官网下载相应的安装包。因此，本书不再使用 OEM 作为演示例子的工具。

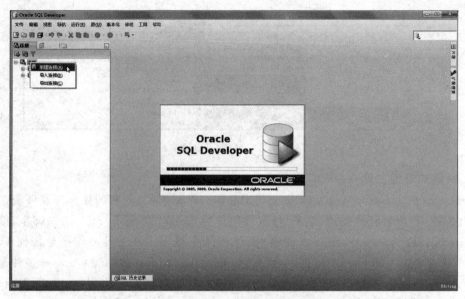

图 2.16　SQL Developer 的启动画面及主界面

图 2.17　配置数据库连接

4. 命令管理工具——SQL * Plus

标准的 SQL 的功能包括数据定义语言(DDL)、数据操纵语言(DML)、数据控制语言(DCL)和数据查询语言(DQL)。

(1) 数据定义语言(DDL)：DDL 用于执行数据库的任务,对数据库以及数据库中的各种对象进行创建、删除、修改等操作。如前所述,数据库对象主要包括表、默认约束、规则、视图、触发器、存储过程。DDL 包括的主要语句及功能如表 2.1 所示。

（2）数据操纵语言（DML）：DML 用于操纵数据库中的各种对象，检索和修改数据。DML 包括的主要语句及功能如表 2.2 所示。

表 2.1　DDL 包括的主要语句及功能

语　句	功　　能
CREATE	创建数据库或数据库对象
ALTER	对数据库或数据库对象进行修改
DROP	删除数据库或数据库对象

表 2.2　DML 包括的主要语句及功能

语　句	功　　能
SELECT	从表或视图中检索数据
INSERT	将数据插入到表或视图中
UPDATE	修改表或视图中的数据
DELETE	从表或视图中删除数据

（3）数据控制语言（DCL）：DCL 用于安全管理，确定哪些用户可以查看或修改数据库中的数据。DCL 包括的主要语句及功能如表 2.3 所示。

表 2.3　DCL 包括的主要语句及功能

语　句	功　　能
GRANT	授予权限
REVOKE	收回权限
DENY	收回权限，并禁止从其他角色继承许可权限

（4）数据查询语言（DQL）：主要通过 SELECT 语言实现各种查询功能。

Oracle 11g 的 SQL * Plus 是 Oracle 公司独立的 SQL 语言工具产品，Plus 表示 Oracle 公司在标准 SQL 语言基础上进行了扩充。在过去，SQL * Plus 曾被称为 UFI，即友好的用户接口（User Friendly Interface）。用户可以在 Oracle 11g 提供的 SQL * Plus 窗口中编写程序，实现数据的处理和控制，完成制作报表等多种功能。

启动 SQL * Plus 有两种方式：通过 Oracle 程序组选项或通过 Windows 命令提示符。

（1）通过程序组启动

在桌面单击"开始"→"所有程序"→Oracle - OraDb11g_home1→"应用程序开发"→SQL Plus，进入 SQL Plus 命令行窗口，输入用户名 SCOTT，回车输入口令（输入的口令不在光标处显示）Mm123456，回车后连接到 Oracle 11g，显示软件相应的版本信息，如图 2.18 所示。

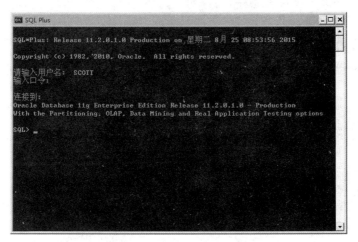

图 2.18　SQL Plus 命令行窗口

在该窗口中还会看到 SQL * Plus 的提示符 SQL＞,在其后输入 SQL 语句后回车即可运行。

（2）通过命令提示符启动

用程序组启动的 SQL * Plus 有一个缺陷：不支持鼠标右击界面使用剪切、粘贴功能，此举乃 Oracle 11g 系统采取的安全措施,但对普通用户来说操作十分不方便（尤其在需要输入大段比较长的 SQL 语句代码时）,而改由 Windows 的命令提示符窗口启动 SQL * Plus 则可以使用这些功能。

依次单击"开始"→"所有程序"→"附件"→"命令提示符",进入"命令提示符"窗口。在该窗口中输入命令 sqlplus 后回车,之后会提示输入用户名和口令,连接到 Oracle 11g 后的界面如图 2.19 所示。

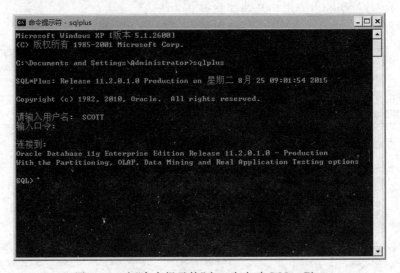

图 2.19   在"命令提示符"窗口中启动 SQL * Plus

为方便初学者,本书后面所有例子的演示操作主要采用 Oracle 11g 安装自带的 SQL Developer 以及通过命令提示符启动的 SQL * Plus。

CHAPTER 第3章

界面创建和操作数据库

在 Oracle 11g 环境下,操作数据库有两种方式:一种是通过图形界面管理工具;另一种是通过命令方式。本章主要介绍如何通过 Oracle 11g 服务器组件以图形界面方式创建数据库。

3.1 使用数据库配置向导创建数据库

在 Oracle 11g 中,以界面方式创建数据库主要使用数据库配置向导(Database Configuration Assistant,DBCA)来完成。

下面使用 DBCA 创建学生成绩管理数据库 XSCJ,步骤如下。

(1) 启动 DBCA,出现"欢迎使用"界面,如图 3.1 所示,单击"下一步"按钮进入创建数据库的向导。

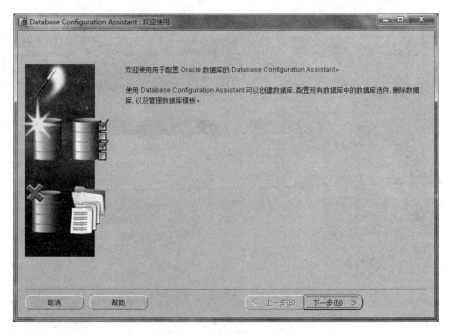

图 3.1 "欢迎使用"界面

（2）在"操作"窗口中，用户可以选择要执行的操作，这里选中"创建数据库"选项，如图 3.2 所示，单击"下一步"按钮。

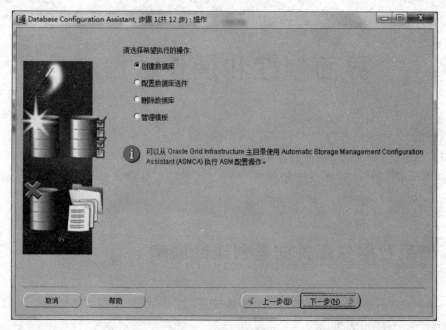

图 3.2 "操作"窗口

（3）在"数据库模板"窗口中，选择相应选项后单击"显示详细资料"按钮就可查看该数据库模板的各种信息。这里选择"一般用途或事务处理"选项，如图 3.3 所示，单击"下一步"按钮。

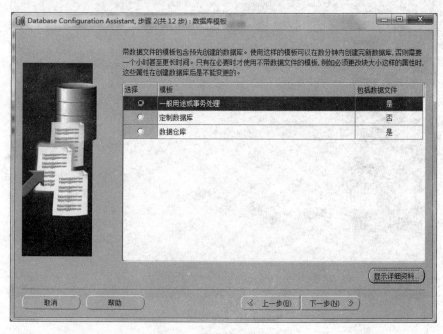

图 3.3 "数据库模板"窗口

（4）在"数据库标识"窗口中输入"全局数据库名"和"SID"，如图 3.4 所示，单击"下一步"按钮。

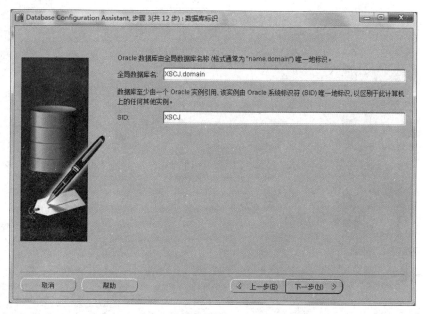

图 3.4 "数据库标识"窗口

说明：SID 是数据库实例的唯一标识符，创建系统服务和操作数据库时都要用到。SID 在同一数据库服务器中必须是唯一的。

（5）在"管理选项"窗口中可以选择"配置 Enterprise Manager"企业管理器或者"配置 Database Control 以进行本地管理"来管理本地数据库，这里保持默认设置，如图 3.5 所示，单击"下一步"按钮。

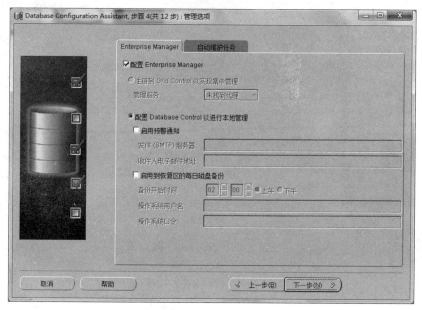

图 3.5 "管理选项"窗口

（6）在"数据库身份证明"窗口中，将所有账户设置为同一管理口令（Mm123456），如图 3.6 所示，单击"下一步"按钮。

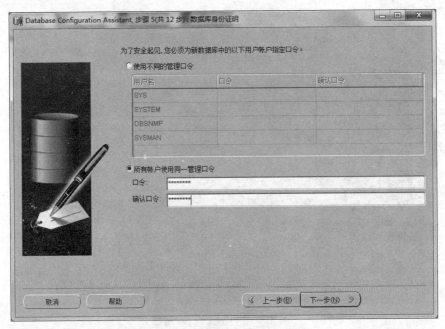

图 3.6 "数据库身份证明"窗口

（7）在"数据库文件所在位置"窗口中，选择"所有数据库文件使用公共位置"，单击"浏览"按钮，选择数据库文件的存放路径，如图 3.7 所示，单击"下一步"按钮。

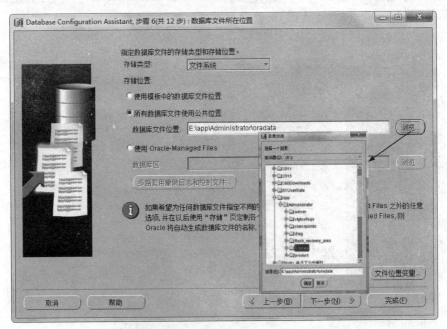

图 3.7 "数据库文件所在位置"窗口

（8）在"恢复配置"窗口中，采取默认的配置，单击"下一步"按钮继续。

（9）在"数据库内容"窗口中，勾选"示例方案"，如图 3.8 所示，这样就可以在学习的过程中参考标准设置，也可以了解基础的数据库创建方法和 SQL 语言。如果有 SQL 脚本，还可以在这一步加载，系统会根据脚本在这个数据库中创建用户、表空间、表、权限等。但要注意，加载 SQL 脚本的先后顺序一定要正确。这里暂不加载脚本，直接单击"下一步"按钮。

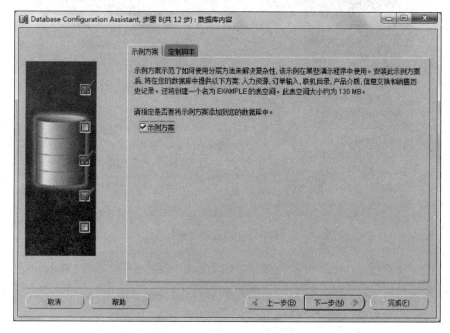

图 3.8　"数据库内容"窗口

（10）在"初始化参数"和"数据库存储"窗口中也保持默认配置，两次单击"下一步"按钮。

（11）在"创建选项"窗口中，选择"创建数据库"选项，如图 3.9 所示，单击"完成"按钮，之后会弹出确认创建的对话框，单击"确定"按钮开始创建数据库。

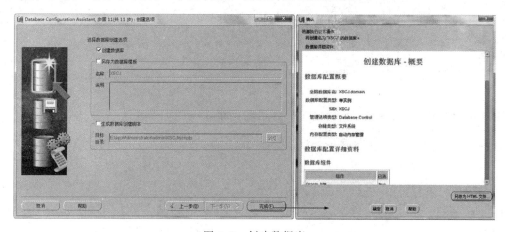

图 3.9　创建数据库

（12）创建数据库期间显示的创建进度窗口如图 3.10 所示,过程较为漫长,读者要耐心等待。

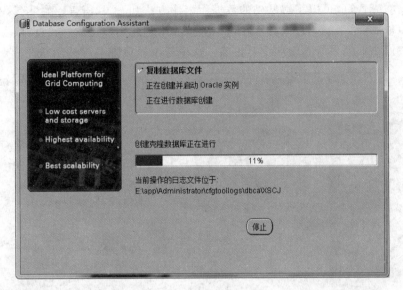

图 3.10　创建进度窗口

（13）创建数据库完毕后,系统会弹出窗口显示相关的提示信息,如图 3.11 所示。需要在这一步解锁 SCOTT、SYSTEM、SYS 账户并设置其口令,单击窗口中的"口令管理"按钮,弹出"口令管理"对话框。

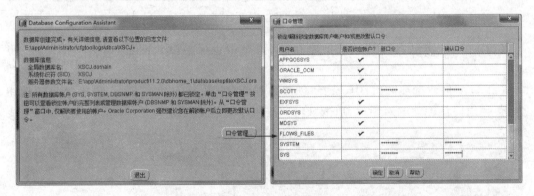

图 3.11　解锁账户并设置口令

找到以上的 3 个用户账户,将"是否锁定账户?"一栏里的 √ 去掉,口令均设为Mm123456,该口令用于后面登录和操作数据库,请读者务必牢记,单击"确定"按钮返回后再单击"退出"按钮。

至此,所有步骤都已全部完成。现在,系统服务中应该已经有 SID 为 XSCJ 的服务选项并已设置为"自动"启动,服务正在运行,如图 3.12 所示。访问 XSCJ 数据库前,必须保证已经启动了 OracleOraDb11g_home1TNSListener 和 OracleServiceXSCJ 两个系统服务。

图 3.12　运行 XSCJ 数据库所必需的服务

3.2　SQL Developer 操作数据库

3.2.1　表结构和数据类型

1. 表

表是 Oracle 中最主要的数据库对象,每个数据库都包含了若干个表。表是用来存储数据的一种逻辑结构,由行和列组成,故也称为二维表。

表是日常工作和生活中经常使用的一种表示数据及其关系的形式,表 3.1 是用来表示学生信息的一个学生表。

表 3.1　学生表(XSB)

学号	姓名	性别	出生时间	专业	总学分	备　　注
151101	王林	男	1997-02-10	计算机	50	
151103	王燕	女	1996-10-06	计算机	50	
151108	林一帆	男	1996-08-05	计算机	52	已提前修完一门课
151202	王林	男	1996-01-29	通信工程	40	有一门课不及格,待补考
151204	马琳琳	女	1996-02-10	通信工程	42	

每个表都要有一个名字以标识该表,如表 3.1 的名字是 XSB,它共有 7 列,每一列也都有一个名字称为列名(一般就用标题作为列名),描述了学生某一方面的属性。表由若干行组成,第一行为各列的标题,其余各行都是数据。

关系数据库使用表(即关系)来表示实体及其联系。表包含下列概念。

(1) 表结构:每个表都包含一组固定的列,而列由数据类型和长度两部分组成,以描述该表所代表的实体的属性。

(2) 记录:每个表包含了若干行数据,它们是表的"值",其中的一行称为一个记录,因此,表是记录的有限集合。

(3) 字段:每个记录由若干个数据项构成,将构成记录的数据项称为字段。

例如表 3.1 中的 XSB,其表结构为(学号,姓名,性别,出生时间,专业,总学分,备注),包含 7 个字段,由 5 个记录组成。

(4) 关键字:若表中记录的某个字段或字段组合能唯一标识记录,则称该字段(字段组合)为候选关键字(Candidate key)。若一个表有多个候选关键字,则选定其中一个为主关键字(Primary key),也称为主键。当一个表仅有唯一候选关键字时,该候选关键字就是主关键字。这里的主关键字与第 1 章中介绍的主码所起的作用相同,都用来唯一标识记录行。

例如,在 XSB 表中,两个及以上记录的姓名、性别、出生时间、专业、总学分和备注这 6 个字段的值都有可能相同,唯独"学号"字段的值对表中所有记录来说一定不同,即通过"学号"字段可将表中的不同记录区分开,故"学号"是唯一的候选关键字,也是主关键字。

2. 数据类型

在设计表的列时,必须为其指定数据类型,它决定了该列数据的取值、范围和存储格式。列的数据类型可以是 Oracle 提供的系统数据类型,其中主要的类型列于表 3.2 中。除了表中所列之外,Oracle 还提供可作为 ANSI 标准数据类型的替代类型。对于 ANSI 的 CHARACTER 及 CHAR,使用 Oracle 的 CHAR 类型;对于 ANSI 的 CHARACTER VARYING 及 CHARVARYING,使用 Oracle 的 VARCHAR2 类型;对于 ANSI 的 NUMERIC、DECIMAL、DEC、INTEGER、INT 和 SMALLINT 类型,使用 Oracle 的 NUMBER 类型。用户还可以创建自己的抽象数据类型,也可以使用特定的 REF 数据类型,这些 REF 类型引用数据库其他地方的行对象。

表 3.2　Oracle 提供的主要数据类型

数据类型及格式	描　　述
CHAR[(<长度> [BYTE|CHAR])]	固定长度字符域,最大长度可为 2000B。BYTE 和 CHAR 关键字表示长度单位是字节还是字符,默认为 BYTE
NCHAR[(<长度>)]	多字节字符集的固定长度字符域,长度随字符集而定,最多为 2000 字符或 2000B
VARCHAR2(<长度>[BYTE|CHAR])	可变长度字符域,最大长度可达 4000 字符
NVARCHAR2[(长度>)]	多字节字符集的可变长度字符域,长度随字符集而定,最多为 4000 字符或 4000B
DATE	用于存储全部日期的固定长度(7B)字符域,时间作为日期的一部分存储其中。除非通过设置 NLS_DATE_FORMAT 参数来取代日期格式,否则查询时,日期以 DD-MON-RR 格式表示
TIMESTAMP[(<位数>)]	用亚秒的粒度存储一个日期和时间。参数是亚秒粒度的位数,默认为 6,范围为 0~9

续表

数据类型及格式	描　　述
TIMESTAMP[(<位数>)] WITH TIME ZONE	通过另外存储一个时区偏差来扩展 TIMESTAMP 数据类型,这个时区偏差定义本地时区与 UTC 之间的差值
TIMESTAMP[(<位数>)] WITH LOCAL TIME ZONE	通过另外存储一个时区偏差来扩展 TIMESTAMP 数据类型,该类型不存储时区偏差,但存储时间作为数据库时区的标准形式,时间信息将从本地时区转换到数据库时区
INTERVAL YEAR [(<年的位数>)] TO MONTH	以年和月的形式存储一段时间,年的位数默认为 2
INTERVAL DAY [(<天的最大位数>)] TO SECOND[(<秒部分小数点右边的位数>)]	以天、时、分和秒的形式存储一段时间,天部分所要求的最大位数默认为 2。秒部分所要求的小数点右边的位数默认为 6
NUMBER[(<总位数>[, <小数点右边的位数>])]	可变长度数值列,允许值为 0、正数和负数。总位数默认为 38,小数点右边的位数默认为 0
FLOAT[(<数值位数>)]	浮点型数值列
LONG	可变长度字符域,最大长度可到 2GB
RAW(<长度>)	表示二进制数据的可变长度字符域,最长为 2000B
LONG RAW	表示二进制数据的可变长度字符域,最长为 2GB
BLOB	二进制大对象,最大长度为 4GB
CLOB	字符大对象,最大长度为 4GB
NCLOB	多字节字符集的 CLOB 数据类型,最大长度为 4GB
BFILE	外部二进制文件,大小由操作系统决定
ROWID	表示 RowID 的二进制数据,数值为 10B
UROWID[(<长度>)]	用于数据寻址的二进制数据,最大长度为 4000B
BINARY_FLOAT	表示浮点类型,比 NUMBER 效率更高,32b
BINARY_DOUBLE	表示双精度数字类型,64b

3. 表结构设计

创建表的实质就是定义表结构以及设置表和列的属性。在创建表之前,先要确定表的名字、表的属性,同时确定表所包含的列名、列的数据类型、长度、是否可为空值、约束条件、默认值设置、规则以及所需索引、哪些列是主键、哪些列是外键等属性,这些属性构成表结构。

这里以本书要使用到的学生成绩管理系统的 3 个表,即学生表(表名为 XSB)、课程表(表名为 KCB)和成绩表(表名为 CJB)为例,介绍如何设计表的结构。

本书基础部分使用的学生表(XSB)包含的列有学号、姓名、性别、出生时间、专业、总学分、备注。为了便于理解,书中使用中文的列名(实际开发应使用英文字母表示列名)。

"学号"列：是学生的学号,其值有一定的意义,例如"151101"中的"15"表示该学生所在年级,"11"表示所属班级,"01"表示该学生在班级中的序号,故"学号"列的数据类型是 6 位的定长字符型。

"姓名"列：记录学生的姓名，一般不超过 4 个中文字符，所以可以用 8 位定长字符型数据。

"性别"列：有"男""女"两种取值，用 2 位定长字符型数据，默认是"男"。

"出生时间"列：是日期时间类型数据，列的数据类型定为 DATE。

"专业"列：为 12 位定长字符型数据。

"总学分"列：是整数型数据，列的数据类型定为 NUMBER，长度为 2(值为 0～100，默认是 0)。

"备注"列：需要存放学生的备注信息，备注信息的内容为 0～200 个字，所以应该使用 VARCHAR2 类型。

在 XSB 表中，只有"学号"列能唯一标识一个学生，所以将该列设为主键。最终设计出 XSB 的表结构如表 3.3 所示。

表 3.3　XSB 的表结构

列名	数据类型	是否可空	默认值	说明
学号	CHAR(6)	×	无	主键
姓名	CHAR(8)	×	无	
性别	CHAR(2)	×	"男"	
出生时间	DATE	×	无	
专业	CHAR(12)	√	无	
总学分	NUMBER(2)	√	0	0≤总学分<100
备注	VARCHAR2(200)	√	无	

当然，如果要包含学生的"照片"列，可以使用 BLOB 数据类型；要包含学生的"联系方式"列，可以使用 XML 类型。

参照 XSB 表结构的设计方法，同样可以设计出其他两个表的结构，如表 3.4 所示是 KCB 的表结构，表 3.5 是 CJB 的表结构。

表 3.4　KCB 的表结构

列名	数据类型	是否可空	默认值	说明
课程号	CHAR(3)	×	无	主键
课程名	CHAR(16)	×	无	
开课学期	NUMBER(1)	√	1	只能为 1～8
学时	NUMBER(2)	√	0	
学分	NUMBER(1)	×	0	

表 3.5　CJB 的表结构

列名	数据类型	是否可空	默认值	说明
学号	CHAR(6)	×	无	主键
课程号	CHAR(3)	×	无	主键
成绩	NUMBER(2)	√	无	

4. 创建表

用 Oracle 11g 自带的 SQL Developer 工具可以十分灵活地创建表。这里以创建 XSB 表为例,操作的步骤如下。

(1) 启动 SQL Developer,在"连接"节点下打开数据库连接 myorcl(已创建)。右击"表"节点,选择"新建表"菜单项。

(2) 进入"创建表"窗口,在"名称"栏中填写表名 XSB,在"表"选项卡的"列名""类型""大小""非空""主键"栏中分别填入(选择)XSB 表中"学号"列的列名、数据类型、长度、非空性和是否为主键等信息,完成后单击"添加列"按钮输入下一列,直到输入完所有的列为止,如图 3.13 所示。

(3) 输入完最后一列的信息后,选中右上角的"高级"复选框,这时会显示出更多的表选项,如表类型、列的默认值、约束条件、外键和存储选项等,如图 3.14 所示。例如,要设置默认值,可以在"列属性"选项页中该列的"默认"栏中输入默认值。这里暂不对其他选项进行设置,单击"确定"按钮完成表的创建。

说明:在之前的数据类型选择中没有 CHAR 类型可选,在"高级"选项窗口中可以将原来的 VARCHAR2 类型修改为 CHAR 类型。

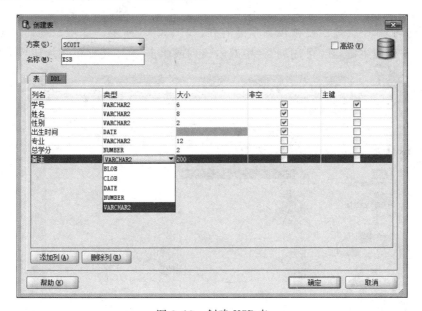

图 3.13　创建 XSB 表

(4) 选择表属性,可以看到当前表使用的表空间、存储参数。用户可以先用 CREATE TABLESPACE 命令创建表空间,然后在创建表时更换成自己创建的表空间。

5. 修改表

使用 SQL Developer 工具修改表的方法很简单。XSB 表创建完成后,在主界面的"表"目录下可以找到该表。右击 XSB 表选择"编辑"菜单项,进入"编辑表"窗口(类似图 3.14 的界面),在该窗口中的"列"选项页右侧单击 ➕ 按钮可以添加新列,单击 ✖ 按钮可以删除列,在"列属性"选项页的各栏中可以修改列的属性。

表的主键列不能直接删除,要删除必须先取消主键。单击窗口左侧"主键"选项,在窗口

图 3.14 "创建表"中的"高级"选项窗口

右边的"所选列"栏中会显示已被设为主键的列,如图 3.15 所示。双击该列即可取消主键,如果要设某一列为主键,在"可用列"栏中双击该列或单击 <kbd>></kbd> 按钮即可添加该列为主键。

图 3.15 设置(取消)主键

6. 删除表

以删除 XSB 表为例,在"表"目录下右击 XSB 表选择"表"菜单下的"删除"子菜单项,如图 3.16 所示,之后弹出"删除"对话框,选中"级联约束条件"复选框,单击"应用"按钮,弹出表已删除的提示消息,单击"确定"按钮即可。注意,实际操作时不要删除。

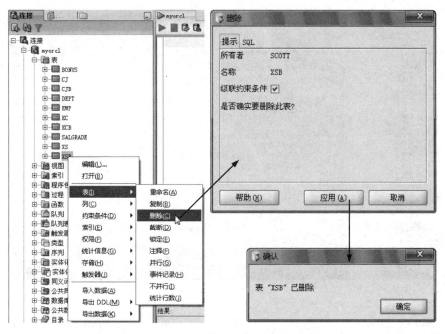

图 3.16　删除表

3.2.2　表数据操作

创建数据库和表后,需要对表中的数据进行操作。对表中的数据操作包括插入、删除和修改,可以直接在 SQL Developer 中插入、删除和修改数据。

下面以前面所创建的 XSCJ 数据库中的 XSB 表为例,说明操作表数据的方法。

1. 插入记录

首先,启动 SQL Developer,打开 myorcl 连接(需要输入 SCOTT 用户口令),展开"表"目录,单击 XSB 表,在右边窗口中单击"数据"选项卡标签,切换到表数据窗口,如图 3.17 所示。在此窗口中,表中的记录按行显示,每个记录占一行,因为此时表中尚没有数据,故只能看到一行列标题。

单击 （插入行）按钮,表中将增加一个新行,在新行中双击一列空白处后输入数据,一行数据输完后单击表数据窗口左边的行号,即选中该行,使之成为当前行。

说明:在输入"出生时间"列数据时,Oracle 11g 默认的日期格式为"DD-MM 月-YY",例如,日期"1997-02-10"应该输入"10-2 月-97"。为能使用我们所习惯的输入方式,这里先要修改一下数据库默认的日期格式,在 SQL Developer 命令窗口中执行如下语句:

```
ALTER SESSION
    SET NLS_DATE_FORMAT="YYYY-MM-DD";
```

注意:该语句只能在当前会话中起作用,在下一次再打开 SQL Developer 窗口时,还需要重新执行该语句。

输入完一行数据后,单击 （提交）按钮将数据保存到数据库中,同时下方的"Data

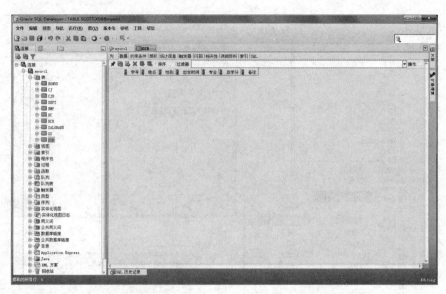

图 3.17　表数据窗口

Editor - 日志"子窗口列出用于插入数据的 INSERT 语句,如图 3.18 所示。如果保存成功,还会显示"提交成功"信息;如果保存出错,则显示错误信息。接着再单击"插入行"按钮录入下一行,直到全部数据录完为止。

说明:读者可按上述方法往 XSB 表中插入几条记录做测试,样本数据请参考本书附录 A。

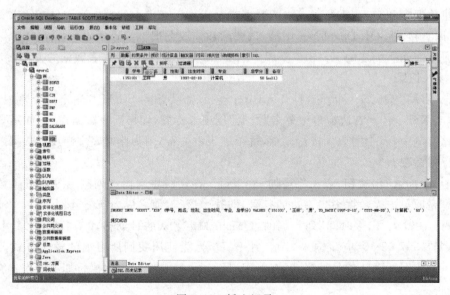

图 3.18　插入记录

2. 修改记录

修改记录的方法与插入类似,在"数据"选项页找到要修改的记录所在行,修改后该行的行号前会出现一个 * 号,如图 3.19 所示,更改完成单击"提交"按钮保存修改的数据。

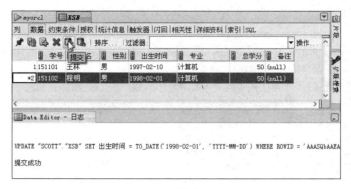

图 3.19 修改记录

3. 删除记录

如果要删除一行记录，选中该行，单击 ✖（删除所选行）按钮，之后该行的行号前会出现一个 - 号，如图 3.20 所示，单击"提交"按钮确认删除。

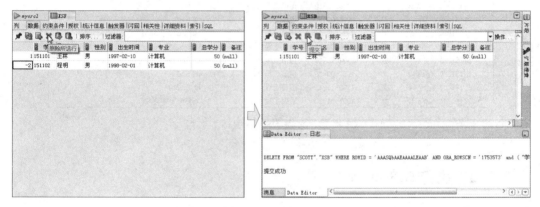

图 3.20 删除记录

4. 撤销操作

如果需要撤销之前对表中记录所做的操作，只需在单击"提交"按钮之前单击 🔄（回退）按钮即可，如图 3.21 所示为撤销上一步的删除操作。

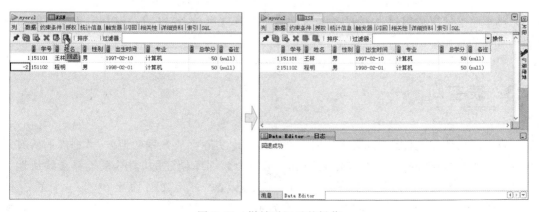

图 3.21 撤销对记录的操作

参考附录中的样本数据，录入到学生表(XSB)表，如图 3.22 所示。

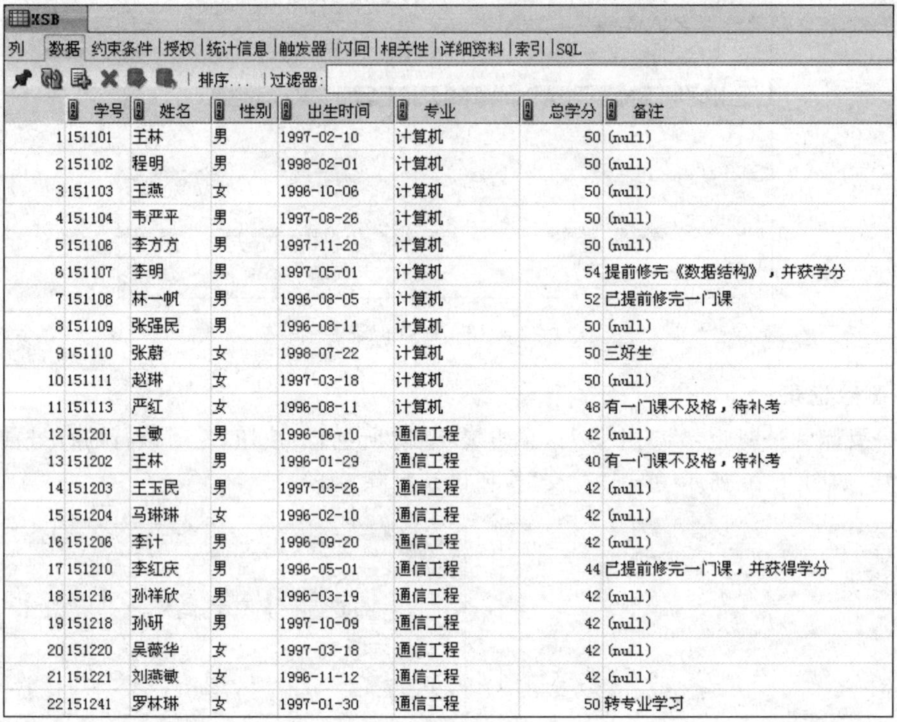

	学号	姓名	性别	出生时间	专业	总学分	备注
1	151101	王林	男	1997-02-10	计算机	50	(null)
2	151102	程明	男	1998-02-01	计算机	50	(null)
3	151103	王燕	女	1996-10-06	计算机	50	(null)
4	151104	韦严平	男	1997-08-26	计算机	50	(null)
5	151106	李方方	男	1997-11-20	计算机	50	(null)
6	151107	李明	男	1997-05-01	计算机	54	提前修完《数据结构》，并获学分
7	151108	林一帆	男	1996-08-05	计算机	52	已提前修完一门课
8	151109	张强民	男	1996-08-11	计算机	50	(null)
9	151110	张蔚	女	1998-07-22	计算机	50	三好生
10	151111	赵琳	女	1997-03-18	计算机	50	(null)
11	151113	严红	女	1996-08-11	计算机	48	有一门课不及格，待补考
12	151201	王敏	男	1996-06-10	通信工程	42	(null)
13	151202	王林	男	1996-01-29	通信工程	40	有一门课不及格，待补考
14	151203	王玉民	男	1997-03-26	通信工程	42	(null)
15	151204	马琳琳	女	1996-02-10	通信工程	42	(null)
16	151206	李计	男	1996-09-20	通信工程	42	(null)
17	151210	李红庆	男	1996-05-01	通信工程	44	已提前修完一门课，并获得学分
18	151216	孙祥欣	男	1996-03-19	通信工程	42	(null)
19	151218	孙研	男	1997-10-09	通信工程	42	(null)
20	151220	吴薇华	女	1997-03-18	通信工程	42	(null)
21	151221	刘燕敏	女	1996-11-12	通信工程	42	(null)
22	151241	罗林琳	女	1997-01-30	通信工程	50	转专业学习

图 3.22　录入 XSB 表的样本数据

3.2.3 执行 SQL 命令

使用 SQL Developer 不仅可以图形界面方式操作数据库表中的记录，还可直接编辑和运行 SQL 语句。启动 SQL Developer，单击工具栏按钮的右下箭头选择 myorcl，界面上将出现命令编辑区，在其中输入要运行的 SQL 语句如下：

```
SELECT * FROM XSB
```

输完命令后单击窗口上方的或按钮即可执行该 SQL 语句。XSB 表中输入的所有记录内容都会显示出来。

3.3 表空间

表空间由数据文件组成，这些数据文件是数据库实际存放数据的地方，数据库的所有系统数据和用户数据都必须放在数据文件中。每一个数据库创建的时候，系统都会默认地为它创建一个 SYSTEM 表空间以存储系统信息，故一个数据库至少有一个表空间(SYSTEM)。一般情况下，用户数据应该存放在单独的表空间中，所以必须学会创建和使用自己的表空间。

3.3.1　创建表空间

创建表空间使用 CREATE TABLESPACE 语句,创建的用户必须拥有 CREATE TABLESPACE 系统权限。语法格式为:

```
CREATE TABLESPACE <表空间名>
    DATAFILE'<文件路径>/<文件名>' [SIZE <文件大小>[K|M]] [REUSE]
        [AUTOEXTEND [OFF|ON [NEXT <磁盘空间大小>[K|M]]
        [MAXSIZE [UMLIMITED|<最大磁盘空间大小>[K|M]]]]
        [MINMUM EXTENT <数字值>[K|M]]
        [DEFAULT <存储参数>]
        [ONLINE|OFFLINE]
        [LOGGING|NOLOGGING]
        [PERMANENT|TEMPORARY]
        [EXTENT MANAGEMENT [DICTIONARY|LOCAL [AUTOALLOCATE|UNIFORM [SIZE <数字
        值>[K|M]]]]]
```

说明:

(1) DATAFILE 子句:用于为表空间创建数据文件,格式与 CREATE DATABASE 语句中的 DATAFILE 子句相同。当使用关键字 REUSE 时,表示若该文件存在,则清除该文件再重新建立该文件;如该文件不存在,则建立新文件。

(2) AUTOEXTEND:用于指定是否禁止或允许自动扩展数据文件。若选择 OFF,则禁止自动扩展数据文件;若选择 ON,则允许自动扩展数据文件。NEXT 指定当需要更多盘区时分配给数据文件的磁盘空间。

(3) MAXSIZE:指定允许分配给数据文件的最大磁盘空间。其中,UNLIMITED 表示对分配给数据文件的磁盘空间没有设置限制。

(4) MINMUM EXTENT:指定最小的长度,默认为操作系统和数据库块确定。

(5) ONLINE 和 OFFLINE:ONLINE 表示在创建表空间之后,使授权访问该表空间的用户立即可用该表空间;OFFLINE 表示在创建表空间之后使该表空间不可用,默认为ONLINE。

(6) DEFAULT:为在该表空间创建的全部对象指定默认的存储参数。其中,*<存储参数>* 的语法格式如下:

```
<存储参数>::=
STORAGE
(
    INITIAL<第一个区的大小>[K|M]
    NEXT<下一个区的大小>[K|M]
    MINEXTENTS<区的最小个数>|UNLIMITED
    MAXEXTENTS<区的最大个数>
    PCTINCREASE<数字值>
    FREELISTS<空闲列表数量>
```

```
FREELIST GROUPS<空闲列表组数量>
)
```

INITIAL 指定对象(段)的第一个区的大小,单位为 KB 或 MB,默认值是 5 个数据块的大小;NEXT 指定下一个区以及后续区的大小,单位为 KB 或 MB,最小值是 1 个数据块的大小;MINEXTENTS 指定创建对象(段)时就应该分配的区的最小个数,默认为 1;MAXEXTENTS 指定可以为一个对象分配的区的最大个数,该参数最小值是 MINEXTENTS;PCTINCREASE 指定第 3 个区以及后续区在前面区的基础之上增加的百分比;FREELISTS 指定表、簇或索引的每个空闲列表组的空闲列表数量;FREELIST GROUP 指定表、簇或索引的空闲列表组的数量。

在 Oracle 11g 中,DEFAULT STORAGE 子句对于存储参数的设置只在数据字典管理的表空间中有效,在本地化管理的表空间中,虽然可以使用该子句,但已经不再起作用。

(7) LOGGING/NOLOGGING:指定日志属性,它表示将来的表、索引等是否需要进行日志处理。默认值为 LOGGING。

(8) PERMANENT:指定表空间,将用于保存永久对象,这是默认设置。

(9) TEMPORARY:指定表空间,将用于保存临时对象。

(10) EXTENT MANAGEMENT:指定如何管理表空间的盘区。

(11) DICTIONARY:指定使用字典表来管理表空间,这是默认设置。

(12) LOCAL:指定本地管理表空间。

(13) AUTOALLOCATE:指定表空间由系统管理,用户不能指定盘区尺寸。

(14) UNIFORM:指定使用 SIZE 字节的统一盘区来管理表空间。默认的 SIZE 为 1MB。如果既没指定 AUTOALLOCATE 又没指定 UNIFORM,那么默认为 AUTOALLOCATE。

注意:如果指定了 LOCAL,就不能指定 DEFAULT <存储参数>和 TEMPORARY。

【例 3.1】 创建大小为 50MB 的表空间 TEST,禁止自动扩展数据文件。

```
CREATE TABLESPACETEST
    LOGGING
    DATAFILE 'E:\app\Administrator\oradata\XSCJ\TEST01.DBF' SIZE 50M
    REUSE AUTOEXTEND OFF;
```

执行结果如图 3.23 所示。

【例 3.2】 创建表空间 DATA,允许自动扩展数据文件。

```
CREATE TABLESPACEDATA
    LOGGING
    DATAFILE 'E:\app\Administrator\oradata\XSCJ\DATA01.DBF' SIZE 50M
    REUSE AUTOEXTENDON NEXT 10M MAXSIZE 200M
    EXTENT MANAGEMENT LOCAL;
```

执行结果如图 3.24 所示。

由图可见,本例中的表空间只有一个初始大小为 50MB 的数据文件。当这个 50MB 的数据文件填满而其中的对象又需要另外的空间时,数据文件按 10MB 大小进行自动扩展。

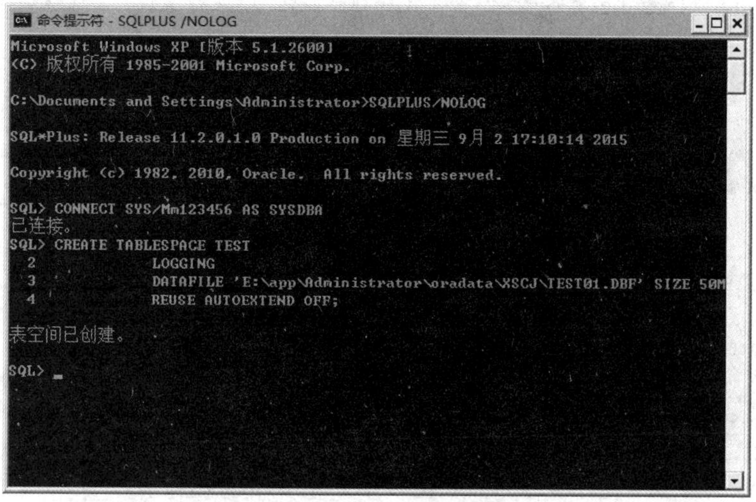

图 3.23　例 3.1 执行结果

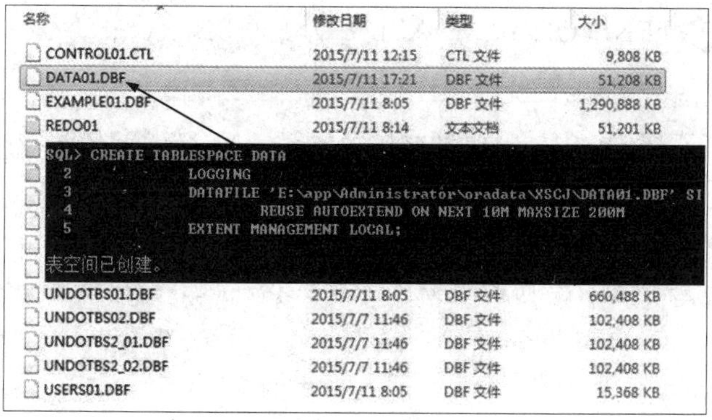

图 3.24　例 3.2 执行结果

这个扩展根据需要一直进行下去,直到文件已达到 200MB 为止,这是该文件所能达到的最大尺寸。

3.3.2　管理表空间

利用 ALTER TABLESPACE 命令可以修改现有的表空间或它的一个或多个数据文件。可以为数据库中每一个数据文件指定各自的存储扩展参数值,Oracle 11g 会在自动扩展数据文件时使用这些参数。语法格式为:

```
ALTER TABLESPACE<表空间名>
    [ADD DATAFILE|TEMPFILE '<路径>/<文件名>' [SIZE<文件大小>[K|M]]
    [REUSE]
    [AUTOEXTEND [OFF|ON [NEXT<磁盘空间大小>[K|M]]]]
    [MAXSIZE [UNLIMITED|<最大磁盘空间大小>[K|M]]]
    [RENAME DATAFILE '<路径>/<文件名>',...n TO '<路径>/<新文件名>'',...n]
```

```
[DEFAULT STORAGE<存储参数 >]
[ONLINE|OFFLINE [NORMAL|TEMPORARY|IMMEDIATE]]
[LOGGING|NOLOGGING]
[READ ONLY|WRITE]
[PERMANENT]
[TEMPORARY]
```

说明：

(1) ADD DATAFILE|TEMPFILE：向表空间添加指定的数据文件或临时文件。

(2) RENAME DATAFILE：对一个或多个表空间的数据文件重命名。在重命名数据文件之前要使表空间脱机。

(3) READ ONLY：表明表空间上不允许进一步写操作。该子句在现有的事务全部提交或回滚后才生效，使表空间变成只读。

(4) READ WRITE：表明在先前只读表空间上允许写操作。

其他参数请参照 CREATE TABLESPACE 的参数和关键字说明。

【例 3.3】 通过 ALTER TABLESPACE 命令把一个新的数据文件添加到 DATA 表空间，并指定 AUTOEXTEND ON 和 MAXSIZE 为 300MB。

```
ALTER TABLESPACE DATA
    ADD DATAFILE'E:\app\Administrator\oradata\XSCJ\DATA02.DBF' SIZE 50M
    REUSE AUTOEXTENDON NEXT 50M MAXSIZE 500M;
```

注意：尽管可以设置 MAXSIZE UNLIMITED，但应规定一个文件的最大尺寸值。否则，使用磁盘设备上全部可用空间的事务将造成数据库故障。

执行结果如图 3.25 所示。

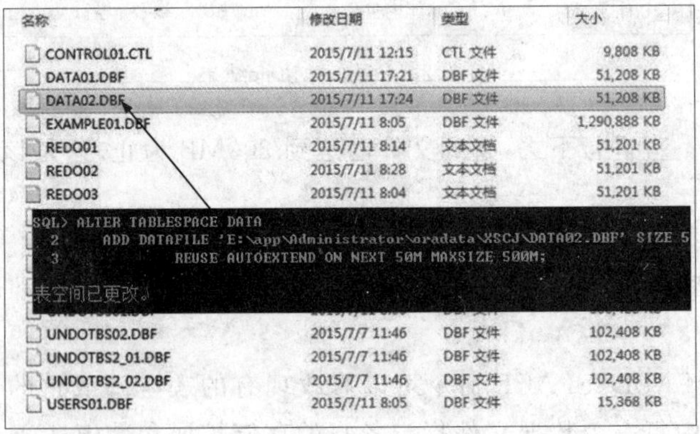

图 3.25   例 3.3 执行结果

3.3.3   删除表空间

如果不再需要表空间和其中保存的数据，可以使用 DROP TABLESPACE 语句删除已经创建的表空间。语法格式为：

```
DROP TABLESPACE<表空间名>
    [INCLUDING CONTENTS [{AND | KEEP} DATAFILES]
      [CASCADE CONSTRAINTS]
    ];
```

说明：在删除表空间时，如果其中还保存有数据库对象，则必须使用 INCLUDING CONTENTS 子句，表示将表空间和其中保存的数据库对象全部删除，但对应的数据文件并不会从操作系统中被删除。如果要删除表空间对应的数据文件，则必须加上 AND DATAFILES 选项，如果要保留数据文件，则加上 KEEP DATAFILES 选项。CASCADE CONSTRAINTS 选项用于删除与表空间相关的数据文件，但只对最新创建的或最后一个表空间有效。

【例 3.4】 删除表空间 DATA 及其对应的数据文件。

```
DROP TABLESPACE DATA
    INCLUDING CONTENTS AND DATAFILES;
```

第4章

命令操作数据库表

通过 Oracle 程序组或 Windows 命令行启动 SQL＊Plus,输入 SCOTT 用户口令连接上数据库。SQL 语句均在 SQL＊Plus 下运行,有时也会结合 SQL Developer 查看其运行的效果。

 4.1 创建表结构

4.1.1 创建表

在以自己的模式创建表时,必须拥有 CREATE TABLE 系统权限;在其他用户模式中创建表时,必须拥有 CREATE ANY TABLE 系统权限。Oracle 创建表使用 CREATE TABLE 语句,基本的语法格式为:

```
CREATE TABLE [<用户方案名>.]<表名>
(
    <列名 1><数据类型>    [DEFAULT<默认值>] [<列约束>]
    <列名 2><数据类型>    [DEFAULT<默认值>] [<列约束>]
    [,…n]
    <表约束>[,…n]
    )
    …
    [TABLESPACE<表空间名>]
    [STORGE<存储参数>]
    [AS<子查询>]
```

说明:

(1) <用户方案名>:用户方案是指该表所属的用户,如果省略则默认为当前登录的用户。

(2) DEFAULT:关键字 DEFAULT 指定某一列的默认值。默认值的数据类型必须与该列的数据类型相匹配,列的长度必须足以容纳这一表达式值。

(3) <列约束>:定义一个完整性约束作为列定义的一部分,该子句的语法为:

```
[NOT] NULL
```

```
[UNIQUE]
[PRIMARY KEY]
[REFERENCES [<用户方案名>.]<表名>(<列名>)]
[CHECK(<条件表达式>)]
```

NULL 表示列上的数据可以为空,NOT NULL 则相反;UNIQUE 表示该列上所有行中的数据必须是唯一的;PRIMARY KEY 表示添加该列为主键(一个表只能有一个主键); REFERENCES 关键字用于定义外键;CHECK 关键字用于定义 CHECK 约束。

(4)<*表约束*>:定义一个完整性约束作为表定义的一部分,有关完整性约束的内容会在第 6 章详细介绍。

(5) TABLESPACE:指定新表存储在指定的表空间中。如果忽略 TABLESPACE,则 Oracle 就在包含该表的模式拥有者的默认表空间中创建该项。

(6) STORGE:指定表的*存储特征*。<*存储参数*>的语法格式与 CREATE TABLESPACE 语句中的语法格式相同。

(7) AS <子查询>:表示将由子查询返回的行插入所创建的表中,子查询的使用将在 4.2.2 节中具体介绍。使用 AS 子句时,要注意以下事项。

① 表中的列数必须等于子查询中的表达式数。

② 列的定义只能指定列名、默认值和完整性约束,不能指定数据类型。

③ 不能在含有 AS 子句的 CREATE TABLE 语句中定义引用完整性;相反,必须先创建没有约束的表,然后再用 ALTER TABLE 语句来添加约束。

Oracle 从子查询中推导出数据类型和长度,同时也遵循下列完整性约束规则:

① 如果子查询选择列而不是包含列的表达式,Oracle 自动地为新表中的列定义任何 NOT NULL 约束,该列与被选表中的列相一致。

② 如果 CREATE TABLE 语句同时包含 AS 子句和 CONSTRAINT 子句,Oracle 则忽略 AS 子句。

如果任何行违反了该约束规则,Oracle 都不创建表并返回一个错误信息。

如果子查询中的全部表达式是列,则在表定义中可以完全忽略这些列。在这种情况下,表的列名和子查询中的列名相同。

【**例 4.1**】 利用 CREATE TABLE 命令为 XSCJ 数据库建立学生表 XSB1 和课程表 KCB。表结构参照表 3.3 和表 3.4。

(1) 创建学生表 XSB1

```
CREATE TABLE XSB1
(
    学号          char(6)          NOT NULL PRIMARY KEY,
    姓名          char(8)          NOT NULL,
    性别          char(2)          DEFAULT '男'NOT NULL,
    出生时间      date             NOT NULL,
    专业          char(12)         NULL,
    总学分        number(2)        NULL,
    备注          varchar2(200)    NULL
);
```

（2）创建课程表 KCB

```
CREATE TABLE KCB
(
    课程号        char(3)       NOT NULL PRIMARY KEY,
    课程名        char(16)      NOT NULL,
    开课学期      number(1)     NULL,
    学时          number(2)     NULL,
    学分          number(1)     NOT NULL
);
```

创建完毕，用命令 DESCRIBE KCB 可以查看 KCB 表结构，如图 4.1 所示。

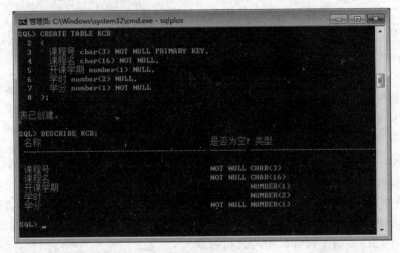

图 4.1　创建 KCB 表

如果表的主键由两个或多个列构成，则必须使用 PRIMARY KEY 关键字定义为表的完整性约束，语法格式如下：

```
CREATE TABLE<表名>
(
    <列名 1><数据类型>  [DEFAULT<默认值>] [<列约束>] [,...n]
PRIMARY KEY(<列名 1>,<列名 2>[,...n])
)
```

【例 4.2】　利用 CREATE TABLE 命令为 XSCJ 数据库建立表 CJB。表结构参照表 3.5。

```
CREATE TABLE CJB
(
    学号         char(6)      NOT NULL,
    课程号       char(3)      NOT NULL,
    成绩         number(2)    NULL,
    PRIMARY KEY(学号,课程号)
)
```

同样可用命令 DESCRIBE CJB 查看 CJB 表结构。

【**例 4.3**】　创建 XSB 表中计算机专业学生的记录表,表名为 XS_JSJ。

因为计算机专业学生的记录表表结构与学生表 XSB 相同,而 XSB 表中为所有专业(本书为两个专业)的学生,下列命令在复制 XSB 结构的同时将计算机专业学生的记录加入其中。

```
CREATE TABLE XS_JSJ
    AS SELECT *
        FROM XSB
        WHERE 专业='计算机' ;
```

创建完毕,可用 SQL Developer 查看结果,如图 4.2 所示,可以看到 XS_JSJ 表中存储(备份)了 XSB 表中计算机专业全部 11 名学生的记录。

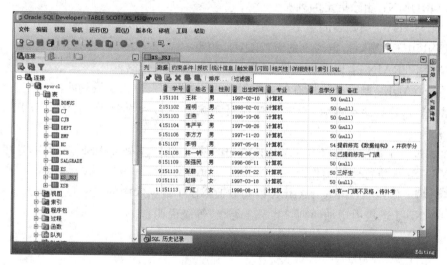

图 4.2　XS_JSJ 表备份了计算机专业学生记录

4.1.2　修改表

修改表结构使用 ALTER TABLE 语句,语法格式为:

```
ALTER TABLE [<用户方案名>.]<表名>
    [ADD(<新列名><数据类型>[DEFAULT<默认值>][列约束],...n)] /* 增加新列 */
    [MODIFY([<列名>[<数据类型>]] [DEFAULT<默认值>][列约束],...n)]
                                              /* 修改已有列属性 */
    [<DROP 子句>]                              /* 删除列或约束条件 */
```

说明:

(1) ADD 子句:用于向表中增加一新列,新的列定义和创建表时定义列的格式一样,一次可添加多个列,中间用逗号隔开。

(2) MODIFY 子句:用于修改表中某列的属性(数据类型、默认值等)。在修改数据类型时需要注意,如果表中该列所存数据的类型与将要修改的列类型冲突,则会发生错误。例如,原来 char 类型的列要修改为 number 类型,而原来列值中有字符型数据"a",则无法修改。

(3) DROP 子句：该子句用于从表中删除指定的字段或约束，语法格式为：

```
DROP {
    COLUMN<列名>
    |PRIMARY [KEY]
    |UNIQUE(<列名>,...n)
    |CONSTRAINT<约束名>
    |[CASCADE]
}
```

各个关键字的含义如下。

- COLUMN：删除指定的列。
- PRIMARY：删除表的主键。
- UNIQUE：删除指定列上的 UNIQUE 约束。
- CONSTRAINT：删除完整性约束。
- CASCADE：删除其他所有的完整性约束，这些约束依赖于被删除的完整性约束。

注意：如果外键没有删除，则不能删除引用完整性约束中的 UNIQUE 和 PRIMARY KEY 约束。

下面通过例子说明 ALTER TABLE 语句的使用，为了不破坏 XSB 表结构，这里只对它的备份 XS_JSJ 表执行修改操作。

【例 4.4】 使用 ALTER TABLE 语句修改 XSCJ 数据库中的 XS_JSJ 表。

(1) 在 XS_JSJ 表中增加两列：奖学金等级、等级说明。

```
ALTER TABLE XS_JSJ
    ADD(奖学金等级 number(1),
    等级说明 varchar2(40) DEFAULT '奖金1000元');
```

执行结果如图 4.3 所示。

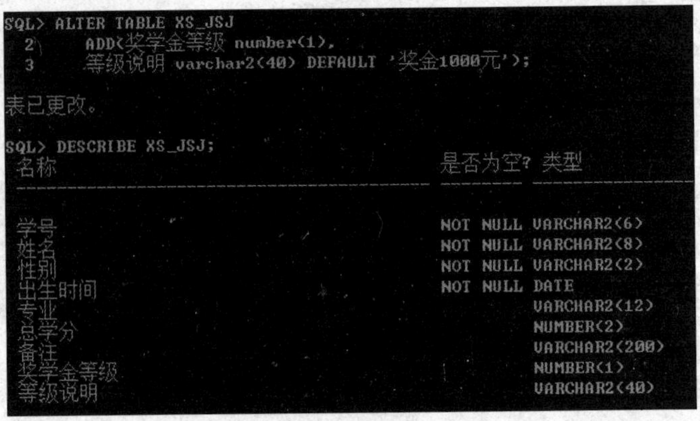

图 4.3 增加列

(2) 在 XS_JSJ 表中修改"等级说明"列的默认值。

```
ALTER TABLE XS_JSJ
```

MODIFY(等级说明 DEFAULT '奖金 800 元');

执行语句后,打开 SQL Developer 的"编辑表"窗口查看 XS_JSJ 表的列属性,可见"等级说明"列的默认值已改为"奖金 800 元",如图 4.4 所示。

图 4.4　修改列

(3) 在 XS_JSJ 表中删除"奖学金等级"和"等级说明"列。

ALTER TABLE XS_JSJ
　　DROP COLUMN 奖学金等级;
ALTER TABLE XS_JSJ
　　DROP COLUMN 等级说明;

执行结果如图 4.5 所示。

图 4.5　删除列

（4）为 XS_JSJ 表添加主键。

```
ALTER TABLE XS_JSJ
    ADD(CONSTRAINT "PK_JSJ" PRIMARY KEY(学号));
```

运行语句后，打开 SQL Developer 的"编辑表"窗口，可以看到"学号"列已被设为主键，如图 4.6 所示。

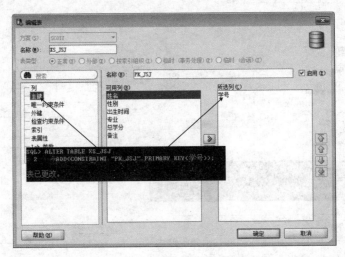

图 4.6　添加列为主键

4.1.3　删除表

语法格式为：

`DROP TABLE [<用户方案名>.]<表名>`

例如，要删除表 XS_JSJ，可以使用如下语句：

`DROP TABLE XS_JSJ;`

执行结果如图 4.7 所示。

图 4.7　删除表

4.2　操作表记录

对表记录有插入、删除和修改三种操作。

4.2.1　插入记录

1. INSERT 语句

插入记录一般使用 INSERT 语句，语法格式为：

```
INSERT INTO<表名>[(<列名 1>,<列名 2>,...n)]
    VALUES(<列值 1>,<列值 2>,...n)
```

该语句的功能是向指定的表中加入一行,由 VALUES 指定各列的值。

说明:

(1) 在插入时,列值表必须与列名表顺序和数据类型一致。如果不指定表名后面的列名列表,则在 VALUES 子句中要给出每一列的值,VALUES 中的值要与原表中字段的顺序和数据类型一致,而且不能缺少字段项。

(2) VALUES 中描述的值可以是一个常量、变量或一个表达式。字符串类型的字段必须用单引号括起来,字符串转换函数 TO_DATE 把字符串形式的日期型数据转换成 Oracle 11g 规定的合法的日期型数据。

(3) 如果列值为空,则值必须置为 NULL。如果列值指定为该列的默认值,则用 DEFAULT。这要求定义表时必须指定该列的默认值。

(4) 在对表进行插入行操作时,若新插入的行中所有可取空值的列值均取空值,则可以在 INSERT 语句中通过列表指出插入的行值中所包含非空的列,而在 VALUES 中只要给出这些列的值即可。

【例 4.5】　向 XSCJ 数据库的表 XSB 中插入如下一行:

```
151114,周何骏,计算机,男,1998-09-25,90
```

可以使用如下 SQL 语句:

```
INSERT INTO XSB(学号,姓名,性别,出生时间,专业,总学分)
    VALUES('151114','周何骏','男',TO_DATE('19980925','YYYYMMDD'),'计算机',
90);
```

执行下列命令的效果与上面相同:

```
INSERT INTO XSB
    VALUES('151114','周何骏','男','1998-09-25','计算机',90,NULL);
```

然后再执行 COMMIT 命令:

```
COMMIT;
```

注意: 使用命令方式对表数据进行插入、修改和删除后,还需要使用 COMMIT 命令进行提交,这样才会把数据的改变真正保存到数据库中。为方便介绍,本书后面 SQL 语句后均省略 COMMIT 命令,运行时请自行添加。

最后,使用 SELECT 语句查询是否添加了该行记录:

```
SELECT 学号,姓名,性别,出生时间,专业,总学分
    FROM XSB
    WHERE 学号='151114';
```

执行结果如图 4.8 所示。

【例 4.6】　向具有默认值字段的表中插入记录。

创建一个具有默认值字段的表 test:

```
CREATE TABLE test
(
    姓名      char(20)        NOT NULL,
    专业      varchar2(30)    DEFAULT('计算机'),
    年级      number          NOT NULL
);
```

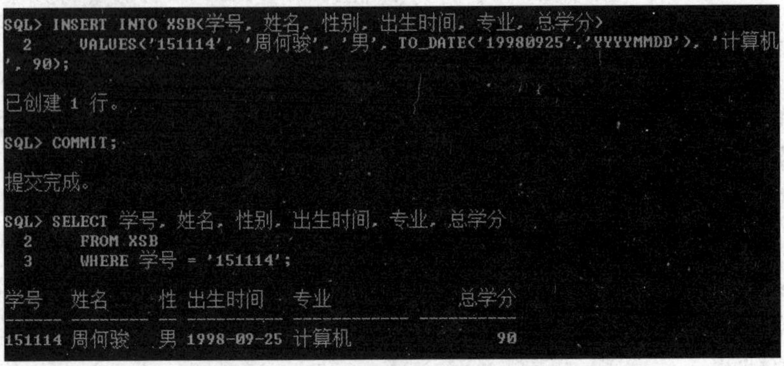

图 4.8　用 INSERT 语句插入记录

用 INSERT 向 test 表中插入一条记录：

```
INSERT INTO test(姓名, 年级) VALUES('周何骏', 3);
```

执行结果如图 4.9 所示。

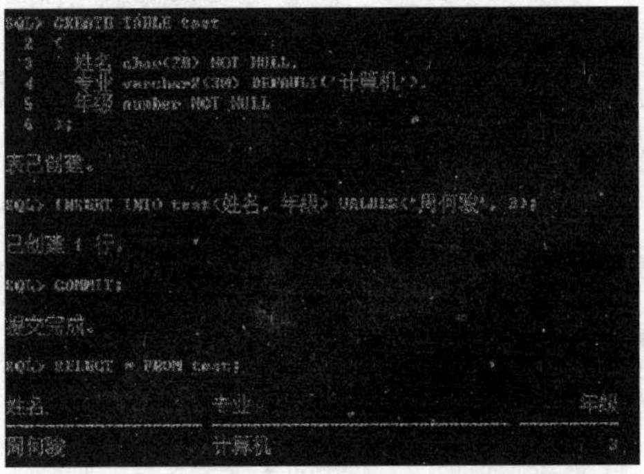

图 4.9　向具有默认值字段的表插入记录

利用 INSERT 语句还可以把一个表中的部分数据插入到另一个表中，但结果集中每行数据的字段数、字段的数据类型要与被操作的表完全一致，语法格式为：

```
INSERT INTO<表名>
<结果集>
```

其中，<结果集>是一个由 SELECT 语句查询所得到的新表。利用该参数，可把一个表中的部分数据插入指定的另一表，有关结果集的使用在第 5 章中还会介绍。

【例 4.7】　用如下的 CREATE 语句建立 XSB1 表：

```
CREATE TABLE XSB1
```

```
(
    num          char(6)      NOT NULL,
    name         char(8)      NOT NULL,
    speciality   char(12)     NULL
);
```

然后用 INSERT 语句向 XSB1 表中插入数据,如下所示:

```
INSERT INTO XSB1
    SELECT 学号,姓名,专业
        FROM XSB
        WHERE 姓名='王林';
```

这条 INSERT 语句将 XSB 表中姓名为"王林"的所有学生的学号、姓名和专业名列的值插入到 XSB1 表的各行中。执行结果如图 4.10 所示。

2. MERGE 语句

在 Oracle 11g 中有 MERGE 语句,用于根据与源表连接的结果,对目标表执行插入、更新或删除操作。例如,根据在一个表中找到的差异在另一个表中插入、更新或删除行,这种方法可以对两个表进行信息同步。语法格式如下:

图 4.10　利用结果集插入记录

```
MERGE INTO<目标表名>
    USING<源表名>ON (<条件表达式>)
    WHEN MATCHED THEN { UPDATE SET...| DELETE...}
    WHEN NOT MATCHED THEN INSERT(...) VALUES(...)
```

说明:

(1) USING 子句:指定用于更新的源数据表。

(2) ON 子句:用于指定在源表与目标表进行连接时所遵循的条件。

(3) WHEN MATCHED 子句:这个子句表示在应用了 ON 子句的条件后,目标表存在与源表匹配的行时,对这些行在 THEN 子句中指定修改或删除的操作。其中 THEN 子句中,UPDATE SET 用于修改满足条件的行,DELETE 用于删除满足条件的行。

(4) WHEN NOT MATCHED 子句:WHEN NOT MATCHED 子句指定对于源表中满足了 ON 子句中条件的每一行,如果该行与目标表中的行不匹配,则向目标表插入这行数据。要插入的数据在 THEN 关键字后的 INSERT 子句中指定。

【例 4.8】　创建表 a,将 XSB 表中的数据添加至表 a。

创建表 a 的语句如下:

```
CREATE TABLEa
(
    XH    char(6)     NOT NULL PRIMARY KEY,
    XM    char(8)     NOT NULL,
    XB    char(2)     NOT NULL,
    CSS   Jdate       NOT NULL,
    ZY    char(12)    NULL,
```

```
    ZXF    number(2)       NULL,
    BZ     varchar(200)    NULL
);
```

进行信息同步使用如下语句:

```
MERGE INTO a
    USING XSB ON (a.XH=XSB.学号)
    WHEN MATCHED
        THEN UPDATE SET a.XM=XSB.姓名, a.XB=XSB.性别, a.CSSJ=XSB.出生时间,
                        a.ZY=XSB.专业, a.ZXF=XSB.总学分, a.BZ=XSB.备注
    WHEN NOT MATCHED
        THEN INSERT VALUES(XSB.学号,XSB.姓名,XSB.性别,XSB.出生时间,XSB.专业,
                        XSB.总学分, XSB.备注);
```

执行上述语句后查看表 a 中的数据,如图 4.11 所示,表 a 中已经添加了 XSB 表中的全部数据。

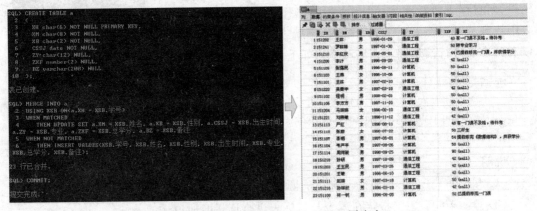

图 4.11　用 MERGE 语句插入记录以同步表

读者可以修改 XSB 表中的一些数据,然后再执行上述语句,查看表 a 中数据的变化。

4.2.2　删除记录

删除记录可以使用 DELETE 语句或 TRUNCATE TABLE 语句来实现。

1. DELETE 语句
语法格式为:

```
DELETE FROM<表名>
    [WHERE<条件表达式>]
```

该语句的功能为从指定的表中删除满足条件的行,若省略 WHERE 子句,则表示删除所有行。

【**例 4.9**】　将 XSCJ 数据库的表 a 中 ZXF(总学分)值小于 50 的行删除,可使用如下 SQL 语句。

```
DELETE FROM a
    WHERE ZXF<50;
```

执行结果如图 4.12 所示，可以看到，此时表 a 中只剩下 12 条 ZXF 值大于等于 50 的学生记录，所有小于 50 的记录都已被删除。

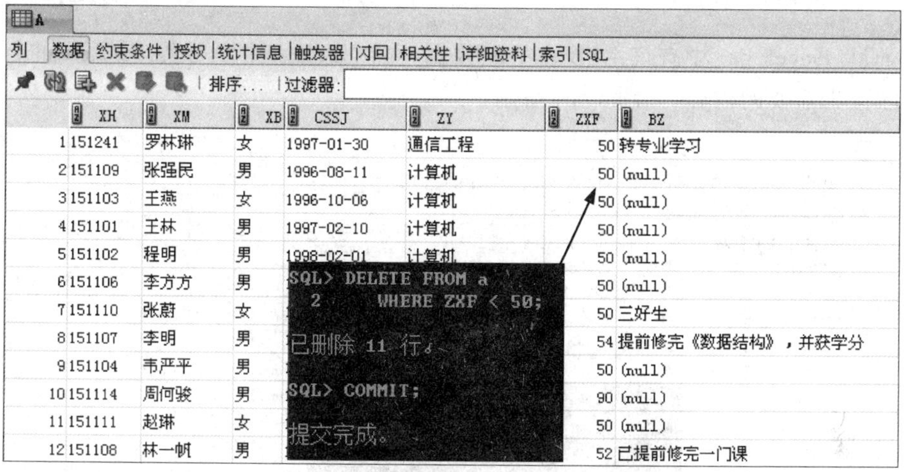

	XH	XM	XB	CSSJ	ZY	ZXF	BZ
1	151241	罗林琳	女	1997-01-30	通信工程	50	转专业学习
2	151109	张强民	男	1996-08-11	计算机	50	(null)
3	151103	王燕	女	1996-10-06	计算机	50	(null)
4	151101	王林	男	1997-02-10	计算机	50	(null)
5	151102	程明	男	1998-02-01	计算机	50	(null)
6	151106	李方方	男			50	(null)
7	151110	张蔚	女			50	三好生
8	151107	李明	男			54	提前修完《数据结构》，并获学分
9	151104	韦严平	男			50	(null)
10	151114	周何骏	男			90	(null)
11	151111	赵琳	女			50	(null)
12	151108	林一帆	男			52	已提前修完一门课

图 4.12 用 DELETE 语句删除记录

2. TRUNCATE TABLE 语句

如果确实要删除一个大表里的全部记录，可以用 TRUNCATE TABLE 语句，它可以释放占用的数据块表空间，此操作不可回退。语法格式为：

```
TRUNCATE TABLE<表名>
```

由于 TRUNCATE TABLE 语句删除表中的所有数据且不能恢复，所以使用时要谨慎。使用 TRUNCATE TABLE 删除了指定表中的所有行，但表的结构及其列、约束、索引等保持不变。TRUNCATE TABLE 在功能上与不带 WHERE 子句的 DELETE 语句相同，二者均删除表中的全部行，但 TRUNCATE TABLE 执行的速度比 DELETE 快。

对于由外键(FOREIGN KEY)约束引用的表不能使用 TRUNCATE TABLE 删除数据，而应使用不带 WHERE 子句的 DELETE 语句。另外，TRUNCATE TABLE 也不能用于删除索引视图的表。

4.2.3 修改记录

UPDATE 语句可以用来修改表中的数据行，语法格式为：

```
UPDATE<表名>
    SET<列名>={<新值>|<表达式>} [,...n]
    [WHERE<条件表达式>]
```

该语句在指定表的满足条件的记录中，由 SET 指定的各列的列值设置为 SET 指定的新值。若不使用 WHERE 子句，则更新所有记录的指定列值。

【例 4.10】 将 XSCJ 数据库的 XSB 表中学号为“151114”的学生备注列值置为“辅修计算机专业”，使用如下 SQL 语句：

```
UPDATE XSB
    SET 备注='辅修计算机专业'
    WHERE 学号='151114';
```

在 SQL Developer 中查询 XSB 表中的数据，可以发现表中学号为 151114 的行的备注字段值已置为需要的内容，如图 4.13 所示。

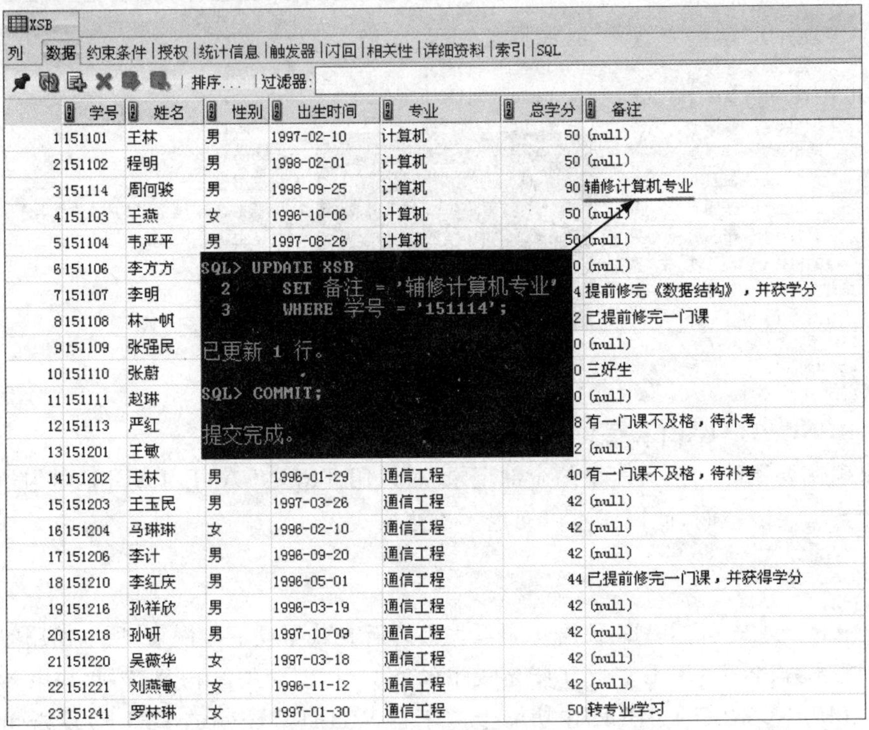

	学号	姓名	性别	出生时间	专业	总学分	备注
1	151101	王林	男	1997-02-10	计算机	50	(null)
2	151102	程明	男	1998-02-01	计算机	50	(null)
3	151114	周何骏	男	1998-09-25	计算机	90	辅修计算机专业
4	151103	王燕	女	1996-10-06	计算机	50	(null)
5	151104	韦严平	男	1997-08-26	计算机	50	(null)
6	151106	李方方				0	(null)
7	151107	李明				4	提前修完《数据结构》，并获学分
8	151108	林一帆				2	已提前修完一门课
9	151109	张强民				0	(null)
10	151110	张蔚				0	三好生
11	151111	赵琳				0	(null)
12	151113	严红				8	有一门课不及格，待补考
13	151201	王敏				2	(null)
14	151202	王林	男	1996-01-29	通信工程	40	有一门课不及格，待补考
15	151203	王玉民	男	1997-03-26	通信工程	42	(null)
16	151204	马琳琳	女	1996-02-10	通信工程	42	(null)
17	151206	李计	男	1996-09-20	通信工程	42	(null)
18	151210	李红庆	男	1996-05-01	通信工程	44	已提前修完一门课，并获得学分
19	151216	孙祥欣	男	1996-03-19	通信工程	42	(null)
20	151218	孙研	男	1997-10-09	通信工程	42	(null)
21	151220	吴薇华	女	1997-03-18	通信工程	42	(null)
22	151221	刘燕敏	女	1996-11-12	通信工程	42	(null)
23	151241	罗林琳	女	1997-01-30	通信工程	50	转专业学习

图 4.13 修改数据以后的表

使用 UPDATE 语句还可以同时更新所有的行或一次更新多列的值，这样可提高效率。

【例 4.11】 将表 a 中的所有学生的 ZXF(总学分)都增加 5。

```
UPDATE a
SET ZXF=ZXF+5;
```

执行结果如图 4.14 所示。

【例 4.12】 将 XSB 中姓名为“周何骏”的学生的专业改为“通信工程”，学号改为 151242。

```
UPDATE XSB
    SET 专业='通信工程',
    学号='151242'
    WHERE 姓名='周何骏';
```

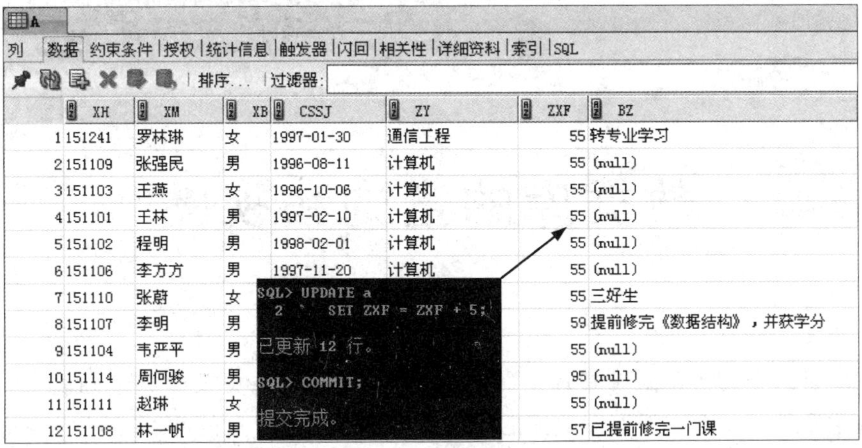

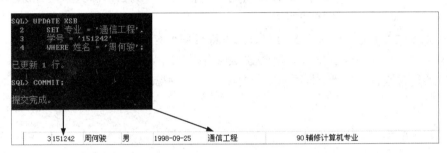

图 4.14　同时更新所有的行

执行结果如图 4.15 所示。

图 4.15　一次更新多列

第5章

数据库的查询和视图

Oracle 是一个关系数据库管理系统,关系数据库建立在关系模型基础之上,具有严格的数学理论基础。关系数据库对数据的操作除了包括集合代数的并、差等运算之外,还定义了一组专门的关系运算:选择、投影和连接,关系运算的特点是运算的对象和结果都是表。

在数据库应用中,最常用的操作是查询,它是数据库的其他操作(如统计、插入、删除及修改)的基础。在 Oracle 11g 中,对数据库的查询使用 SELECT 语句,它功能非常强大,使用灵活,可对表进行选择、投影和连接。

本章重点讨论利用 SELEC 语句对数据库进行各种查询的方法。

视图是由一个或多个基本表导出的数据信息,可以根据用户的需要创建视图。视图对于数据库的用户来说很重要,本章将讨论视图概念以及视图的创建与使用方法。

5.1 数据库的查询

使用数据库和表的主要目的是存储数据,以便在需要时进行检索、统计或组织输出,通过 SQL 查询可以从表或视图中迅速、方便地检索数据。SQL 的 SELECT 语句可以实现对表的选择、投影及连接操作,其功能十分强大。SELECT 语句比较复杂,其主要的子句语法格式如下:

```
SELECT<列>                        /* 指定要选择的列及其限定 */
    FROM  <表或视图>              /* FROM 子句,指定表或视图 */
    [WHERE  <条件表达式>]         /* WHERE 子句,指定查询条件 */
    [GROUP BY<分组表达式>]        /* GROUP BY 子句,指定分组表达式 */
    [HAVING<分组条件表达式>]      /* HAVING 子句,指定分组统计条件 */
    [ORDER BY<排序表达式>[ASC | DESC]]   /* ORDER 子句,指定排序表达式和顺序 */
```

指定要选择的列可实现关系运算中的投影操作,指定要选择的行可实现关系运算中的选择操作,通过 FROM、WHERE 及其配合可以实现关系运算中的连接操作。

下面讨论 SELECT 的基本语法和主要功能。

5.1.1 选择列

选择表中的列组成结果表,语法格式为

```
SELECT [ALL | DISTINCT]<列名列表>
```

其中,<列名列表>指出了结果的形式,其主要格式为:

```
{     *                          /* 选择当前表或视图的所有列 */
  | {<表名>|<视图>} . *          /* 选择指定的表或视图的所有列 */
  | {<列名>|<表达式>}
  [[AS]<列别名>]                  /* 选择指定的列 */
  |<列标题>=<列名表达式>           /* 选择指定列并更改列标题 */
} [,...n]
```

1. 选择指定的列

使用 SELECT 语句选择一个表中的某些列,各列名之间要以逗号分隔,语法格式为:

```
SELECT<列名 1>[,<列名 2>[,...n]]
    FROM<表名>
    [WHERE<条件表达式>]
```

其功能是在 FROM 子句指定的表中检索符合条件的列。

当在 SELECT 语句指定列的位置上使用 * 号时,表示选择表的所有列。

【**例 5.1**】 查询 XSCJ 数据库的 XSB 表中各个学生的学号、姓名和总学分。

在 SQL Developer 中 myorcl 连接的命令编辑区输入如下语句:

```
SELECT 学号, 姓名, 总学分
    FROM XSB;
```

将光标定位到语句第一行,单击"执行"按钮▷,执行结果如图 5.1 所示。执行完后,"结果"选项页中将列出所有结果数据。

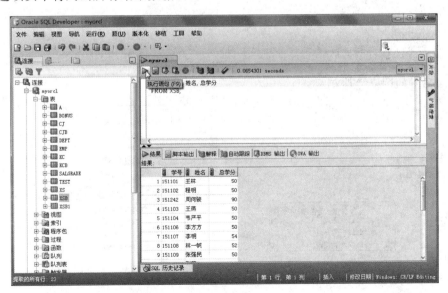

图 5.1 在 XSB 表中选择列

【**例 5.2**】 查询 XSB 表中总学分大于 50 的学生的学号、姓名和总学分。

```
SELECT 学号，姓名，总学分
    FROM XSB
    WHERE 总学分>50；
```

查询结果如图 5.2 所示。

【例 5.3】 查询 XSB 表中的所有列。

```
SELECT *
    FROM XSB；
```

该语句等价于：

```
SELECT 学号姓名，性别，出生时间，专业，总学分，备注
    FROM XSB；
```

执行后将列出 XSB 表中的所有数据。

2. 修改查询列标题

如果希望查询结果中的某些列，或者所有列显示时使用自己选择的列标题，则可以在列名之后使用 AS 子句指定一个列别名来替代查询结果的列标题名。

【例 5.4】 查询 XSB 表中计算机专业学生的学号、姓名和总学分，结果中各列的标题分别指定为 num、name 和 score。

```
SELECT 学号 AS num，姓名 AS name，总学分 AS score
    FROM XSB
    WHERE 专业='计算机'；
```

也可以省略 AS 关键字，写成：

```
SELECT 学号 num，姓名 name，总学分 score
    FROM XSB
    WHERE 专业='计算机'；
```

查询结果如图 5.3 所示。

	学号	姓名	总学分
1	151107	李明	54
2	151108	林一帆	52
3	151242	周何骏	90

图 5.2 例 5.2 查询结果

	NUM	NAME	SCORE
1	151101	王林	50
2	151102	程明	50
3	151103	王燕	50
4	151104	韦严平	50
5	151106	李方方	50
6	151107	李明	54
7	151108	林一帆	52
8	151109	张强民	50
9	151110	张蔚	50
10	151111	赵琳	50
11	151113	严红	48

图 5.3 例 5.4 查询结果

3. 计算列值

使用 SELECT 对列进行查询时，在结果中可以输出对列值计算后的值，即 SELECT 语句可以使用表达式作为结果，格式为：

```
SELECT<表达式>[,<表达式>]
```

【例 5.5】　创建产品表 CP,其结构如表 5.1 所示。

表 5.1　CP 表结构

列名	数据类型	是否允许为空值	默认值	说明
产品编号	char(8)	×	无	主键
产品名称	char(12)	×	无	
价格	number(8)	×	无	
库存量	number(4)	√	无	

假设 CP 表中已有如表 5.2 所示的数据。

表 5.2　CP 表数据

产品编号	产品名称	价格	库存量
10001100	冰箱 A_100	1500.00	500
10002120	冰箱 A_200	1850.00	200
20011001	空调 K_1200	2680.00	300
20012000	空调 K_2100	3200.00	1000
30003001	冰柜 L_150	5000.00	100
10001200	冰箱 B_200	1600.00	1200
10001102	冰箱 C_210	1890.00	600
30004100	冰柜 L_210	4800.00	200
20001002	空调 K_3001	3800.00	280
20011600	空调 K_1600	4200.00	1500

下列语句将列出产品名称和产品总值:

```
SELECT 产品名称, 价格 * 库存量 AS 产品总值
    FROM CP;
```

执行结果如图 5.4 所示。

计算列值使用算术运算符: +(加)、-(减)、*(乘)、/(除),它们均可用于数值类型的列的计算。例如,语句"SELECT 产品编号,价格 * 0.8 FROM CP"列出的是每种产品的编号和其打 8 折后的单价。

	产品名称	产品总值
1	冰箱A_100	750000
2	冰箱A_200	370000
3	空调K_1200	804000
4	空调K_2100	3200000
5	冰柜L_150	500000
6	冰箱B_200	1920000
7	冰箱C_210	1134000
8	冰柜L_210	960000
9	空调K_3001	1064000
10	空调K_1600	6300000

图 5.4　例 5.5 执行结果

4. 消除结果集里的重复行

对表只选择某些列时,可能会出现重复行。例如,若对 XSCJ 数据库的 XSB 表只选择专业和总学分,就会出现多行重复的情况。可以使用 DISTINCT 关键字消除结果集里的重复行,其格式是:

```
SELECT DISTINCT<列名>[,<列名>...]
```

关键字 DISTINCT 的含义是对结果集里的重复行只选择一个,保证行的唯一性。

【例 5.6】　对 XSCJ 数据库的 XSB 表只选择专业和总学分,消除结果集里的重复行。

```
SELECT DISTINCT 专业,总学分
    FROM XSB;
```

执行结果如图 5.5 所示。

与 DISTINCT 相反,当使用关键字 ALL 时,将保留结果集的
所有行。当 SELECT 语句中不写 ALL 与 DISTINCT 时,默认值
为 ALL。

	专业	总学分
1	计算机	50
2	通信工程	40
3	通信工程	44
4	通信工程	50
5	计算机	52
6	通信工程	90
7	计算机	54
8	计算机	48
9	通信工程	42

图 5.5 例 5.6 执行结果

5.1.2 选择行

在 Oracle 中,选择行是使用 WHERE 子句指定选择的条件来实现的。

上面已经列举了使用 WHERE 子句给出查询条件的例子,本节将详细讨论 WHERE
子句中查询条件的构成,它们同样适合于选择列的查询。WHERE 子句必须紧跟 FROM
子句之后,其基本格式为:

WHERE<*条件表达式*>

其中<条件表达式>为查询条件,格式为:

```
<条件表达式>::=
    { [NOT]<判定运算>| (<条件表达式>) }
    [{ AND | OR } [NOT] {<判定运算>| (<条件表达式>) }]
    } [,...n]
```

其中:

```
<判定运算>::=
{    <表达式 1>{=|<|<=|>|>=|<>| !=}<表达式 2>              /* 比较运算 */
     |<字符串表达式 1>[NOT] LIKE<字符串表达式 2>[ESCAPE '<转义字符>']
                                                          /* 字符串模式匹配 */
     |<表达式>[NOT] BETWEEN<表达式 1>AND<表达式 2>         /* 指定范围 */
     |<表达式>IS [NOT] NULL                                /* 是否空值判断 */
     |<表达式>[NOT] IN (<子查询>|<表达式>[,...n])          /* IN 子句 */
     | EXIST (<子查询>)                                    /* EXIST 子查询 */
}
```

<*判定运算*>的结果为 TRUE、FALSE 或 UNKNOWN。

从查询条件的构成可以看出,可以将多个判定运算的结果通过逻辑运算符再组成更为
复杂的查询条件。判定运算包括比较运算、模式匹配、范围比较、空值比较和子查询。

在使用字符串和日期数据进行比较时,注意要符合以下限制。

(1) 字符串和日期必须用单引号括起来。

(2) 字符串数据区分大小写。

(3) 日期数据的格式是敏感的,默认的日期格式是 DD-MM 月-YY,可以使用之前的
ALTER SESSION 语句将默认日期修改为 YYYY-MM-DD。

说明:IN 关键字既可以指定范围,也可以表示子查询。

在 SQL 中,返回逻辑值(TRUE 或 FALSE)的运算符或关键字都可称为谓词。

1. 表达式比较

比较运算符用于比较两个表达式值,共有 7 个: =(等于)、<(小于)、<=(小于等于)、>(大于)、>=(大于等于)、<>(不等于)、!=(不等于)。

比较运算的格式为:

<表达式 1>{=|<|<=|>|>=|<>|!=}<表达式 2>

当两个表达式值均不为空值(NULL)时,比较运算返回逻辑值 TRUE(真)或 FALSE(假);而当两个表达式值中有一个为空值或都为空值时,比较运算将返回 UNKNOWN。

【例 5.7】 比较运算符的应用。

① 查询 CP 表中库存量在 500 以上的产品情况。

```
SELECT *
    FROM CP
    WHERE 库存量>500;
```

执行结果如图 5.6 所示。

② 查询 XSB 表中通信工程专业总学分大于等于 44 的学生的情况。

	产品编号	产品名称	价格	库存量
1	20012000	空调K_2100	3200	1000
2	10001200	冰箱B_200	1600	1200
3	10001102	冰箱C_210	1890	600
4	20011600	空调K_1600	4200	1500

图 5.6　例 5.7①执行结果

```
SELECT *
    FROM XSB
    WHERE 专业='通信工程' AND 总学分>=44;
```

执行结果如图 5.7 所示。

	学号	姓名	性别	出生时间	专业	总学分	备注
1	151210	李红庆	男	1996-05-01	通信工程	44	已提前修完一门课,并获得学分
2	151241	罗林琳	女	1997-01-30	通信工程	50	转专业学习
3	151242	周何骏	男	1998-09-25	通信工程	90	辅修计算机专业

图 5.7　例 5.7②执行结果

2. 模式匹配

LIKE 谓词用于指出一个字符串是否与指定的字符串相匹配,其运算对象可以是 CHAR、VARCHAR2 和 DATE 类型的数据,返回逻辑值 TRUE 或 FALSE。LIKE 谓词表达式的格式为:

<字符串表达式 1>[NOT] LIKE<字符串表达式 2>[ESCAPE '<转义字符>']

在使用 LIKE 时,可以使用两个通配符:%和_。若使用带%通配符的 LIKE 进行字符串比较,模式字符串中的所有字符都有意义,包括起始或尾随空格。如果只是希望在模糊条件中表示一个字符,那么可以使用_通配符,使用 NOT LIKE 与 LIKE 的作用相反。

ESCAPE 子句可指定转义字符,转义字符必须为单个字符。当模式串中含有与通配符相同的字符时,应通过转义字符指明其为模式串中的一个匹配字符。

【例 5.8】 查询 CP 表中产品名含有"冰箱"的产品情况。

```
SELECT *
```

```
FROM CP
WHERE 产品名称 LIKE '%冰箱%';
```

执行结果如图 5.8 所示。

【例 5.9】 查询 XSB 表中姓"王"且单名的学生情况。

	产品编号	产品名称	价格	库存量
1	10001100	冰箱A_100	1500	500
2	10002120	冰箱A_200	1850	200
3	10001200	冰箱B_200	1600	1200
4	10001102	冰箱C_210	1890	600

图 5.8　例 5.8 执行结果

```
SELECT *
FROM XSB
WHERE 姓名 LIKE '王_';
```

执行结果如图 5.9 所示。

	学号	姓名	性别	出生时间	专业	总学分	备注
1	151101	王林	男	1997-02-10	计算机	50	(null)
2	151103	王燕	女	1996-10-06	计算机	50	(null)
3	151201	王敏	男	1996-06-10	通信工程	42	(null)
4	151202	王林	男	1996-01-29	通信工程	40	有一门课不及格,待补考

图 5.9　例 5.9 执行结果

3. 范围比较

用于范围比较的关键字有两个:BETWEEN 和 IN。

当要查询的条件是某个值的范围时,可以使用 BETWEEN 关键字。BETWEEN 关键字指出查询范围,格式为:

```
<表达式>[NOT] BETWEEN<表达式 1>AND<表达式 2>
```

当不使用 NOT 时,若表达式的值在表达式 1 与表达式 2 之间(包括这两个值),则返回 TRUE,否则返回 FALSE;使用 NOT 时,返回值刚好相反。

注意:表达式 1 的值不能大于表达式 2 的值。

【例 5.10】 指定查询的范围。

① 查询 CP 表中价格为 2000~4000 元的产品情况。

```
SELECT *
FROM CP
WHERE 价格 BETWEEN 2000 AND 4000;
```

执行结果如图 5.10 所示。

② 查询 XSB 表中不在 1996 年出生的学生情况。

	产品编号	产品名称	价格	库存量
1	20011001	空调K_1200	2680	300
2	20012000	空调K_2100	3200	1000
3	20001002	空调K_3001	3800	280

图 5.10　例 5.10①执行结果

```
SELECT *
FROM XSB
WHERE 出生时间  NOT  BETWEEN  TO_DATE('19960101', 'YYYYMMDD')
                AND TO_DATE('19961231', 'YYYYMMDD');
```

执行结果如图 5.11 所示。

使用 IN 关键字可以指定一个值表,值表中列出所有可能的值,当表达式与值表中的任意一个匹配时,即返回 TRUE,否则返回 FALSE。使用 IN 关键字指定值表的格式为:

	学号	姓名	性别	出生时间	专业	总学分	备注
1	151101	王林	男	1997-02-10	计算机	50	(null)
2	151104	韦严平	男	1997-08-26	计算机	50	(null)
3	151102	程明	男	1998-02-01	计算机	50	(null)
4	151106	李方方	男	1997-11-20	计算机	50	(null)
5	151107	李明	男	1997-05-01	计算机	54	提前修完数据结构课, 并获学分
6	151110	张蔚	女	1998-07-22	计算机	50	三好生
7	151111	赵琳	女	1997-03-18	计算机	50	(null)
8	151203	王玉民	男	1997-03-26	通信工程	42	(null)
9	151218	孙研	男	1997-10-09	通信工程	42	(null)
10	151220	吴薇华	女	1997-03-18	通信工程	42	(null)
11	151241	罗林琳	女	1997-01-30	通信工程	50	转专业学习
12	151242	周何骏	男	1998-09-25	通信工程	90	辅修计算机专业

图 5.11　例 5.10②执行结果

```
<表达式>IN (<表达式>[,...n])
```

【例 5.11】　查询 CP 表中库存量为 200、300 和 500 的产品情况。

```
SELECT *
    FROM CP
    WHERE 库存量 IN(200,300,500);
```

该语句与下列语句等价:

```
SELECT *
    FROM CP
    WHERE 库存量=200 OR 库存量=300 OR 库存量=500;
```

执行结果如图 5.12 所示。

说明: IN 关键字最主要的作用是表达子查询, 关于子查询的内容稍后具体介绍。

4. 空值比较

当需要判定一个表达式的值是否为空值时, 使用 IS NULL 关键字, 格式为:

	产品编号	产品名称	价格	库存量
1	10001100	冰箱A_100	1500	500
2	10002120	冰箱A_200	1850	200
3	20011001	空调K_1200	2680	300
4	30004100	冰柜L_210	4800	200

图 5.12　例 5.11 执行结果

```
<表达式>IS [NOT] NULL
```

当不使用 NOT 时, 若表达式的值为空值, 返回 TRUE, 否则返回 FALSE; 当使用 NOT 时, 结果刚好相反。

【例 5.12】　查询 XSB 表中拥有备注信息的学生情况。

```
SELECT *
    FROM XSB
    WHERE 备注 IS NOT NULL;
```

执行结果如图 5.13 所示。

5. 子查询

在查询条件中, 可以使用另一个查询的结果作为条件的一部分, 例如判定列值是否与某个查询的结果集里的值相等, 作为查询条件一部分的查询称为子查询。SQL 允许 SELECT 多层嵌套使用, 用来表示复杂的查询。子查询除了可以用在 SELECT 语句中外, 还可以用

	学号	姓名	性别	出生时间	专业	总学分	备注
1	151107	李明	男	1997-05-01	计算机	54	提前修完数据结构课, 并获学分
2	151108	林一帆	男	1996-08-05	计算机	52	已提前修完一门课
3	151110	张蔚	女	1998-07-22	计算机	50	三好生
4	151113	严红	女	1996-08-11	计算机	48	有一门课不及格, 待补考
5	151202	王林	男	1996-01-29	通信工程	40	有一门课不及格, 待补考
6	151210	李红庆	男	1996-05-01	通信工程	44	已提前修完一门课, 并获得学分
7	151241	罗林琳	女	1997-01-30	通信工程	50	转专业学习
8	151242	周何骏	男	1998-09-25	通信工程	90	辅修计算机专业

图 5.13　例 5.12 执行结果

在 INSERT、UPDATE 以及 DELETE 语句中。

子查询通常与谓词 IN、EXIST 及比较运算符结合使用。

(1) IN 子查询。IN 子查询用于进行一个给定值是否在子查询结果集中的判断, 格式为:

<表达式>[NOT] IN　(<子查询>)

当表达式与子查询的结果表中的某个值相等时, IN 谓词返回 TRUE, 否则返回 FALSE;若使用了 NOT, 则返回的值刚好相反。

【例 5.13】　在 XSCJ 数据库中查找选修了课程号为 102 的课程的学生的情况。

```
SELECT *
    FROM XSB
    WHERE 学号 IN
    (SELECT 学号 FROM CJBWHERE 课程号='102');
```

在执行包含子查询的 SELECT 语句时, 系统先执行子查询, 产生一个结果表, 再执行查询。本例中, 先执行子查询:

```
SELECT 学号
    FROM CJB
    WHERE 课程号='102';
```

得到一个只含有学号列的表, CJB 中课程名列值为 102 的行在结果表中都有一行。再执行外查询, 若 XSB 表中某行的学号列值等于子查询结果表中的任一个值, 则该行就被选择。

执行结果如图 5.14 所示。

	学号	姓名	性别	出生时间	专业	总学分	备注
1	151101	王林	男	1997-02-10	计算机	50	(null)
2	151104	韦严平	男	1997-08-26	计算机	50	(null)
3	151102	程明	男	1998-02-01	计算机	50	(null)
4	151103	王燕	女	1996-10-06	计算机	50	(null)
5	151106	李方方	男	1997-11-20	计算机	50	(null)
6	151107	李明	男	1997-05-01	计算机	54	提前修完数据结构课, 并获学分
7	151108	林一帆	男	1996-08-05	计算机	52	已提前修完一门课
8	151109	张强民	男	1996-08-11	计算机	50	(null)
9	151110	张蔚	女	1998-07-22	计算机	50	三好生
10	151111	赵琳	女	1997-03-18	计算机	50	(null)
11	151113	严红	女	1996-08-11	计算机	48	有一门课不及格, 待补考

图 5.14　例 5.13 执行结果

注意:IN 和 NOT IN 子查询只能返回一列数据。对于较复杂的查询, 可使用嵌套的子查询。

【例 5.14】　查找未选修离散数学的学生的情况。

```
SELECT 学号，姓名，专业，总学分
    FROM XSB
    WHERE 学号 NOT IN
        (SELECT 学号
            FROM CJB
            WHERE 课程号 IN
                (SELECT 课程号
                FROM KCB
                WHERE 课程名 = '离散数学'
                )
        );
```

执行结果如图 5.15 所示。

（2）比较子查询。这种子查询可以认为是 IN 子查询的扩展，它使表达式的值与子查询的结果进行比较运算，格式为：

	学号	姓名	专业	总学分
1	151201	王敏	通信工程	42
2	151202	王林	通信工程	40
3	151203	王玉民	通信工程	42
4	151204	马琳琳	通信工程	42
5	151206	李计	通信工程	42
6	151210	李红庆	通信工程	44
7	151216	孙祥欣	通信工程	42
8	151218	孙研	通信工程	42
9	151220	吴薇华	通信工程	42
10	151221	刘燕敏	通信工程	42
11	151241	罗林琳	通信工程	50
12	151242	周何骏	通信工程	90

图 5.15　例 5.4 执行结果

<表达式>{ < | <= | = | > | >= | != | <> } { ALL | SOME | ANY }
(<子查询>)

其中，ALL、SOME 和 ANY 关键字说明对比较运算的限制。ALL 指定表达式要与子查询结果集中的每个值都进行比较，当表达式与每个值都满足比较的关系时，才返回 TRUE，否则返回 FALSE；SOME 或 ANY 表示表达式只要与子查询结果集中的某个值满足比较的关系时，就返回 TRUE，否则返回 FALSE。

【例 5.15】　查找比所有计算机系学生年龄都大的学生。

```
SELECT *
    FROM XSB
    WHERE 出生时间 < ALL
        (SELECT 出生时间
            FROM XSB
            WHERE 专业 = '计算机'
        );
```

执行结果如图 5.16 所示。

	学号	姓名	性别	出生时间	专业	总学分	备注
1	151201	王敏	男	1996-06-10	通信工程	42	(null)
2	151210	李红庆	男	1996-05-01	通信工程	44	已提前修完一门课，并获得学分
3	151216	孙祥欣	男	1996-03-19	通信工程	42	(null)
4	151204	马琳琳	女	1996-02-10	通信工程	42	(null)
5	151202	王林	男	1996-01-29	通信工程	40	有一门课不及格，待补考

图 5.16　例 5.15 执行结果

【例 5.16】　查找课程号 206 的成绩不低于课程号 101 的最低成绩的学生的学号、姓名。

```
SELECT 学号,姓名
    FROM XSB
    WHERE 学号 IN
    (    SELECT 学号
            FROM CJB
            WHERE 课程号='206' AND 成绩>=ANY
                (SELECT 成绩
                    FROM CJB
                    WHERE 课程号='101'
                )
    );
```

执行结果如图 5.17 所示。

(3) EXISTS 子查询。EXISTS 谓词用于测试子查询的结果是否为空表,若子查询的结果集不为空,则 EXISTS 返回 TRUE,否则返回 FALSE。EXISTS 还可与 NOT 结合使用,即 NOT EXISTS,其返回值与 EXIST 刚好相反。格式为:

```
[NOT] EXISTS (<子查询>)
```

【例 5.17】 查找选修 206 号课程的学生姓名。

```
SELECT 姓名
    FROM XSB
    WHERE EXISTS
        (SELECT *
            FROM CJB
            WHERE 学号=XSB.学号 AND 课程号='206'
        );
```

执行结果如图 5.18 所示。

	学号	姓名
1	151101	王林
2	151104	韦严平
3	151102	程明
4	151103	王燕
5	151106	李方方
6	151107	李明
7	151108	林一帆
8	151109	张强民
9	151110	张蔚
10	151111	赵琳

图 5.17　例 5.16 执行结果

	姓名
1	王林
2	韦严平
3	程明
4	王燕
5	李方方
6	李明
7	林一帆
8	张强民
9	张蔚
10	赵琳
11	严红

图 5.18　例 5.17 执行结果

本例在子查询的条件中使用了限定形式的列名引用 XSB.学号,表示这里的学号列出自 XSB 表。本例与前面的子查询例子不同点是:前面的例子中,内层查询只处理一次,得到一个结果集,再依次处理外层查询;而本例的内层查询要处理多次,因为内层查询与 XSB.学号有关,外层查询中 XSB 表的不同行有不同的学号值。这类子查询称为相关子查询,因为子查询的条件依赖于外层查询中的某些值。其处理过程是:首先查找外层查询中

XSB 表的第 1 行，根据该行的学号列值处理内层查询，若结果不为空，则 WHERE 条件为真，就把该行的姓名值取出作为结果集的一行；然后再找 XSB 表的第 2 行，第 3 行，……；重复上述处理过程直到 XSB 表的所有行都查找完为止。

【例 5.18】 查找选修了全部课程的学生姓名。

```
SELECT 姓名
    FROM XSB
    WHERE NOT EXISTS
        (SELECT *
            FROM KCB
            WHERE NOT EXISTS
                (SELECT *
                    FROM CJB
                    WHERE 学号=XSB.学号 AND 课程号=KCB.课程号
                )
        );
```

本例即查找没有一门功课不选修的学生。由于没有人选了全部课程，所以结果为空。

5.1.3 查询对象

前面介绍了 SELECT 选择表的列和行操作，这里介绍 SELECT 查询对象（即数据源）的构成形式。

【例 5.19】 查找与 151101 号学生所选修课程一致的学生的学号。

本例即要查找这样的学号 y，对所有的课程号 x，若 151101 号学生选修了该课，那么 y 也选修了该课。

```
SELECT DISTINCT 学号
    FROM CJB 成绩 1
    WHERE NOT EXISTS
        (SELECT *
            FROM CJB 成绩 2
            WHERE 成绩 2.学号='151101' AND NOT EXISTS
                (SELECT *
                    FROM CJB 成绩 3
                    WHERE 成绩 3.学号=成绩 1.学号
                        AND 成绩 3.课程号=成绩 2.课程号
                )
        );
```

本例指定 SELECT 语句查询的对象是表。执行结果如图 5.19 所示。

【例 5.20】 在 XSB 表中查找 1997 年 1 月 1 日以前出生的学生的姓名和专业。

```
SELECT 姓名,专业
    FROM(SELECT * FROM XSB
```

```
WHERE 出生时间<TO_DATE('19970101', 'YYYYMMDD'));
```

执行结果如图 5.20 所示。

	学号
1	151110
2	151109
3	151108
4	151103
5	151106
6	151113
7	151107
8	151111
9	151101
10	151104

	姓名	专业
1	王燕	计算机
2	林一帆	计算机
3	张强民	计算机
4	严红	计算机
5	王敏	通信工程
6	王林	通信工程
7	马琳琳	通信工程
8	李计	通信工程
9	李红庆	通信工程
10	孙祥欣	通信工程
11	刘燕敏	通信工程

图 5.19　例 5.19 执行结果　　　　图 5.20　例 5.20 执行结果

SELECT 语句查询的对象既可以是由 SELECT 查询语句执行后返回的表,也可以是视图。有关视图的内容将在本章后面介绍。

5.1.4　连接

连接是二元运算,可以对两个或多个表进行查询,结果通常是含有参加连接运算的两个(或多个)表的指定列的表。

实际应用中,多数情况下用户查询的列都来自多个表。例如,在学生成绩数据库中查询选修了某个课程号的课程的学生的姓名、该课课程名和成绩,所需要的列来自 XSB、KCB 和 CJB 3 个表,需要将这 3 个表进行连接才能查找到结果。把涉及多个表的查询称为连接。

在 SQL 中,连接有两大类表示形式:一是符合 SQL 标准连接谓词的表示形式,二是 Oracle 扩展的使用关键字 JOIN 的表示形式。

1. 连接谓词

可以在 SELECT 语句的 WHERE 子句中使用比较运算符给出连接条件对表进行连接,将这种表示形式称为连接谓词。

【例 5.21】　查找 XSCJ 数据库每个学生及其选修的课程情况。

```
SELECT XSB.* ,CJB.*
    FROM XSB, CJB
    WHERE XSB.学号=CJB.学号;
```

结果表将包含 XSB 表和 CJB 表的所有行和列。

注意:连接谓词中的两个列(字段)称为连接字段,它们必须是可比的。例如,本例连接谓词中的两个字段分别是 XSB 和 CJB 表中的学号字段。

连接谓词中的比较符可以是<、<=、=、>、>=、!=和<>,当比较符为=时就是等值连接。若在目标列中去除相同的字段名,则为自然连接。

【例 5.22】　自然连接查询。

```
SELECT XSB.* , CJB.课程号,CJB.成绩
    FROM XSB, CJB
```

```
    WHERE XSB.学号=CJB.学号；
```

本例所得的结果表包含以下字段：学号、姓名、性别、出生时间、专业、总学分、备注、课程号、成绩。

若选择的字段名在各个表中是唯一的，则可以省略字段名前的表名。例如，本例的 SELECT 子句也可写为：

```
SELECT XSB.＊,课程号,成绩
    FROM XSB, CJB
    WHERE XSB.学号=CJB.学号；
```

【例 5.23】 查找选修了 206 课程且成绩在 80 分以上的学生姓名及成绩。

```
SELECT 姓名, 成绩
    FROM XSB, CJB
    WHERE XSB.学号=CJB.学号 AND 课程号='206 ' AND 成绩>=80；
```

执行结果如图 5.21 所示。

有时用户所需的字段来自两个以上的表，那么就要对两个以上的表进行连接，这就称为多表连接。

【例 5.24】 查找选修课程成绩在 90 分以上的学生学号、姓名、课程名及成绩。

```
SELECT XSB.学号, 姓名, 课程名, 成绩
    FROM XSB, KCB, CJB
    WHERE XSB.学号=CJB.学号 AND KCB.课程号=CJB.课程号
    AND 成绩>=90；
```

执行结果如图 5.22 所示。

	姓名	成绩
1	王燕	81
2	李方方	80
3	林一帆	87
4	张蔚	89

图 5.21　例 5.23 执行结果

	学号	姓名	课程名	成绩
1	151104	韦严平	计算机基础	90
2	151110	张蔚	程序设计与语言	90
3	151110	张蔚	计算机基础	95
4	151111	赵琳	计算机基础	91
5	151204	马琳琳	计算机基础	91
6	151241	罗林琳	计算机基础	90

图 5.22　例 5.24 执行结果

连接和子查询可能都要涉及两个或多个表，区别是：连接可以合并两个或多个表的数据，而带子查询的 SELECT 语句的结果只能来自一个表，子查询的结果是用来作为选择结果数据时进行参照的。

有的查询既可以使用子查询，也可以使用连接表达。通常，使用子查询表达时可以将一个复杂的查询分解为一系列逻辑步骤，条理清晰，而使用连接表达有执行速度快的优点，因此应尽量使用连接表示查询。

2. 以 JOIN 关键字指定的连接

Oracle 的 PL/SQL 语言（第 7 章将详细介绍）扩展了以 JOIN 关键字指定连接的表示方式，增强了表的连接运算能力。连接表的格式为：

```
<表名><连接类型><表名>ON<条件表达式>
```

```
|<表名>CROSS JOIN<表名>
|<连接表>
```

其中,<*连接类型*>的格式为:

```
<连接类型>::=
    [INNER | { LEFT | RIGHT | FULL } [OUTER] CROSS JOIN
```

其中,INNER 表示内连接,OUTER 表示外连接,CROSS JOIN 表示交叉连接。因此,以 JOIN 关键字指定的连接有以下 3 种类型。

(1) 内连接。内连接按照 ON 所指定的连接条件合并两个表,返回满足条件的行。

【例 5.25】 查看 XSCJ 数据库中每个学生及其选修的课程情况。

```
SELECT *
    FROM XSB INNER JOIN CJB
        ON XSB.学号=CJB.学号;
```

结果表将包含 XSB 表和 CJB 表的所有字段(不去除重复学号字段)。

内连接是系统默认的,故可省去 INNER 关键字。使用内连接后仍可使用 WHERE 子句指定条件。

【例 5.26】 用 FROM 的 JOIN 关键字表达下列查询:查找选修了 206 课程且成绩在 80 分以上的学生姓名及成绩。

```
SELECT 姓名, 成绩
    FROM XSB JOIN CJB ON XSB.学号=CJB.学号
    WHERE 课程号='206' AND 成绩>=80;
```

执行结果同图 5.21。

内连接还可以用于多个表的连接。

【例 5.27】 用 FROM 的 JOIN 关键字表达下列查询:查找选修课程成绩在 90 分以上的学生学号、姓名、课程名及成绩。

```
SELECT XSB.学号, 姓名, 课程名, 成绩
    FROM XSB
        JOIN CJB JOIN KCB ON CJB.课程号=KCB.课程号
            ON XSB.学号=CJB.学号
    WHERE 成绩>=90;
```

执行结果同图 5.22。

作为一种特例,可以将一个表与它自身进行连接,这称为自连接。若要在一个表中查找具有相同列值的行,就可以使用自连接。使用自连接时需为表指定两个别名,且对所有列的引用均要用别名限定。

【例 5.28】 查找不同课程但成绩相同的学生的学号、课程号和成绩。

```
SELECT a.学号,a.课程号,b.课程号,a.成绩
    FROM CJB a JOIN CJB b
        ON a.成绩=b.成绩 AND a.学号=b.学号 AND a.课程号!=b.课程号;
```

执行结果如图 5.23 所示。

(2) 外连接。外连接的结果表不但包含满足连接条件的行,还包括相应表中的所有行。外连接包括以下 3 种。

① 左外连接(LEFT OUTER JOIN):结果表中除了包括满足连接条件的行外,还包括左表的所有行。

	学号	课程号	课程号_1	成绩
1	151102	206	102	78
2	151102	102	206	78

图 5.23　例 5.28 执行结果

② 右外连接(RIGHT OUTER JOIN):结果表中除了包括满足连接条件的行外,还包括右表的所有行。

③ 完全外连接(FULL OUTER JOIN):结果表中除了包括满足连接条件的行外,还包括两个表的所有行。

以上 3 种连接中的 OUTER 关键字均可省略。

【例 5.29】　查找所有学生情况及他们选修的课程号,若学生未选修任何课,也要包括该学生情况。

```
SELECT XSB.*,课程号
    FROM XSB LEFT OUTER JOIN CJB ON XSB.学号=CJB.学号;
```

本例执行时,若有学生未选任何课程,则结果表中相应行的课程号字段值为 NULL。

【例 5.30】　查找被选修了的课程的选修情况和所有开设的课程名。

```
SELECT CJB.*,课程名
    FROM CJB RIGHT JOIN KCB ON CJB.课程号=KCB.课程号;
```

本例执行时,若某课程未被选修,则结果表中相应行的学号、课程号和成绩字段值均为 NULL。

注意:外连接只能针对两个表进行。

(3) 交叉连接。交叉连接实际上是将两个表进行笛卡儿积运算,结果表是由第 1 个表的每一行与第 2 个表的每一行拼接后形成的表,因此其行数等于两表行数之积。

【例 5.31】　列出学生所有可能的选课情况。

```
SELECT 学号,姓名,课程号,课程名
    FROM XSB CROSS JOIN KCB;
```

注意:交叉连接也可以使用 WHERE 子句进行条件限定。

5.1.5　统计汇总分组

对表数据进行检索时,经常需要对结果进行汇总或计算。例如,在学生成绩数据库中求某门课程的总成绩、统计各分数段的人数等。本节将讨论 SELECT 语句中用于数据统计的子句及函数。

1. 统计函数

统计函数用于计算表中的数据,返回单个计算结果。下面介绍常用的几个统计函数。

(1) SUM 和 AVG 函数。这两个函数分别用于求表达式中所有值项的总和与平均值,语法格式为:

```
SUM / AVG ([ALL | DISTINCT]<表达式>)
```

其中,表达式还可以是常量、列、函数。SUM 和 AVG 函数只能对数值型数据进行计算。ALL 表示对所有值进行运算,DISTINCT 表示去除重复值,默认为 ALL。SUM / AVG 函数计算时忽略 NULL 值。

【例 5.32】 求选修 101 课程的学生的平均成绩。

```
SELECT AVG(成绩) AS 课程 101 平均成绩
    FROM CJB
    WHERE 课程号='101';
```

执行结果如图 5.24 所示。

(2) MAX 和 MIN 函数。MAX 和 MIN 函数分别用于求表达式中所有值项的最大值与最小值,语法格式为:

图 5.24 例 5.32 执行结果

```
MAX / MIN ([ALL | DISTINCT]<表达式>)
```

其中,表达式的数据类型可以是数字、字符和时间日期类型。ALL 表示对所有值进行运算,DISTINCT 表示去除重复值,默认为 ALL。MAX/MIN 函数计算时忽略 NULL 值。

【例 5.33】 求选修 101 课程的学生的最高分和最低分。

```
SELECT MAX(成绩) AS 课程 101 的最高分, MIN(成绩) AS 课程 101 的最低分
    FROM CJB
    WHERE 课程号='101';
```

执行结果如图 5.25 所示。

(3) COUNT 函数。COUNT 函数用于统计组中满足条件的行数或总行数,语法格式为:

```
COUNT ({ [ALL | DISTINCT]<表达式>} | *)
```

其中,ALL 表示对所有值进行运算,DISTINCT 表示去除重复值,默认为 ALL。选择 * 时将统计总行数。COUNT 函数计算时忽略 NULL 值。

【例 5.34】 学生数统计。

① 求学生的总人数。

```
SELECT COUNT(*) AS 学生总数
    FROM XSB;
```

COUNT(*)不需要任何参数。执行结果如图 5.26 所示。

	课程101的最高分	课程101的最低分
1	95	62

图 5.25 例 5.33 执行结果

	学生总数
1	23

图 5.26 例 5.34①执行结果

② 求选修了课程的学生总人数。

```
SELECT COUNT(DISTINCT 学号) AS 选修了课程的总人数
    FROM CJB;
```

执行结果如图 5.27 所示。

③ 统计离散数学课程成绩在 85 分以上的人数。

```
SELECT COUNT(成绩) AS 离散数学 85 分以上的人数
    FROM CJB
    WHERE 成绩>=85 AND 课程号=
    (SELECT 课程号
        FROM KCB
            WHERE 课程名='离散数学'
    );
```

执行结果如图 5.28 所示。

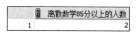

图 5.27 例 5.34②执行结果   图 5.28 例 5.34③执行结果

2. 分组

GROUP BY 子句用于对表或视图中的数据按字段分组,语法格式为:

```
GROUP BY [ALL]<分组表达式>[,...n]
```

分组表达式通常包含字段名。指定 ALL 将显示所有组。使用 GROUP BY 子句后,SELECT 子句中的列表中只能包含在 GROUP BY 中指出的列或在统计函数中指定的列。

【例 5.35】 将 XSB 表中的各专业输出。

```
SELECT 专业
    FROM XSB
    GROUP BY 专业;
```

执行结果如图 5.29 所示。

【例 5.36】 求 XSB 表中各专业的学生数。

```
SELECT 专业,COUNT(*) AS 学生数
    FROM XSB
    GROUP BY 专业;
```

执行结果如图 5.30 所示。

	专业
1	计算机
2	通信工程

	专业	学生数
1	计算机	11
2	通信工程	12

图 5.29 例 5.35 执行结果   图 5.30 例 5.36 执行结果

【例 5.37】 求被选修的各门课程的平均成绩和选修该课程的人数。

```
SELECT 课程号,AVG(成绩) AS 平均成绩,COUNT(学号) AS 选修人数
    FROM CJB
    GROUP BY 课程号;
```

执行结果如图 5.31 所示。

	课程号	平均成绩		选修人数
1	101	78.65		20
2	102	77		11
3	206	75.454545454545454545454545454545454545		11

图 5.31 例 5.37 执行结果

3. 分组筛选

使用 GROUP BY 子句和统计函数对数据进行分组后,还可以使用 HAVING 子句对分组数据做进一步的筛选。例如,查找 XSCJ 数据库中平均成绩在 85 分以上的学生,就是在 CJB 表上按学号分组后筛选出符合平均成绩大于等于 85 的学生。

HAVING 子句的语法格式为:

```
[HAVING<条件表达式>]
```

HAVING 子句的查询条件与 WHERE 子句类似,不同的是 HAVING 子句可以使用统计函数,而 WHERE 子句不可以使用统计函数。

【例 5.38】 查找 XSCJ 数据库中平均成绩在 85 分以上的学生的学号和平均成绩。

```
SELECT 学号, AVG(成绩) AS 平均成绩
    FROM CJB
    GROUP BY 学号
    HAVING AVG(成绩)>=85;
```

执行结果如图 5.32 所示。

	学号	平均成绩
1	151110	91.33333333333333333333333333333333333333
2	151203	87
3	151204	91
4	151241	90

图 5.32 例 5.38 执行结果

在 SELECT 语句中,当 WHERE、GROUP BY 与 HAVING 子句都被使用时,要注意它们的作用和执行顺序:WHERE 用于筛选由 FROM 指定的数据对象;GROUP BY 用于对 WHERE 的结果进行分组;HAVING 则是对 GROUP BY 子句以后的分组数据进行过滤。

【例 5.39】 查找选修课程超过两门且成绩都在 80 分以上的学生的学号。

```
SELECT 学号
    FROM CJB
    WHERE 成绩>=80
    GROUP BY 学号
        HAVING COUNT(*)>2;
```

执行结果如图 5.33 所示。

查询将 CJB 表中成绩大于或等于 80 的记录按学号分组,对每组记录计数,选出记录数大于 2 的各组的学号值形成结果表。

	学号
1	151110

图 5.33 例 5.39 执行结果

【例 5.40】　查找通信工程专业平均成绩在 85 分以上的学生的学号和平均成绩。

```
SELECT 学号,AVG(成绩) AS 平均成绩
    FROM CJB
    WHERE 学号 IN
    (SELECT 学号
      FROM XSB
      WHERE 专业='通信工程'
    )
    GROUP BY 学号
    HAVING AVG(成绩)>=85;
```

执行结果如图 5.34 所示。

先执行 WHERE 查询条件中的子查询,得到通信工程专业所有学生的学号集;然后对 CJB 中的每条记录,判断其学号字段值是否在前面所求得的学号集里,若否则跳过该记录,继续处理下一条记录,若是则加入 WHERE 的结果

	学号	平均成绩
1	151203	87
2	151204	91
3	151241	90

图 5.34　例 5.40 执行结果

集;对 CJB 筛选完后,按学号进行分组,再在各分组记录中选出平均成绩值大于等于 85 的记录,形成最后的结果集。

5.1.6　排序

在应用中经常要对查询的结果排序输出。例如,学生成绩由高到低排序。在 SELECT 语句中,使用 ORDER BY 子句对查询结果进行排序,其语法格式为:

```
[ORDER BY {<排序表达式>[ASC | DESC] } [,...n]
```

其中,排序表达式可以是列名、表达式或一个正整数,当表达式是一个正整数时,表示按表中的该位置上列排序。关键字 ASC 表示升序排列,DESC 表示降序排列,系统默认值为 ASC。

【例 5.41】　将通信工程专业的学生按出生时间先后排序。

```
SELECT *
    FROM XSB
    WHERE 专业='通信工程'
    ORDER BY 出生时间;
```

执行结果如图 5.35 所示。

【例 5.42】　将计算机专业学生的"计算机基础"课程成绩按降序排列。

```
SELECT 姓名,成绩
    FROM XSB,KCB,CJB
    WHERE XSB.学号=CJB.学号 AND CJB.课程号=KCB.课程号
        AND 课程名='计算机基础' AND 专业='计算机'
        ORDER BY 成绩 DESC;
```

执行结果如图 5.36 所示。

	学号	姓名	性别	出生时间	专业	总学分	备注
1	151202	王林	男	1996-01-29	通信工程	40	有一门课不及格,待补考
2	151204	马琳琳	女	1996-02-10	通信工程	42	(null)
3	151216	孙祥欣	男	1996-03-19	通信工程	42	(null)
4	151210	李红庆	男	1996-05-01	通信工程	44	已提前修完一门课,并获得学分
5	151201	王敏	男	1996-06-10	通信工程	42	(null)
6	151206	李计	男	1996-09-20	通信工程	42	(null)
7	151221	刘燕敏	女	1996-11-12	通信工程	42	(null)
8	151241	罗林琳	女	1997-01-30	通信工程	50	转专业学习
9	151220	吴薇华	女	1997-03-18	通信工程	42	(null)
10	151203	王玉民	男	1997-03-26	通信工程	42	(null)
11	151218	孙研	男	1997-10-09	通信工程	42	(null)
12	151242	周何骏	男	1998-09-25	通信工程	90	辅修计算机专业

图 5.35 例 5.41 执行结果

	姓名	成绩
1	张蔚	95
2	赵琳	91
3	韦严平	90
4	林一帆	85
5	王林	80
6	李明	78
7	张强民	66
8	李方方	65
9	严红	63
10	王燕	62

图 5.36 例 5.42 执行结果

5.1.7 合并

使用 UNION 子句可以将两个或多个 SELECT 查询的结果合并成一个结果集,其语法格式为:

```
<SELECT 查询语句 1>
UNION [ALL]<SELECT 查询语句 2>
[UNION [ALL]<SELECT 查询语句 3>[,…n]]
```

使用 UNION 组合两个查询的结果集的基本规则如下:

(1) 所有查询中的列数和列的顺序必须相同。

(2) 数据类型必须兼容。

关键字 ALL 表示合并的结果中包括所有行,不去除重复行。若不使用 ALL,则在合并的结果中去除重复行。含有 UNION 的 SELECT 查询也称为联合查询。

【例 5.43】 查找总学分大于 50 及学号大于 151218 的学生信息。

```
SELECT *
    FROM XSB
    WHERE 总学分>50
UNION
SELECT *
    FROM XSB
    WHERE 学号>'151218';
```

执行结果如图 5.37 所示。

	学号	姓名	性别	出生时间	专业	总学分	备注
1	151107	李明	男	1997-05-01	计算机	54	提前修完数据结构课,并获学分
2	151108	林一帆	男	1996-08-05	计算机	52	已提前修完一门课
3	151220	吴薇华	女	1997-03-18	通信工程	42	(null)
4	151221	刘燕敏	女	1996-11-12	通信工程	42	(null)
5	151241	罗林琳	女	1997-01-30	通信工程	50	转专业学习
6	151242	周何骏	男	1998-09-25	通信工程	90	辅修计算机专业

图 5.37 例 5.43 执行结果

　　UNION 操作常用于归并数据。例如,归并月报表形成年报表、归并各部门数据等。UNION 还可以与 GROUP BY 及 ORDER BY 一起使用,用来对合并所得的结果表进行分组或排序。

5.2　数据库视图

　　视图是从一个或多个表(或视图)导出的表。例如,对于一个学校,其学生的情况存于数据库的一个或多个学生表中,而作为学校的不同职能部门,所关心的学生数据的内容是不同的。即使是同样的数据,也可能有不同的操作要求,于是就可以根据他们的不同需求,在物理的数据库上定义他们对数据库所要求的数据结构,这种根据用户观点所定义的数据结构就是视图。

　　一般我们称表为基表,视图是一个虚表,数据库中只存储视图的定义,对视图的数据进行操作时,系统根据视图的定义去操作与视图相关联的基表。

　　视图可以由以下任意一项组成:一个基表的任意子集;两个或以上基表的合集;两个或以上基表的交集;对一个或多个基表运算的结果集合;另一个视图的子集。

　　视图一经定义,就可以像表一样被查询、修改、删除和更新。

　　使用视图有下列优点:

　　(1)为用户集中数据,简化用户的数据查询和处理。有时,用户所需要的数据分散在多个表中,定义视图可将它们集中在一起,从而方便用户的数据查询和处理。

　　(2)屏蔽数据库的复杂性。用户不必了解复杂的数据库中的表结构,并且数据库表的更改也不影响用户对数据库的使用。

　　(3)简化用户权限的管理。只需授予用户使用视图的权限,而不必指定用户只能使用表的特定列,同时也增加了安全性。

　　(4)便于数据共享。各个用户对于自己所需的数据不必都进行定义和存储,可共享数据库的数据,这样同样的数据只需存储一次。

　　(5)可以重新组织数据,以便输出到其他应用程序中。

5.2.1　创建视图

　　视图在数据库中是作为一个对象来存储的。创建视图前,要保证创建视图的用户已被数据库所有者授权可以使用 CREATE VIEW 语句,并且有权操作视图所涉及的表或其他视图。

　　在 Oracle 11g 中,视图可以用 SQL Developer 创建,也可以用 CREATE VIEW 语句创建。

1. 界面创建视图

　　在 SQL Developer 中创建视图 CS_XS(描述计算机专业学生情况)的操作步骤如下:

　　启动 SQL Developer,展开 myorcl 连接,右击"视图"节点选择"新建视图"菜单项,在"名称"栏中输入视图名 CS_XS,在"SQL 查询"选项页上编辑用于生成该视图的查询语句,如图 5.38 所示,单击"确定"按钮完成视图的创建。

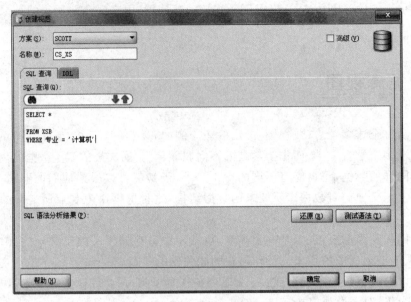

图 5.38　创建视图

在"视图"节点下选择视图 CS_XS,单击"数据"选项卡,将显示视图中的数据,如图 5.39 所示。

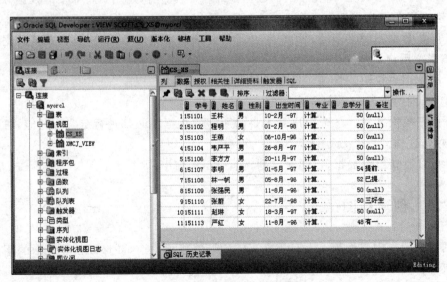

图 5.39　视图 CS_XS 中的数据

2. 命令创建视图

CREATE VIEW 语句语法格式为:

```
CREATE [OR REPLACE] [FORCE | NOFORCE] VIEW [<用户方案名>.]<视图名>
    [(<列名>[,...n])]
AS
```

```
<SELECT 查询语句>
[WITH CHECK OPTION[CONSTRAINT<约束名>]]
[WITH READ ONLY]
```

说明：

（1）OR REPLACE：表示在创建视图时，如果已经存在同名的视图，则要重新创建。如果没有此关键字，则需将已存在的视图删除后才能创建。在创建其他对象时也可使用此关键字。

（2）FORCE：表示强制创建一个视图，无论视图的基表是否存在或拥有者是否有权限，但创建视图的语句语法必须是正确的。NOFORCE 则相反，表示不强制创建一个视图，默认为 NOFORCE。

（3）用户方案名：指定将创建的视图所属用户方案，默认为当前登录的账号。

（4）列名：可以自定义视图中包含的列。若使用与源表或视图中相同的列名时，则不必给出列名。

（5）SELECT 查询语句：可在 SELECT 语句中查询多个表或视图，以表明新创建的视图所参照的表或视图。

（6）WITH CHECK OPTION：指出在视图上所进行的修改都要符合 SELECT 语句所指定的限制条件，这样可以确保数据修改后，仍可通过视图查询到修改的数据。例如对于 CS_XS 视图，只能修改除"专业"字段以外的字段值，而不能把"专业"字段的值改为"计算机"以外的值，以保证仍可通过 CS_XS 查询到修改后的数据。

（7）CONSTRAINT：约束名称，默认值为 SYS_Cn，n 为整数（唯一）。

（8）WITH READ ONLY：规定视图中不能执行删除、插入、更新操作，只能检索数据。

对于上述<SELECT 查询语句>，视图的内容就是<SELECT 查询语句>指定的内容。视图可以非常复杂。在下列一些情况下，必须指定列的名称。

① 由算术表达式、系统内置函数或者常量得到的列。

② 共享同一个表名连接得到的列。

③ 希望视图中的列名与基表中的列名不同的时候。

注意：视图只是逻辑表，它不包含任何数据。

【例 5.44】 创建 CS_KC 视图，包括计算机专业各学生的学号、其选修的课程号及成绩。要保证对该视图的修改都符合专业名为"计算机"这个条件。

```
CREATE OR REPLACE VIEW CS_KC
    AS
    SELECT XSB.学号, 课程号, 成绩
        FROM XSB, CJB
        WHERE XSB.学号=CJB.学号 AND 专业='计算机'
        WITH CHECK OPTION;
```

创建视图时，源表可以是基表也可以是视图。

【例 5.45】 创建计算机专业学生的平均成绩视图 CS_KC_AVG，包括学号（在视图中列名为 num）和平均成绩（在视图中列名为 score_avg）。

```
CREATE VIEW CS_KC_AVG(num, score_avg)
```

```
        AS
    SELECT 学号, AVG(成绩)
        FROM CS_KC
        GROUP BY 学号;
```

5.2.2　查询视图

视图定义后,就可以如同查询基表那样对视图进行查询。

【例 5.46】　查找计算机专业的学生学号和选修的课程号。

```
SELECT 学号,课程号
    FROM CS_KC;
```

【例 5.47】　查找平均成绩在 80 分以上的学生的学号和平均成绩。

本例首先创建学生平均成绩视图 XS_KC_AVG,包括学号(在视图中列名为 num)和平均成绩(在视图中列名为 score_avg)。

```
CREATEOR REPLACE VIEW XS_KC_AVG (num,score_avg)
    AS
    SELECT 学号, AVG(成绩)
        FROM CJB
        GROUP BY 学号;
```

再对 XS_KC_AVG 视图进行查询。

```
SELECT *
    FROM XS_KC_AVG
    WHERE score_avg>=80;
```

执行结果如图 5.40 所示。

	NUM	SCORE_AVG
1	151110	91.333333333333333333333333333333333333
2	151201	80
3	151203	87
4	151204	91
5	151216	81
6	151220	82
7	151241	90

图 5.40　例 5.47 执行结果

从以上两例可以看出,创建视图可以向最终用户隐藏复杂的表连接,简化了用户的 SQL 程序设计。视图还可通过在创建视图时指定限制条件和指定列来限制用户对基表的访问。例如,若限定某用户只能查询 CS_XS 视图,实际上就是限制了他只能访问 XSB 表的计算机专业的学生信息。在创建视图时可以指定列,实际上也就是限制了用户只能访问这些列,故视图也可视为数据库的安全设施之一。

使用视图查询时,若其关联的基表中添加了新字段,则必须重新创建视图才能查询到新字段。例如,若 XSB 表新增了"籍贯"字段,那么在该表上创建的 CS_XS 视图若不重建,则

以下查询

```
SELECT * FROM CS_XS
```

的结果将不包含"籍贯"字段。只有重建 CS_XS 视图后再对该表查询,结果才会包含"籍贯"字段。如果与视图相关联的表或视图被删除,则该视图将不能再使用。

5.2.3 更新视图

通过更新视图(包括插入、修改和删除操作)数据可以修改基表数据。注意,并不是所有的视图都可以更新,只有满足可更新条件的视图才能进行更新。

1. 可更新视图

要通过视图更新基表数据,必须保证视图是可更新视图。可更新视图满足以下条件:

(1) 没有使用连接函数、集合运算函数和组函数。

(2) 创建视图的 SELECT 语句中没有聚合函数且没有 GROUP BY、ONNECT BY、START WITH 子句及 DISTINCT 关键字。

(3) 创建视图的 SELECT 语句中不包含从基表列通过计算所得的列。

(4) 创建视图没有包含只读属性。

例如,前面创建的视图 CS_XS 和 CS_KC 是可更新视图,而 CS_KC_AVG 是不可更新的视图。

2. 插入数据

使用 INSERT 语句通过视图向基本表插入数据。

【例 5.48】 向 CS_XS 视图中插入一条记录:('151115','刘明仪','计算机',男,'1996-3-2',50,'三好学生')。

```
INSERT INTO CS_XS
    VALUES('151115', '刘明仪', '男',TO_DATE('19960302','YYYYMMDD'), '计算机',50,
    '三好学生');
```

用 SQL Developer 打开 XSB 表,将会看到该表已添加了学号为 151115 的数据行,如图 5.41 所示。

当视图所依赖的基本表有多个时,不能向该视图插入数据,因为这将会影响多个基表。例如,不能向 CS_KC 视图插入数据,因为 CS_KC 依赖 XSB 和 CJB 两个基本表。

3. 修改数据

使用 UPDATE 语句可以通过视图修改基本表的数据。

【例 5.49】 将 CS_XS 视图中所有学生的总学分增加 8 分。

```
UPDATE CS_XS
    SET 总学分=总学分+8;
```

该语句实际上是将 CS_XS 视图所依赖的基本表 XSB 中所有专业为"计算机"的记录的总学分字段值在原来基础上增加 8 分。

若一个视图依赖于多个基本表,则修改一次该视图只能变动一个基本表的数据。

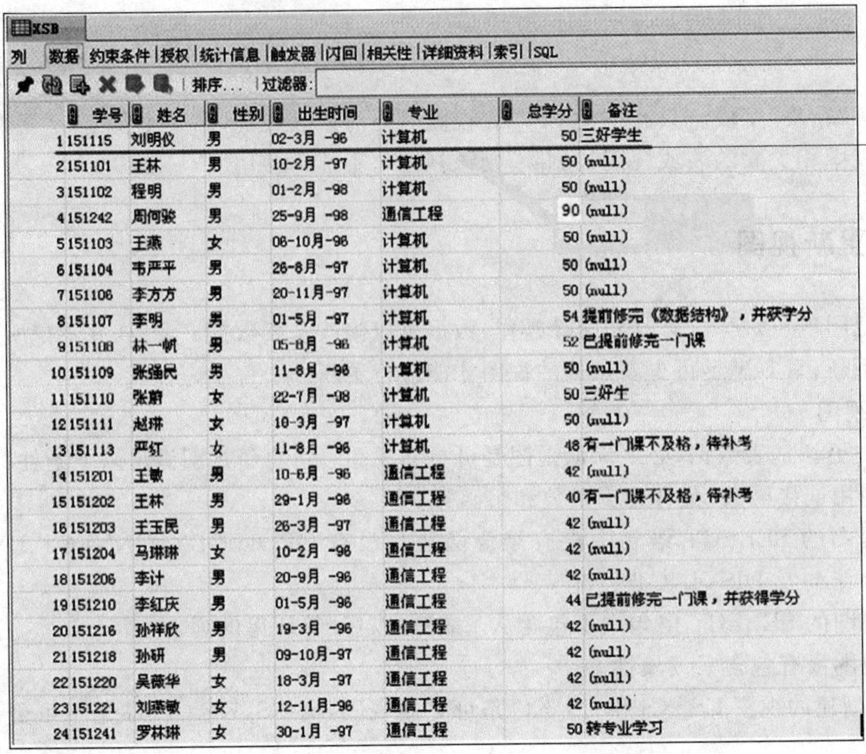

	学号	姓名	性别	出生时间	专业	总学分	备注
1	151115	刘明仪	男	02-3月 -96	计算机	50	三好学生
2	151101	王林	男	10-2月 -97	计算机	50	(null)
3	151102	程明	男	01-2月 -98	计算机	50	(null)
4	151242	周何骏	男	25-9月 -98	通信工程	90	(null)
5	151103	王燕	女	06-10月-96	计算机	50	(null)
6	151104	韦严平	男	26-8月 -97	计算机	50	(null)
7	151106	李方方	男	20-11月-97	计算机	50	(null)
8	151107	李明	男	01-5月 -97	计算机	54	提前修完《数据结构》，并获学分
9	151108	林一帆	男	05-8月 -96	计算机	52	已提前修完一门课
10	151109	张强民	男	11-8月 -98	计算机	50	(null)
11	151110	张蔚	女	22-7月 -98	计算机	50	三好生
12	151111	赵琳	女	18-3月 -97	计算机	50	(null)
13	151113	严红	女	11-8月 -96	计算机	48	有一门课不及格，待补考
14	151201	王敏	男	10-6月 -96	通信工程	42	(null)
15	151202	王林	男	29-1月 -96	通信工程	40	有一门课不及格，待补考
16	151203	王玉民	男	26-3月 -97	通信工程	42	(null)
17	151204	马琳琳	女	10-2月 -96	通信工程	42	(null)
18	151206	李计	男	20-9月 -96	通信工程	42	(null)
19	151210	李红庆	男	01-5月 -96	通信工程	44	已提前修完一门课，并获得学分
20	151216	孙祥欣	男	19-3月 -96	通信工程	42	(null)
21	151218	孙研	男	09-10月-97	通信工程	42	(null)
22	151220	吴薇华	女	18-3月 -97	通信工程	42	(null)
23	151221	刘燕敏	女	12-11月-96	通信工程	42	(null)
24	151241	罗林琳	女	30-1月 -97	通信工程	50	转专业学习

图 5.41　例 5.48 向视图中插入记录

【例 5.50】 将 CS_KC 视图中学号为 151101 的学生的 101 号课程成绩改为 90。

```
UPDATE CS_KC
    SET 成绩=90
    WHERE 学号='151101' AND 课程号='101';
```

本例中,视图 CS_KC 依赖于 XSB 和 CJB 两个基本表,对 CS_KC 视图的一次修改只能改变学号(源于 XSB 表)或者课程号和成绩(源于 CJB 表)。例如,以下的修改是错误的:

```
UPDATE CS_KC
    SET 学号='151120', 课程号='208'
    WHERE 成绩=90;
```

4. 删除数据

使用 DELETE 语句可以通过视图删除基本表的数据。但要注意,对于依赖于多个基本表的视图,不能使用 DELETE 语句。例如,不能通过对 CS_KC 视图执行 DELETE 语句而删除与之相关的基本表 XSB 表及 CJB 表的数据。

【例 5.51】 删除视图 CS_XS 中女学生的记录。

```
DELETE FROM CS_XS
    WHERE 性别='女';
```

5.2.4 修改视图的定义

1. 界面修改视图

在"视图"节点下找到要修改的视图,右击选择"编辑"菜单项,弹出"编辑视图"窗口,在窗口中的"SQL 查询"栏中输入要修改的 SELECT 语句,如图 5.42 所示,再在"查看信息"选项页中选中"创建时强制执行"和"只读"选项。修改完后单击"确定"按钮即可。

图 5.42 修改 CS_XS 视图

2. 命令修改视图

Oracle 提供了 ALTER VIEW 语句,但它不是用于修改视图定义,只是用于重新编译或验证现有视图。在 Oracle 11g 系统中,没有单独的修改视图的语句,修改视图定义的语句就是创建视图的语句。

修改视图而不是删除和重建视图的好处是:所有相关的权限等安全性都依然存在。如果是删除和重建名称相同的视图,那么系统依然把其作为不同的视图来对待。

【例 5.52】 修改 CS_KC 视图的定义,增加姓名、课程名和成绩字段。

```
CREATE OR REPLACE FORCE VIEW CS_KC
    AS
    SELECT XSB.学号, XSB.姓名, CJB.课程号, KCB.课程名, 成绩
        FROM XSB, CJB, KCB
        WHERE XSB.学号=CJB.学号 AND CJB.课程号=KCB.课程号
            AND 专业='计算机'
        WITH CHECK OPTION;
```

执行结果如图 5.43 所示。

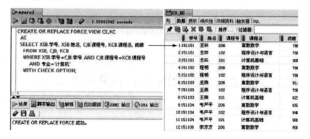

图 5.43 修改 CS_KC 视图

5.2.5　删除视图

如果不再需要某个视图了,那么可以把它从数据库中删除。删除一个视图,其实就是删除其定义和赋予的全部权限,删除后也就不能再继续使用基于该视图创建的任何其他视图了。

(1) 使用 SQL Developer 删除视图。右击要删除的视图,选择"删除"菜单项,在弹出的确认对话框中单击"应用"按钮即可,如图 5.44 所示。

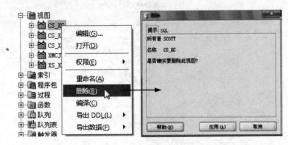

图 5.44　删除视图

(2) 使用 SQL 语句删除视图。删除视图用 DROP VIEW 语句,格式为:

```
DROP VIEW CS_KC;
```

例如:

```
DROP VIEW CS_KC;
```

将删除视图 CS_KC。

5.3　含替换变量的查询

在日常工作中,有些查询的许多条件不能事先确定,只能在执行时才能根据实际情况来确定,这就客观上要求在查询语句中提供可替换的变量,用来临时存储有关的数据。视查询条件的复杂程度,Oracle 使用 3 种类型的替换变量。

5.3.1　& 替换变量

在 SELECT 语句中,如果某个变量前面使用了 & 符号,那么表示该变量是一个替换变量。在执行 SELECT 语句时,系统会提示用户为该变量提供一个具体的值。

【例 5.53】　查询 XSCJ 数据库 XSB 表某专业的学生情况。

```
SELECT 学号, 姓名
    FROM XSB
    WHERE 专业=&specialty_name;
```

上面的例子，WHERE 子句中使用了一个变量 &specialty_name。该变量前面加上了 & 符号，因此是替换变量。当执行 SELECT 语句时，SQL Developer 会提示用户为该变量赋值。输入"'计算机'"，然后执行该 SELECT 语句。执行过程及结果如图 5.45 所示。

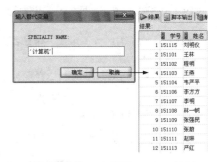

注意：替换变量是字符类型或日期类型的数据，输入值必须用单引号括起来。为了在输入数据时不需要输入单引号，也可以在 SELECT 语句中把变量用单引号括起来。故本例也可以使用如下 SELECT 语句：

图 5.45　例 5.53 执行过程及结果

```
SELECT 学号, 姓名
    FROM XSB
    WHERE 专业='&specialty_name';
```

为了在执行变量替换之前显示如何执行替换的值，可以使用 SET VERIFY ON 命令。

【**例 5.54**】　查找平均成绩在某个分数线以上的学生的学号、姓名和平均成绩。

```
SET VERIFY ON
SELECT *
    FROM XS_KC_AVG
    WHERE score_avg>=&score_avg;
```

当把分数线设定为 80 分时，上面语句执行的过程与结果如图 5.46 所示。

```
CX 命令提示符 - sqlplus                                        _ □ X
Oracle Database 11g Enterprise Edition Release 11.2.0.1.0 - Production
With the Partitioning, OLAP, Data Mining and Real Application Testing options

SQL> SET VERIFY ON
SQL> SELECT *
  2           FROM XS_KC_AVG
  3           WHERE score_avg>=&score_avg;
输入 score_avg 的值: 80
原值    3:       WHERE score_avg>=&score_avg
新值    3:       WHERE score_avg>=80

NUM      SCORE_AVG
------   ---------
151101   81.3333333
151110   91.3333333
151201          80
151203          87
151204          91
151216          81
151220          82
151241          90

已选择8行。

SQL>
```

图 5.46　例 5.54 执行过程与结果

替换变量不仅可以用在 WHERE 子句中，而且还可以用在下列情况中：

(1) ORDER BY 子句。

(2) 列表达式。

(3) 表名。

(4) 整个 SELECT 语句。

【例 5.55】　查找选修了"离散数学"课程的学生学号、姓名、课程名及成绩。

```
SELECT XSB.学号, &name, 课程名, &column
    FROM XSB, KCB, CJB
    WHERE XSB.学号=CJB.学号 AND &condition
            AND 课程名=&kcm
    ORDER BY & column;
```

执行过程及结果如图 5.47 所示。

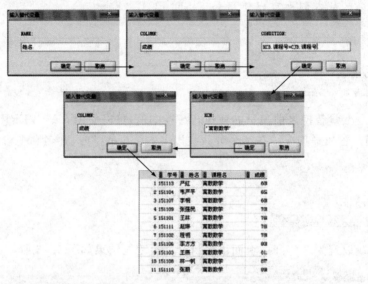

图 5.47　例 5.55 执行过程及结果

5.3.2　&& 替换变量

在 SELECT 语句中,有时希望重复使用某个变量但又不希望系统重复提示输入该值,可以使用 && 替换变量。

【例 5.56】　查询选修课程超过两门且成绩在 75 分以上的学生的学号。

```
SELECT &&column
    FROM CJB
    WHERE 成绩>=75
    GROUP BY &column
    HAVING COUNT(*)>2;
```

执行过程及结果如图 5.48 所示。

本例为该变量提供了相同的值"成绩",但在输入变量 &column 值时需要输入两次,如果两次的输入值不同,则系统会将它作为两个不同的变量解释。

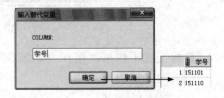

图 5.48　例 5.56 执行过程及结果

5.3.3 变量定义

为了在 SQL 语句中使用定义变量,还可以使用 DEFINE 和 ACCEPT 命令。

(1) DEFINE 命令用来创建一个数据类型为 CHAR 用户定义的变量。相反地,使用 UNDEFINE 命令可以清除定义的变量。语法格式为:

```
DEFINE [<变量名>[=<变量值>]]
```

其中,如果不带任何参数,直接使用 DEFINE 命令,则显示所有用户定义的变量。DEFINE <变量值>是显示指定变量的值和数据类型。DEFINE <变量名>=<变量值>是创建一个 CHAR 类型的用户变量,且为该变量赋初值。

【例 5.57】 定义一个变量 specialty,并为它赋值"通信工程"。然后,显示该变量信息。

```
DEFINEspecialty=通信工程
DEFINEspecialty
```

执行结果如图 5.49 所示。

【例 5.58】 查询专业为"通信工程"的学生情况,引用上例中定义的变量 specialty。

图 5.49 例 5.57 执行结果

```
SELECT 学号, 姓名, 性别, 出生时间, 总学分
    FROM XSB
    WHERE 专业='&specialty';
```

执行结果如图 5.50 所示。

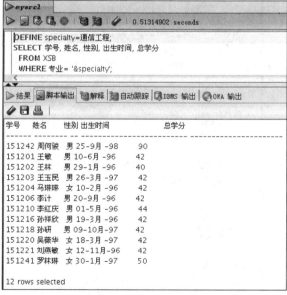

图 5.50 例 5.58 执行结果

(2) 使用 ACCEPT 命令可以定制一个用户提示,用来提示用户输入指定的数据。在使

用 ACCEPT 定义变量时,可以明确地指定该变量是 NUMBER 还是 DATE 数据类型。为安全起见,还可以隐藏用户的输入。语法格式为:

```
ACCEPT<变量名>[<数据类型>] [FORMAT<格式模式>]
    [PROMPT<提示文本>] [HIDE]
```

其中,如果指定接受值的变量名不存在,系统会自动创建该变量。变量的数据类型可以是 NUMBER、CHAR 和 DATE 类型,默认为 CHAR。FORMAT 关键字定义指定的格式模式。PROMPT 关键字指定在用户输入数据之前显示的提示文本。HIDE 指定是否隐藏用户输入。

【例 5.59】 使用 ACCEPT 定义一个变量 num,并且指定提示文本。根据这个变量的值查询选修该课程的学生学号、课程名和成绩。

```
ACCEPT  num  PROMPT'请输入课程号:'
SELECT 学号,课程名,成绩
    FROM CJB,KCB
    WHERE CJB.课程号=KCB.课程号 AND KCB.课程号='&num'
    ORDER BY 成绩;
```

执行过程及结果如图 5.51 所示。

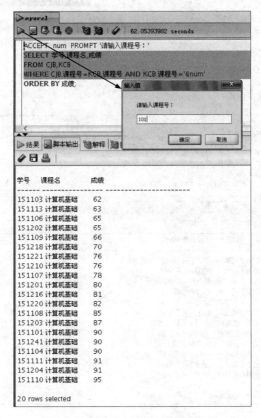

图 5.51　例 5.59 执行过程及结果

索引与数据完整性

当查阅图书中某些内容时,为了提高查阅速度,并不是从书的第一页开始顺序查找,而是首先查看图书的目录索引,找到需要的内容在目录中所列的页码,然后根据这一页码直接找到需要的章节。在 Oracle 中,为了从数据库大量的数据中迅速找到需要的内容,也采用了类似于书的目录这样的索引技术。

6.1 索引

在 Oracle 11g 中,索引是一种供服务器在表中快速查找一行的数据库结构。在数据库中建立索引主要有以下作用:

(1) 快速存取数据。

(2) 既可以改善数据库性能,又可以保证列值的唯一性。

(3) 实现表与表之间的参照完整性。

(4) 在使用 ORDER BY、GROUP BY 子句进行数据检索时,利用索引可以减少排序和分组的时间。

6.1.1 索引的分类

在关系数据库中,每一行都有一个行唯一标识 RowID,RowID 包括该行所在的条件、在文件中的块数和块中的行号。索引中包含一个索引条目,每一个索引条目都有一个键值和一个 RowID,其中键值可以是一列或者多列的组合。

(1) 索引按存储方法分类,可以分为 B* 树索引和位图索引两类。

① B* 树索引:其存储结构与图书的索引结构类似,有分支和叶两种类型的存储数据块,分支块相当于图书的大目录,叶块相当于索引到的具体的书页。Oracle 用 B* 树机制存储索引条目,以保证用最短路径访问键值。默认情况下大多使用 B* 树索引,该索引就是通常所说的唯一索引、逆序索引。

② 位图索引:主要用来节省空间,减少 Oracle 对数据块的访问。它采用位图偏移方式来与表的行 ID 号对应。采用位图索引一般是在重复值太多的表字段情况下。位图索引在实际密集型 OLTP(数据事务处理)中用得比较少,因为 OLTP 会对表进行大量的删除、修改和新建操作,Oracle 每次进行操作都会对要操作的数据块加锁,所以以多人操作时很容易

产生数据块加锁、等待甚至死锁现象。在 OLAP(数据分析处理)中应用位图索引有优势,因为 OLAP 中大部分是对数据库的查询操作,而且一般采用数据仓库技术,所以大量数据采用位图索引时节省空间比较明显。当创建表的命令中包含有唯一性关键字时,不能创建位图索引。创建全局分区索引时也不能选用位图索引。

(2) 索引按功能和索引对象可分为以下 6 种类型。

① 唯一索引:唯一索引意味着有两行记录不能有相同的索引键值。唯一索引表中的记录没有 RowID,所以不能再对其建立其他索引。在 Oracle 11g 中,要建立唯一索引,必须在表中设置主关键字,建立了唯一索引的表只按照该唯一索引结构排序。

② 非唯一索引:不对索引列的值进行唯一性限制的称为非唯一索引。

③ 分区索引:分区索引是指索引可以分散地存在于多个不同的表空间中,其优点是可以提高数据查询的效率。

④ 未排序索引:也称为正向索引,由于 Oracle 11g 数据库中的行是按升序排序的,因此创建索引时不必指定对其排序而使用默认的顺序。

⑤ 逆序索引:也称为反向索引,该索引同样保持索引列按顺序排列,但是颠倒已索引的每列的字节。

⑥ 基于函数的索引:是指索引中的一列或者多列是一个函数或者表达式,索引根据函数或者表达式计算索引列的值。可以将基于函数的索引创建成为位图索引。

另外,按照索引所包含的列数可以把索引分为单列索引和复合索引。索引列只有一列的索引则称为单列索引,对多列同时索引则称为复合索引。

6.1.2　使用索引的原则

在正确使用的前提下,索引可以提高检索相应的表的速度。当用户考虑在表中使用索引时,应遵循下列一些基本的原则:

(1) 在表中插入数据后创建索引。在表中插入数据后,创建索引效率将更高。因为如果在装载数据之前创建索引,那么插入每行时 Oracle 都必须更改索引。

(2) 索引正确的表和列。如果经常检索的内容仅为包含大量数据的表中少于 15% 的行,就需要创建索引。为了改善多个表的相互关系,常常使用索引列进行关系连接。

注意:主键和唯一关键字所在的列自动建立索引,但应该在与之关联的表中的外部关键字所在的列上创建索引。

(3) 合理安排索引列。在 CREATE INDEX 语句中,列的排序会影响查询的性能,通常将最常用的列放在前面。创建一个索引来提高多列查询时,应该清楚地了解这个多列索引对什么列的存取有效,对什么列的存取无效。

例如,当在 A、B、C 3 列上创建索引时,实际得到的顺序如下:

A

AB

ABC

所以,可以获得 A 列的索引、A 和 B 列结合的索引以及 A、B、C 3 列结合的索引。不能得到的顺序如下:

B

BC

C

如果用户经常需要用到的列存取是 BC,那么应该考虑更改索引。

(4) 限制表中索引的数量。尽管表可以有任意数量的索引,但是索引越多,则在修改表中的数据时对索引做出相应更改的工作量也越大,效率也就越低。因此,应及时删除目前不用的索引。

(5) 指定索引数据块空间。创建索引时,索引的数据块是用表中现存的值填充的,直到达到 PCTREE 为止。因此,如果打算将许多行插入到被索引的表中,PCTREE 就应该设置得大一点。不能给索引指定 PCTUSED。

(6) 根据索引大小设置存储参数。创建索引之前应先估计索引的大小,以便更好地规划和管理磁盘空间。单个索引项的最大值大约是数据块大小的一半。

6.1.3　创建索引

在创建数据库表时,如果表中包含有唯一关键字或主关键字,则 Oracle 11g 自动为这两种关键字所包含的列建立索引。如果不特别指定,系统将默认为该索引定义一个名字。例如,将 XSB 表的“学号”列设置为主关键字,表建立之后,系统就在 XSB 表的“学号”列上建立了一个索引。这种方法创建的索引是非排序索引,即正向索引,以 B* 树形式存储。

1. 界面创建索引

以在 XSB 表的“姓名”列创建索引为例,使用 SQL Developer 创建索引的操作过程如下:

(1) 启动 SQL Developer,展开连接 myorcl,右击要创建索引的 XSB 表,选择“索引”菜单下的“创建索引”子菜单项,如图 6.1 所示。

图 6.1　“创建索引”子菜单项

(2) 在弹出的“创建索引”窗口中创建索引,如图 6.2 所示。在“名称”栏中输入索引名称 XSB_NAME_INDEX;在“定义”选项页的“表”栏中选择要创建索引的表,这里为 XSB;在

"类型"栏中选择索引的类型,这里选择"普通"表示普通索引,"不唯一"表示建立非唯一索引;单击右侧➕按钮,"索引"栏中将会出现 XSB 表的第一列"学号",在"列名或表达式"下拉框中选择要添加索引的列为"姓名",如果要添加复合索引则继续单击➕按钮进行添加,在"顺序"栏中可以选择索引按升序还是降序排列。

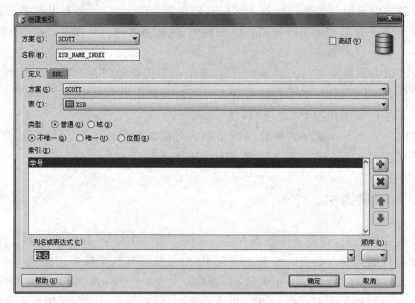

图 6.2　"创建索引"窗口

（3）所有选项设置完后单击"确定"按钮完成索引的创建,索引创建完后单击 XSB 表,在"索引"选项页可以看到新创建的索引 XSB_NAME_INDEX,如图 6.3 所示。

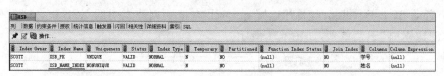

图 6.3　索引创建成功

2. 命令创建索引

使用 SQL 命令可以灵活方便地创建索引。在使用 SQL 命令创建索引时,必须满足下列条件之一:

- 索引的表或簇必须在自己的模式中。
- 必须在要索引的表上具有 INDEX 权限。
- 必须具有 CREATE ANY INDEX 权限。

语法格式为:

```
CREATE [UNIQUE|BITMAP] INDEX      /*索引类型*/
     [<用户方案名>.]<索引名>
   ON  <表名>(<列名>|<列名表达式>[ASC|DESC] [,...n])
[LOGGING | NOLOGGING]                /*指定是否创建相应的日志记录*/
[COMPUTE STATISTICS]                 /*生成统计信息*/
```

```
[COMPRESS | NOCOMPRESS]          /* 对复合索引进行压缩 */
[TABLESPACE<表空间名>]            /* 索引所属表空间 */
[SORT | NOSORT]                  /* 指定是否对表进行排序 */
[REVERSE]
```

说明：

(1) UNIQUE：指定索引所基于的列(或多列)值必须唯一。默认的索引是非唯一索引。Oracle 建议不要在表上显式定义 UNIQUE 索引。

(2) BITMAP：指定创建位图索引而不是 B* 索引。位图索引保存的行标识符与作为位映射的键值有关。位映射中的每一位都对应于一个可能的行标识符,位设置意味着具有对应行标识符的行包含该键值。

(3) <用户方案名>：表示包含索引的方案。若忽略则 Oracle 在自己的方案中创建索引。

(4) ON 子句：在指定表的列中创建索引,ASC 和 DESC 分别表示升序索引和降序索引。

(5) <列名表达式>：用指定表的列、常数、SQL 函数和自定义函数创建的表达式,用于创建基于函数的索引。指定列名表达式以后用基于函数的索引查询时,必须保证查询该列名表达式不为空。

(6) LOGGING|NOLOGGING：LOGGING 选项规定在创建索引时,创建相应的日志记录;NOLOGGING 选项则表示创建索引时不产生重做日志信息,默认为 LOGGING。

(7) COMPUTE STATISTICS：该选项表示在创建索引时直接生成索引的统计信息,这样可以避免以后对索引进行分析操作。

(8) COMPRESS|NOCOMPRESS：对于复合索引,如果指定了 COMPRESS 选项,则可以在创建索引时对重复的索引值进行压缩,以节省索引的存储空间,但对索引进行压缩后将会影响索引的使用效率,默认为 NOCOMPRESS。

(9) SORT|NOSORT：默认情况下,Oracle 在创建索引时会对表中的记录进行排序,如果表中的记录已按顺序排序,可以指定 NOSORT 选项,这样可以省略创建索引时对表进行的排序操作,加快索引的创建速度。但若索引列或多列的行不按顺序保存,Oracle 就会返回错误,默认为 SORT。

(10) REVERSE：指定以反序索引块的字节,不包含行标识符。NOSORT 不能与该选项一起指定。

【例 6.1】 为 KCB 表的课程名列创建索引。

```
CREATE INDEXkcb_name_idx
    ON KCB(课程名);
```

执行结果如图 6.4 所示。

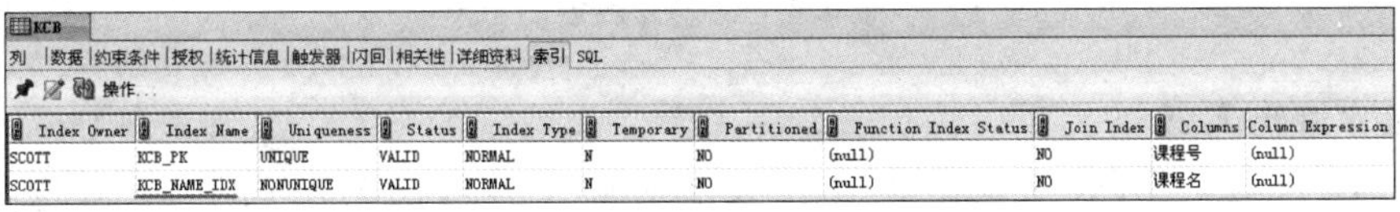
KCB
列 |数据 |约束条件 |授权 |统计信息 |触发器 |闪回 |相关性 |详细资料 |索引 |SQL
操作...

Index Owner	Index Name	Uniqueness	Status	Index Type	Temporary	Partitioned	Function Index Status	Join Index	Columns	Column Expression
SCOTT	KCB_PK	UNIQUE	VALID	NORMAL	N	NO	(null)	NO	课程号	(null)
SCOTT	KCB_NAME_IDX	NONUNIQUE	VALID	NORMAL	N	NO	(null)	NO	课程名	(null)

图 6.4 例 6.1 执行结果

【例 6.2】 根据 XSB 表的姓名列和出生时间列创建复合索引。

```
CREATE INDEX XSB_ind
    ON XSB(姓名，出生时间);
```

执行结果如图 6.5 所示。

Index Owner	Index Name	Uniqueness	Status	Index Type	Temporary	Partitioned	Function Index Status	Join Index	Columns	Column Expression
SCOTT	XSB_PK	UNIQUE	VALID	NORMAL	N	NO	(null)	NO	学号	(null)
SCOTT	XSB_IND	NONUNIQUE	VALID	NORMAL	N	NO	(null)	NO	姓名，出…	(null)
SCOTT	XSB_NAME_INDEX	NONUNIQUE	VALID	NORMAL	N	NO	(null)	NO	姓名	(null)

图 6.5　例 6.2 执行结果

注意：对于已经创建了索引的列或组合列，不能再在同一列上创建其他索引。

6.1.4　维护索引

创建索引之后，还需要经常性地修改维护。索引的修改维护操作包括改变索引的物理和存储特征值、为索引添加空间、收回索引所占的空间、重新创建索引等。

1. 界面维护索引

右击 XSB 表选择"编辑"菜单项，在"编辑表"窗口左侧选择"索引"选项，在中间"索引"框中选中要维护的索引，在右侧"索引属性"组中修改索引的信息，单击"确定"按钮后完成修改，如图 6.6 所示。

图 6.6　维护修改索引

2. 命令维护索引

使用 ALTER INDEX 命令维护索引必须在操作者自己的模式中，或者操作者拥有 ALTER ANY INDEX 系统权限。ALTER INDEX 语句的语法格式为：

```
ALTER INDEX [<用户方案名>.]<索引名>
[LOGGING | NOLOGGING]
[TABLESPACE<表空间名>]
[SORT | NOSORT]
[REVERSE]
[RENAME TO<新索引名>]
```

说明：RENAME TO 子句用于修改索引的名称，其余选项与 CREATE INDEX 语句中相同。

【例 6.3】　重命名索引 kcb_name_idx。

```
ALTER INDEX kcb_name_idx
    RENAME TO kcb_idx;
```

执行结果如图 6.7 所示。

图 6.7　例 6.3 执行结果

6.1.5　删除索引

1. 界面删除索引

在 SQL Developer 中，右击索引所在的表，选择"索引"菜单项的"删除"子菜单项，在弹出的"删除"窗口中选择要删除的索引，如图 6.8 所示，单击"应用"按钮即可。

图 6.8　删除索引

2. 命令删除索引

语法格式为：

```
DROP INDEX [<用户方案名>.]<索引名>
```

【例 6.4】　删除 XSCJ 数据库中 XSB 表的复合索引 XSB_ind。

```
DROP INDEX XSB_ind;
```

6.2 数据完整性

Oracle 使用完整性约束防止不合法的数据进入到基表中。管理员和开发人员可以定义完整性规则,以增强商业规则,限制数据表中的数据。如果一个 DML 语句执行的任何结果破坏了完整性约束,Oracle 就会回滚语句,返回错误信息。

例如,假设在 KCB 表的"开课学期"列上定义了完整性约束,要求该列的值只能是 1~8。如果 INSERT 或者 UPDATE 语句向该列插入大于 8 的值,Oracle 将回滚语句,并返回错误信息。

使用完整性约束有以下好处:

(1) 在数据库应用的代码中增强了商业规则。

(2) 使用存储过程,完整控制对数据的访问。

(3) 增强了触发存储数据库过程的商业规则。

在定义完整性约束时,一般使用 SQL 语句。当定义和修改完整性约束时,不需要额外编程。SQL 语句很容易编写,可减少编程错误,Oracle 能够控制其功能。为此,推荐使用应用代码和数据库触发器声明完整性约束,这比使用存储过程声明要好。

完整性规则定义在表上,存储在数据字典中。应用程序的任何数据都必须满足表的相同的完整性约束。通过将商业规则从应用代码中移至中心完整性约束,数据库的表能够保证存储合法的数据,并需要了解数据库应用是如何操纵信息的。存储过程不能提供表的中心规则。数据库触发器可以提供这些好处,但是实现的复杂性远远大于完整性约束。

如果通过完整性约束增强的商业规则改变了,管理员只需修改完整性约束,所有的应用会自动与修改后的约束保持一致。相反,如果使用应用增强商业规则,开发人员则需要修改所有代码,重新编译、调试和测试修改后的应用程序。

Oracle 将每个完整性约束的特定信息存储在数据字典中,可以使用这些信息设计数据库应用,为完整性约束提供当前的用户反馈。

6.2.1 数据完整性的分类

数据的完整性就是指数据库中的数据在逻辑上的一致性和准确性。一般情况下,可以把数据完整性分成 3 种类型:域完整性、实体完整性和参照完整性。

1. 域完整性

域完整性又称为列完整性,指定一个数据集对某一个列是否有效和确定是否允许空值。域完整性通常是使用有效性检查来实现的,还可以通过限制数据类型、格式或者可能的取值范围来实现。例如,对于数据库 XSCJ 的 KCB 表,课程的学分应为 0~10,为了对学分这一数据项输入的数据范围进行限制,可以在定义 KCB 表的同时定义学分列的约束条件以达到这一目的。

2. 实体完整性

实体完整性又称为行完整性,要求表中的每一行有一个唯一的标识符,这个标识符就是主关键字。例如,居民身份证号是唯一的,这样才能唯一地确定某一个人。通过索引、UNIQUE 约束、PRIMARY KEY 约束可实现数据的实体完整性。例如,对于 XSCJ 数据库中的 XSB 表,"学号"作为主关键字,每一个学生的学号能唯一地标识该学生对应的行记录信息,那么在输入数据时,就不能有相学生号的行记录,通过对"学号"这一字段建立主键约束可实现 XSB 表的实体完整性。

3. 参照完整性

参照完整性又称为引用完整性,它保证主表与从表(被参照表)中数据的一致性。在 Oracle 中,参照完整性的实现是通过定义外键(FOREIGN KEY)与主键(PRIMARY KEY)之间的对应关系实现的。如果在被引用表中的一行被某外关键字引用,那么这一行既不能被删除,也不能修改主关键字。参照完整性确保键值在所有表中一致。

主键是指在表中能唯一标识表的每个数据行的一个或多个表列。外键是指如果一个表中的一个或若干个字段的组合是另一个表的主键,则称该字段或字段组合为该表的外键。

例如,对于 XSCJ 数据库中 XSB 表的每一个学号,在 CJB 表中都有相关的课程成绩记录,将 XSB 作为主表,"学号"字段定义为主键,CJB 作为从表,表中的"学号"字段定义为外键,从而建立主表和从表之间的联系实现参照完整性。XSB 和 CJB 表的对应关系如表 6.1 和表 6.2 所示。

主键↓

表 6.1　XSB 表

学号	姓名	性别	出生时间	专业	…
101101	王林	男	1992-02-10	计算机	…
101103	王燕	女	1991-10-06	计算机	…
101108	林一帆	男	1991-08-05	计算机	…

外键↓

表 6.2　CJB 表

学号	课程号	成绩
101101	101	80
101101	102	78
101101	206	76
101103	101	62
101103	102	70
101108	101	85

一旦定义了两个表之间的参照完整性,则有如下要求:

(1) 从表不能引用不存在的键值。例如,对于 CJB 表中行记录出现的学号必须是 XSB 表中已经存在的学号。

(2) 如果主表中的键值更改了,那么在整个数据库中,对从表中该键值的所有引用都要进行一致更改。例如,如果对 XSB 表中的某一学号进行了修改,则对 CJB 表中所有对应学号也要进行相应修改。

(3) 如果主表中没有关联的记录,则不能将记录添加到从表。

(4) 如果要删除主表中的某一记录,应先删除从表中与该记录匹配的相关记录。

完整性约束是通过限制列数据、行数据和表之间数据来保证数据完整性的有效方法。

约束是保证数据完整性的标准方法。每一种数据完整性类型都可以由不同的约束类型来保障。约束确保有效的数据输入到列中并维护表与表之间的关系。表 6.3 描述了不同类型的完整性约束。

表 6.3　不同类型的完整性约束

约束类型	描　　　述
NOT NULL	指定表中某个列不允许空值,必须为该列提供值
UNIQUE	使某个列或某些列的组合唯一,防止出现冗余值
PRIMARY KEY	使某个列或某些列的组合唯一,也是表的主关键字
FOREIGN KEY	使某个列或某些列为外关键字,其值与本表或另一表的主关键字匹配,实现引用完整性
CHECK	指定表中的每一行数据必须满足的条件

4. 完整性约束的状态

在 Oracle 中,完整性约束有以下 4 种状态:

(1) 禁止的非校验状态。表示该约束是不起作用的,即使该约束定义依然存储在数据字典中。

(2) 禁止的校验状态。表示对约束列的任何修改都是禁止的。这时,该约束上的索引都被删除,约束也被禁止。但是,这时仍然可以向表中有效地添加数据,即使这些数据与约束有冲突也没关系。

(3) 允许的非校验状态或强制状态。该状态可以向表中添加数据,但是与约束有冲突的数据不能添加。如果表中已存在的数据与约束冲突,这些数据依然可以存在。

(4) 允许的校验状态。表示约束处于正常的状态。这时表中所有数据(无论是已有的还是新添加的)都必须满足约束条件。

从事务处理的角度来看,约束也可分为延迟约束和非延迟约束。非延迟约束也称为立即约束,这种约束会在每一条 DML 语句结束的时候强制检查。如果某一条语句的操作与约束定义有冲突,那么系统会立即取消操作;如果是延迟约束,则所有数据的操作只能是在该事务提交到数据库时才会执行约束检查;若在事务提交时检测到与约束冲突,那么该事务中的所有操作都会被取消,这种约束对于那些具有外键关系的父表和子表来说特别有用。

6.2.2　域完整性的实现

Oracle 可以通过 CHECK 约束实现域完整性。CHECK 约束实际上是字段输入内容的验证规则,表示这个字段的输入内容必须满足 CHECK 约束的条件;若不满足,则数据无法正常输入。

1. 界面操作 CHECK 约束

在 XSCJ 数据库的 CJB 表中,学生每门功课的成绩在 0～100 的范围内,如果对用户的输入数据要施加这一限制,需要创建 CHECK 约束,操作过程如下:

右击 CJB 表,选择"约束条件"菜单项下的"添加检查"子菜单项,如图 6.9 所示,弹出

"添加检查"窗口，在"约束条件名称"栏中输入约束名 CH_CJ，在"检查条件"栏中输入
CHECK 约束的条件"成绩>=0 AND 成绩<=100"，完成后单击"应用"按钮完成 CHECK
约束的创建。

图 6.9　创建 CHECK 约束

如果要修改或删除已经创建的 CHECK 约束，右击 CJB 表选择"编辑"菜单项，进入"检
查约束条件"选项页面中，如图 6.10 所示。

图 6.10　修改或删除 CHECK 约束

在该页面中，单击"添加"按钮可以添加一个新的 CHECK 约束；选择一个约束后可以
在"名称"和"条件"栏中修改约束；单击"删除"按钮删除这个 CHECK 约束。

2. 命令操作 CHECK 约束

（1）在创建表时创建约束

语法格式为：

```
CREATE TABLE<表名>
(    <列名><数据类型>[DEFAULT<默认值>] [NOT NULL | NULL]
    [CONSTRAINT<CHECK 约束名>] CHECK(<CHECK 约束表达式>)    /*定义为列的约束*/
    [,...n]
```

```
        [CONSTRAINT<CHECK 约束名>] CHECK(<CHECK 约束表达式>)      /＊定义为表的约束＊/
)
```

说明：CONSTRAINT 关键字用于为 CHECK 约束定义一个名称，如果省略则系统自动为其定义一个名称。CHECK 表示定义 CHECK 约束，其后表达式为逻辑表达式，称为 CHECK 约束表达式。如果直接在某列的定义后面定义 CHECK 约束，则 CHECK 约束表达式中只能引用该列，不能引用其他列。如果需要引用不同的列，则必须在所有的列定义完之后再定义 CHECK 约束。

【例 6.5】 定义 KCB2 表，同时定义其"学分"列的约束条件。

```
CREATE TABLEKCB2
(
    课程号          char(3)          NOT NULL,
    课程名          char(16)         NOT NULL,
    开课学期        number(1)        NULL,
    学时            number(2)        NULL,
    学分            number(1)        CHECK (学分>=0 AND 学分<=10) NOT NULL
                                                /＊定义为列的约束＊/
);
```

执行结果如图 6.11 所示。

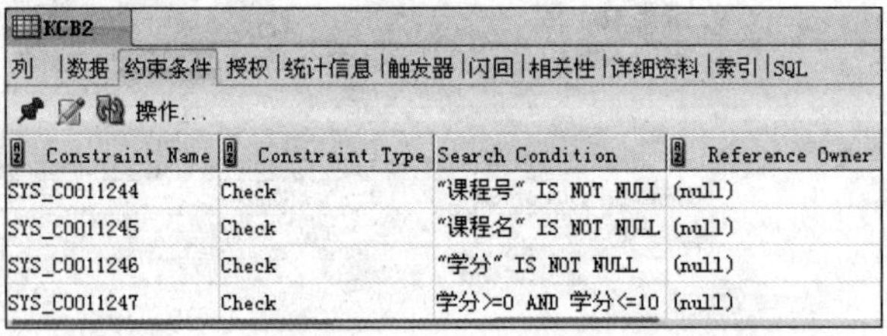

	Constraint Name	Constraint Type	Search Condition	Reference Owner
	SYS_C0011244	Check	"课程号" IS NOT NULL	(null)
	SYS_C0011245	Check	"课程名" IS NOT NULL	(null)
	SYS_C0011246	Check	"学分" IS NOT NULL	(null)
	SYS_C0011247	Check	学分>=0 AND 学分<=10	(null)

图 6.11　例 6.5 执行结果

【例 6.6】 在 XSCJ 数据库中创建 books 表，其中包含所有的约束定义。

```
CREATE TABLE books
(
    book_id         number(10),
    book_name       varchar2(50)     NOT NULL,
    book_desc       varchar2(50)     DEFAULT 'New book',
    max_lvl         number(3,2)      NOT NULL,
    trade_price     number(4,1)      NOT NULL,
    CONSTRAINT CH_COST CHECK(max_lvl<=250)/＊定义为表的约束＊/
);
```

执行结果如图 6.12 所示。

(2) 在修改表时创建约束

语法格式为：

```
ALTER TABLE<表名>
    ADD(CONSTRAINT<CHECK 约束名>CHECK(<CHECK 约束表达式>))
```

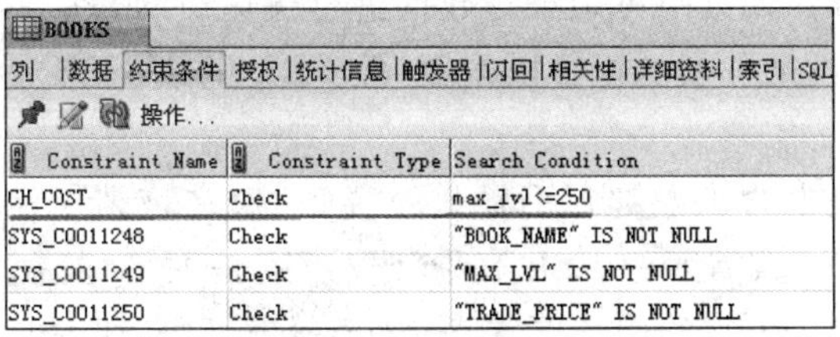

图 6.12 例 6.6 执行结果

说明： ADD CONSTRAINT 表示在已定义的表中增加一个约束定义。

【例 6.7】 通过修改 XSCJ 数据库的 books 表,增加 trade_price(批发价)字段的 CHECK 约束。

```
ALTER TABLE<表名>
    ADD(CONSTRAINT<CHECK 约束名>CHECK(<CHECK 约束表达式>))
```

执行结果如图 6.13 所示。

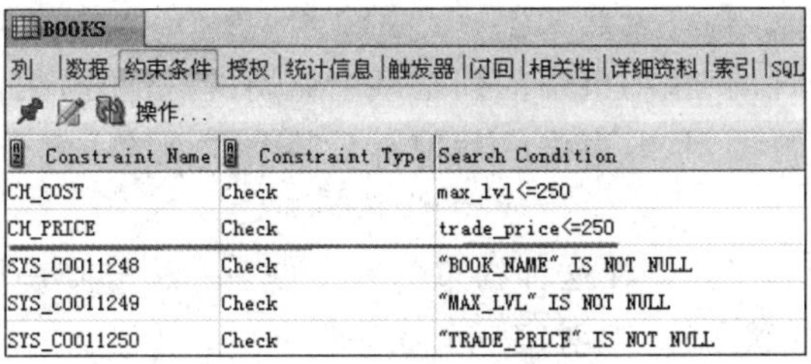

图 6.13 命令执行结果

(3) 删除约束

语法格式为:

```
ALTER TABLE<表名>
    DROP CONSTRAINT<CHECK 约束名>
```

说明： 该语句在指定的表中,删除名为指定名称的 CHECK 约束。

【例 6.8】 删除 XSCJ 数据库的 books 表中"批发价"字段的 CHECK 约束。

```
ALTER TABLE books
    DROP CONSTRAINT CH_PRICE;
```

6.2.3 实体完整性的实现

如前所述,表中应有一个列或多列的组合,其值能唯一地标识表中的每一行,选择这样的一列或多列作为主键可实现表的实体完整性。

一个表只能有一个 PRIMARY KEY(主键)约束,而且 PRIMARY KEY 约束中的列不能取空值。由于 PRIMARY KEY 约束能确保数据的唯一,所以经常用来定义标识列。当为表定义 PRIMARY KEY 约束时,Oracle 11g 为主键列创建唯一索引,实现数据的唯一性,在查询中使用主键时,该索引可用来对数据进行快速访问。如果 PRIMARY KEY 约束是由多列组合定义的,则某一列的值可以重复,但 PRIMARY KEY 约束定义中所有列的组合值必须唯一。

如果要确保一个表中的非主键列不输入重复值,应在该列上定义唯一约束(UNIQUE 约束)。例如,对于 XSCJ 数据库的 XSB 表中"学号"列是主键,若在 XSB 表中增加一列"身份证号码",可以定义一个唯一约束来要求表中"身份证号码"列的取值也是唯一的。

PRIMARY KEY 约束与 UNIQUE 约束的主要区别如下:

(1) 一个表只能创建一个 PRIMARY KEY 约束,但可根据需要对不同的列创建若干个 UNIQUE 约束。

(2) PRIMARY KEY 字段的值不允许为 NULL,而 UNIQUE 字段的值可取 NULL。

PRIMARY KEY 约束与 UNIQUE 约束的相同点是:两者均不允许表中对应字段存在重复值;在创建 PRIMARY KEY 约束与 UNIQUE 约束时会自动产生索引。

对于 PRIMARY KEY 约束与 UNIQUE 约束来说,都是由索引强制实现的。在实现 PRIMARY KEY 约束与 UNIQUE 约束时,Oracle 按照以下过程来实现:

(1) 如果禁止该约束,则不创建索引。

(2) 如果约束是允许的,且约束中的列是某个索引的一部分,则该索引用来强制约束。

(3) 如果约束是允许的,且约束中的列都不是某个索引的一部分,那么按照下面的规则创建索引:

① 如果约束是可延迟的,则在这种约束的列上创建一个非唯一性索引。

② 如果约束是非可延迟的,则创建一个唯一性索引。

1. 界面操作主键及唯一约束

使用 SQL Developer 创建和删除 PRIMARY KEY 约束方法为:右击要创建约束的表,选择"编辑"菜单项,在"编辑表"窗口中单击"主键"选项,在右边页面中选择要添加或删除的主键列,如图 6.14 所示。

图 6.14　创建 PRIMARY KEY 约束

创建和删除 UNIQUE 约束的方法为：在"编辑表"窗口中单击"唯一约束条件"选项，单击窗口右边的"添加"按钮，在"名称"栏中填写 UNIQUE 约束的名称，在"可用列"栏中选择要添加 UNIQUE 约束的列后，单击 ⬣ 按钮，将其添加到"所选列"栏中，单击"确定"按钮完成添加，如图 6.15 所示。如果要删除 UNIQUE 约束，在"唯一约束条件"栏中选中要删除的约束名后，单击"删除"按钮即可。

图 6.15　创建 UNIQUE 约束

2. 命令方作主键及唯一约束

（1）创建表的同时创建约束

语法格式为：

```
CREATE TABLE<表名>                       /*指定表名*/
    (<列名><数据类型>[NULL |NOT NULL]     /*定义字段*/
        {[CONSTRAINT<约束名>]             /*定义约束名*/
            PRIMARY KEY | UNIQUE  }       /*定义约束类型*/
        [,...n]
    [, [CONSTRAINT<约束名>] {PRIMARY KEY | UNIQUE}(<列名>,[,...n])]
]
)
```

在上面语法中，通过关键字 PRIMARY KEY、UNIQUE 指定所创建的约束类型。可以在某一列的后面定义该列为 PRIMARY KEY 或 UNQUE 约束，也可以在所有的列定义完以后定义 PRIMARY KEY 或 UNIQUE 约束，但需要提供要定义约束的列或组合。

【例 6.9】　对 XSCJ 数据库的 XSB2 表中的"学号"字段创建 PRIMARY KEY 约束，对"身份证号"字段定义 UNIQUE 约束。

```
CREATE TABLE XSB2
    (
```

```
    学号      char(6)          NOT NULL CONSTRAINT PK_XH PRIMARY KEY,
    姓名      char(8)          NOT NULL,
    身份证号  char(20)         NOT NULL CONSTRAINT UN_ID UNIQUE,
    性别      char(2)          DEFAULT '1' NOT NULL,
    出生时间  date             NOT NULL,
    专业      char(12)         NULL,
    总学分    number(2)        NULL,
    备注      varchar2(200)    NULL
);
```

执行结果如图 6.16 所示。

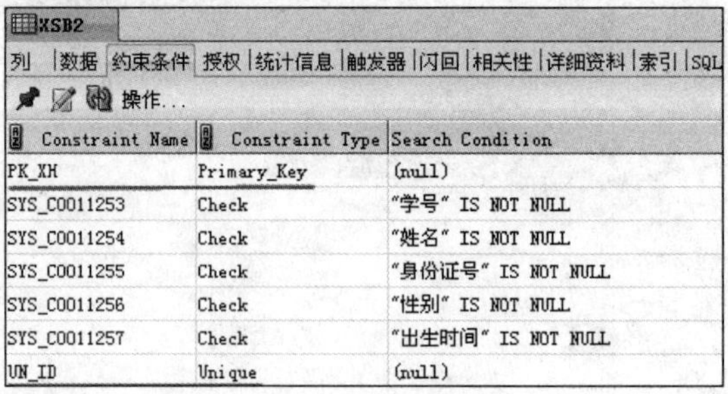

Constraint Name	Constraint Type	Search Condition
PK_XH	Primary_Key	(null)
SYS_C0011253	Check	"学号" IS NOT NULL
SYS_C0011254	Check	"姓名" IS NOT NULL
SYS_C0011255	Check	"身份证号" IS NOT NULL
SYS_C0011256	Check	"性别" IS NOT NULL
SYS_C0011257	Check	"出生时间" IS NOT NULL
UN_ID	Unique	(null)

图 6.16 例 6.9 命令执行结果

(2) 通过修改表来创建约束

语法格式为:

```
ALTER TABLE<表名>
    ADD([CONSTRAINT<约束名>] {PRIMARY KEY | UNIQUE} (<列名>[,...n])
```

说明:ADD CONSTRAINT 表示对指定表增加一个约束,约束类型为 PRIMARY KEY 或 UNIQUE。索引字段可包含一列或多列。

【例 6.10】 先在 XSCJ 数据库中创建 XSB3 表,然后通过修改表,对"学号"字段创建 PRIMARY KEY 约束,对"身份证号"字段创建 UNIQUE 约束。

```
CREATE TABLE XSB3
(
    学号      char(6)          NOT NULL,
    姓名      char(8)          NOT NULL,
    身份证号  char(20)         NOT NULL,
    性别      char(2)          DEFAULT '1' NOT NULL,
    出生时间  date             NOT NULL,
    专业      char(12)         NULL,
    总学分    number(2)        NULL,
    备注      varchar2(200)    NULL
);
ALTER TABLE XSB3
    ADD(PRIMARY KEY(学号));
ALTER TABLE XSB3
```

```
    ADD(CONSTRAINT UN_XS UNIQUE(身份证号));
```

执行结果如图 6.17 所示。

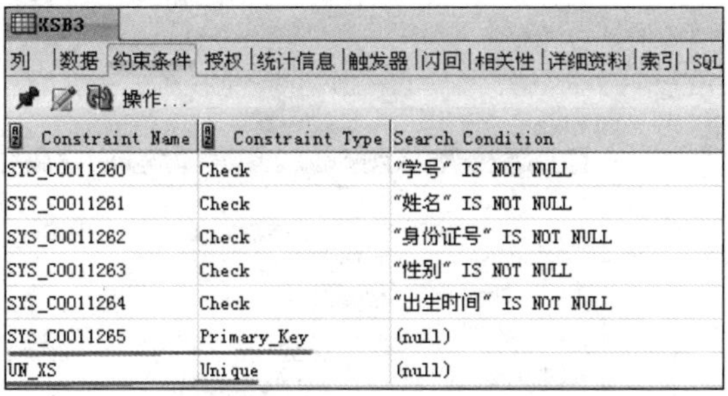

图 6.17　例 6.10 执行结果

（3）删除约束

删除 PRIMARY KEY 或 UNIQUE 约束主要通过 ALTER TABLE 语句的 DROP 子句进行。

语法格式为：

```
ALTER TABLE<表名>
    DROP CONSTRAINT<约束名>[,...n];
```

【例 6.11】　删除 XSB3 的 UN_XS 约束。

```
ALTER TABLE XSB3
    DROP CONSTRAINT UN_XS;
```

6.2.4　参照完整性的实现

对两个相关联的表（主表和从表）进行数据插入和删除时，通过参照完整性保证它们之间数据的一致性。利用 FOREIGN KEY 约束定义从表的外键，PRIMARY KEY 约束定义主表中的主键（不允许为空），可实现主表与从表之间的参照完整性。

定义表间参照关系，可先定义主键约束，再对从表定义外键约束（根据查询的需要可先对从表的该列创建索引）。

对于 FOREIGN KEY 约束来说，在创建时应该考虑以下因素。

（1）在删除主表之前，必须删除 FOREIGN KEY 约束。

（2）如果不删除或禁止 FOREIGN KEY 约束，则不能删除主表。

（3）在删除包含主表的表空间之前，必须先删除 FOREIGN KEY 约束。

1. 界面操作表间的参照关系

例如，要建立 XSB 表和 CJB 表之间的参照完整性，操作步骤如下：

选择 CJB 表，右击鼠标，选择"编辑"菜单项，在"编辑表"窗口中选择"外键"选项，如图 6.18 所示。单击"添加"按钮，在"名称"栏中输入约束名称，在"引用表"下拉列表栏中选择外键所对应的 XSB 表，"关联"栏显示可以用于创建外键的关联的列，可以在下拉列表中修改,单击"确定"按钮完成创建。

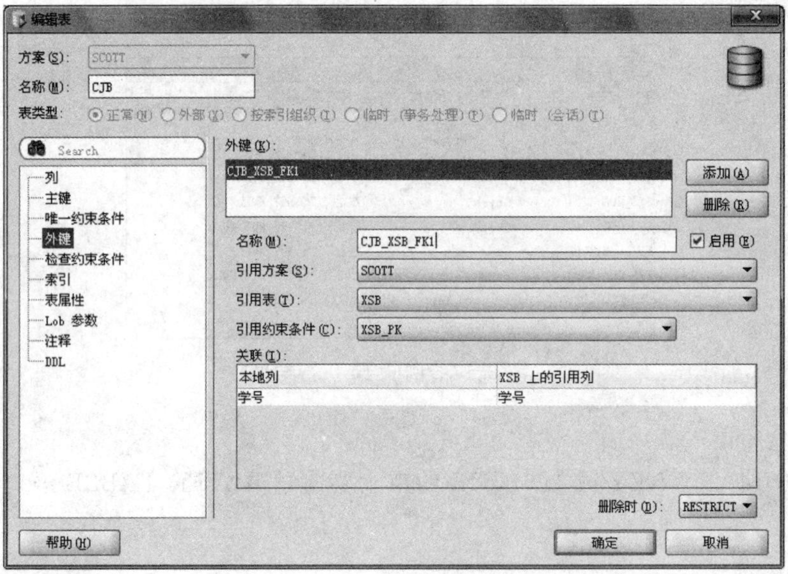

图 6.18   创建 FOREIGN KEY 约束

如果要删除 FOREIGN KEY 约束,在如图 6.18 所示的窗口中选择该约束,单击"删除"按钮即可。

2. 命令操作表间的参照关系

前面介绍了创建主键约束(PRMARY KEY 约束)的方法,在此将介绍通过 SQL 命令创建外键约束的方法。

(1) 在创建表的同时定义外键约束

语法格式为:

```
CREATE TABLE<从表名>
(    <列定义>[CONSTRAINT<约束名>]REFERENCES<主表名>[(<列名>[,...n])]
     [,...n]
     [[CONSTRAINT<约束名>] [FOREIGN KEY (<列名>[,...n]) [<参照表达式>]]
);
```

其中:

```
<参照表达式>::=
     REFERENCES<主表名>[(<列名>[,...n])]
     [ON DELETE { CASCADE | SET NULL }]
```

说明:关键字 REFERENCES 指明该字段为外键,和主键一样,外键也可以定义为列的约束或表的约束。如果定义为列的约束,则直接在列定义的后面使用 REFERENCES 关键字指定与主表的主键或唯一键对应,主表中主键或唯一键的列名在主表名后面的括号中指定。主键的列名、数据类型和外键的列名、数据类型必须相同;如果定义的外键列为多列,则必须在所有的列定义完后再使用 FOREIGN KEY 关键字定义外键,并在后面包含要定义的列。

　　定义外键时还可以指定如下两种参照动作：ON DELETE CASCADE 表示从主表删除数据时自动删除从表中匹配的行；ON DELETE SET NULL 表示当从主表删除数据时，设置从表中与之对应的外键列为 NULL。如果没有指定动作，则删除主表数据时如果违反外键约束，操作将被禁止。

　　【例 6.12】　创建 stu 表，要求表中所有的学生学号都必须出现在 XSB 表中。

```
CREATE TABLEstu
(
    学号          char(6)        NOT NULLREFERENCES XSB (学号),
    姓名          char(8)        NOT NULL,
    出生时间      date           NULL
);
```

执行结果如图 6.19 所示。

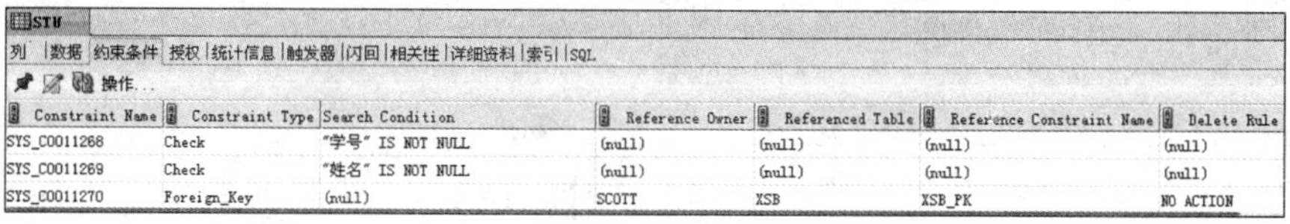

Constraint Name	Constraint Type	Search Condition	Reference Owner	Referenced Table	Reference Constraint Name	Delete Rule
SYS_C0011268	Check	"学号" IS NOT NULL	(null)	(null)	(null)	(null)
SYS_C0011269	Check	"姓名" IS NOT NULL	(null)	(null)	(null)	(null)
SYS_C0011270	Foreign_Key	(null)	SCOTT	XSB	XSB_PK	NO ACTION

图 6.19　例 6.12 执行结果

　　【例 6.13】　创建 point 表，要求表中所有的学号、课程号组合都必须出现在 CJB 表中，并且当删除 CJB 表中的记录时同时删除 point 表中与主键对应的记录。

```
CREATE TABLEpoint
(
    学号          char(6)        NOT NULL,
    课程号        char(3)        NOT NULL,
    成绩          number(2)      NULL,
    CONSTRAINT FK_point FOREIGN KEY (学号,课程号)REFERENCES CJB (学号,课程号)
        ON DELETE CASCADE
);
```

执行结果如图 6.20 所示。

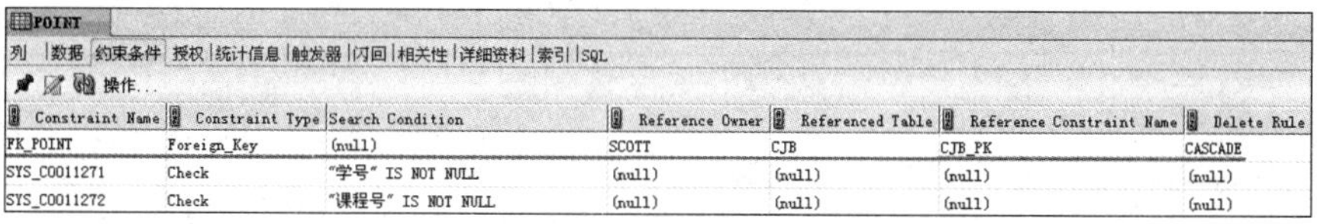

Constraint Name	Constraint Type	Search Condition	Reference Owner	Referenced Table	Reference Constraint Name	Delete Rule
FK_POINT	Foreign_Key	(null)	SCOTT	CJB	CJB_PK	CASCADE
SYS_C0011271	Check	"学号" IS NOT NULL	(null)	(null)	(null)	(null)
SYS_C0011272	Check	"课程号" IS NOT NULL	(null)	(null)	(null)	(null)

图 6.20　例 6.13 执行结果

（2）通过修改表定义外键约束

语法格式为：

```
ALTER TABLE<表名>
    ADD CONSTRAINT<约束名>
        FOREIGN KEY(<列名>[,…n])
```

REFERENCES<主表名>(<列名>[,…n])<参照表达式>

该语句中的语法选项意义与之前使用 CREATE TABLE 语句定义外键约束的语法格式相同。

【例 6.14】 假设 XSCJ 数据库中的 KCB 表为主表,KCB 的"课程号"字段已定义为主键。CJB 表为从表,如下示例用于将 CJB 的"课程号"字段定义为外键。

```
ALTER TABLE CJB
    ADD CONSTRAINT FK_KC FOREIGN KEY(课程号)
        REFERENCES KCB(课程号);
```

执行结果如图 6.21 所示。

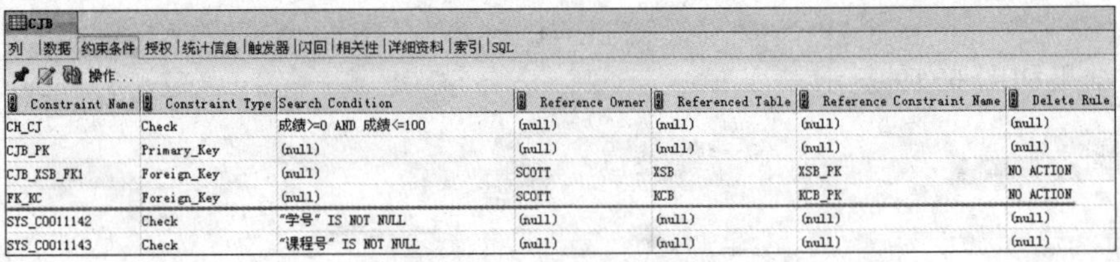

Constraint Name	Constraint Type	Search Condition	Reference Owner	Referenced Table	Reference Constraint Name	Delete Rule
CH_CJ	Check	成绩>=0 AND 成绩<=100	(null)	(null)	(null)	(null)
CJB_PK	Primary_Key	(null)	(null)	(null)	(null)	(null)
CJB_XSB_FK1	Foreign_Key	(null)	SCOTT	XSB	XSB_PK	NO ACTION
FK_KC	Foreign_Key	(null)	SCOTT	KCB	KCB_PK	NO ACTION
STS_C0011142	Check	"学号" IS NOT NULL	(null)	(null)	(null)	(null)
STS_C0011143	Check	"课程号" IS NOT NULL	(null)	(null)	(null)	(null)

图 6.21　例 6.14 执行结果

(3) 删除表间的参照关系

删除表间的参照关系,实际上删除从表的外键约束即可。语法格式与前面其他约束删除的格式相同。

【例 6.15】 删除以上对"CJB.课程号"字段定义的 FK_KC 外键约束。

```
ALTER TABLE CJB
    DROP CONSTRAINT FK_KC;
```

CHAPTER 7 第7章

PL/SQL 编程

SQL(Structure Query Language,结构化查询语言)是标准的数据库编程语言。几乎所有的主流数据库供应商都在自己的 DBMS 中支持 SQL,但不同的 DBMS 的 SQL 语言之间存在小的差别,不能完全通用。Oracle 从版本 6 开始附带了 PL/SQL 语言,它是对标准 SQL 的扩展,支持 ANSI 和 ISO SQL-92 标准。

目前的 PL/SQL 包括两部分:一是数据库引擎;二是可嵌入许多产品(如 C 语言、Java 语言工具等)中的独立引擎。这两部分分别称为**数据库 PL/SQL** 和**工具 PL/SQL**。二者的编程非常相似,都具有自身的编程结构、语法和逻辑机制。本章系统地介绍 Oracle 11g 数据库的 PL/SQL 语言。

7.1 PL/SQL 概述

与其他编程语言类似,PL/SQL 也有其自身的特点和功能,本节将主要介绍 PL/SQL 的特点、功能及其开发编译环境,然后以一个简单的程序来描述 PL/SQL 语言的基本元素。

7.1.1 PL/SQL 的组成

PL/SQL 语言由以下几部分组成。

(1) 数据定义语言(DDL):用于执行数据库的任务,对数据库及其中的各种对象进行创建、删除、修改等操作。基本的 DDL 命令及功能如表 7.1 所示。

表 7.1 基本的 DDL 命令及功能

语 句	功 能	说 明
CREATE	创建数据库或数据库对象	不同数据库对象,其 CREATE 语句的语法形式不同
ALTER	对数据库或数据库对象进行修改	不同数据库对象,其 ALTER 语句的语法形式不同
DROP	删除数据库或数据库对象	不同数据库对象,其 DROP 语句的语法形式不同

(2) 数据操纵语言(DML):用于操纵数据库中各种对象、检索和修改数据。需要注意的是,使用 DML 语句对某一种数据对象进行操作时,要求必须拥有该对象的相应操作权限或系统权限。DML 的主要语句及功能如表 7.2 所示。

表 7.2　DML 主要语句及功能

语　句	功　能	说　明
SELECT	从表或视图中检索数据	是使用最频繁的 SQL 语句之一
INSERT	将数据插入表或视图中	—
UPDATE	修改表或视图中的数据	既可修改表或视图的一行数据，也可修改一组或全部数据
DELETE	从表或视图中删除数据	可根据条件删除指定的数据

（3）数据控制语言（DCL）：用于安全管理，确定哪些用户可以查看或修改数据库中的数据。DCL 的主要语句及功能如表 7.3 所示。

表 7.3　DCL 主要语句及功能

语　句	功　能	说　明
GRANT	授予权限	可把语句许可或对象许可的权限授予其他用户和角色
REVOKE	收回权限	不影响该用户或角色在其他角色中作为成员继承许可权限

PL/SQL 是面向过程语言与 SQL 语言的结合（可以从该语言的名称中看出），它在 SQL 语言中扩充了面向过程的程序结构，如变量和类型、控制语句、过程和函数、对象类型和方法等，实现了将过程结构与 Oracle SQL 的无缝集成，从而为用户提供了一种功能强大的结构化程序设计语言。例如，要在数据库中修改一个学生的记录，如果没有该学生的记录，则为该学生创建一个新的记录。用 PL/SQL 编制的程序代码如下所示：

```
DECLARE
    xh varchar2(6):='151302';
    xm varchar2(8):='张琼丹';
    zxf number(2):=45;                 /*定义变量类型*/
BEGIN
    UPDATE XSB
        SET 姓名=xm, 总学分=zxf
        WHERE 学号=xh;                  /*更新学生表*/
    IF SQL%NOTFOUND THEN              /*检查记录是否存在，如果不存在就插入记录*/
        INSERT INTO XSB(学号, 姓名, 性别, 出生时间, 专业, 总学分)
            VALUES(xh, xm, '女', TO_DATE('19970516','YYYYMMDD'), '软件工程', zxf);
    END IF;
END;
/
```

本例使用了两个不同的 SQL 语句 UPDATE 和 INSERT，这两个语句是第四代程序结构，同时该程序段中还使用了第三代语言的结构（变量声明和 IF 条件语句）。程序块末尾的执行字符是 SQL＊Plus 中的默认块终止符，它会告诉 SQL＊Plus，当用户在该处按回车（Enter）键时，将用户刚才输入的代码块传递给数据库执行。

PL/SQL 通过扩展 SQL，功能更加强大，同时使用更加方便。用户能够使用 PL/SQL 更加灵活地操作数据，因为它完全支持所有的 SQL 数据操作语句、事务控制语句、函数和操作符。PL/SQL 同样也支持动态 SQL，能够动态执行 SQL 数据定义、数据控制和会话控制语句。

使用 PL/SQL 主要有以下好处：

（1）有利于客户/服务器环境应用的运行。对于客户/服务器环境来说，真正的瓶颈在网络。无论网络的传输速度有多快，只要客户端与服务器进行大量数据交换，应用运行的效率肯定会受到影响。如果使用 PL/SQL 进行编程，将这种具有大量数据处理的应用放在服务器端执行，就节省了数据在网络中的传输时间。

（2）适合于客户环境。PL/SQL 分为数据库 PL/SQL 和工具 PL/SQL。对于客户端来说，PL/SQL 可以嵌入相应的工具中，客户端程序可以执行本地包含 PL/SQL 的部分，也可以向服务器端发 SQL 命令，或者激活服务器端的 PL/SQL 程序运行。

7.1.2　PL/SQL 的特点

Oracle 对 PL/SQL 进行了扩展，大大增强了 SQL 的功能，主要体现在以下方面：

（1）SQL 和 PL/SQL 编译器集成 PL/SQL，支持 SQL 所有范围的语法，如 INSERT、UPDATE、DELETE 等。

（2）支持 CASE 语句和表达式。

（3）继承和动态方法释放。

（4）类型进化。属性和方法可以添加到对象类型中，也可以从对象类型中删除，不需要重新构建类型和响应数据。这使得类型体系能够随着应用而改变，不需要在开始就规划好。

（5）新的日期/时间类型。新的数据类型 TIMESTAMP 记录包括秒的时间值，新的数据类型 TIMESTAMP WITH TIME ZONE 和 TIMESTAMP WITH LOCAL TIME ZONE 可以根据时区的不同来纠正日期和时间值。

（6）PL/SQL 代码的本地编译。使用典型的 C 语言开发工具，可将 Oracle 提供的和用户编写的存储过程编译为本地执行语句，从而提高性能。

（7）改善了全球和国家语言支持。

（8）表函数和游标表达式。可以像表一样返回一个查询结果行集合。结果集合可以从一个函数传递给另一个函数。同时，结果集的行可以每隔一定时间返回一部分，减少内存的消耗。

（9）多层集合。用户可以嵌套集合类型，例如，创建 PL/SQL 的 VARRAY 表，并可以创建复杂的数据结构。

（10）对 LOB 数据类型更好地集成。可以像操作其他类型一样操作 LOB 类型，可以在 CLOB 和 NCLOB 类型上使用函数，可以将 BLOB 类型作为 RAW。在 LOB 与其他类型之间的转换也变得更容易，特别是从 LONG 转换为 LOB 类型。

（11）对批操作的增强。用户可以使用本地动态 SQL 执行批 SQL 操作（如批提取），同时也可以执行批插入和更新操作，可能在某些行会遇到错误，但是，批处理可以继续执行，当执行完以后，用户再检查操作所遇到的问题。

（12）MERGE 语句。这是一个将插入和更新合并为单项操作的专用语句，主要用于数据仓库，执行特定模式的插入和更新。

使用 PL/SQL，用户可以使用 SQL 语句操作 Oracle 数据和用于处理数据的流程控制语句，而且可以声明变量和常量、定义过程和函数、跟踪运行错误。PL/SQL 将 SQL 的数据操纵功能与过程语言的数据处理功能结合在一起。此外，PL/SQL 语言还具有以下特性：

（1）数据抽象。数据抽象可以从数据结构中提取必要的属性，忽略不必要的细节。一旦设计了数据结构，就可以忽略它的细节，从而设计操纵数据结构的算法。

在 PL/SQL 中，面向对象的编程是基于对象类型的。对象类型封装了数据结构、函数、过程。组成数据结构的变量称为属性，函数和过程称为方法。对象类型减少了将大系统分解为逻辑实体的复杂性，可以用来创建软件组件，易于维护、模块化和重用。当使用 CREATE TYPE 语句定义对象类型时，用户就为现实中的对象创建了一个抽象模板。

（2）信息隐藏。使用信息隐藏，可以使用户只能看到算法和数据结构设计的给定层次上的信息。

信息隐藏使高层设计决策与底层设计细节相分离。通过使用自顶向下的设计方法，可以为算法实现信息隐藏。一旦定义了底层过程的目标和接口，就可以忽略实现细节，在高层中它们是隐藏的。用户可以通过数据封装实现数据结构的信息隐藏，通过为数据结构开发一个子程序，将它同用户和其他开发人员相隔离。这样，其他开发人员虽然知道如何使用对数据结构进行操作的子程序，但是不知道结构是如何描述的。使用 PL/SQL 的包，可以定义子程序是公共的还是私有的。使用包可以将数据进行封装，将子程序的定义放入黑箱。私有定义是隐藏的，不可访问。如果定义变了，只有包受影响，应用程序并不会受到影响，从而简化了维护。

7.1.3　PL/SQL 的开发和运行环境

PL/SQL 编译和运行系统是一项技术而不是一个独立的产品，PL/SQL 能够驻留在 Oracle 数据库服务器和 Oracle 开发工具两个环境中，PL/SQL 与 Oracle 服务器捆绑在一起。在这两个环境中，PL/SQL 引擎接收任何 PL/SQL 块和子程序作为输入，引擎执行过程语句将 SQL 语句发送给 Oracle 服务器的 SQL 语句执行器执行。

7.2　PL/SQL 字符集

和所有其他程序设计语言一样，PL/SQL 也有一个字符集。用户能从键盘上输入的字符都是 PL/SQL 的字符。此外，在某些场合，还有使用某些字符的规则。

7.2.1　合法字符

在使用 PL/SQL 进行程序设计时，可以使用的有效字符包括以下 3 类：

（1）所有的大写和小写英文字母。

（2）数字 0~9。

（3）符号()、+、-、*、/、<、>、=、!、~、;、:、.、'、@、%、,、"、#、^、&、_、{、}、?、[、]。

PL/SQL 标识符的最大长度为 30 个字符，不区分大小写。但是，适当地使用大小写可以提高程序的可读性。

7.2.2　运算符

Oracle 提供了 3 种类型运算符：算术运算符、关系运算符和逻辑运算符。

1. 算术运算符

算术运算符执行算术运算。算术运算符有：＋（加）、－（减）、*（乘）、/（除）、**（指数）和‖（连接字符）。其中＋和－也可用于对 DATE（日期）数据类型的值进行运算。

【例 7.1】　求学生的年龄。

```
SELECT EXTRACT(YEAR FROM SYSDATE)-EXTRACT(YEAR FROM 出生时间) AS 年龄
    FROM XSB;
```

其中，SYSDATE 是当前系统时间；EXTRACT 函数用于从日期类型数据中抽出年、月、日的部分，YEAR 即表示抽出的年份。

执行结果如图 7.1 所示。

2. 关系运算符

关系运算符（又称比较运算符）有下面几种：

（1）＝（等于）、＜＞或！＝（不等于）、＜（小于）、＞（大于）、＞＝（大于等于）、＜＝（小于等于）。

（2）BETWEEN…AND…（检索两值之间的内容）。

（3）IN（检索匹配列表中的值）。

（4）LIKE（检索匹配字符样式的数据）。

（5）IS NULL（检索空数据）。

关系运算符用于测试两个表达式值满足的关系，其运算结果为逻辑值 TRUE、FALSE 及 UNKNOWN。

【例 7.2】　关系运算符的应用。

① 查询总学分为 40～50 的学生学号、姓名和总学分。

```
SELECT 学号, 姓名, 总学分
    FROM XSB
    WHERE 总学分 BETWEEN 40 AND 50;
```

② 使用＞＝和＜＝代替 BETWEEN 实现与上例相同的功能。

```
SELECT 学号, 姓名, 总学分
    FROM XSB
    WHERE 总学分>=40 AND 总学分<=50;
```

执行结果如图 7.2 所示。

3. 逻辑运算符

逻辑运算符用于对某个条件进行测试，运算结果为 TRUE 或 FALSE。Oracle 提供的逻辑运算符有：

（1）AND（两个表达式同时为真则结果为真）。

（2）OR（只要有一个为真则结果为真）。

	年龄
1	18
2	18
3	17
4	19
5	18
6	18
7	19
8	19
9	17
10	18
11	19
12	19
13	19
14	18
15	19
16	19
17	19
18	19
19	18
20	18
21	19
22	18
23	17
24	19

图 7.1　例 7.1 执行结果

	学号	姓名	总学分
1	151101	王林	50
2	151104	韦严平	50
3	151102	程明	50
4	151103	王燕	50
5	151106	李方方	50
6	151109	张强民	50
7	151110	张蔚	50
8	151111	赵琳	50
9	151113	严红	48
10	151201	王敏	42
11	151202	王林	40
12	151203	王玉民	42
13	151204	马琳琳	42
14	151206	李计	42
15	151210	李红庆	44
16	151216	孙祥欣	42
17	151218	孙研	42
18	151220	吴薇华	42
19	151221	刘燕敏	42
20	151241	罗林琳	50
21	151115	刘明仪	50

图 7.2　例 7.2 执行结果

（3）NOT（取相反的逻辑值）。

【例 7.3】　逻辑运算符的应用。

① 查询总学分不为 40～50 的学生学号、姓名和总学分。

```
SELECT 学号,姓名,总学分
    FROM XSB
    WHERE 总学分 NOT BETWEEN 40 AND 50;
```

执行结果如图 7.3 所示。

② 查询计算机专业男生和通信工程专业女生的基本情况。

```
SELECT 学号,姓名,专业,总学分
    FROM XSB
    WHERE 专业='计算机' AND 性别='男' OR 专业='通信工程' AND 性别='女';
```

执行结果如图 7.4 所示。

	学号	姓名	专业	总学分
1	151101	王林	计算机	50
2	151104	韦严平	计算机	50
3	151102	程明	计算机	50
4	151106	李方方	计算机	50
5	151107	李明	计算机	54
6	151108	林一帆	计算机	52
7	151109	张强民	计算机	50
8	151204	马琳琳	通信工程	42
9	151220	吴薇华	通信工程	42
10	151221	刘燕敏	通信工程	42
11	151241	罗林琳	通信工程	50
12	151115	刘明仪	计算机	50

	学号	姓名	总学分
1	151107	李明	54
2	151108	林一帆	52
3	151242	周何骏	90

图 7.3　例 7.3① 执行结果

图 7.4　例 7.3② 执行结果

7.2.3 其他符号

PL/SQL 为支持编程,还使用其他一些符号。表 7.4 列出了部分符号,它们是最常用的,也是使用 PL/SQL 的用户必须了解的。

表 7.4 部分其他常用符号

符号	意 义	样 例
( )	列表分隔	('Jones', 'Rose', 'Owen ')
;	语句结束	过程名(参数 1,参数 2);
.	项分离(在例子中分离账户与表名)	Select * from 账户名.表名
'	字符串界定符	If var1= 'a+1'
:=	赋值	a:=a+1
||	并置	全名:= 'Narth'| |' '| | 'Yebba '
--	注释符	--this is a comment
/* 与 */	注释定界符	/* this too is a comment */

7.3 PL/SQL 变量、常量和数据类型

7.3.1 变量

变量就是指可以由程序读取或赋值的存储单元。变量用于临时存放数据,变量中的数据随着程序的运行而变化。

1. 变量的声明

数据在数据库与 PL/SQL 程序之间是通过变量进行传递的。变量通常是在 PL/SQL 块的声明部分定义的。每个变量都有一个特定的类型,变量的类型定义了变量可以存放的信息类别。PL/SQL 变量可以与数据库列具有同样的类型。

此外,PL/SQL 还支持用户自定义的数据类型。例如,记录类型、表类型等。使用用户自定义的数据类型,可以让用户定制程序中使用的数据类型结构。下面是一个用户自定义的记录类型的例子。

```
DECLARE
TYPE t_xs Record
(
    xh char(6),
    xm char(8),
    xb char(2),
    zy char(12)
);
v_xst_xsRecord
```

变量名必须是一个合法的标识符，其命名规则如下：

（1）变量必须以字母（A~Z）开头。

（2）其后跟可选的一个或多个字母、数字或特殊字符 $ 、# 或_。

（3）变量长度不超过 30 个字符。

（4）变量名中不能有空格。

表 7.5 给出了几个变量名实例并评价了其合法性。

表 7.5　变量名实例

变量名	是否合法	原　　因
Name2	合法	
90ora	不合法	必须以字母开头
p_count	合法	
xs-count	不合法	使用了不合法的特殊字符-
kc mc	不合法	不能含有空格
menoy￥	不合法	使用不合法字符￥

在使用变量前，首先要声明变量。变量定义的基本格式为：

<变量名><数据类型>[(宽度):=<初始值>]；

例如，定义一个长度为 10 的变量 count，其初始值为 1，是 varchar2 类型：

```
count varchar2(10) :='1';
```

2. 变量的属性

变量有名称及数据类型两个属性。变量名用于标识该变量，变量的数据类型确定了该变量存放值的格式及允许的运算。%用来表示属性提示符。

（1）%TYPE。%TYPE 属性提供了变量和数据库列的数据类型。在声明一个包含数据库值的变量时非常有用。例如，在 XSB 表中包含"学号"列，为了声明一个变量 my_xh 与"学号"列具有相同的数据类型，声明时可使用点和%TYPE 属性，格式如下：

```
my_xh XSB.学号%TYPE;
```

使用%TYPE 声明具有以下两个优点：

① 不必知道"学号"列确切的数据类型。

② 如果改变了"学号"列的数据定义，my_xh 的数据类型在运行时也会自动更改。

（2）%ROWTYPE。可以使用%ROWTYPE 属性声明描述表的行数据的记录，对于用户定义的记录，必须声明自己的域。记录包含唯一的命名域，具有不同的数据类型。

```
DECLARE
TYPE TimeRec IS RECORD(HH number(2),MM number(2));
TYPE MeetingTyp IS RECORD
(
    Meeting_Date date,
    Meeting_TimeTimeRec,
    Meeting_Addrvarchar2(20),
```

```
Meeting_Purposevarchar2(50)
)
```

注意：在定义记录时可以嵌套。也就是说，一个记录可以是另一个记录的组件。

在 PL/SQL 中，记录用于将数据分组，一个记录包含几个相关的域，这些域用于存储数据。％ROWTYPE 属性提供了表示一个表中一行的记录类型。这个记录可以从存储整个表中选择，或者是从游标中提取的数据行。行中的列和记录中相对应，具有相同的名称和数据类型。例如，声明一个记录名为 cj_rec，它与 CJB 表具有相同的名称和数据类型，格式如下：

```
DECLARE
    cj_rec CJB%ROWTYPE;
```

可以使用点引用域，例如：

```
my_xh:=cj_rec.学号;
```

如果声明了游标提取学号、课程号和成绩列，则可以使用％ROWTYPE 声明一个记录存储相同的信息，代码如下：

```
DECLARE
    CURSOR c1
    IS
    SELECT 学号，课程号，成绩
        FROM CJB;
cj_rec c1%ROWTYPE;
```

当执行下面的语句时：

```
FETCH c1 INTO cj_rec;
```

在 CJB 表的学号列的值就赋予 cj_rec 的学号域。

3. 变量的作用域

变量的作用域是指可以访问该变量的程序部分。对于 PL/SQL 变量来说，其作用域就是从变量的声明到语句块的结束。当变量超出了作用域时，PL/SQL 解析程序就会自动释放该变量的存储空间。

7.3.2　常量

常量指在程序运行过程中值不变的量。常量的使用格式取决于值的数据类型，其一般语法格式为：

```
<常量名>constant<数据类型>:=<值>;
```

例如，定义一个整型常量 num，其值为 4；定义一个字符串常量 str，其值为"Hello world!"。

```
num constant number(1):=4;
str constant char:='Hello world!';
```

7.3.3　常用数据类型

PL/SQL 程序可用于处理和显示多种类型的数据，这里讨论程序中最常用的数据类型。

1. VARCHAR 类型

目前，Oracle 版本中 VARCHAR 与 VARCHAR2 类型含义完全相同，为可变长的字符数据。在未来的版本中 VARCHAR 会独立成为一种新的数据类型，不再受宽度的限制。语法格式为：

```
var_fieldvarchar (n);
```

其中，长度值 n 是本变量的最大长度且必须是正整数，例如：

```
var_fieldvarchar(11);
```

在定义变量时，可以同时对其进行初始化，例如：

```
var_fieldvarchar(11):='Hello world!';
```

2. NUMBER 类型

NUMBER 数据类型可用来表示所有的数值类型，语法格式为：

```
num_field NUMBER(precision,scale);
```

其中，precision 表示总的位数；scale 表示小数的位数（默认是 0），如果实际数据超出设定精度则出现错误。例如：

```
num_field NUMBER(10,2);
```

表示 num_field 是一个整数部分最多 8 位、小数部分最多 2 位的变量。

3. DATE

DATE 数据类型用来存放日期时间类型数据，用 7 个字节分别描述年、月、日、时、分、秒，语法格式为：

```
date_field DATE;
```

默认的 DATE 格式是由初始化参数 NLS_DATE_FORMAT 来设置的，默认格式为 DD-MM 月-YY，分别对应日、月、年，例如，29-6 月-15。

4. BOOLEAN

BOOLEAN 即逻辑型（布尔型）变量的值只有 true（真）或 false（假），一般用于判断状态，然后根据其值是"真"或"假"来决定程序执行分支。关系表达式的值就是一个逻辑值。BOOLEAN 类型是 PL/SQL 特有的，一般用于流程控制结构而非表中的列。

7.3.4　对象类型

对象类型是用户自定义的一种复合数据类型，它封装了数据结构和用于操纵这些数据结构的过程和函数。在建立复杂应用程序时，通过使用对象类型可以降低应用开发难度。

对象类型是由属性和方法构成的,属性用于描述对象所具有的特征,每个对象类型至少包含一个属性(至多可以包含 1000 个属性),属性不能使用 long、long raw、rowid、urowid 以及 PL/SQL 的特有类型(如 binary_integer、Boolean、%type、%rowtype、ref cursor、record、pls_integer)等,在定义属性时,既不能指定对象属性的默认值,也不能指定 NOT NULL 选项;方法就是过程或函数,它们是在属性声明之后才声明的。属性描绘对象的特征,而方法是作用在这些特征上的动作。

要使用对象类型首先应定义该类型,然后用这种类型定义字段或变量。创建对象类型使用 CREATE TYPE 语句,其语法格式为:

```
CREATE [OR REPLACE] TYPE<用户方案名>.<类型名称>
    [AUTHID {CURRENT_USER | DEFINER}] AS OBJECT
(    <属性名 1><数据类型>,
    [<属性名 2><数据类型>,]
         ⋮
    [<属性名 n><数据类型>]
    [<方法名 1>]
    [<方法名 2>]
         ⋮
    [<方法名 n>]
)
```

说明:

(1) OR REPLACE 选项:表示若已存在相同名称的类型不会报错,并创建新的类型。

(2) AUTHID 选项:指示将来执行该方法时,必须使用在创建时定义的 CURRENT_USER 或 DEFINER 的权限集合。CURRENT_USER 是调用该方法的用户,DEFINER 是该对象类型的所有者。

【例 7.4】 定义一个简单的对象类型并使用它。

首先创建对象类型 TEST_OBJ:

```
CREATE OR REPLACE TYPE TEST_OBJ
    AS OBJECT
(
    item_id char(6),
    price number(10,2)
);
```

创建一个表 SELL,其中一列的数据类型使用对象类型 TEST_OBJ:

```
CREATE TABLE SELL
(
    name number(2) NOT NULL PRIMARY KEY,
    info TEST_OBJ
);
```

使用如下语句向表中插入记录:

```
INSERT INTO SELL(name, info)
    VALUES(1,TEST_OBJ('002', 23.5));
```

执行结果如图 7.5 所示。

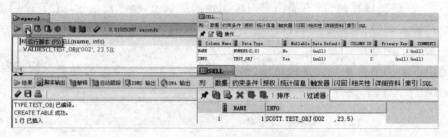

图 7.5　例 7.4 执行结果

7.3.5　数据类型转换

PL/SQL 可以进行数据类型之间的转换。常见的数据类型之间的转换函数如下。

（1）TO_CHAR：将 NUMBER 和 DATE 类型转换成 VARCHAR2 类型。

（2）TO_DATE：将 CHAR 转换成 DATE 类型。

（3）TO_NUMBER：将 CHAR 转换成 NUMBER 类型。

此外，PL/SQL 还会自动地转换各种类型，如下例所示。

```
DECLARE
    xh varchar2(6);
BEGIN
    SELECT MAX(学号) INTO xh FROM XSB;
END;
```

在数据库中，MAX(学号)是一个 NUMBER 类型的字段，但是 xh 却是 varchar2(6)的变量，PL/SQL 会自动将数值类型转换成字符串类型。

PL/SQL 可以在某些类型之间自动转换，但是使用转换函数可提高程序的可读性。例如，上面的例子也可以使用 TO_CHAR 转换函数写成：

```
DECLARE
    xh varchar2(6);
BEGIN
    SELECT TO_CHAR(MAX(学号)) INTO xh FROM XSB;
END;
```

7.4　PL/SQL 基本程序结构和语句

PL/SQL 程序的基本逻辑结构包括顺序结构、条件结构和循环结构。除了顺序执行的语句外，PL/SQL 主要通过条件语句和循环语句来控制程序执行的顺序，这就是所谓的控制结构。控制结构是所有程序设计语言的核心,检测不同条件并加以处理是程序控制的主要部分。

7.4.1 PL/SQL 程序块

PL/SQL 是一种块结构的语言,组成程序的单元是逻辑块,一个 PL/SQL 程序块可划分为 3 个部分:声明、执行和异常处理。声明部分包含了变量和常量的数据类型和初始值,由 DECLARE 关键字开始。执行部分是 PL/SQL 块中的指令部分,由关键字 BEGIN 开始,所有可执行语句都放在这一部分。异常处理部分是可选的,在其中处理异常和错误。程序块最终由关键字 END 结束,PL/SQL 块的基本结构如下:

```
[DECLARE]
--声明部分
BEGIN
--执行部分
[EXCEPTION]
--异常处理部分
END
```

PL/SQL 程序块的每一条语句必须由分号结束,每一个 PL/SQL 语句块由 BEGIN 或 DECLARE 开始,以 END 结束。下面是一个 PL/SQL 程序块的示例:

```
SET SERVEROUTPUT ON;
DECLARE
    a number:=1;
BEGIN
    a:=a+5;
    DBMS_OUTPUT.PUT_LINE('和为:'||TO_CHAR(a));
END;
/
```

执行结果如图 7.6 所示。

图 7.6　PL/SQL 程序块执行示例

7.4.2　条件结构

条件结构用于条件判断，有 IF-THEN、IF-THEN-ELSE 和 IF-THEN-ELSIF-THEN-ELSE 3 种形式。

1. IF-THEN 语句

语法格式为：

```
IF<条件表达式>THEN            /*条件表达式*/
    <PL/SQL 语句>;           /*条件表达式为真时执行*/
END IF;
```

这个结构用于测试一个简单条件。如果条件表达式为 TRUE，则执行语句块中的操作。IF-THEN 语句可以用流程图 7.7 表示。

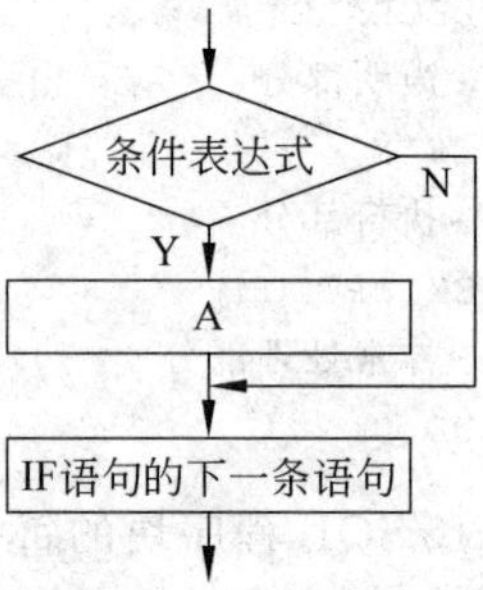

【例 7.5】 查询总学分大于 50 的学生人数。

```
DECLARE
    v_num number(3);
BEGIN
    SELECT COUNT(*) INTO v_num
        FROM XSB
        WHERE 总学分>50;
    IF v_num<>0 THEN
        DBMS_OUTPUT.PUT_LINE ('总学分>50的人数为:' || TO_CHAR(v_num));
    END IF;
END;
```

图 7.7　IF-THEN 执行流程

说明：执行语句前需要使用 SET SERVEROUTPUT ON 打开输出缓冲。

执行结果为"总学分＞50 的人数为：3"。

IF-THEN 语句可以嵌套使用。

【例 7.6】 判断计算机专业总学分大于 40 的人数是否超过 10 人。

```
DECLARE
    v_num number(3);
BEGIN
    SELECT COUNT(*) INTO v_num
        FROM XSB
        WHERE 总学分>40 AND 专业='计算机';
    IF v_num<>0 THEN
        IF v_num>5 THEN
            DBMS_OUTPUT.PUT_LINE ('计算机专业总学分>40的人数超过10人');
        END IF;
    END IF;
END;
```

注意：上面代码中的两个 END IF，分别对应两个不同的 IF。在 PL/SQL 中，每个 IF 语句都有自己的 THEN，以 IF 开始的语句行后不跟结束符"；"。每个 IF 语句块以相应的 END IF 结束。

执行结果为"计算机专业总学分＞40 的人数超过 10 人"。

2. IF-THEN-ELSE 语句

语法格式为：

```
IF<条件表达式>THEN            /*条件表达式*/
    <PL/SQL 语句>;           /*条件表达式为真时执行*/
ELSE
    <PL/SQL 语句>;           /*条件表达式为假时执行*/
END IF;
```

这种结构与 IF 语句非常相似，唯一不同的是在条件表达式为 FALSE 时，执行跟在 ELSE 后的一条或多条语句。IF-THEN-ELSE 语句可以用流程图 7.8 表示。

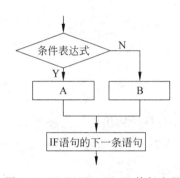

图 7.8 IF-THEN-ELSE 执行流程

【例 7.7】 如果"计算机基础"课程的平均成绩高于 75，则显示"平均成绩大于 75"，否则显示"平均成绩小于 75"。

```
DECLARE
    v_avg number(4,2);
BEGIN
    SELECT AVG(成绩) INTO v_avg
        FROM XSB, CJB, KCB
        WHERE XSB.学号=CJB.学号
            AND CJB.课程号=KCB.课程号
            AND KCB.课程名='计算机基础';
    IF v_avg>75 THEN
        DBMS_OUTPUT.PUT_LINE ('平均成绩大于 75');
    ELSE
        DBMS_OUTPUT.PUT_LINE ('平均成绩小于 75');
    END IF;
END;
```

执行结果为"平均成绩大于 75"。

IF-THEN-ELSE 语句也可以嵌套。

3. IF-THEN-ELSIF-THEN-ELSE 语句

语法格式为：

```
IF<条件表达式 1>THEN
    <PL/SQL 语句 1>;
ELSIF<条件表达式 2>THEN
    <PL/SQL 语句 2>;
```

```
ELSE
    <PL/SQL 语句 3>;
END IF;
```

说明：如果 IF 后的条件表达式成立，执行 THEN 后的语句，否则判断 ELSIF 后面的条件表达式，为真时执行第二个 THEN 后的语句，否则执行 ELSE 后的语句。

IF-THEN-ELSIF-THEN-ELSE 语句可以用流程图 7.9 表示。

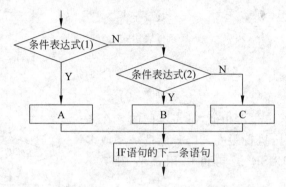

图 7.9　IF-THEN-ELSIF-THEN-ELSE 执行流程

这种结构用于替代嵌套 IF-THEN-ELSE 结构。

【例 7.8】　求 $x^2 + 4x + 3 = 0$ 的根。

```
DECLARE
    a number;
    b number;
    c number;
    x1 number;
    x2 number;
    d number;
BEGIN
    a:=1;
    b:=4;
    c:=3;
    d:=b*b-4*a*c;
IF a=0 THEN
    x1:=-c/b;
    DBMS_OUTPUT.PUT_LINE ('只有一个平方根'||to_char(x1));
ELSIF d<0 THEN
        DBMS_OUTPUT.PUT_LINE ('没有算术平方根');
    ELSE
        x1:=(-b+sqrt(d))/(2*a);
        x2:=(-b-sqrt(d))/(2*a);
        DBMS_OUTPUT.PUT_LINE ('第一个平方根'||to_char(x1));
        DBMS_OUTPUT.PUT_LINE ('第二个平方根'||to_char(x2));
    END IF;
END;
```

输出结果：

第一个平方根−1
第二个平方根−3

7.4.3 循环结构

循环使程序一遍又一遍地重复执行某段语句直至满足退出条件,退出循环。编写循环语句时,注意一定要确保满足相应的退出条件。下面介绍 PL/SQL 中使用的几种循环形式。

1. LOOP-EXIT-END 循环

语法格式为：

```
LOOP
    <循环体>                   /* 执行循环体 */
    IF<条件表达式>THEN         /* 测试条件表达式是否符合退出条件 */
        EXIT;                  /* 满足退出条件,退出循环 */
    END IF;
END LOOP;
```

说明：＜循环体＞是在循环体中需要完成的操作。如果条件表达式为 TRUE 则跳出循环,否则继续循环操作,直到满足条件表达式的条件跳出循环。

LOOP-EXIT-END 语句对应的流程图如图 7.10 所示。

【**例 7.9**】 用 LOOP-EXIT-END 循环求 10 的阶乘。

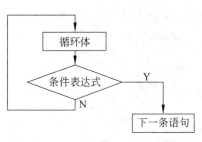

图 7.10 LOOP-EXIT-END 执行流程

```
DECLARE
    n number:=1;
    count1 number:=2;
BEGIN
    LOOP
        n:=n * count1;
        count1:=count1+1;
        IF count1>10 THEN
            EXIT;
        END IF;
    END LOOP;
    DBMS_OUTPUT.PUT_LINE (to_char(n));
END;
```

输出结果为：3628800。

2. LOOP-EXIT-WHEN-END 循环

除退出条件检测有所区别外，此结构与前一个循环结构类似，语法格式为：

```
LOOP
    <循环体>                    /*执行循环体*/
    EXIT WHEN<条件表达式>        /*测试是否符合退出条件*/
END LOOP;
```

【例 7.10】 用 LOOP-EXIT-WHEN-END 循环求 10 的阶乘。

```
DECLARE
    n number:=1;
    count1 number:=2;
BEGIN
    LOOP
        n:=n*count1;
        count1:=count1+1;
        EXIT WHEN count1=11;
    END LOOP;
    DBMS_OUTPUT.PUT_LINE (to_char(n));
END;
```

3. WHILE-LOOP-END 循环

语法格式为：

```
WHILE<条件表达式>                 /*测试是否符合退出条件*/
    LOOP
        <循环体>                 /*执行循环体*/
    END LOOP;
```

此结构在循环的 WHILE 部分测试退出条件，当条件成立时执行循环体，否则退出循环。这种循环结构同上面两种有所不同，它先测试条件，然后执行循环体；而前两种是先执行了一次循环体内的语句，然后再测试条件。简单地说，前两种循环结构不管条件表达式是真是假，至少执行一次循环体内的语句。

此结构的执行如流程图 7.11 所示。

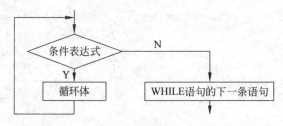

图 7.11　WHILE-LOOP-END 执行流程

【例 7.11】 用 WHILE-LOOP-END 循环求 10 的阶乘。

```
DECLARE
    n number:=1;
```

```
    count1 number:=2;
BEGIN
    WHILE count1<=10
    LOOP
        n:=n * count1;
        count1:=count1+1;
    END LOOP;
    DBMS_OUTPUT.PUT_LINE (to_char(n));
END;
```

4. FOR-IN-LOOP-END 循环

语法格式为：

```
FOR<循环变量名>IN<变量初值>..<变量终值>              /* 定义跟踪循环的变量 */
    LOOP
        <循环体>                                    /* 执行循环体 */
    END LOOP;
```

说明：FOR 关键字后面指定一个循环变量，IN 确定循环变量的初值和终值，在循环变量的初值和终值之间是分隔符两个点号"`..`"。如果循环变量的值小于终值，则运行循环体内的语句，否则跳出循环，执行下面的语句。每循环一次，循环变量自动增加一个步长的值，直到循环变量的值超过终值，退出循环，执行循环体后面的语句。

该循环的执行流程同 WHILE-LOOP-END 的执行流程基本一样，只有循环条件的设置不同。

【例 7.12】 用 FOR-IN-LOOP-END 循环求 10 的阶乘。

```
DECLARE
    n NUMBER:=1;
    count1 NUMBER;
BEGIN
    FOR count1 IN 2..10
        LOOP
            n:=n * count1;
        END LOOP;
    DBMS_OUTPUT.PUT_LINE (to_char(n));
END;
```

程序中变量 count 是控制循环次数的计数器，其初始值是 2，终值是 10，步长为 1。每循环一次，count 会自动累加 1，直到 count 大于终值 10（count=11）时跳出循环。

7.4.4　选择和跳转语句

1. CASE 语句

CASE 语句使用简单的结构对数值列表做出选择。更为重要的是，它还可以用来设置变量的值。语法格式为：

```
CASE<变量名>
    WHEN<值 1>THEN<语句 1>
    WHEN<值 2>THEN<语句 2>
     ⋮
    WHEN<值 n>THEN<语句 n>
    [ELSE<语句>]
END CASE;
```

说明：首先设定一个变量的值，然后顺序比较 WHEN 关键字后面给出的值，若相等，则执行 THEN 关键字后面的语句，并且停止 CASE 语句的执行。

【例 7.13】 CASE 语句应用。

```
DECLARE
    v_kch char(3);
    v_Resultvarchar2(16);
BEGIN
    SELECT 课程号
        INTO v_kch
        FROM KCB
        WHERE 开课学期=1;
    CASE v_kch            /*判断 v_kch 的值,并给出结果 */
        WHEN '101' THEN v_Result:='计算机基础';
        WHEN '102' THEN v_Result:='程序设计与语言';
        WHEN '206' THEN v_Result:='离散数学';
        WHEN '208' THEN v_Result:='数据结构';
        ELSE
            v_Result:='Nothing';
    END CASE;
    DBMS_OUTPUT.PUT_LINE (v_result);
END;
```

注意：CASE 语句按顺序执行，只要有值为 TRUE，那么执行完对应的语句后就将结束 CASE 语句。在上例中如果第一个 WHEN 子句条件为 TRUE，那么即使后面 WHEN 子句条件也为 TRUE，它也不会执行。

执行结果为"计算机基础"。

2. GOTO 语句

PL/SQL 提供 GOTO 语句，实现将执行流程转移到标号指定的位置，语法格式为：

GOTO<标号>

GOTO 关键字后面的语句标号必须符合标识符规则，定义形式如下：

<<标号>>语句

使用 GOTO 语句可以控制程序代码的执行顺序。

【例 7.14】 设有一表 temp（学号 char(6)，性别 char(2)，姓名 char(8)），初始化 temp 表。

```
DECLARE
    v_counter BINARY_INTEGER:=1;
    v_xh number(6);
BEGIN
    v_xh:=150001;
    LOOP
        INSERT INTO temp(学号,性别)
            VALUES(to_char(v_xh),'男');
        v_counter:=v_counter+1;
        v_xh:=v_xh+1;
        IF v_counter=10 THEN
            GOTO loop_end;
        END IF;
    END LOOP;
<<loop_end>>
DBMS_OUTPUT.PUT_LINE ('Init Ok');
END;
```

执行结果如图 7.12 所示。

注意：使用 GOTO 语句时要十分谨慎，GOTO 跳转对于代码的理解和维护都会造成很大的困难，所以尽量不要使用 GOTO 语句。

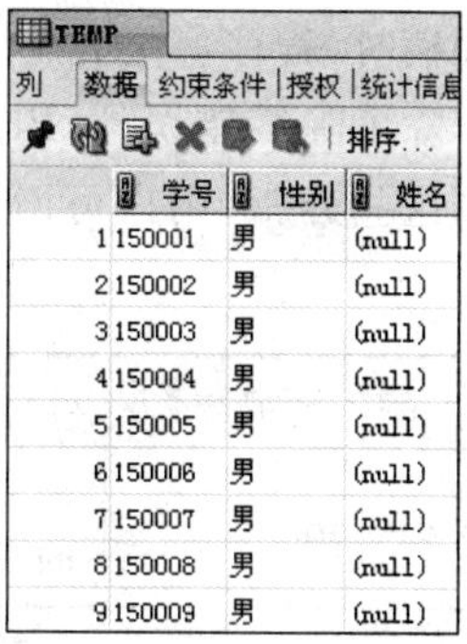

	学号	性别	姓名
1	150001	男	(null)
2	150002	男	(null)
3	150003	男	(null)
4	150004	男	(null)
5	150005	男	(null)
6	150006	男	(null)
7	150007	男	(null)
8	150008	男	(null)
9	150009	男	(null)

图 7.12　例 7.14 执行结果

7.4.5　异常

语句执行过程中，由于各种原因使得语句不能正常执行，可能会造成更大错误或整个系统的崩溃，所以 PL/SQL 提供了异常(Exception)这一处理错误的方法来防止此类情况的发生。在代码运行的过程中无论何时发生错误，PL/SQL 都能控制程序自动地转向执行异常部分。

1. 预定义异常

预定义异常是由运行系统产生的。例如，出现被 0 除，PL/SQL 就会产生一个预定义的 ZERO_DIVIDE 异常。

【例 7.15】 ZERO_DIVIDE 异常。使用系统预定义的异常处理后，程序运行时，系统就不会提示出现错误。

```
DECLARE
    v_number number(2):=10;
    v_zero number(2):=0;
    v_result number(5);
BEGIN
    v_result:=v_number/v_zero;          /*用 v_number 除以 v_zero,即 10/0,从而产生除
零错误*/
    EXCEPTION
        WHEN ZERO_DIVIDE THEN
```

```
        DBMS_OUTPUT.PUT_LINE('DIVIDE ZERO');
END;
```

输出结果为：DIVIDE ZERO。

当遇到预先定义的错误时，错误被当前块的异常部分相应的 WHEN-THEN 语句捕捉。跟在 WHEN 子句后的 THEN 语句的代码将被执行。THEN 语句执行后，控制运行到达紧跟着当前块的 END 语句的行。如果错误陷阱代码只是退出内部嵌套的块，程序将继续执行跟在内部块 END 语句后的外部块的第一行。应用程序自己异常部分的嵌套块是一种控制程序流的方法。

如果在当前块中没有 WHEN 子句并且 BEGIN/END 块是嵌套的，程序将继续在外部块中寻找错误处理柄，直到找到一个。当错误发生而在任何异常部分没有与之联系的错误处理柄时，程序将终止。

除了除零错误外，PL/SQL 还有很多系统预定义异常，表 7.6 列出了常见的异常，通过检测这些异常，用户可以查找到 PL/SQL 程序产生的错误。

表 7.6　PL/SQL 中常见的异常

异　　常	说　　明
no_data_found	如果一个 SELECT 语句试图基于其条件检索数据，此异常表示不存在满足条件的数据行
too_many_rows	由于隐式游标每次只能检索一行数据，使用隐式游标时，这个异常检测到有多行数据存在
dup_val_on_index	如果某索引中已有某键列值，若还要在该索引中创建该键码值的索引项时，出现此异常。例如，假设一个药店收费系统以发票号为键码，当某个应用程序准备创建一个重复的发票号时，产生此异常
value_error	此异常表示指定目标域的长度小于待放入其中的数据的长度。例如，将 "ABCDEFGH"字符串放入定义为"varchar2(6)"的域时，产生此异常
case_not_found	在 CASE 语句中发现不匹配的 WHEN 语句

【例 7.16】　转换的错误处理。

```
DECLARE
    v_number number(5);
    v_result char(5):='2w';
BEGIN
    v_number:=to_number(v_result);
    EXCEPTION
        WHEN VALUE_ERROR THEN
            DBMS_OUTPUT.PUT_LINE('CONVERT TYPE ERROR');
END;
```

输出结果为：CONVERT TYPE ERROR。

【例 7.17】　联合的错误处理。

```
DECLARE
```

```
    v_result XSB.姓名%TYPE;
BEGIN
    SELECT 姓名 INTO v_result
        FROM XSB
        WHERE 姓名='王林';
    DBMS_OUTPUT.PUT_LINE('The student name is ' || v_result);
    EXCEPTION
        WHEN TOO_MANY_ROWS THEN
            DBMS_OUTPUT.PUT_LINE('There has TOO_MANY_ROWS error');
        WHEN NO_DATA_FOUND THEN
            DBMS_OUTPUT.PUT_LINE('There has NO_DATA_FOUND error');
END;
```

输出结果为：There has TOO_MANY_ROWS error。

2. 用户定义异常

用户可以通过自定义异常来处理发生的错误，语法格式为：

```
EXCEPTION
    WHEN 异常名 THEN
        语句块 1;
    WHEN THEN
        语句块 2;
    [WHEN OTHERS THEN
        语句块 3;]
END;
```

每个异常处理部分都是由 WHEN 子句和相应的执行语句组成的。通过下例可以清楚地了解异常处理的执行过程。

【例 7.18】　自定义异常处理。

```
DECLARE
    e_overnumber EXCEPTION;              /*定义异常处理变量*/
    v_xs_number number(9);
    v_max_xs_number number(9):=20;
BEGIN
    SELECT COUNT(*) INTOv_xs_number
        FROM XSB;
    IF v_max_xs_number<v_xs_number THEN
        RAISE e_overnumber;              /*使用 RAISE 语句调用异常*/
    END IF;
    EXCEPTION
        WHEN e_overnumber THEN
            DBMS_OUTPUT.PUT_LINE('Current Xs Number is: ' || v_xs_number ||
                                ' max allowed is: ' || v_max_xs_number);
END;
```

执行结果为：Current Xs Number is：24 max allowed is：20。

可以同时使用多个 WHEN 子句捕捉几个异常情况，而且可以结合系统预定义的异常处理来操作。此外，单个 WHEN 子句允许处理多个异常，也就是说如下的形式是合法的：

```
EXCEPTION
    WHEN 异常 1 OR 异常 3 THEN
    ...        /*出现异常 1 或者异常 3 执行某些语句*/
    WHEN 异常 2 THEN
    ...        /*出现异常 2 执行某些语句*/
END;
```

在例 7.18 中，出现异常 1 或异常 3 时处理的方式一样，这是可以的。但是，同一个异常不允许多个 WHEN 子句来处理，如下的形式是不合法的：

```
EXCEPTION
    WHEN 异常 1
    ...        /*出现异常 1 执行某些语句*/
    WHEN 异常 2 THEN
    ...        /*出现异常 2 执行某些语句*/
    WHEN 异常 1 OR 异常 3 THEN
    ...        /*出现异常 1 或者异常 3 执行某些语句*/
END;
```

上面对于异常 1 的处理有两种方式，分别位于不同的 WHEN 子句，因此系统会认为是不合法的。可以使用 OTHERS 来处理那些不能由其他 WHEN 子句处理的异常，OTHERS 异常处理总是位于 EXCEPTION 语句的最后。

【例 7.19】 使用 OTHERS 处理异常。

```
DECLARE
    v_result number;
BEGIN
    SELECT 姓名 INTO v_result
        FROM XSB
        WHERE 学号='150010';
    DBMS_OUTPUT.PUT_LINE('The student name is' ||v_result);
    EXCEPTION
        WHEN TOO_MANY_ROWS THEN
            DBMS_OUTPUT.PUT_LINE('There has TOO_MANY_ROWS error ');
        WHEN OTHERS THEN
            DBMS_OUTPUT.PUT_LINE('Unkown error ');
END;
```

其实，OTHERS 异常处理可以借助两个函数来说明捕捉到的异常的类型，这两个函数是 SQLCODE 和 SQLERRM，其中 SQLCODE 是用来说明当前错误的代码，如果是用户自定义的异常，则返回 1。SQLERRM 返回的是当前错误的信息。为了说明这两个函数的使用，可以将上例中的 WHEN OHTERS 子句中的执行语句换成如下语句：

```
DBMS_OUTPUT.PUT_LINE('The SQLCODE is: ' || SQLCODE);
DBMS_OUTPUT.PUT_LINE('The SQLERRM is: ' || SQLERRM);
```

7.5 系统内置函数

Oracle 11g 提供了许多功能强大的函数,在编程中经常用到的有以下几类。

1. 数学运算函数

数学运算函数可对 Oracle 提供的数字数据进行数学运算并返回运算结果。常用的数学运算函数如表 7.7 所示。

表 7.7 常用的数学运算函数

函 数 名	说 明
ABS(<数值>)	返回参数数值的绝对值,结果恒为正
CEIL(<数值>)	返回大于或等于参数数值的最接近的整数
COS(<数值>)	返回参数数值的余弦值
FLOOR(<数值>)	返回等于或小于参数的最大的整数
MOD(<被除数>,<除数>)	返回两数相除的余数。如果除数等于 0,则返回被除数
POWER(<数值>,n)	返回指定数值的 n 次幂
ROUND(<数值>,n)	结果近似到数值小数点右侧的 n 位
SIGN(<数值>)	返回值指出参数值是正还是负。若参数大于 0,则返回 1;若小于 0,则返回 -1;若等于 0,则返回 0
返回参数数值的平方根	Sqrt(<数值>)
TRUNC(<数值>,n)	返回舍入到指定的 n 位的参数数值。如果 n 为正,就截取到小数右侧的该数值处;如果 n 为负,就截取到小数点左侧的该数值处;如果没有指定 n 就假定为 0,截取到小数点处

下面给出几个例子说明数学函数的使用。

(1) ABS 函数

语法格式为:

```
ABS(<数值>)
```

功能:返回给定数字表达式的绝对值,参数为数值型表达式。

【例 7.20】 显示 ABS 函数对两个不同数字的效果。

```
SELECT ABS(-0.8) FROM dual;
SELECT ABS(0.8) FROM dual;
```

输出的结果都为 0.8。

说明:Oracle 数据库中的 dual 表是虚拟的一个表,它有一行一列,所有者为 sys 用户,但可供数据库中的所有用户使用。不能向这个表中插入数据,但可以用这个表来选择系统变量(如 SELECT SYSDATE FROM dual 可查询当前的系统时间)或求一个表达式的值。因此,在理解系统内置函数时主要借助于 dual 表。

（2）ROUND 函数

语法格式为：

ROUND(<数值>,n)

功能：求一个数值的近似值，结果近似到小数点右侧的 n 位。

【例 7.21】 求几个数值的近似值。

SELECT ROUND(3.678,2) FROM dual;

结果为：3.68。

SELECT ROUND(3.3243,3) FROM dual;

结果为：3.324。

2. 字符串函数

字符串函数用于对字符串进行处理。一些常用的字符串函数如表 7.8 所示。

表 7.8　常用的字符串函数

函　数　名	返回值说明
LENGTH(<值>)	返回字符串、数字或表达式的长度
LOWER(<字符串>)	把给定字符串中的字符变成小写
UPPER(<字符串>)	把给定字符串中的字符变成大写
LPAD(<字符串>,<长度>[,<填充字符串>])	在字符串左侧使用指定的填充字符串填充该字符串直到达到指定的长度，若未指定填充字符串，则默认为空格
RPAD(<字符串>,<长度>[,<填充字符串>])	在字符串右侧使用指定的填充字符串填充该字符串直到达到指定的长度，若未指定填充字符串，则默认为空格
LTRIM(<字符串>,[,<匹配字符串>])	从字符串左侧删除匹配字符串中出现的任何字符，直到匹配字符串中没有字符为止
RTRIM(<字符串>,[,<匹配字符串>])	从字符串右侧删除匹配字符串中出现的任何字符，直到匹配字符串中没有字符为止
<字符串 1> ‖ <字符串 2>	合并两个字符串
INITCAP(<字符串>)	将每个字符串的首字母大写
INSTR(<源字符串>,<目标字符串>[,<起始位置>[,<匹配次数>]])	判断目标字符串是否存在于源字符串中，并根据匹配次数显示目标字符串的位置，返回数值
REPLACE(<源字符串>,<目标字符串>,<替代字符串>)	在源字符串中查找目标字符串，并用替代字符串来替换所有的目标字符串
SOUNDEX(<字符串>)	查找与字符串发音相似的单词。该单词的首字母要与字符串的首字母相同
SUBS(<字符串>,<开始位置>[,<删除字符的个数>])	从字符串中删除从指定位置开始的指定个数字符。若未指定个数，则删除从开始位置的所有字符

下面给出几个例子说明字符串函数的使用。

（1）LENGTH 函数

语法格式为：

```
LENGTH(<值>)
```

功能：返回参数值的长度，返回值为整数。参数值可以是字符串、数字或者表达式。

（2）LOWER 函数

语法格式为：

```
LOWER(<字符串>)
```

功能：将给定字符串的字符变为小写。

【例 7.22】　转换字符的大小写。

```
SELECT LOWER('hello') FROM dual;
SELECT LOWER('Hello') FROM dual;
SELECT LOWER('HELLO') FROM dual;
```

结果都为：hello。

（3）REPLACE 函数

语法格式为：

```
REPLACE(<源字符串>,<目标字符串>,<替代字符串>)
```

功能：把源字符串中目标字符串用替代字符串代替。

【例 7.23】　字符替换。

```
SELECT REPLACE('Hello world', 'world', 'baby') FROM dual;
```

结果为：Hello baby。

3. 统计函数

Oracle 提供丰富的统计函数用于处理数值型数据，表 7.9 列出了常用的统计函数。

表 7.9　常用的统计函数

函　数　名	返回值说明
AVG([distinct]<列名>)	求列名中所有值的平均值，若使用 distinct 选项，则只使用不同的非空数值
COUNT([distinct]<值表达式>)	统计选择行的数目，并忽略参数值中的空值。若使用 distinct 选项，则只统计不同的非空数值。参数值可以是字段名，也可以是表达式
MAX(<value>)	从选定的 value 中选取数值/字符的最大值，忽略空值
MIN(<value>)	从选定的 value 中选取数值/字符的最小值，忽略空值
STDDEV(<value>)	返回所选择的 value 的标准偏差
SUM(<value>)	返回 value 的和，value 可以是字段名，也可以是表达式
VARIANCE([distinct] <value>)	返回所选行的所有数值的方差，忽略 value 的空值

在此介绍几个常用的统计函数的使用方法。

（1）AVG 函数

语法格式为：

```
AVG([DISTINCT]<列名>)
```

功能：求所有数值型列中所有值的平均值，若使用 DISTINCT 关键字，则只使用不能非空的数值。

【例 7.24】　求"计算机基础"课的平均成绩。

```
SELECT AVG(成绩)
    FROM CJB
    WHERE 课程号='101';
```

执行结果为：78.65。

（2）COUNT 函数

语法格式为：

```
COUNT([DISTINCT]<值>)
```

功能：统计选择行的数目，并忽略参数值中的空值。若使用 DISTINCT 选项，则只统计不同的非空数值。参数值可以是字段名，也可以是表达式。

【例 7.25】　求 XSB 表的学生总数。

```
SELECT COUNT(*)
FROM XSB;
```

执行结果为：24。

4. 日期函数

Oracle 11g 提供丰富的日期函数用来处理日期型数据，表 7.10 给出了常用的日期函数。

表 7.10　常用的日期函数

函　数　名	返回值说明
ADD_MONTHS(<日期值>,<月份数>)	把一些月份加到日期上，并返回结果
LAST_DAY(<日期值>)	返回指定日期所在月份的最后一天
MONTHS_BETWEEN(<日期值 1>,<日期值>)	返回日期值 1 减去日期值 2 得到的月数
NEW_TIME(<当前日期>,<当前时区>,<指定时区>)	根据当前日期和当前时区，返回在指定时区中的日期。其中，当前时区和指定时区的值为时区的 3 个字母缩写
NEXT_DAY(<日期值>, 'day')	给出指定日期后的 day 所在的日期；day 是全拼的星期名称
ROUND(<日期值>, 'format')	把日期值四舍五入到由 format 指定的格式
TO_CHAR(<日期值>, 'format')	将日期型数据转换成以 format 指定形式的字符型数据
TO_DATE(<字符串>, 'format')	将字符串转换成以 format 指定形式的日期型数据型返回
Trunc(<日期值>, 'format')	把任何日期的时间设置为 00:00:00

（1）LAST_DAY 函数

语法格式为：

`LAST_DAY(<日期值>)`

功能：求指定日期所在月份的最后一天。

【例 7.26】　查询本月的最后一天。

`SELECT LAST_DAY(SYSDATE) FROM dual;`

其中，SYSDATE 也是个日期函数，返回当前系统的日期。

（2）MONTHS_BETWEEN 函数

语法格式为：

`MONTHS_BETWEEN(<日期值 1>,<日期值 2>)`

功能：返回日期值 1 减去日期值 2 得到的月数。如果日期值 1 比日期值 2 要早，则函数将返回一个负数。

【例 7.27】　求两日期间相隔的月数。

`SELECT MONTHS_BETWEEN('2016-01-25','2016-03-25') FROM dual;`

MONTHS_BETWEEN('2016-01-25','2016-03-25')
1	-2

图 7.13　例 9.27 执行结果

执行结果如图 7.13 所示。

7.6　用户定义函数

用户定义函数是存储在数据库中的代码块，可以把值返回到调用程序。调用时如同系统函数一样。例如，MAX(value)函数，value 为参数。函数的参数有如下 3 种模式。

（1）IN 模式：表示该参数是输入给函数的参数。

（2）OUT 模式：表示该参数在函数中被赋值，可以传给函数调用程序。

（3）IN OUT 模式：表示该参数既可以传值也可以被赋值。

7.6.1　创建函数

1. 界面创建函数

右击 myorcl 连接的"函数"节点，选择"新建函数"菜单项，弹出"创建 PL/SQL 函数"对话框。在"名称"栏中输入函数的名称，在"参数"选项页的第一行选择返回值的类型，单击按钮增加一个参数，设置参数名称、类型和模式，设置完后单击"确定"按钮。在打开的主界面 COUNT_NUM 窗口中完成函数的编写工作，完成后单击工具栏上的"编译以进行调试"按钮完成函数的创建。整个操作过程如图 7.14 所示。

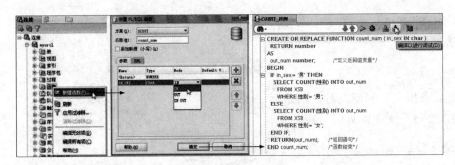

图 7.14　以界面方式创建函数

2. 命令创建函数

在 Oracle 11g 中，创建用户定义函数的使用 CREATE FUNCTION 语句，其语法格式为：

```
CREATE [OR REPLACE] FUNCTION<函数名>              /* 函数名称 */
(
    <参数名 1>,<参数类型><数据类型>,              /* 参数定义部分 */
    <参数名 2>,<参数类型><数据类型>,
    <参数名 3>,<参数类型><数据类型>,
    ⋮
)
    RETURN<返回值类型>                           /* 定义返回值类型 */
    {IS | AS}
    [声明变量]
    BEGIN
        <函数体>;                                /* 函数体部分 */
        [RETURN (<返回表达式>);]                  /* 返回语句 */
    END [<函数名>];
```

说明：

（1）<函数名>：用户定义函数的名称必须符合标识符的规则，对其所有者来说，该名称在数据库中是唯一的。

（2）<参数类型>：参数类型可以是 IN、OUT 或 IN OUT，默认为 IN 模式。对应 IN 模式的实参可以是常量或变量，对于 OUT 和 IN OUT 模式的实参必须是变量。

（3）<数据类型>：这里定义参数的数据类型时不需要指定数据类型的长度。

（4）RETURN 选项：在函数参数定义部分后面的 RETURN 选项可以指定函数返回值的数据类型。

（5）<函数体>：函数体部分由 PL/SQL 语句构成，是实现函数功能的主要部分。

（6）RETURN 语句：在函数体最后使用一条 RETURN 语句将返回表达式的值返回给函数调用程序。函数执行完一个 RETURN 语句后将不再往下运行，流程控制权将立即返回到调用该函数的环境中。

下面给出一个函数，说明函数的 3 种参数的合法性。

```
CREATE OR REPLACE FUNCTION 函数名称
(
```

```
    in_pmt IN char,
    out_pmt OUT char,
    in_out_pmt IN OUT char
)
    RETURN char
    AS
    return_char char;
    BEGIN
        <函数语句序列>
        RETURN(return_char);
    END [函数名称];
```

函数语句序列及其可能出现的情况如下:

```
in_pmt:='hello';
```

该语句是错误的,因为 IN 类型的参数只能作为形参来传递值,不能在函数体中赋值。

```
return_char:=in_pmt;
```

该语句语法正确。因为 IN 类型参数本身就是用来传递值,而 return_char 是作为返回值变量。通过 IN 类型参数 in_pmt 给 return_char 赋值。

```
out_pmt:='hello';
```

该语句正确。因为 out_pmt 作为 OUT 类型参数,在函数体内被赋值是允许的。

```
return_char:=out_pmt;
```

该语句不正确。因为 OUT 类型参数不能传递值。

```
in_out_pmt:='world';
```

该语句正确。因为 IN OUT 参数可以在函数体中被赋值。

```
return_char:=in_out_pmt;
```

该语句正确。因为 IN OUT 类型参数既能传递值,也可以赋值。

【例 7.28】　计算某门课程全体学生的平均成绩。

```
CREATE OR REPLACE FUNCTION average (cnum IN char)
    RETURN number
AS
    avger number;              /*定义返回值变量*/
BEGIN
    SELECT AVG(成绩) INTO avger
        FROM CJB
        WHERE 课程号=cnum
        GROUP BY 课程号;
    RETURN(avger);
END;
```

【例 7.29】 创建一个统计数据库中不同性别人数的函数。

```
CREATE OR REPLACE FUNCTION count_num (in_sex IN char)
    RETURN number
AS
    out_num number;                  /*定义返回值变量*/
BEGIN
    IF in_sex='男' THEN
        SELECT COUNT(性别) INTO out_num
            FROM XSB
            WHERE 性别='男';
    ELSE
        SELECT COUNT(性别) INTO out_num
            FROM XSB
            WHERE 性别='女';
    END IF;
    RETURN(out_num);                 /*返回语句*/
END count_num;                       /*函数结束*/
```

7.6.2 调用函数

无论是在命令行还是程序语句中，都可以通过名称直接在表达式中调用函数，语法格式为：

<变量名>:=<函数名>[(<实参1>,<实参2>,...)]

【例 7.30】 用函数 count_num 统计 XSB 表中有多少女学生。

```
DECLARE
    girl_num number;
BEGIN
    girl_num:=count_num('女');
    DBMS_OUTPUT.PUT_LINE(TO_CHAR(girl_num));
END;
```

输出结果为：8。

7.6.3 删除函数

用 DROP FUNCTION 语句可以删除用户定义的函数，语法格式为：

DROP FUNCTION [<用户方案名>.]<函数名>

例如，要把函数 count_num 删除，只需执行如下语句：

DROP FUNCTION count_num;

7.7 游标

一个对表进行查询的 SQL 语句通常都会产生一组记录,称为结果集。但是,许多应用程序,尤其 PL/SQL 嵌入的主语言(如 C、Java、PowerBuilder 等),通常并不能把整个结果集作为一个单元来处理。因此,这些应用程序需要一种机制来保证每次只处理结果集中的一行或几行,游标就提供了这种机制,即对一个结果集进行逐行处理的能力。游标可作为一种特殊的指针,它与某个查询结果相联系,可以指向结果集的任意位置,以便对指定位置的数据进行操作。使用游标还可以在查询数据的同时处理数据。游标又分为显式游标和隐式游标两种。

7.7.1 显式游标

对显式游标的使用要遵循声明游标→打开游标→读取数据→关闭游标的步骤。

1. 声明游标

显式游标是作为声明段的一部分进行定义的,定义方法如下:

```
DECLARE CURSOR<游标名>
    IS
    <SELECT 语句>
```

其中,游标名是与某个查询结果集联系的符号名,要遵循 Oracle 变量定义的规则。SELECT 语句查询产生与所声明的游标相关联的结果集。例如:

```
DECLARE CURSOR XS_CUR
    IS
    SELECT 学号, 姓名, 总学分
        FROM XSB
        WHERE 专业='计算机';
```

2. 打开游标

声明后,要使用游标就必须先打开它。使用 OPEN 语句打开游标,格式为:

```
OPEN<游标名>
```

打开游标后,可以使用系统变量%ROWCOUNT 返回最近一次提取到数据行的序列号。打开游标之后、提取数据之前访问%ROWCOUNT 则返回 0。

【例 7.31】 定义游标 XS_CUR,然后打开游标,输出当前行的序列号。

```
DECLARE CURSOR XS_CUR
    IS
        SELECT 学号, 姓名, 总学分
            FROM XSB;
    BEGIN
```

```
        OPEN XS_CUR;
        DBMS_OUTPUT.PUT_LINE(XS_CUR%ROWCOUNT);
    END;
```

输出结果为：0。

3. 读取数据

游标打开后，就可以使用 FETCH 语句从中读取数据。FETCH 语句的格式为：

```
FETCH<游标名>[INTO<变量名>,...n]
```

其中，INTO 子句将读取的数据存放到指定的变量中。

【例 7.32】 将计算机专业每个学生的"学号"与"总学分"值连接成一个中间用一个空格隔开的字符串后输出。

```
DECLARE
    v_xh char(6);
    v_zxf number(2);
    CURSOR XS_CUR
    IS
    SELECT 学号,总学分
        FROM XSB
        WHERE 专业='计算机';
    BEGIN
        OPEN XS_CUR;
        FETCH XS_CUR INTO v_xh, v_zxf;
        WHILE XS_CUR%FOUND
        LOOP
            DBMS_OUTPUT.PUT_LINE (v_xh || ' ' || To_CHAR(v_zxf));
            FETCH XS_CUR INTO v_xh, v_zxf;
        END LOOP;
        CLOSE XS_CUR;
    END;
```

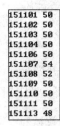

```
151101 50
151102 50
151103 50
151104 50
151106 50
151107 54
151108 52
151109 50
151110 50
151111 50
151113 48
```

图 7.15　例 7.32 输出结果

输出结果如图 7.15 所示。

说明：执行 FETCH 语句时，每次返回一个数据行，然后自动将游标指针移动指向下一个数据行。当检索到最后一行时，如果再执行 FETCH 语句，会操作失败，并将游标属性%NOTFOUND置为 TRUE。

4. 关闭游标

游标使用完以后要及时关闭。关闭游标使用 CLOSE 语句，格式为：

```
CLOSE<游标名>;
```

例如，关闭上例中的游标：

```
CLOSE XS_CUR;
```

关闭游标即关闭 SELECT 操作，释放所占的内存区。

5. 注意事项

关于显式游标要注意以下几点：

（1）用％FOUND 或％NOTFOUND 检验游标操作成功与否。％FOUND 属性表示当前游标是否指向有效的一行，如果游标按照其选择条件从数据库中成功查询出一行数据，则返回 TRUE，表示成功；否则，返回 FALSE，表示失败。％NOTFOUND 属性的功能与％FOUND 相同，但返回值的含义正好相反。所以，每次执行完 FETCH 语句后，检查游标的这两个属性就可以判断 FETCH 语句是否执行成功。该测试必须在游标关闭前执行。

（2）循环执行游标取数操作时，最近一次提取到数据行的序列号保存在系统变量％ROWCOUNT 中。

（3）用 FETCH 语句取游标数据到一个或多个变量中，目标变量的数目和类型必须与游标 SELECT 表中表列的数目、数据类型相一致。例如：

```
DECLARE
CURSOR mycur
    IS
    SELECT 课程号,                  /*课程号是字符型*/
        成绩                        /*成绩是数字型*/
        FROM CJB
        WHERE 课程号='101';
    v_kch char(3);                  /*v_kch 存储课程号,为字符型*/
    v_cj number(2);                 /*v_cj 存储成绩,为数字型*/
    BEGIN
        OPEN mycur;
        FETCH mycur INTO v_kch, v_cj;  /*目标变量的数目和类型都与 SELECT 表列相匹配*/
END;
```

（4）如果试图打开一个已打开的游标或关闭一个已关闭的游标，将会出现错误。因此，用户在打开或关闭游标前，若不清楚其状态，应该用％ISOPEN 进行检查。根据其返回值（TRUE 或 FALSE）采取相应的动作。例如：

```
IF mycur%ISOPEN THEN
    FETCH mycur INTO v_kch,v_cj;    /*游标已打开,可以操作*/
ELSE
    OPEN mycur;                     /*游标没有打开,先打开游标*/
END IF;
```

7.7.2　隐式游标

如果在 PL/SQL 程序段中使用 SELECT 语句进行操作，PL/SQL 会隐含地处理游标定义，即为隐式游标。这种游标不需要像显式游标那样声明，也不必打开和关闭。

下面一段程序是在存储过程定义中使用隐式游标：

```
CREATE OR REPLACE PROCEDURE CX_XM
( in_xh IN char, out_xm OUT varchar2 )
```

```
AS
BEGIN
    SELECT 姓名 INTO out_xm              /*隐式游标必须用 INTO*/
        FROM XSB
        WHERE 学号=in_xh ANDROWNUM=1;
    DBMS_OUTPUT.PUT_LINE(out_xm);
END CX_XM;
```

使用隐式游标要注意以下几点：

（1）每一个隐式游标必须有一个 INTO。

（2）与显式游标一样，接收数据的目标变量的数目、数据类型要与 SELECT 列表中的一致。

（3）隐式游标一次仅能返回一行数据，使用时必须检查异常，最常见的异常有 NO_DATA_FOUND 和 TOO_MANY_ROWS。

（4）为确保隐式游标仅返回一行数据，可用 ROWNUM＝1 来限定，表示返回第一行数据。

相比隐式游标，显式游标可以通过简单地检测系统变量（％FOUND 或％NOTFOUND）来确认使用游标的 SELECT 语句执行成功与否，而且显式游标是在 DECLARE 段中由用户自己定义的（定义和使用分离），其 PL/SQL 块的结构化程度更高，因此在 PL/SQL 程序中应尽可能地使用显式游标。

7.7.3　游标 FOR 循环

FOR 循环和游标的结合使得游标的使用更简明。用户不需要打开游标、取数据、测试数据的存在（用％FOUND 或％NOTFOUND）以及关闭游标这些重复且烦琐的操作。当游标被调用时，用 SELECT 语句中的同样一些元素创建一条记录，对于游标检索出的每一行继续执行循环内的全部代码，当发现没有数据时，游标自动关闭。游标 FOR 循环的语法格式如下：

```
FOR<变量名>IN<游标名>[(<参数 1>[,<参数 2>]...)] LOOP
    语句段
END LOOP;
```

其中，＜游标名＞必须是已经声明的游标名称，后面括号中是应用程序传递给游标的参数，FOR 关键字后面的＜变量名＞是 FOR 循环隐含声明的记录变量，其结构与游标查询语句返回的结果集的结构相同。在程序中可以通过引用该记录变量中的成员来读取所提取的游标数据。记录变量中成员的名称与游标查询语句 SELECT 列表中所指定的列名相同。

【例 7.33】从 CJB 表中选出优秀（大于 90 分）的成绩记录另存入一张表。

首先在 XSCJ 数据库中创建 tempCj 表（结构与 CJB 相同），然后编写 PL/SQL 代码如下：

```
DECLARE
    v_xh char(6);
```

```
    v_kch char(3);
    v_cj number(4,2);
CURSOR kc_cur
IS
    SELECT 学号, 课程号, 成绩
        FROM CJB;
BEGIN
    OPEN kc_cur;
    FETCH kc_cur INTO v_xh,v_kch,v_cj;
    WHILE kc_cur%FOUND LOOP
        IF v_cj>90 THEN
            INSERT INTO tempCj VALUES(v_xh,v_kch,v_cj);
        END IF;
        FETCH kc_cur INTO v_xh,v_kch,v_cj;
    END LOOP;
    CLOSE kc_cur;
END;
```

上面的例子用游标的 FOR 循环重写如下：

```
DECLARE
    v_xh char(6);
    v_kch char(3);
    v_cj number(4,2);
CURSOR kc_cur
IS
    SELECT 学号, 课程号, 成绩
        FROM CJB;
BEGIN
    FOR kc_cur_rec IN kc_cur LOOP
        v_xh:=kc_cur_rec.学号;
        v_kch:=kc_cur_rec.课程号;
        v_cj:=kc_cur_rec.成绩;
        IF v_cj>90 THEN
            INSERT INTO tempCj VALUES(v_xh,v_kch,v_cj);
        END IF;
    END LOOP;
END;
```

执行结果如图 7.16 所示。

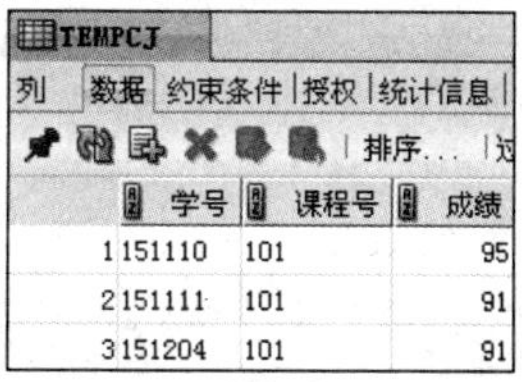

对比上面两段程序可知，当使用游标 FOR 循环时，游标名已经不必再输入一个用 OPEN 打开的游标。在每个 FOR 循环交互的时候，PL/SQL 将数据提取到隐式声明的记录（这种记录只在循环内部定义，外部无法引用）中。游标 FOR 循环减少了代码量，使程序的结构清晰明了，更容易按过程化方式处理。

图 7.16 例 7.33 执行结果

7.7.4　游标变量

游标都是与一个 SQL 语句相关联的，在编译 PL/SQL 块时，这个语句就已经确定，是静态的；而游标变量则可以在运行时与不同的语句关联，是动态的。可见，游标与游标变量就像常量与变量之间的关系一样。游标变量常被用于处理多行的查询结果集。在同一个 PL/SQL 块中，游标变量并不与特定的查询绑定在一起，只有在打开游标时才能确定其所对应的查询，所以，一个游标变量可以依次对应多个查询，能为任何兼容的查询打开游标变量，而且还可以将新的值赋予游标变量，将它作为参数传递给本地和存储过程，从而提高了灵活性。

1. 定义 REF CURSOR 类型

游标变量就像 C 语言的指针一样，在 PL/SQL 中，指针具有 REF X 数据类型（这里 REF 是 REFERENCE 缩写，X 表示类对象），因此游标变量就具有 REF CURSOR 类型。创建游标变量，首先要定义 REF CURSOR 类型，语法格式为：

```
TYPE<REF CURSOR 类型名>
    IS
    REF CURSOR[RETURN<返回类型>];
```

其中，＜返回类型＞表示一个记录或者数据库表的一行。例如，下面定义一个 REF CURSOR 类型游标：

```
DECLARE
TYPExs_cur
    IS
    REF CURSOR RETURN XSB%ROWTYPE;
```

注意：REF CURSOR 类型既可以是强类型，也可以是弱类型。强 REF CURSOR 类型有返回类型；而弱 REF CURSOR 类型没有返回类型。

例如：

```
DECLARE
    TYPExs_cur IS REF CURSOR RETURN XSB%ROWTYPE;       /*强类型*/
    TYPEmycur IS REF CURSOR;                           /*弱类型*/
```

2. 声明游标变量

一旦定义了 REF CURSOR 类型，就可以在 PL/SQL 块或子程序中声明游标变量。例如：

```
DECLARE
    TYPExs_cur IS REF CURSOR RETURN XSB%ROWTYPE;
    xscurxs_cur;                                       /*声明游标变量*/
```

在 RETURN 子句中可定义用户自定义的 RECORD 类型。例如：

```
DECLARE
```

```
TYPEkc_cj IS RECORD(
        kch number(4),
        kcm varchar2(10),
        cj number(4,2));
TYPEkc_cjcur IS REF CURSOR RETURN kc_cj;
```

此外,还可以声明游标变量作为函数和过程的参数。例如:

```
DECLARE
    TYPExs_cur IS REF CURSOR RETURN XSB%ROWTYPE;
    PRCEDUREopen_xs(xscur IN OUT xs_cur) IS ...
```

3. 控制游标变量

在使用游标变量时,要遵循如下步骤:打开→提取行数据→关闭。首先,使用 OPEN 打开游标变量;然后使用 FETCH 从结果集中提取行,当所有的行都处理完毕时,再使用 CLOSE 关闭游标变量。

OPEN 语句与多行查询的游标相关联,它执行查询,标识结果集。语法格式为:

```
OPEN {<弱游标变量名>|:<强游标变量名>}
    FOR
    <SELECT 语句>
```

例如,要打开游标变量 xscur,使用如下语句:

```
IF NOTxscur%ISOPEN THEN
    OPENxscur FOR SELECT * FROM XSB;
END IF;
```

游标变量同样可以应用游标的属性,如%FOUND、%ISOPEN 和%ROWTYPE。

在使用过程中,其他的 OPEN 语句可以为不同查询打开相同的游标变量。因此,在重新打开之前,建议不要关闭该游标变量。游标变量还可以作为参数传递给存储过程。例如:

```
CREATE PACKAGExs_data AS
    ...
    TYPExs_cur IS REF CURSOR RETURN xs%ROWTYPE;
    PROCEDURE open_xs(xscur IN OUT xs_cur);
END;
CREATE PACKAGE BODYxs_data AS
    ...
    PROCEDURE open_xs(xscur IN OUT xs_cur) IS
    BEGIN
        OPEN xscur FOR SELECT * FROM XSB;
    END;
END;
```

当声明一个游标变量作为打开游标变量子程序的参数时,必须定义 IN OUT 模式。也就是说,子程序可以将一个打开的游标变量传送给调用者。

7.8 包

可以利用包（package）将过程和函数安排在逻辑分组中。包有两个分离的部件：包说明（规范、包头）和包体（主体），它们都存储在数据字典中。包与过程和函数的一个明显的区别是：包仅能存储在非本地的数据库中。除了允许相关的对象结合成组之外，包与依赖性较强的存储子程序相比，其所受的限制较少。除此之外，包的效率也比较高。

从本质上讲，包就是一个命名的声明部分。任何可以出现在块声明中的语句都可以在包中使用，这些语句包括过程、函数、游标、类型和变量。把这些内容放入包中的好处是，用户可以从其他 PL/SQL 块中对其进行引用，因此，包为 PL/SQL 提供了全局变量。

7.8.1 包的创建

1. 以界面方式创建包

右击 myorcl 连接的"程序包"节点，选择"新建程序包"菜单项，弹出"创建 PL/SQL 程序包"对话框。在"名称"栏中输入包的名称，如 TEST_PACKAGE，单击"确定"按钮。在打开的主界面 TEST_PACKGE 窗口中完成此包代码的编写工作，完成后单击"编译以进行调试"按钮完成包的创建。整个过程的操作步骤如图 7.17 所示。

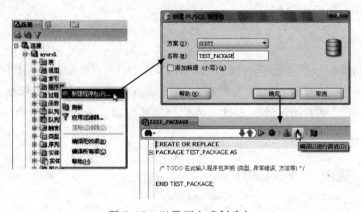

图 7.17　以界面方式创建包

2. 以命令方式创建包

用 SQL 命令创建包需要分别创建包头和包体两部分。

（1）创建包头

语法格式如下：

```
CREATE [OR REPLACE] PACKAGE [<用户方案名>.]<包名>        /*包头名称*/
    IS|AS  <PL/SQL 程序序列>                          /*定义过程、函数等*/
```

说明：<PL/SQL 程序序列>中可以是变量、常量及数据类型定义和游标定义，以及函数、过程定义及参数列表返回类型等。

在定义包头时,要遵循以下规则:

① 包元素的位置可以任意安排。然而在声明部分,对象必须在引用前进行声明。

② 包头可以不对任何类型的元素进行说明。例如,包头可以只带过程和函数说明语句,而不声明任何异常和类型。

③ 对过程和函数的任何声明都只是对子程序及其参数(如果有的话)进行描述,而不带任何代码的说明,实现代码只能在包体中。它不同于块声明,在块声明中过程或函数的代码可以同时出现在声明部分。

(2) 创建包体

语法格式如下:

```
CREATE [OR REPLACE] PACKAGE BODY [<用户方案名>.]<包名>
    IS|AS<PL/SQL 程序序列>
```

说明: 包体中的<PL/SQL 程序序列>部分可以是游标、函数、过程的具体定义。

包体是一个独立于包头的数据字典对象。包体只能在包头完成编译后才能进行编译。包体中带有实现包头中描述的前向子程序的代码段。除此之外,包体还可以包括具有包体全局属性的附加声明部分,但这些附加说明对于说明部分是不可见的。

(3) 删除包

如果只是删除包体,则使用如下命令:

```
DROP PACKAGE BODY<包名>;
```

如果要同时删除包头和包体,则使用如下命令:

```
DROP PACKAGE<包名>;
```

【例 7.34】 定义一个包头,为后面的示例做准备。

```
CREATE OR REPLACE PACKAGE SELECT_TABLE
    IS
    TYPE tab_02 IS RECORD
    (
        itnum_1 varchar2(1),
        itnum_2 varchar2(1)
    );
    TYPE tab_03 IS RECORD
    (
        itnum_1 varchar2(1),
        itnum_2 varchar2(1),
        itnum_3 varchar2(1)
    );
    TYPE tab_04 IS RECORD
    (
        itnum_1 varchar2(1),
        itnum_2 varchar2(1),
        itnum_3 varchar2(1),
        itnum_4 varchar2(1)
```

```
        );
    TYPE tab_05 IS RECORD
    (
        itnum_1 varchar2(1),
        itnum_2 varchar2(1),
        itnum_3 varchar2(1),
        itnum_4 varchar2(1),
        itnum_5 varchar2(1)
    );
    TYPE tab_06 IS RECORD
    (
        itnum_1 varchar2(1),
        itnum_2 varchar2(1),
        itnum_3 varchar2(1),
        itnum_4 varchar2(1),
        itnum_5 varchar2(1),
        itnum_6 varchar2(1)
    );
    TYPE cur_02 IS REF CURSOR RETURN tab_02;
    TYPE cur_03 IS REF CURSOR RETURN tab_03;
    TYPE cur_04 IS REF CURSOR RETURN tab_04;
    TYPE cur_05 IS REF CURSOR RETURN tab_05;
    TYPE cur_06 IS REF CURSOR RETURN tab_06;
END;
```

其中，代码段：

```
TYPE tab_02 IS RECORD
(
    itnum_1 varchar2(1),
    itnum_2 varchar2(1)
);
```

表示可以查询两列，依此类推，本例中包头可以查询列。

注意：在定义使用 SELECT 命令来查询数据库表数据时，一定要使用如上定义的包头，否则无法实现存储过程的定义。

【例 7.35】 应用前面统计全体学生平均成绩的函数创建包 TEST_PACKAGE。

（1）包头部分。

```
CREATE OR REPLACE PACKAGE TEST_PACKAGE
    IS
    FUNCTION average (cnum IN char)
        RETURN NUMBER;
END;
```

（2）包体部分。

```
CREATE OR REPLACE PACKAGE BODY TEST_PACKAGE
```

```
    IS
    FUNCTION average(cnum IN char)
        RETURN NUMBER
        AS
        avger number;           /*定义返回值变量*/
    BEGIN
        SELECT AVG(成绩) INTO avger
            FROM CJB
            WHERE 课程号=cnum
        GROUP BY 课程号;
        RETURN(avger);
    END average;
END;
```

包体部分包括了实现包头过程中的前向说明的代码。如果在包头中没有前向说明的对象(如异常),可以在包体中直接引用。

包体是可选的。如果包头中没有说明任何过程或函数(只有变量声明、游标、类型等),则该包体就不存在。由于包中的所有对象在包外都是可见的,所以这种说明方法可用来声明全局变量。

包头中的任何前向说明都不能出现在包体中。包头和包体中的过程和函数的说明必须一致,包括子程序名及其参数名、参数类型。

包头中声明的任何对象都在其作用域中,并且可在其外部使用包名作为前缀对其进行引用。例如,可以在下面的 PL/SQL 块中调用对象 TEST_PACKAGE.average,代码如下:

```
DECLARE
    num number;
BEGIN
    num:=TEST_PACKAGE.average('101');
    DBMS_OUTPUT.PUT_LINE(TO_CHAR(num));
END;
```

上面函数调用的格式与调用独立函数的方法完全一致,唯一不同的是,在被调用的函数名前使用了包名作为前缀。

7.8.2　包的初始化

当第一次调用打包子程序时,该包将进行初始化。也就是说,将该包从硬盘中读入到内存,并启动调用的子程序的编译代码。这时,系统为该包中定义的所有变量分配内存单元。每个会话都有其打包变量的副本,以确保执行同一包子程序的两个对话使用不同的内存单元。

在大多数情况下,初始化代码要在包第一次初始化时运行。为了实现这种功能,可以在包体中的所有对象之后加入一个初始化部分,语法格式为:

```
CRETE OR REPLACE PACKAGE BODY<包名>
```

```
IS|AS
...
BEGIN
    <初始化代码>;
END;
```

7.8.3　重载

在包的内部，过程和函数可以被重载（Overloading）。也就是说，可以有一个以上的名称相同但参数不同的过程或函数。由于重载允许相同的操作施加在不同类型的对象上，因此，它是 PL/SQL 语言的一个重要特征。

【例 7.36】　把一个学生加入到 temp 表中，通过重载实现两种不同的添加方式：

① 只使用学生的学号，其他信息字段为空值。

② 使用学号和性别两个字段添加学生信息。

```
CREATE OR REPLACE PACKAGE TempPackage
    AS
    PROCEDURE AddStudent    (v_xh IN temp.学号%TYPE);
    PROCEDURE AddStudent    (v_xh IN temp.学号%TYPE, v_xb IN temp.性别%TYPE);
END;
CREATE OR REPLACE PACKAGE BODY TempPackage
    AS
    PROCEDURE AddStudent (v_xh IN temp.学号%TYPE)
    IS
    BEGIN
        INSERT INTO temp(学号)
            VALUES(v_xh);
    END AddStudent;
    PROCEDURE AddStudent
    (
        v_xh IN temp.学号%TYPE,
        v_xb IN temp.性别%TYPE
    )
    IS
    BEGIN
        INSERT INTO temp(学号,性别)
            VALUES(v_xh, v_xb);
    END AddStudent;
END;
```

增加学生，执行如下语句：

```
BEGIN
    TempPackage.AddStudent('150010');
    TempPackage.AddStudent('150011', '女');
END;
```

打开数据库的 temp 表,可以看到执行结果如图 7.18 所示。

从上面这个例子看出,同样的操作可以通过不同类型的参数实现,可见重载是非常有用的技术。但是,重载受到下列限制。

(1) 如果两个子程序的参数仅在名称和模式上不同,则这两个子程序不能重载。例如,下面的两个存储过程不能重载。

```
PROCEDURE overloadMe(p_theparameter IN number);
PROCEDURE overloadMe(p_theparameter OUT number);
```

(2) 不能仅根据两个子程序不同的返回类型对其进行重载。例如,下面的两个函数不能重载。

	学号	性别	姓名
1	150010	(null)	(null)
2	150011	女	(null)
3	150001	男	(null)
4	150002	男	(null)
5	150003	男	(null)
6	150004	男	(null)
7	150005	男	(null)
8	150006	男	(null)
9	150007	男	(null)
10	150008	男	(null)
11	150009	男	(null)

图 7.18　例 7.36 执行结果

```
FUNCTION overloadMeToo RETURN DATE;
FUNCTION overloadMeToo RETURN NUMBER;
```

(3) 重载子程序的参数的类族(type family)必须不同。例如,由于 CHAR 和 VARCHAR2 属于同一类族,故下面的两个存储过程也不能重载。

```
PROCEDURE OverloadChar(p_theparameter IN CHAR);
PROCEDURE OverloadVarchar(p_theparameter IN VARCHAR2);
```

根据用户定义的对象类型,打包子程序也可以重载。

说明:以上涉及存储过程的概念,有关存储过程的内容将在第 8 章介绍。

7.8.4　Oracle 11g 内置包

Oracle 11g 提供了若干具有特殊功能的内置包,简述如下。

(1) DBMS_ALERT 包:用于数据库报警,允许会话间通信。

(2) DBMS_JOB 包:用于任务调度服务。

(3) DBMS_LOB 包:用于大型对象操作。

(4) DBMS_PIPE 包:用于数据库管道,允许会话间通信。

(5) DBMS_SQL 包:用于执行动态 SQL。

(6) UTL_FILE 包:用于文本文件的输入与输出。

以上这些包中,除 UTL_FILE 包既存储在服务器又存储在客户端外,其他所有的包都只存储在服务器中。此外,在某些客户环境,Oracle 11g 也会提供一些额外的包。

7.9　集合

PL/SQL 的集合类似于其他高级语言的数组,是管理多行数据必需的结构体。集合就是列表,可能有序,也可能无序。有序列表的索引是唯一性的数字下标;而无序列表的索引是唯一性的标识符,这些标识符可以是数字、哈希值,也可以是一些字符串名。

PL/SQL 提供了 3 种不同的集合类型：联合数组（以前称为 index_by 表）、嵌套表和可变数组。

7.9.1　联合数组

联合数组是具有 Oracle 11g 的数据类型或用户自定义的记录/对象类型的一维体，类似于 C 语言中的二维数组。定义联合数组的语法格式为：

```
TYPE<联合数组名>
    IS
    TABLE OF<数据类型>INDEX BY BINARY_INTEGER;
```

下面的代码定义了一个联合数组类型：

```
TYPE xs_name
    IS
TABLE OF XSB.姓名%TYPE
    INDEX BY BINARY_INTEGER;          /*声明类型*/
v_name xs_name;                       /*声明变量*/
```

在声明了类型和变量后，就可以使用以下语句使用联合数组表中的单个元素：

```
v_name(index)
```

其中 index 是指表中第几个元素，其数据类型属于 BINARY_INTEGER 类型。

1. 给元素赋值

可以使用以下语句给表中的元素赋值：

```
BEGIN
    v_name(1):='韩许';
    v_name(2):='陈俊';
END;
```

注意：联合数组中的元素不是按特定顺序排列的，这与 C 语言数组不同。在 C 语言中，数组在内存中是按顺序存储的，因此元素的下标也是有序的。

在联合数组中下面的元素赋值也是合法的：

```
BEGIN
    v_name(1):='韩许';
    v_name(-2):='陈俊';
    v_name(5):='朱珠';
END;
```

联合数组的元素个数只受 BINARY_INTEGER 类型的限制，即 index 的范围为 $-2\ 147\ 483\ 648 \sim +2\ 147\ 483\ 647$。因此，只要在此范围内给元素赋值都是合法的。

2. 输出元素

需要注意的是，在调用每个联合数组的元素之前，都必须首先给该元素赋值。

【例 7.37】 创建联合数组并输出其元素。

```
DECLARE
    TYPE studytab
        IS TABLE OF VARCHAR2(20) INDEX BY BINARY_INTEGER;
    v_studytab studytab;
BEGIN
    FOR v_count IN 1..5 LOOP
        v_studytab(v_count):=v_count*10;
    END LOOP;
    FOR v_count IN 1..5 LOOP
        DBMS_OUTPUT.PUT_LINE(v_studytab(v_count));
    END LOOP;
END;
```

输出结果如图 7.19 所示。

如果将第二个 FOR 循环中的循环范围改为 1..6，由于 v_studytab(6)元素没有赋值，因此系统会出现错误信息，如图 7.20 所示。

图 7.19 例 7.37 输出结果

图 7.20 元素未赋值时出错

7.9.2 嵌套表

嵌套表的声明和联合数组的声明十分类似，语法格式为：

```
TYPE<嵌套表名>
    IS
    TABLE OF<数据类型>[NOT NULL]
```

嵌套表与联合数组唯一不同的是没有 INDEX BY BINARY_INTEGER 子句，因此，区别这两种类型的唯一方法就是看是否含有这个子句。

1. 嵌套表初始化

嵌套表的初始化与联合数组的初始化完全不同。在声明了类型之后，再声明一个联合数组变量类型，如果没有给该表赋值，那么该表就是一个空的联合数组。但是，在以后的语句中可以继续向联合数组中添加元素；而声明了嵌套表变量类型时，如果嵌套表中没有任何元素，那么它会自动初始化为 NULL，并且是只读的，如果还想向这个嵌套表中添加元素，系统就会提示出错。

【例 7.38】 嵌套表的初始化。

```
DECLARE
    TYPE studytab
        IS TABLE OF VARCHAR(20);
    v_studytab studytab:=studytab('Tom', 'Jack', 'Rose');
BEGIN
    FOR v_count IN 1..3 LOOP
        DBMS_OUTPUT.PUT_LINE(v_studytab(v_count));
    END LOOP;
END;
```

以上是嵌套表正确初始化的过程，系统输出结果如图 7.21 所示。

注意： 当初始化嵌套表时没有元素，而后再向其中添加元素时，系统会提示无法加入。

2. 元素有序性

嵌套表与联合数组十分相似，只是嵌套表在结构上是有序的，而联合数组是无序的。如果给一个嵌套表赋值，表元素的 index 将会从 1 开始依次递增。

【例 7.39】 嵌套表元素的有序性演示。

```
DECLARE
    TYPE numtab
        IS TABLE OF NUMBER(4);
    v_num numtab:=numtab(1,3,4,5,7,9,11);
BEGIN
    FOR v_count IN 1..7 LOOP
        DBMS_OUTPUT.PUT_LINE('v_num(' || v_count || ')=' || v_num(v_count));
    END LOOP;
END;
```

输出结果如图 7.22 所示。

```
v_num(1)= 1
v_num(2)= 3
v_num(3)= 4
v_num(4)= 5
v_num(5)= 7
v_num(6)= 9
v_num(7)= 11
```

图 7.21　例 7.38 输出结果　　　　　图 7.22　例 7.39 输出结果

在此可以清楚地看到嵌套表是有序的。

7.9.3　可变数组

可变数组是具有相同数据类型的一组成员的集合，每个成员都有唯一的下标，这个下标取决于成员在数组中的位置。

定义可变数组的语法格式如下：

```
TYPE<可变数组名>
    IS
    {VARRAY|VARYING ARRAY} (<元素个数最大值>)
    OF<数组元素类型>[NOT NULL]
```

说明：可变数组的"可变"是指当定义了数组的最大上限后，数组元素的个数可以在这个最大上限内变化，但是不得超过最大上限。当数组元素的个数超过了最大上限后，系统就会提示出错。可变数组的存储和 C 语言数组的存储是相同的，各个元素在内存中是连续存储的。

下面是一个合法的可变数组声明：

```
DECLARE
    TYPE dates
        IS VARRAY(7) OF VARCHAR2(10);
    TYPE months
        IS VARRAY(12) OF VARCHAR2(10);
```

与嵌套表一样，可变数组也需要初始化。初始化时需要注意的是，赋值的数量必须保证不大于可变数组的最大上限。

【例 7.40】　可变数组初始化演示。

```
DECLARE
    TYPE dates
        IS VARRAY(7) OF VARCHAR2(10);
    v_dates dates:=dates('Monday', 'Tuesday', 'Wesdnesday');
BEGIN
    DBMS_OUTPUT.PUT_LINE(v_dates(1));
    DBMS_OUTPUT.PUT_LINE(v_dates(2));
    DBMS_OUTPUT.PUT_LINE(v_dates(3));
END;
```

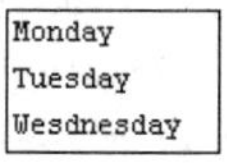

```
Monday
Tuesday
Wesdnesday
```

图 7.23　例 7.40 输出结果

输出结果如图 7.23 所示。

7.9.4　集合的属性和方法

联合数组、嵌套表和可变数组都是对象类型，因此它们本身就有属性和方法。集合的属性或方法的调用与其他对象类型的调用一样，也是以 Object.Attribute 或 Object.Method 的形式调用。

下面介绍集合类型的几种常用的属性和方法。

1. COUNT 属性

COUNT 属性用来返回集合中的数组元素个数。

【例 7.41】　统计 3 种集合类型的元素个数。

```
DECLARE
    TYPE name IS TABLE OF VARCHAR2(20) INDEX BY BINARY_INTEGER;
```

```
TYPE pwd IS TABLE OF VARCHAR2(20);
TYPE dates IS VARRAY(7) OF VARCHAR2(20);
v_name name;
v_pwd pwd:=pwd('10000', '12345', '22', 'yes', 'no');
v_dates dates:=dates('Monday', 'Sunday');
BEGIN
v_name(1):='Tom';
v_name(-1):='Jack';
v_name(4):='Rose';
DBMS_OUTPUT.PUT_LINE('The index_by count is: ' || v_name.count);
DBMS_OUTPUT.PUT_LINE('The nested count is: ' || v_pwd.count);
DBMS_OUTPUT.PUT_LINE('The varray count is: ' || v_dates.count);
END;
```

输出结果如图 7.24 所示。

COUNT 属性在 PL/SQL 编程中是十分有用的，对于那些集合元素的个数未知，而又想对其进行操作的模块十分方便。

```
The index_by count is: 3
The nested count is: 5
The varray count is: 2
```

图 7.24　例 7.41 输出结果

2. DELETE 方法

DELETE 方法用来删除集合中的一个或多个元素。需要注意的是，由于 DELETE 方法执行的删除操作的大小固定，故对于可变数组来说没有 DELETE 方法。DELETE 方法有以下 3 种形式。

(1) DELETE：不带参数的 DELETE 方法，即将整个集合删除。

(2) DELETE(x)：将集合表中第 x 个位置的元素删除。

(3) DELETE(x,y)：将集合表中从第 x 个元素到第 y 个元素之间的所有元素删除。

注意：执行 DELETE 方法后，集合的 COUNT 值将会立刻变化；而且当要删除的元素不存在时，DELETE 也不会报错，而是跳过该元素继续执行下一步操作。

【例 7.42】　DELETE 方法使用演示。

```
DECLARE
TYPE pwd IS TABLE OF VARCHAR2(20);
v_pwd pwd:=pwd('10000', '12345', '22', 'yes', 'no');
BEGIN
DBMS_OUTPUT.PUT_LINE('The original table count is: ');
DBMS_OUTPUT.PUT_LINE(v_pwd.count);
v_pwd.delete(4);
DBMS_OUTPUT.PUT_LINE('After delete a element,table count is: ');
DBMS_OUTPUT.PUT_LINE(v_pwd.count);
v_pwd.delete(6, 8);
DBMS_OUTPUT.PUT_LINE('After delete some element,table count is: ');
DBMS_OUTPUT.PUT_LINE(v_pwd.count);
END;
```

输出结果如图 7.25 所示。

3. EXISTS 方法

EXISTS 方法是用来判断集合中的元素是否存在的,语法格式为:

```
EXISTS(X)
```

```
The original table count is:
5
After delete a element,table count is:
4
After delete some element,table count is:
4
```

图 7.25　例 7.42 输出结果

即判断位于位置 X 处的元素是否存在,如果存在则返回 TRUE;如果 X 大于集合的最大范围,则返回 FALSE。

注意:使用 EXISTS 判断时,只要在指定位置处有元素存在即可,即使该处的元素为 NULL,EXISTS 也会返回 TRUE。

4. EXTEND 方法

EXTEND 方法用来将元素添加到集合的末端,具体形式有以下几种。

(1) EXTEND:不带参数的 EXTEND 是将一个 NULL 元素添加到集合的末端。

(2) EXTEND(x):将 x 个 NULL 元素添加到集合的末端。

(3) EXTEND(x,y):将 x 个位于 y 的元素添加到集合的末端。

【例 7.43】 使用 EXTEND 方法。

```
DECLARE
    TYPE pwd IS TABLE OF VARCHAR2(20);
    v_pwd pwd:=pwd('10000', '12345', '22', 'yes', 'no', 'OK', 'All', 'Hello',
    'Right', 'Left', 'Football');
    v_count number;
BEGIN
    v_count:=v_pwd.LAST;
    DBMS_OUTPUT.PUT_LINE('v_pwd(' || v_count || '): ' || v_pwd(v_count));
    v_pwd.EXTEND(2,2);                     /* 向集合末端添加两个"12345"元素 */
    v_count:=v_pwd.LAST;
    DBMS_OUTPUT.PUT_LINE('v_pwd(' || v_count || '): ' || v_pwd(v_count));
    v_pwd.EXTEND(2);                       /* 向集合末端添加两个 null 元素 */
    v_count:=v_pwd.LAST;
    v_pwd(v_count):='Basketball';          /* 为末尾的元素赋值 */
    DBMS_OUTPUT.PUT_LINE('v_pwd(' || v_count || '): ' || v_pwd(v_count));
END;
```

输出结果如图 7.26 所示。

注意:由于联合数组表元素的随意性,因此 EXTEND 方法只对嵌套表和可变数组有效。

```
v_pwd(11): Football
v_pwd(13): 12345
v_pwd(15): Basketball
```

图 7.26　例 7.43 输出结果

5. LIMIT 属性

LIMIT 用于返回集合中的最大元素个数。由于嵌套表没有上限,所以当嵌套表使用 LIMIT 时,总是返回 NULL。

【例 7.44】 使用 LIMIT 属性。

```
DECLARE
```

```
    TYPE pwd IS TABLE OF VARCHAR2(20);
    v_pwd pwd:=pwd('10000', '12345', '22', 'yes', 'no', 'OK', 'All', 'Hello',
'Right', 'Left', 'Football');
    TYPE name IS VARRAY(20) OF VARCHAR2(20);
    v_name name:=name('10000', '12345', '22', 'yes', 'no', 'OK', 'All', 'Hello',
'Right', 'Left', 'Football');
BEGIN
    DBMS_OUTPUT.PUT_LINE('The nestedtable limit is: ' || v_pwd.LIMIT);
    DBMS_OUTPUT.PUT_LINE('The varraytable limit is: ' || v_name.LIMIT);
END;
```

输出结果如图 7.27 所示。

6. FIRST/LAST 属性

FIRST 用来返回集合第一个元素的序列号，LAST 则是
返回集合最后一个元素的序列号。

```
The nestedtable limit is:
The varraytable limit is: 20
```

图 7.27　例 7.44 输出结果

7. NEXT/PRIOR 方法

使用这两个方法时，后面都会跟一个参数。其中，NEXT(X)返回位置为 X 处的元素后
面的那个元素；PRIOR(X)返回 X 处的元素前面的那个元素。

【例 7.45】　通常 NEXT/PRIOR 方法与 FIRST/LAST 属性一起使用，共同来做循环
处理。

```
DECLARE
    TYPE pwd IS TABLE OF VARCHAR2(20);
    v_pwd pwd:=pwd('10000', '12345', '22', 'yes', 'no', 'OK', 'All', 'Hello',
'Right', 'Left', 'Football');
    v_count integer;
BEGIN
    v_count:=v_pwd.FIRST;
    WHILE v_count<=v_pwd.LAST LOOP
        DBMS_OUTPUT.PUT_LINE(v_pwd(v_count));          /*循环输出 pwd 的内容*/
        v_count:=v_pwd.NEXT(v_count);
    END LOOP;
END;
```

输出结果如图 7.28 所示。

8. TRIM 方法

TRIM 方法用来删除集合末端的元素，其具体形式
如下。

(1) TRIM：不带参数的 TRIM 从集合的末端删除一个
元素。

(2) TRIM(x)：是从集合的末端删除 x 个元素，其中 x
要小于集合的 COUNT 值。

```
10000
12345
22
yes
no
OK
All
Hello
Right
Left
Football
```

图 7.28　例 7.45 输出结果

注意：与 EXTEND 一样，由于联合数组表元素的随意性，因此 TRIM 方法只对嵌套表
和可变数组有效。

CHAPTER 8
第8章

存储过程和触发器

存储过程是数据库对象之一,存储过程可以理解成数据库的子程序,在客户端和服务器端可以直接调用它。触发器是与表直接关联的特殊的存储过程,是在对表记录进行操作时触发的。

8.1 存储过程

在 Oracle 11g 中,可以在数据库中定义子程序,这种程序块称为存储过程(procedure)。它存放在数据字典中,可以在不同用户和应用程序之间共享,并可实现程序的优化和重用。存储过程的优点如下:

(1)存储过程在服务器端运行,执行速度快。

(2)存储过程执行一次后,代码就驻留在高速缓存,在以后的操作中,只需从高速缓存中调用已编译代码执行,提高了系统性能。

(3)确保数据库的安全。可以不授权用户直接访问应用程序中的一些表,而是授权用户执行访问这些表的存储过程。非表的授权用户除非通过存储过程,否则就不能访问这些表。

(4)自动完成需要预先执行的任务。存储过程可以在系统启动时自动执行,而不必在系统启动后再进行手工操作,大大方便了用户的使用,可以自动完成一些需要预先执行的任务。

8.1.1 存储过程的创建

用户存储过程只能定义在当前数据库中,可以使用命令方式或界面方式创建存储过程。默认情况下,用户创建的存储过程归登录数据库的用户所有,DBA 可以把许可授权给其他用户。

1. 命令创建存储过程

创建存储过程使用 CREATE PROCEDURE 语句,语法格式为:

```
CREATE [OR REPLACE] PROCEDURE<过程名>              /*定义过程名*/
   [(<参数名><参数类型><数据类型>[DEFAULT<默认值>] [, ...n])]
                                        /*定义参数类型及属性*/
```

```
{ IS| AS }
    [<变量声明>]                                    /＊变量声明部分＊/
    BEGIN
        <过程体>                                    /＊PL/SQL 过程体＊/
    END [<过程名>][;]
```

说明：

(1) 过程名：存储过程名称要符合标识符规则，并且在所属方案中必须是唯一的。关键字 OR REPLACE 表示在创建存储过程时，如果已存在同名的过程，则重新创建。

(2) 参数名：存储过程的参数名也要符合标识符规则，创建过程时，可以声明一个或多个参数，执行过程时应提供相对应的参数。存储过程的参数模式和函数参数一样，也有 3 种模式：IN、OUT 和 IN OUT。

① IN：表示参数是输入给过程的。

② OUT：表示参数在过程中将被赋值，可以传送给过程体的外部。

③ IN OUT：表示该类型的参数既可以向过程体传值，也可以在过程体中赋值。

(3) DEFAULT：指定过程中 IN 参数的默认值，默认值必须是常量。

(4) 过程体：其中包含 PL/SQL 语句块。

注意： 在存储过程的定义体中，不能使用下列对象创建语句。

```
CREATE VIEW
CREATE DEFAULT
CREATE RULE
CREATE PROCEDURE
CREATE TRIGGER
```

【例 8.1】 创建一个简单的存储过程，输出"hello world"。

```
CREATE PROCEDURE proc
AS
BEGIN
    DBMS_OUTPUT.PUT_LINE('hello world');
END;
```

【例 8.2】 创建存储过程，计算指定学生的总学分。

```
CREATE OR REPLACE PROCEDURE totalcredit
    (xh IN varchar2)
AS
    xf number;
BEGIN
    SELECT 总学分
        INTO xf
        FROM XSB
        WHERE 学号=xh AND ROWNUM=1;
    DBMS_OUTPUT.PUT_LINE(xf);
END;
```

注意： 在存储过程体中，不能使用 SELECT 语句直接查询，否则会出现编译错误。

【例 8.3】 计算某专业总学分大于 50 的人数,该存储过程使用了一个输入(IN)参数和一个输出(OUT)参数。

```
CREATE OR REPLACE PROCEDURE count_grade
    (zy IN char, person_num OUT number)
AS
BEGIN
    SELECT COUNT(学号)
        INTO person_num
        FROM XSB
        WHERE 专业=zy AND 总学分>50;
END;
```

2. 界面创建存储过程

如果要通过界面方式定义上面的存储过程 count_grade,其步骤如下:

(1) 启动 SQL Developer,选择 myorcl 连接的"过程"节点,右击,选择"新建过程"菜单项后进入"创建 PL/SQL 过程"窗口,如图 8.1 所示。

图 8.1 "创建 PL/SQL 过程"窗口

(2) 在"名称"文本框中输入存储过程的名称,单击 按钮添加一个参数,在"参数"选项页的 Name 栏中输入各参数名称,在 Type 栏中选择参数的类型,在 Mode 栏中选择参数的模式,在 Default Value 栏中输入参数默认值(如果有的话)。

(3) 单击"确定"按钮,在出现的 COUNT_GRADE 过程的编辑框中编写过程语句块,如图 8.2 所示,单击"编译以进行调试"按钮完成过程的创建。

8.1.2 存储过程的调用

调用存储过程一般使用 EXEC 语句,语法格式为:

```
[{ EXEC | EXECUTE }]<过程名>
```

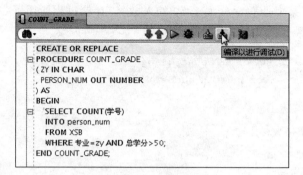

图 8.2　编写过程语句块

```
[(([<参数名>=>])<实参>| @<实参变量>[,...n])] [;]
```

说明：EXEC 是 EXECUTE 的缩写，<参数名>为 CREATE PROCEDURE 中定义的参数名称。在传递参数的实参时，如果指定了变量名，该变量则用于保存 OUT 参数返回的值；如果省略"<参数名>=>"，则后面的实参顺序要与定义时参数的顺序一致。在使用"<参数名>=><实参>"格式时，参数名称和实参不必按在过程中定义的顺序提供。但是，如果任何参数使用了"<参数名>=<实参>"格式，则对后续的所有参数均必须使用该格式。如果在定义存储过程时为 IN 参数设置了默认值，则调用过程时可以不为这些参数提供值。

在 PL/SQL 块中也可以直接使用过程名来调用存储过程。

【例 8.4】　调用例 8.1 中的存储过程 proc。

```
EXEC proc;
```

或

```
BEGIN
    proc;
END;
```

输出结果都为："hello world"。

【例 8.5】　从 XSCJ 数据库的 XSB 表中查询某人的总学分，根据总学分写评语。

```
CREATE OR REPLACE PROCEDURE update_info
(xh in char)
AS
    xf number;
BEGIN
    SELECT 总学分 INTO xf
        FROM XSB
        WHERE 学号=xh AND ROWNUM=1;
    IF xf>50 THEN
        UPDATE XSB SET 备注='三好学生' WHERE 学号=xh;
    END IF;
    IF xf<42 THEN
```

```
        UPDATE XSB SET 备注='学分未修满' WHERE 学号=xh;
    END IF;
END;
```

执行存储过程 update_info：

```
EXEC update_info(xh=>'151242');
```

执行结果如图 8.3 所示。

24 151242	周何骏	男	1998-09-25	通信工程		90 三好学生

图 8.3　例 8.5 执行结果

【**例 8.6**】　统计 XSB 表中男女学生的人数。

```
CREATE OR REPLACE PROCEDURE count_number
    (sex IN char, num OUT number)
AS
BEGIN
    IF sex='男' THEN
        SELECT COUNT(性别) INTO num
            FROM XSB
            WHERE 性别='男';
    ELSE
        SELECT COUNT(性别) INTO num
            FROM XSB
            WHERE 性别='女';
    END IF;
END;
```

在调用过程 count_number 时,需要先定义 OUT 类型参数,如下：

```
DECLARE
    girl_num number;
BEGIN
    count_number('女', girl_num);
    DBMS_OUTPUT.PUT_LINE(girl_num);
END;
```

输出结果为：8。

8.1.3　存储过程的修改

修改存储过程和修改视图一样,虽然也有 ALTER PROCEDURE 语句,但它是用于重新编译或验证现有过程的。如果要修改过程定义,仍然使用 CREATE OR REPLACE PROCEDURE 命令,语法格式一样。

其实,修改已有过程本质就是使用 CREATE OR REPLEACE PROCEDURE 重新创建一个新的过程,只要保持名字与原来的过程相同即可。

使用界面方式也可很方便地修改存储过程定义。在 SQL Developer 中,在"过程"节点下选择要修改的存储过程,右击鼠标,选择"编辑"菜单项,在打开的存储过程编辑窗口中修改定义后单击"编译以进行调试"按钮即可。

8.1.4 存储过程的删除

当某个过程不再需要时应将其删除,以释放它占用的内存资源。

删除过程的语法格式为:

```
DROP PROCEDURE [<用户方案名>.]<过程名>;
```

【例 8.7】 删除 XSCJ 数据库中的 count_number 存储过程。

```
DROP PROCEDUREcount_number;
```

也可以使用界面方式删除存储过程,具体操作如图 8.4 所示,请读者自行尝试。

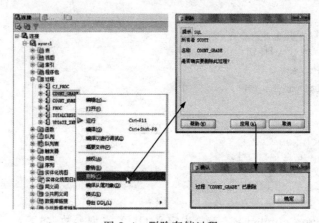

图 8.4 删除存储过程

8.2 触发器

触发器是被指定关联到一个表的数据对象,它不需要调用,当对一个表的特别事件出现时,它就被激活。触发器的代码也是由 SQL 语句组成的,因此用在存储过程中的语句也可以用在触发器的定义中。触发器是一类特殊的存储过程,与表的关系密切,用于保护表中的数据。当有操作影响到触发器保护的数据时,触发器将自动执行。

(1) DML 触发器。当数据库中发生数据操纵语言(DML)事件时将调用 DML 触发器。一般情况下,DML 事件包括用于表或视图的 INSERT 语句、UPDATE 语句和 DELETE 语句,因此 DML 触发器又可分为 3 种类型: INSERT、UPDATE 和 DELETE 触发器。

利用 DML 触发器可以方便地保持数据库中数据的完整性。例如,XSCJ 数据库有 XSB 表、CJB 表和 KCB 表,当插入某学生某门课成绩时,该学生学号应是 XSB 表中已存在的,课程号应是 KCB 表中已存在的,此时,可通过定义 INSERT 触发器实现上述功能。用 DML

触发器还可实现多个表间数据的一致性。例如,在 XSB 表中删除一个学生时,XSB 表的 DELETE 触发器就要同时删除 CJB 表中该学生的所有成绩记录。

(2) 替代触发器。由于在 Oracle 中不能直接对由两个以上的表建立的视图进行操作,所以给出了替代触发器。它是 Oracle 专门为进行视图操作提供的一种处理方式。

(3) 系统触发器。系统触发器也由相应的事件触发,但它的激活一般基于对数据库系统所进行的操作,如数据定义语句(DDL)、启动或关闭数据库、连接与断开、服务器错误等系统事件。

8.2.1 命令创建触发器

创建触发器都使用 CREATE TRIGGER 语句,但创建 DML 触发器、替代触发器与系统触发器的语法略有不同。

1. 创建 DML 触发器

语法格式为:

```
CREATE [OR REPLACE] TRIGGER [<用户方案名>.]<触发器名>
    { BEFORE|AFTER|INSTEAD OF }                    /*定义触发动作*/
    { DELETE | INSERT | UPDATE [OF<列名>[,...n]]} /*定义触发器种类*/
    [OR { DELETE | INSERT | UPDATE [OF<列名>[,...n]]}]
    ON   {<表名>|<视图名>}                          /*在指定表或视图中建立触发器*/
    [FOR EACH ROW [WHEN(<条件表达式>)]]
    <PL/SQL 语句块>
```

说明:

(1) 触发器名:触发器的名字与过程名和包的名字不一样,它有单独的名字空间,因此触发器名可以和表名或过程名同名,但在同一个方案中的触发器名不能相同。

(2) BEFORE:触发器在指定操作执行前触发,如 BEFORE INSERT 表示在向表中插入数据前激活触发器。

(3) AFTER:触发器在指定操作都成功执行后触发,如 AFTER INSERT 表示向表中插入数据后激活触发器。不能在视图上定义 AFTER 触发器。

(4) INSTEAD OF:指定创建替代触发器,触发器指定的事件不执行,而执行触发器本身的操作。

(5) DELETE、INSERT、UPDATE:指定一个或多个触发事件,多个触发事件之间用 OR 连接。

(6) OF:指定在某列上应用 UPDATE 触发器,如果为多个列,则需要使用逗号分隔。

(7) FOR EACH ROW:在触发器定义中,如果未使用 FOR EACH ROW 子句则表示触发器为语句级触发器,触发器在激活后只执行一次,而不管这一操作将影响多少行。使用 FOR EACH ROW 子句则表示触发器为行级触发器,行级触发器在 DML 语句操作影响到多行数据时,触发器将针对每一行执行一次。WHEN 子句用于指定触发条件,即只有满足触发条件的行才执行触发器。

在行级触发器执行部分中,PL/SQL 语句可以访问受触发器语句影响的每行的列值。

在列名的前面加上限定词":OLD."表示是变化前的值,在列名前加上":NEW."表示是变化后的值。在 WHEN 子句中引用时不用加前面的冒号":"。

有关 DML 触发器,还有以下几点说明。

(1) 创建触发器的限制。创建触发器有以下限制。

① 代码大小。触发器代码大小必须小于 32KB。

② 触发器中有效语句可以包括 DML 语句,但不能包括 DDL 语句,ROLLBACK、COMMIT、SAVEPOINT 也不能使用。

③ LONG、LONG RAW 和 LOB 的限制如下:

- 不能插入数据到 LONG 或 LONG RAW。
- 来自 LONG 或 LONG RAW 的数据可以转换成字符型(如 char、varchar2),但是不能超过 32KB。
- 使用 LONG 或 LONG RAW 不能声明变量。
- 在 LONG 或 LONG RAW 列中不能使用:NEW 和:OLD。
- 在 LOB 中的:NEW 变量不能修改。

④ 引用包变量的限制。如果 UPDATE 或 DELETE 语句检测到与当前的 UPDATE 冲突,则 Oracle 执行从 ROLLBACK 到 SAVEPOINT 并重新启动更新,这样可能需要多次才能成功。

(2) 触发器触发次序。Oracle 对事件的触发按照一定次序执行。

① 执行 BEFORE 语句级触发器。

② 对于受语句影响的每一行,执行顺序为: 执行 BEFORE 行级触发器→执行 DML 语句→执行 AFTER 行级触发器。

③ 执行 AFTER 语句级触发器。

【例 8.8】 创建一个表 table1,其中只有一列 a。在表上创建一个触发器,每次插入操作时,将变量 str 的值设为 TRIGGER IS WORKING 并显示。

创建表 table1:

```
CREATE TABLE table1(anumber);
```

创建 INSERT 触发器 table1_insert:

```
CREATE OR REPLACE TRIGGER table1_insert
    AFTER INSERT ON table1
DECLARE
    str char(100) :='TRIGGER IS WORKING';
BEGIN
    DBMS_OUTPUT.PUT_LINE(str);
END;
```

向 table1 中插入一行数据:

```
INSERT INTO table1 VALUES(10);
```

输出结果如图 8.5 所示。

```
table TABLE1 已创建。
TRIGGER TABLE1_INSERT 已编译
1 行已插入。
TRIGGER IS WORKING
```

图 8.5 例 8.8 输出结果

说明：本例定义的是 INSERT 触发器，每次向表中插入一行数据时就会激活它，从而执行触发器中的操作。

【**例 8.9**】 在 XSCJ 数据库中增加一个日志表 XSB_HIS，表结构和 XSB 表相同，用来存放从 XSB 表中删除的记录。创建一个触发器，当 XSB 表被删除一行时，把删除的记录写到 XSB_HIS 表中。

```
CREATE OR REPLACE TRIGGER del_xs
    BEFORE DELETE ON XSB FOR EACH ROW
BEGIN
    INSERT INTO XSB_HIS (学号,姓名, 性别,出生时间, 专业, 总学分,备注)
        VALUES(:OLD.学号,:OLD.姓名, :OLD.性别, :OLD.出生时间, :OLD.专业, :OLD.总学
        分, :OLD.备注);
END;
```

OLD 修饰访问操作完成前列的值。触发器建立后向 XSB 表中插入一行数据，之后查看 XSB_HIS 表中并没有添加了该行数据，这是因为触发器中的 DML 语句并没有使用提交语句提交，但触发器中不能使用 COMMIT 语句，所以需要定义自治事务来提交，参考例 12.4。

【**例 8.10**】 利用触发器在数据库 XSCJ 的 XSB 表执行插入、更新和删除 3 种操作后给出相应提示。

```
CREATE TRIGGER cue_xs
    AFTER INSERT OR UPDATE OR DELETE ON XSB FOR EACH ROW
DECLARE
    Inforchar(10);
BEGIN
    IF INSERTING THEN              /* INSERT 语句激活了触发器 */
        Infor:='插入';
    ELSIF UPDATING THEN           /* UPDATE 语句激活了触发器 */
        Infor:='更新';
    ELSIF DELETING THEN           /* DELETE 语句激活了触发器 */
        Infor:='删除';
    END IF;
    DBMS_OUTPUT.PUT_LINE(Infor);
END;
```

说明：程序中使用条件谓词 IF 通过谓词 INSERTING、UPDATING 和 DELETING 分别判断是否是 INSERT、UPDATE 和 DELETE 激活了触发器。另外，在 UPDATE 触发器中使用 UPDATING(列名)的形式来判断特定列是否被更新。

2. 创建替代触发器

创建替代触发器使用 INSTEAD OF 关键字，一般用于对视图的 DML 触发。由于视图有可能由多个表进行关联而成，因而并非所有的关联都是可更新的。INSTEAD OF 触发器触发时只执行触发器内部的 SQL 语句，而不执行激活该触发器的 SQL 语句。

例如，若在一个多表视图上定义了 INSTEAD OF INSERT 触发器，视图各列的值可能允许为空也可能不允许为主。若视图某列的值不允许为空，则 INSERT 语句必须为该列提

供相应的值。

【例 8.11】　在 XSCJ 数据库中创建视图 stu_view,包含学生学号、专业、课程号、成绩。该视图依赖于表 XSB 和 CJB,是不可更新视图。可以在视图上创建 INSTEAD OF 触发器,当向视图中插入数据时分别向表 XSB 和 CJB 插入数据,从而实现向视图插入数据的功能。

首先创建视图:

```
CREATE VIEWstu_view
AS
SELECTXSB.学号, 专业, 课程号, 成绩
    FROM XSB, CJB
    WHERE XSB.学号=CJB.学号
```

创建 INSTEAD OF 触发器:

```
CREATE TRIGGER InsteadTrig
    INSTEAD OF INSERT ONstu_view FOR EACH ROW
DECLARE
    xm char(8);
    xb char(2);
    cssj date;
BEGIN
    xm:='徐鹤';
    xb:='男';
    cssj:='1997-07-28';
    INSERT INTO XSB(学号, 姓名, 性别, 出生时间, 专业)
        VALUES(:NEW.学号,xm, xb, cssj, :NEW.专业);
    INSERT INTO CJB VALUES(:NEW.学号, :NEW.课程号, :NEW.成绩);
END;
```

向视图插入一行数据:

```
INSERT INTO stu_view VALUES('151116', '计算机', '101', 85);
```

查看数据是否插入:

```
SELECT * FROM stu_view WHERE 学号='151116';
```

执行结果如图 8.6 所示。

查看与视图关联的 XSB 表的情况:

```
SELECT * FROM XSB WHERE 学号='151116';
```

执行结果如图 8.7 所示。

	学号	专业	课程号	成绩
1	151116	计算机	101	85

图 8.6　插入成功

	学号	姓名	性别	出生时间	专业	总学分	备注
1	151116	徐鹤	男	1997-07-28	计算机	0	(null)

图 8.7　与视图关联 XSB 表数据行

说明:向视图插入数据的 INSERT 语句实际并没有执行,实际执行插入操作的语句是

INSTEAD OF 触发器中的 SQL 语句。由于 XSB 表中姓名、性别和出生时间列不能为空，所以在向 XSB 表插入数据时给姓名、性别和出生时间专门设了值。

3. 创建系统触发器

系统触发器可以在 DDL 或数据库系统事件上被触发。DDL 指的是数据定义语句，如 CREATE、ALTER 和 DROP 等。而数据库系统事件包括数据库服务器的启动 (STARTUP)、关闭 (SHUTDOWN)、出错 (SERVERERROR) 等。

创建系统触发器的语法格式为：

```
CREATE OR REPLACE TRIGGER [<用户方案名>.]<触发器名>
    { BEFORE|AFTER }
    {<DDL 事件>|<数据库事件>}
    ON { DATABASE|[用户方案名.] SCHEMA }
    <触发器的 PL/SQL 语句块>
```

说明：

（1）DDL 事件：可以是一个或多个 DDL 事件，事件间用 OR 分开。激活 DDL 事件的语句主要是以 CREATE、ALTER、DROP 等关键字开头的语句。DDL 事件包括 CREATE、ALTER、DROP、TRUNCATE、GRANT、RENAME、COMMENT、REVOKE 和 LOGON 等。

（2）数据库事件：可以是一个或多个数据库事件，事件间用 OR 分开，包括 STARTUP、SHUTDOWN、SERVERERROR 等。对于 STARTUP 和 SERVERERROR 事件只可以创建 AFTER 触发器，对于 SHUTDOWN 事件只可以创建 BEFORE 触发器。

（3）DATABASE：表示是数据库级触发器，对应数据库事件。而 SCHEMA 表示是用户级触发器，对应 DDL 事件。

【例 8.12】 创建一个用户事件触发器，记录用户 SYSTEM 所删除的所有对象。

首先以用户 SYSTEM 身份连接数据库，创建一个存储用户信息的表：

```
CREATE TABLE dropped_objects
(
    object_namevarchar2(30),
    object_typevarchar(20),
    dropped_date date
);
```

创建 BEFORE DROP 触发器，在用户删除对象之前记录到信息表 dropped_objects 中。

```
CREATE OR REPLACE TRIGGER dropped_obj_trigger
    BEFORE DROP ON SYSTEM.SCHEMA
BEGIN
    INSERT INTO dropped_objects
        VALUES(ora_dict_obj_name, ora_dict_obj_type, SYSDATE);
END;
```

现在删除 SYSTEM 模式下的一些对象，并查询表 dropped_objects：

```
DROP TABLE table1;
DROP TABLE table2;
```

```
SELECT * FROM dropped_objects;
```

执行结果如图 8.8 所示。

OBJECT_NAME	OBJECT_TYPE	DROPPED_DATE
TABLE1	TABLE	2015-07-29
TABLE2	TABLE	2015-07-29

图 8.8　例 8.12 执行结果

8.2.2　界面创建触发器

触发器也可以利用 SQL Developer 的界面方式创建。

(1) 选择 myorcl 连接的"触发器"节点,右击,选择"新建触发器"菜单项,进入"创建触发器"窗口,如图 8.9 所示。

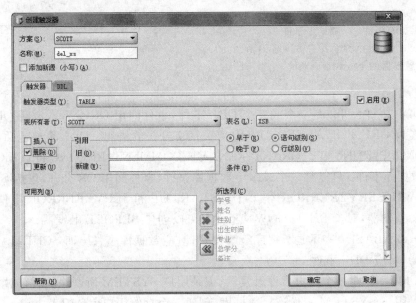

图 8.9　"创建触发器"窗口

(2) 在"名称"栏中输入触发器名称,在"触发器"选项卡中的"触发器类型"下拉列表中选择触发依据,有 TABLE、VIEW、SCHEMA 和 DATABASE 等选项。例如,如果是在表中创建触发器,则这里就选择 TABLE。可以在"表名"栏中选择触发器所在的表,选中"早于"或"晚于"选项对应 BEFORE 和 AFTER 关键字,勾选"插入""删除"或"更新"复选框对应触发事件,完成后单击"确定"按钮。

(3) 在出现的触发器代码编辑框中编写触发器定义中的 PL/SQL 语句,完成后单击工具栏的"编译以进行调试"按钮完成触发器的创建,如图 8.10 所示。

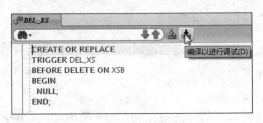

图 8.10　编写触发器定义语句

8.2.3 启用和禁用触发器

在 Oracle 中,与过程、函数、包不同,触发器是可以被禁用或启用的。在有大量数据要导入数据库中时,为了避免触发相应的触发器以节省处理时间,应该禁用触发器,使其暂时失效。触发器被禁用后仍然存储在数据库中,只要重新启用触发器即可以使它重新工作。

Oracle 提供了 ALTER TRIGGER 语句用于启用和禁用触发器,语法格式为:

```
ALTER TRIGGER [<用户方案名>.]<触发器名>
    DISABLE | ENABLE;
```

其中,DISABLE 表示禁用触发器,ENABLE 表示启用触发器。例如,要禁用触发器 del_xs 可以使用如下语句:

```
ALTER TRIGGER del_xs DISABLE;
```

如果要启用或禁用一个表中的所有触发器,还可以使用如下语法:

```
ALTER TABLE<表名>
    {  DISABLE | ENABLE  }
    ALL TRIGGERS;
```

8.2.4 触发器的删除

1. 命令删除触发器

删除触发器使用 DROP TRIGGER 语句,语法格式为:

```
DROP TRIGGER [<用户方案名>.]<触发器名>
```

【例 8.13】 删除触发器 del_xs。

```
DROP TRIGGER del_xs;
```

2. 界面删除触发器

在"触发器"节点中选择要删除的触发器,右击鼠标,选择"删除触发器"菜单项,在弹出的"删除触发器"对话框中单击"应用"按钮即可。操作如图 8.11 所示。

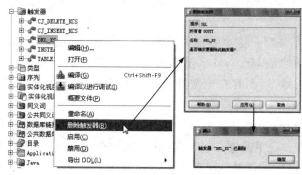

图 8.11 删除触发器

CHAPTER 9 第9章

高级数据类型

在进行数据存储时,经常需要在数据库中保存一些特殊的数据,如学生的照片、联系方式(XML 格式)等。Oracle 中提供了一些高级数据类型来保存这些类型的数据。

9.1 Oracle 数据库与大对象数据

在数据库中,常常需要用到大容量的数据类型,如一些图像、视频文件等。由于这些信息比较大,为此 Oracle 数据库专门设计了一些大对象数据类型来保存与管理这些数据。

9.1.1 大对象数据类型

为了更好地管理大容量的数据,Oracle 数据库专门开发了一些对应的大对象数据类型,有如下几种。

(1) BLOB 数据类型。BLOB 类型用来存储可变长度的二进制数据。由于其存储的是通用的二进制数据,因此在数据库之间或者在客户端与服务器之间进行传输的时候,不需要进行字符集的转换。所以,其传输的效率比较高,而且不容易出现乱码现象。

(2) CLOB 数据类型。CLOB 类型主要用来存储可变长度的字符型数据,也就是其他数据库中提到的文本型数据类型。虽然 VARCHAR2 数据类型也可以用来存储可变长度的字符型数据,但是其容量是非常有限的。CLOB 数据类型可以存储的最大数据量是 4GB,而且在定义这个数据类型时不需要指定最大长度,但是在定义 VARCHAR2 数据类型时则需要指定。

(3) NCLOB 数据类型。这个数据类型跟 CLOB 数据类型相似,也是用来存储字符类型的数据,不过其存储的是 Unicode 字符集的字符数据。同样,在这个数据类型中,也可以存储多达 4GB 容量的数量,而且在定义数据类型时不需要指定长度,数据库会自动地根据存储的内容进行调节。

(4) BFILE 数据类型。BFILE 类型是在数据库外面存储的可变二进制数据,其最多也可以存储 4GB 的数据。这里需要注意的是,在不同的操作系统上其存储的数据容量可能是不同的。这个数据类型的特殊性在于其在数据库之外存储实际数据。也就是说,跟其他大对象数据类型不同,其数据并不是存储在数据文件中,而是独立于数据文件而存在的。在这个字段中只存储了指针信息。

在数据库设计时,如果某个表需要用到大容量数据类型,那么最好能够将这些大对象数据类型的列与其他列分成独立的表。例如,现在有一个产品信息表,在这个表中有一个大对象数据类型的数据,用于存储一段关于产品说明的视频资料,此时最好不要将这个列与产品信息表中的其他列存放在一起,而是将这个大对象数据类型存放在另一张表中,然后通过产品 ID 关联起来。这对于提高数据库性能具有很大的帮助。

大对象数据类型在使用时还有一些限制。例如,在 WHERE 子句中不能够使用大对象数据类型过滤数据,在 ORDER BY 子句中不能根据大对象数据类型进行排序,同理也不能使用 GROUP BY 子句对大对象数据类型的数据进行分组汇总。

9.1.2　Oracle 数据库中导入大对象数据

1. 声明大对象数据类型列

首先创建存放 LOB 类型数据的表空间,示例语句如下:

```
CREATE TABLESPACE test_lob
    DATAFILE'D:\app\tao\oradata\XSCJ\test_lob.dbf'
    SIZE50M;
```

创建包含 LOB 类型的表,示例语句如下:

```
CREATE TABLE tlob
(
    学号      number(4),
    备注      clob,
    照片      blob,
    文件      bfile
)TABLESPACE test_lob;
```

2. 插入大对象列

在插入 BFILE 类型数据时需要使用 BFileName 函数指向外部文件,语法格式:

```
BFileName('逻辑目录名', '文件名');
```

创建逻辑目录名使用 CREATE DITECTORY 语句,语法格式:

```
CREATE [OR REPLACE] DIRECTORY<逻辑目录名>
    AS '<物理目录>';
```

其中,逻辑目录和物理目录是想关联的。例如,创建一个逻辑目录 MYDIR:

```
CREATE DIRECTORY MYDIR AS'D:\DIR';
```

在插入 CLOB、BLOB 和 NCLOB 数据类型时,要先分别插入空白构造函数 empty_clob()、empty_blob()和 empty_nclob(),以初始化为一个对象,在程序中引用这个对象进行操作。

以下是在 tlob 表中插入一条记录的语句:

```
INSERT INTO tlob
    VALUES(1, 'CLOB大对象列', empty_blob(), bfilename('MYDIR','1.jpg'));
```

3. 大对象数据的写入与读取

Oracle 中可以用多种方法检索或操作大对象数据,通常的处理方法是通过 dbms_lob 包。dbms_lob 包功能强大,应用简单,既可以用于读取内部的 LOB 对象(如 BLOB、CLOB),也可以用于处理 BFILE 对象。处理内部 LOB 对象时,可以进行读和写操作,但处理外部 LOB 对象 BFILE 时,只能进行读操作,写的操作可以用 PL/SQL 处理。

在 dbms_lob 包中内建了 read()、append()、write()、erase()、copy()、getlength()、substr()等函数,可以方便地操作 LOB 对象,这里介绍 write()和 read()函数。

DBMS_LOB.read()函数可以从大对象数据中读取指定长度的数据到缓冲区。语法格式如下:

```
DBMS_LOB.read(<LOB 数据>,<指定长度>,<起始位置>,<存储返回 LOB 类型值的变量>);
```

如下程序段是从 tlob 表中读取一段 CLOB 列的数据:

```
SET SERVEROUTPUT ON
DECLARE
    varC clob;
    vrstr varchar2(100);
    ln number(4);
    strt number(4);
BEGIN
    SELECT 备注 INTO varC FROM tlob WHERE 学号=1;
    ln:=DBMS_LOB.GetLength(varC);           /*读取 LOB 数据的长度*/
    strt:=1;
    DBMS_LOB.read(varC, ln, strt, vrstr);
    DBMS_OUTPUT.PUT_LINE('备注: '||vRStr);
END;
/
```

DBMS_LOB.write()函数可以将指定数量的数据写入大对象数据列中。语法格式如下:

```
DBMS_LOB.write(<被写入 LOB>,<写入长度>,<写入起始位置>,<写入 LOB 数据>);
```

下面程序段的功能是将一段数据写入 tlob 表的 CLOB 列中:

```
DECLARE
    varC clob;
    vWstr varchar2(1000);
    vstrt number(4);
    ln number(4);
BEGIN
    vWstr:='CLOB';
    ln:=length(vWstr);
    vstrt:=5;
    SELECT 备注 INTO varC FROM tlob WHERE 学号=1 FOR UPDATE;
    DBMS_LOB.write(varC, ln, vstrt, vWstr);
    DBMS_OUTPUT.PUT_LINE('改写结果为: '||varC);
```

```
        COMMIT;
END;
/
```

输出结果为:

改写结果为: CLOBCLOB

如果需要向一个表中的 BLOB 列插入一个图片文件,可以通过创建一个存储过程来完成,步骤如下:

(1) 创建一个学生照片表,表中包含学生的学号和照片。

```
CREATE TABLEXSZP
(
    学号 char(6) NOT NULL PRIMARY KEY,
    照片 blob
)
TABLESPACE test_lob;
```

(2) 创建存储过程,主要功能是向表 XSZP 中插入图片数据。

```
CREATE OR REPLACE PROCEDURE IMG_INSERT(num char, filename varchar2)
AS
    F_LOB bfile;
    B_LOB blob;
    ln number;
BEGIN
    INSERT INTOXSZP (学号,照片) VALUES(num, empty_blob());  /*插入空的 blob */
    SELECT 照片 INTO B_LOB FROM XSZP WHERE 学号=num;        /* 读取对象到 B_LOB 中 */
    F_LOB:=BFILENAME ('MYDIR', FILENAME);                 /* 获取指定目录下的文件 */
    ln :=DBMS_LOB.GETLENGTH(F_LOB);                       /* 获取文件的长度 */
    DBMS_LOB.FILEOPEN(F_LOB, DBMS_LOB.FILE_READONLY);     /* 以只读的方式打开文件 */
    DBMS_LOB.LOADFROMFILE(B_LOB, F_LOB, ln);              /* 传递对象 */
    DBMS_LOB.FILECLOSE (F_LOB);                           /* 关闭原始文件 */
    COMMIT;
END;
/
```

(3) 在 D 盘 DIR 目录下保存一张图片 101101.jpg,调用存储过程 IMG_INSERT。

```
EXEC IMG_INSERT('101101','101101.jpg');
```

接下来可以使用前台开发工具显示该图片。

9.2 Oracle 数据库与 XML

XML 是一种数据存储语言,在 Oracle 11g 中提供了存储独立、内容独立和编程语言独立的基础架构来存储和管理 XML 数据。

9.2.1　XML 概述

XML(eXtensible Markup Language)即可扩展标记语言,它与 HTML 一样,都是标准通用标记语言(Standard Generalized Markup Language,SGML)。XML 是 Internet 环境中跨平台的、依赖于内容的技术,是当前处理结构化文档信息的有力工具。XML 是一种简单的数据存储语言,使用一系列简单的标记描述数据,而这些标记可以用方便的方式建立,虽然 XML 比二进制数据要占用更多的空间,但 XML 极其简单,易于掌握和使用。

1. XML 简介

XML 的前身是 SGML,是 IBM 公司从 20 世纪 60 年代开始发展的通用标准语言(Generalized Markup Language,GML)标准化后的名称。

SGML 是一种非常严谨的文件描述法,导致其过于庞大复杂,难以理解和学习,因此影响了推广与应用。作为 SGML 的替代品,开发人员采用了超文本标记语言(HTML),用于在浏览器中显示网页文件。但是 HTML 也存在一些缺点,HTML 缺乏可扩展性,不同的浏览器对 HTML 的支持也不一样。HTML 中只有固定的标记集,用户无法自己定义标记,这极大地阻碍了 HTML 的发展。

1996 年,在 W3C(万维网协会)的支持下,一个工作小组创建了一种新的标准标记语言 XML,用于解决 HTML 和 SGML 存在的问题。XML 是一种标准化的文档格式语言,它使得发布者可以创建一个以不同方式查看、显示或打印的文档资源。XML 与 HTML 的设计区别是:XML 是用来存储数据的,重在数据本身;而 HTML 是用来定义数据的,重在数据的显示模式。另外,XML 是可扩展的,因为它提供了一个标准机制,使得任意文档构造者都能在任意 XML 文档中定义新的 XML 标记,这使得综合的、多平台的、应用到应用的协议的创建降低了门槛。

XML 的简单使其易在任何应用程序中读写数据,这使 XML 很快成为数据交换的唯一公共语言,虽然不同的应用软件也支持其他的数据交换格式,但不久之后它们都支持 XML,这就意味着程序可以更容易地与 Windows、Mac OS、Linux 以及其他平台上产生的信息结合,然后可以很容易地加载 XML 数据到程序中进行分析,并以 XML 格式输出结果。

XML 文档是由 DTD 和 XML 文本组成。所谓 DTD(Document Type Definition),简单地说是一组关于标记符的语法规则,表明 XML 文本是如何组织的。它是保证 XML 文档格式正确的有效方法,可以通过比较 XML 文档和 DTD 文件来确定文档是否符合规范,元素和标签使用是否正确。

和 DTD 一样,XML Schema 也是一种保证 XML 文档格式正确的方法,可以用一个指定的 XML Schema 来验证某个文档的是否符合要求。如果符合要求,则该 XML 文档称为有效的(valid),否则称为非有效的(invalid)。

2. XML 语法

下面从一个简单的 XML 实例开始介绍 XML 的语法,实例代码如下:

```
<?xml version="1.0" encoding="ISO-8859-1"? >
<note>
    <to>wang</to>
```

```
<from age="20">zhang</from>
<heading>Reminder</heading>
<body>Don't forget me this weekend!</body>
<number>12</number>
</note>
```

上面的代码描述了 zhang 写给 wang 的便签,这个标签有标题和留言,也包含了发送者和接收者的信息。在记事本中输入以上语句,文件名保存为 note.xml。以 IE 方式打开该文件,会发现页面上会显示所有的语句。由此可以看出 XML 文件只是起到存储数据的作用,其本身不会对数据做操作和处理。使用者需要编写程序,才能传送、接收和显示出这个文档。

上述语句中,第 1 行<?xml version="1.0" encoding="ISO-8859-1"?>中指定了 XML 的版本(1.0)和编码格式(ISO-8859-1)。

第 2 行开始是 XML 的主体部分,采用树形结构,以标签的形式存储数据。XML 文档必须包含一个或一个以上的元素。例如:<to>wang</to>称为一个元素,其中<to>称之为标签,每个标签都必须成对出现,如<to></to>,标签之间的数据 wang 为元素的内容。

元素和元素之间有一定的层次关系,每个元素可以依次包含一个或多个元素。其中有一个元素不能作为其他元素的一部分,这个元素称为文档的根元素,即上述语句中的<note>标签。一个 XML 文档有且只能有一个根元素。根元素<note>下面包含了<to>、<from>、<heading>、<body>、<number>5 个子元素,分别表示标签的接收人、发送人、主题、内容和编号。

值得注意的是,在上述语句中,所有的标签名称都是自己定义的,这一点和 HTML 不同。HTML 中都是预定义的标签,而 XML 允许用户定义自己的标签和文档结构。

XML 文档中的元素还可以带有若干个属性,属性的名称也是由用户自己定义的,属性的值必须添加引号。格式如下:

```
<标签名 属性名="值"...>元素内容</标签名>
```

文件中的 age="20"即为元素的属性和值。

在编写 XML 文本时需要注意以下几点:

(1) XML 标签的名称可以包含字母、数字及其他字符。不能以数字或标点符号开始;不能以 xml、XML 或 Xml 等开始,不能包含空格。

(2) XML 语法是区分大小写的,所以在定义 XML 标签时必须保持大小写的一致性。例如,打开开始标签为<head>,结束标签为</Head>就是错误的写法。

(3) XML 必须正确地嵌套。例如,以下的标签嵌套关系是错误的:

```
<b><i>This text is bold and italic</b></i>
```

必须修改为:

```
<b><i>This text is bold and italic</i></b>
```

(4) XML 文档中允许空元素的存在,所谓的空元素就是只有标签没有实际内容的元素,空元素有两种表示方法。例如,＜a＞＜/a＞或＜a/＞。

（5）在 XML 文档中所有的空格都会被保留。

（6）可以在 XML 文档中写注释,注释形式与 HTML 中形式一样,例如:

```
<!--这是注释内容-->
```

（7）XML 中的实体引用。在 XML 文档中有一些字符具有特殊意义,例如,如果把字符＜放在 XML 元素中就会出错,因为解析器会把它当作新元素的开始。为了避免错误,需要用其对应的实体引用表示。XML 中有 5 个预定义的实体引用,如表 9.1 所示。

表 9.1　XML 中的实体引用

名　　称	符号	实体引用	名　　称	符号	实体引用
大于号	＞	>	单引号	'	'
小于号	＜	<	双引号	"	"
连接符	&	&			

9.2.2　Oracle XML DB 概述

Oracle XML DB 是 Oracle 数据库的一个特性,它提供一种自带的高性能的 XML 存储和检索技术。该技术将 XML 数据模型完全集成到 Oracle 数据库中,并提供浏览和查询 XML 的新的标准访问方法。使用 Oracle XML DB,可以获得相关数据库技术的所有优势和 XML 的优势。

Oracle XML DB 主要提供了下列功能:

- 一个用于保存和管理 XML 文档的原生 XML 数据类型。
- 一套允许对 XML 内容进行 XML 操作的方法。
- 将 W3C 标准 XML 模式数据模型吸收进 Oracle 数据库的能力。
- XML/SQL 二元性,允许 XML 操作 SQL 数据和 SQL 操作 XML 内容。
- 访问和更新 XML 的业界标准方法,包括 XPath 和 SQL /XML。
- 一个允许利用文件、文件夹、URL 结构组织和管理 XML 内容的简单且轻型的 XML 信息库。
- 对业界标准、面向内容和 FTP、HTTP、WebDAV 协议的原生数据库支持,使得 XML 内容移入、移出 Oracle 数据库成为可能。
- 多个业界标准的 API 允许从 Java、C 和 PL/SQL 对 XML 内容进行编程访问和更新。
- XML 特定的内存管理和优化。
- 将 Oracle 数据库的企业类管理能力(可靠性、可用性、可伸缩性和安全性)带给 XML 内容的能力。

从 Oracle 9i 数据库第 2 版开始,Oracle XML DB 已与 Oracle 数据库无缝集成,以便为 XML 数据提供高性能的、数据库自带的存储、检索和管理。使用新的 Oracle 数据库版本 11g,Oracle XML DB 实现了又一次的飞跃,它通过大量丰富的新功能简化了 DBA 管理

XML 数据的任务,同时进一步支持 XML 和 SOA 应用程序开发人员。Oracle XML DB 现在支持多个数据库自带的 XML 存储模型和索引模式、SQL/XML 标准操作、W3C 标准 XQuery 数据模型和 XQuery/XPath 语言、数据库自带的 Web 服务、高性能 XML 发布、XML DB 信息库以及版本控制和访问控制。

9.2.3　Oracle 数据库中导入 XML 数据

Oracle 从 9i 开始支持一种新的数据类型——XMLType,用于存储和管理 XML 数据,并提供了很多的函数,用来直接读取 XML 文档和管理节点。下面介绍在 Oracle 中对 XMLType 数据类型的使用。

首先创建一个带有 XMLType 数据类型的表 Xmltable:

```
CREATE TABLE Xmltable
(
    学号        char(20)NOT NULL PRIMARY KEY,
    联系方式    sys.XMLType           /*声明 XMLType 字段用 sys.XMLType*/
);
```

在表中新建了 XMLType 类型的列以后,需要将 XML 文件中的数据导入 Oracle 的相关数据表中才能进行 XML 数据的查询。要导入 XML 数据,首先要保证相应的数据表中有 XMLType 类型的字段。导入 XML 数据的方法一般有以下几种。

1. 使用 INSERT 语句导入

如果 XML 内容的字节数较少,可以直接使用 INSERT 语句将 XML 数据以字符串形式直接插入 XMLType 类型列中。

【例 9.1】　向表 Xmltable 中插入 101101 号学生的联系方式。联系方式以 XML 形式存储,如下所示:

```
<联系方式 姓名="王林">
    <email>WL@interhis.net</email>
    <电话>13900081101</电话>
    <地址>
        <邮政编码>211101</邮政编码>
        <省或直辖市>江苏省</省或直辖市>
        <市或县>南京市</市或县>
        <详细地址>鼓楼区上海路 3 号</详细地址>
    </地址>
</联系方式>
```

使用如下 INSERT 语句导入数据:

```
INSERT INTO Xmltable
    VALUES('101101', sys.XMLType.createXML('<联系方式 姓名="王林">
                    <email>WL@interhis.net</email>
                    <电话>13900081101</电话>
                    <地址>
```

```
            <邮政编码>211101</邮政编码>
            <省或直辖市>江苏省</省或直辖市>
            <市或县>南京市</市或县>
            <详细地址>鼓楼区上海路 3 号</详细地址>
        </地址>
    </联系方式>'));
```

说明：sys. XMLType. createXML()函数用于检查 XML 数据格式是否正确,但不能检查其有效性。

2. 通过临时表导入

如果要导入超过 4KB 的 XML 文档到 XMLType 类型中,则不能使用 INSERT 语句直接插入,可以将 XML 内容保存到文件中,然后通过一个具有大数据类型的临时表来完成。

【例 9.2】 将以下的 XML 数据保存为 D 盘 DIR 目录（MYDIR 逻辑目录）下的 101102. xml 文件,并作为 101102 号学生的联系方式插入 Xmltable 表中。

```
<联系方式 姓名="程明">
    <email>CM@interhis.net</email>
    <电话>13000081102</电话>
    <地址>
        <邮政编码>211100</邮政编码>
        <省或直辖市>江苏省</省或直辖市>
        <市或县>镇江市</市或县>
        <详细地址>京口区学府路 28 号</详细地址>
    </地址>
</联系方式>
```

首先创建一个临时使用的表,表中有一个 CLOB 类型的字段:

```
CREATE TABLE temptable
(
    学号        char(6),
    联系方式    clob
);
```

然后,编写一个 PL/SQL 程序段,将 101102. xml 文件中的 XML 数据插入临时表中:

```
DECLARE
    F_LOB bfile;
    C_LOB clob;
    ln number;
    src_offset number :=1;
    des_offset number :=1;
    csid number:=850;
    lc  number :=0;
    warning number;
BEGIN
    INSERT INTO temptable VALUES('101102', empty_clob());
    SELECT 联系方式 INTO C_LOB FROM temptable WHERE 学号='101102';
```

```
F_LOB:=BFILENAME ('MYDIR', '101102.xml');
ln :=DBMS_LOB.GETLENGTH(F_LOB);
DBMS_LOB.FILEOPEN(F_LOB, DBMS_LOB.FILE_READONLY);
DBMS_LOB. LOADCLOBFROMFILE(C_LOB, F_LOB, ln, des_offset,src_offset,csid,
lc,warning);
DBMS_LOB.FILECLOSE (F_LOB);
COMMIT;
END;
/
```

最后，使用 INSERT 语句将表 temptable 中的 XML 数据插入 Xmltable 中：

```
INSERT INTO Xmltable
    VALUES('101102', sys.XMLType.createXML(
        (SELECT 联系方式 FROM temptable WHERE 学号='101102')));
```

9.2.4　XQuery 的基本用法

XQuery 是一种从 XML 文档中查找和提取元素及属性的查询语言，可以查询结构化甚至是半结构化的 XML 数据。XQuery 基于现有的 XPath 查询语言，并支持更好的迭代、更好的排序结果，并能构造必需的 XML 的功能。XQuery 支持目前市场上主流的数据库管理系统，如 Oracle、SQL Server、DB2 等。Oracle 11g 提供了与数据库集成的全功能自带 XQuery 引擎，该引擎可用于完成与开发支持 XML 的应用程序相关的各种任务。

1. XPath 语法

XPath 是一种在 XML 文档中查找信息的语言，使用 XPath 的标准路径表达式，可以在 XML 文档中选取相应的 XML 节点。在 XPath 中有 7 种类型的节点：元素、属性、文本、命名空间、处理指令、注释和文档（根）节点。例如，在之前创建的 note. xml 文件中，<note>是根节点，<to>wang</to>"是元素节点，age="20"是属性节点。

XPath 是根据路径表达式在 XML 文档中查找信息的，其路径表达式与 Windows 的文件路径类似。可以把 XPath 比作文件管理路径，通过文件管理路径，可以按照一定的规则查找到所需要的文件；同样，依据 XPath 所制定的规则，也可以很方便地找到 XML 结构文档树中的任何一个节点。XPath 中常用的表达式在表 9.2 中列出。表 9.3 给出了一些 XPath 中路径表达式的实例。

表 9.2　XPath 中常用的表达式

表 达 式	描 述
nodename	选取此节点的所有子节点
/	从根节点选取
//	从匹配选择的当前节点选择文档中的节点，而不考虑它们的位置
.	选取当前节点
..	选取当前节点的父节点
@	选取属性

表 9.3 XPath 中路径表达式的实例

路径表达式实例	含　义
school	选择 school 下的所有子节点
/school	选取根元素 school,假如路径起始于正斜杠"/",则此路径始终代表到某元素的绝对路径
school/class	选取所有属于 school 的子元素的 class 元素
//class	选取所有 class 子元素,而不管它们在文档中的位置
school//class	选择所有属于 school 元素的后代的 class 元素,而不管它们位于 school 之下的什么位置
//@property	选取所有名为 property 的属性

另外,还可以使用谓词和通配符表达更为复杂的路径表达式,如表 9.4 所示。

表 9.4 复杂的路径表达式实例

路径表达式实例	含　义
/school/class[1]	选取属于 school 的第 1 个 class 元素
/school/class[last()]	选取属于 school 的最后 1 个 class 元素
/school/class[last()-1]	选取属于 school 的倒数第 2 个 class 元素
/school/class[position<4]	选取属于 school 的最前面 3 个 class 元素
/school/class[student_count>35]	选取所有 school 元素的 class 元素,且其中的 student_count 元素的值须大于 35
//school[@property="20"]	选取所有属性 property 等于 20 的 school 元素
/school/ *	选取 school 下的所有子节点
// *	选取所有元素
//property=[@ *]	选取所有带有 property 属性的元素

XPath 的作用是选取相应的 XML 节点,而在对 XML 文档的具体数据进行查询时,仅仅使用 XPath 是不够的。因此,在 XPath 的基础上引入了 XQuery,XQuery 使用与 XPath 相同的函数和运算符,因此 XPath 中的路径表达式在 XQuery 中也适用。

2. 在 Oracle 中操作 XML 数据

使用 Oracle XML DB 从表中读取 XML 数据主要利用 existsNode()、extractValue()、extract()等函数。如果要更新 XML 数据可以使用 updatexml()函数。

(1) existsNode()函数。语法格式:

```
existsNode(xmlvalue, XQuery)
```

existsNode()函数检查 XML 中的某一个节点是否存在。如果存在则返回 1,否则返回 0。xmlvalue 为表中的 XMLType 类型的列名或变量,XQuery 为一个字符串,用于指定查询 XML 实例中的 XML 节点(如元素、属性)的 XQuery 表达式。

【例 9.3】 查询 Xmltable 表中<邮政编码>节点是否存在。

```
SELECT COUNT(*)
    FROM Xmltable
    WHERE existsNode(联系方式，'/联系方式/地址/邮政编码')=1;
```

执行结果为：2。

【例 9.4】 查询是否存在"姓名"为程明的属性。

```
SELECT COUNT(*)
    FROM Xmltable
    WHERE existsNode(联系方式，'/联系方式[@姓名="程明"]')=1;
```

执行结果为：1。

（2）extractValue()函数。extractValue()函数用于从某个节点中读取值。语法格式如下：

```
extractValue(xmlvalue, XQuery)
```

【例 9.5】 读取学号为 101101 的学生的电话。

```
SELECT extractValue(联系方式，'/联系方式/电话') AS 电话
    FROM Xmltable
    WHERE 学号='101101';
```

执行结果为：13900081101。

说明：extractValue()函数只能返回一个确切位置节点的值，如果存在多个相同节点，Oracle 就会报错。

（3）extract()函数。语法格式如下：

```
extract(xmlvalue, XQuery)
```

extract()函数返回一个 XML 文档的一个节点树，或者某一节点下所有符合条件的节点。

【例 9.6】 返回学号为 101101 学生的＜地址＞节点下的所有信息。

```
SELECT extract(联系方式，'/联系方式/地址')
    FROM Xmltable
    WHERE 学号='101101';
```

执行结果如图 9.1 所示。

EXTRACT(LIFS,'/联系方式/地址')
＜地址＞＜邮政编码＞211101＜/邮政编码＞＜省或直辖市＞江苏省＜/省或直辖市＞＜市或县＞南京市＜/市或县＞＜详细地址＞鼓楼区 上海路3号＜/详细地址＞＜/地址＞

图 9.1 例 9.6 执行结果

（4）updatexml()函数。语法格式如下：

```
updatexml(xmlvalue, XQuery, new_value)
```

updatexml()函数用于更新一个节点数，其中 new_value 为修改的新节点树。

【例 9.7】 将学号为 101102 的学生的＜省或直辖市＞节点的值修改为"浙江"。

```
UPDATE Xmltable
    SET 联系方式=updatexml(联系方式, '/联系方式/地址/省或直辖市', '<省或直辖市>浙江
    </省或直辖市>')
WHERE 学号='101102';
```

3. FLWOR 表达式

XQuery 中最强大的特性是 FLWOR 表达式(发音同 flower),它是一种典型的能够完成具有某种实际意义的查询表达式。FLWOR 表达式包含模式匹配、过滤选择和结果构造 3 种操作。FLWOR 语句是 XQuery 所具有的最接近于 SQL 的语句。

FLWOR 是"For,Let,Where,Order by,Return"的缩写。以下的示例说明了 FLWOR 的用法(假设 book 元素是根元素):

```
for $x in doc("note.xml")/book/note
let $y :=/book/note/to
where $x/number<20
order by $x/brand
return $x/brand
```

说明:

(1) for 语句:将 note. xml 文件中 book 元素下所有的 note 元素提取出来赋给变量 $x。其中 doc()是内置函数,作用是打开相应的 xml 文档。

(2) let 语句:该语句可选,用于在 XQuery 表达式中为变量赋值。

(3) where 语句:该语句可选,用于选取 note 元素下 number 元素小于 20 的 note 元素。

(4) order by 语句:该语句可选,用于指定查询结果,并按照 brand 升序排序。

(5) return 语句:该语句中的表达式用于构造 FLWOR 表达式的结果。

【例 9.8】 使用 FLWOR 表达式在 Oracle 中执行查询。

```
CREATE TABLE some_xml (x XMLType);                    /*建立 XMLType 表*/
INSERT INTO some_xml
    VALUES('<ManuInstructions ProductModelID="1" ProductModelName="SomeBike" >
            <Location LocationID="L1" >
                <Step>Manu step 1 at Loc 1</Step>
                <Step>Manu step 2 at Loc 1</Step>
                <Step>Manu step 3 at Loc 1</Step>
            </Location>
            <Location LocationID="L2" >
                <Step>Manu step 1 at Loc 2</Step>
                <Step>Manu step 2 at Loc 2</Step>
                <Step>Manu step 3 at Loc 2</Step>
            </Location>
        </ManuInstructions>');                        /*插入 XML 数据*/
SELECT XMLQuery('for $step in /ManuInstructions/Location
                where $step/@LocationID="L2"
                return string($step)'
```

```
                PASSING x RETURNING CONTENT) xml
FROM some_xml;                                  /*使用 FLWOR 表达式查询*/
```

查询结果如图 9.2 所示。

XML
Manu step 1 at Loc 2Manu step 2 at Loc 2Manu step 3 at Loc 2

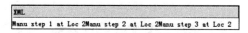

图 9.2　例 9.8 查询结果

说明：以上查询中使用 XMLQuery()函数在 Oracle 中执行 XQuery 查询，语法格式如下：

```
XMLQuery(XQuery PASSING column RETURNING CONTENT)
```

其中 column 为 XMLType 列名。例如，要从 Xmltable 表中返回学号为 101101 的学生的地址信息，使用如下语句：

```
SELECT XMLQuery ('/联系方式/地址' PASSING 联系方式 RETURNING CONTENT)
    FROM Xmltable
    WHERE 学号='101101';
```

## 第 10 章

备份和恢复

表空间就像一个文件夹,是存储数据库对象的容器,数据库的表其实就是存放在表空间中。备份就是数据库信息的一个拷贝。对于 Oracle 11g 而言,这些信息包括控制文件、数据文件以及重做日志文件等。数据库备份的目的是为了在意外事件发生而造成数据库的破坏后恢复数据库中的数据信息。

10.1 备份/恢复

备份和恢复是两个互相联系的概念,备份就是将数据信息保存起来;而恢复则是当意外事件发生或者有某种需要时,将已备份的数据信息还原到数据库系统中。

10.1.1 备份概述

Oracle 11g 提供了多种备份方法,各种方法都有自己的特点。如何根据具体的应用状况选择合适的备份方法是很重要的。

设计备份策略的指导思想是:以最小的代价恢复数据。备份与恢复是互相联系的,备份策略与恢复应结合起来考虑。

1. 备份原则

(1) 日志文件归档到磁盘。归档日志文件最好不要与数据库文件或联机重做日志文件存储在同一个物理磁盘设备上。如果数据库文件和当前激活重做日志文件丢失,可使用联机备份或脱机备份,然后可以继续安全操作。当使用 CREATE DATABASE 命令创建数据库时,MAXLOGFILES 参数值大于 2,将简化丢失未激活但联机的重做日志文件的恢复操作。

(2) 如果数据库文件备份到磁盘上,应使用单独的磁盘或磁盘组保存数据文件的备份。备份到磁盘上的文件通常可以在较短时间内恢复。

(3) 应保持控制文件的多个备份,控制文件的备份应置于不同磁盘控制器下的不同磁盘设备上。增加控制文件可以先关闭数据库,备份控制文件,改变服务器参数文件的参数 CONTROL_FILES,再重新启动数据库即可。

(4) 联机日志文件应为多个,每个组至少应保持两个成员。日志组的两个成员不应保存在同一个物理设备上,因为这将削弱多重日志文件的作用。

（5）保持归档重做日志文件的多个备份，在多个磁盘上都保留备份。使用服务器参数文件中的 LOG_ARCHIVE_DUPLEX_DEST 和 LOG_ARCHIVE_MIN_SUCCEED_DEST 参数，Oracle 会自动双向归档日志文件。

（6）通过在磁盘上保存最小备份和数据库文件，向前回滚所需的所有归档重做日志文件，在许多情况下可以使得从备份中向前回滚数据库或数据库文件的过程简化和加速。

（7）增加、重命名、删除日志文件和数据文件以及改变数据库结构和控制文件等操作都应备份，因为控制文件存放数据库的模式结构。

（8）若企业有多个 Oracle 数据库，则应使用具有恢复目录的 Oracle 恢复管理器。这将使用户备份和恢复过程中的错误引起的风险最小化。

2. 数据库备份应用

下面讨论如何将集成的数据库备份用于实例失败和磁盘失败。

（1）实例失败。从实例失败中恢复应自动进行，数据库需要访问位于正确位置的所有控制文件、联机重做日志文件和数据文件。数据库中任何未提交的事务都要回滚。一个实例失败（如由服务器引起的失败）之后，当数据库要重新启动时，必须检查数据库报警日志中的错误信息。

当由实例失败引发数据库重新启动时，Oracle 会检查数据文件和联机重做日志文件，并把所有文件同步到同一个时间点上。即使数据库未在 ARCHIVELOG 方式中运行，Oracle 也将执行这种同步。

（2）磁盘失败。磁盘失败也称为介质失败（Media Failure），通常由磁盘损坏或磁盘上读错误引起。这时，磁盘上驻留的当前数据库文件无法读出。驻留联机重做日志文件的磁盘应被镜像，失败时它们不会丢失。镜像可通过使用重做日志文件实现，或者在操作系统级制作镜像文件。

如果丢失的是控制文件，不管选择什么备份方式都很容易恢复。每个数据库都有其控制文件的多个备份（使数据库保持同步），且存储在不同的设备上。由 Oracle 安装程序生成的默认数据库创建脚本文件，为各个数据库创建 3 个控制文件，并将它们放在 3 个不同的设备上。要恢复一个丢失的控制文件，只需关闭数据库并从保留有控制文件的位置复制一个到正确的位置即可。

如果所有控制文件都丢失，可以使用 CREATE CONTROLFILE 命令。该命令允许为数据库创建一个新的控制文件，并指定数据库中的所有数据文件、联机重做日志文件和数据库参数。如果对使用的参数有疑问并正在运行 ARCHIVELOG 备份，可用以下命令：

```
ALTER DATABASE BACKUP CONTROLFILE TO TRACE;
```

当执行该命令时，系统将把一条合适的 CREATE CONTROLFILE 命令写入跟踪文件。这时，可根据需要编辑这个由 Oracle 创建的跟踪文件。

如果丢失的是归档重做日志文件就无法恢复，因此，最重要的是使归档重做日志文件目标设备也保持镜像。归档重做日志文件与联机重做日志文件同等重要。

如果丢失的是数据文件，那么可从前一天晚上的热备份中恢复，步骤如下。

（1）从备份中把丢失的文件恢复到其原来位置。

```
cp /backup/XSCJ/users01.dbf' /zhou/oradata/XSCJ
```

(2) 安装数据库。

```
ORACLE_SID=XSCJ;      export ORACLE_SID
ORAENV_ASK=NO;        export ORAENV_AS
connect system/Mm123456 as sysdba
startup mount XSCJ;
```

(3) 恢复数据库。

要求给出恢复所需的各归档日志文件名。

```
RECOVER DATABASE;
```

出现提示时,为需要的归档重做日志文件输入文件名。另外,当数据库恢复操作发出提示时,可以使用 AUTO 选项。AUTO 选项使用定义的归档重做日志文件目标目录和文件名格式,为归档重做日志文件名生成默认值。如果移动了归档重做日志文件,就不能使用该选项。

(4) 打开数据库。

```
ALTER DATABASE OPEN;
```

当从备份恢复数据文件时,数据库会辨认它是否来自数据库停止前的那个时间点。要找到那个时间点,就要应用归档重做日志文件里找到的事务。

3. 数据库备份类型

备份一个 Oracle 数据库有 3 种标准方式：导出备份(Export Backup)、脱机备份(Offline Backup)和联机备份(Online Backup)。

导出备份方式是数据库的逻辑备份。脱机备份和联机备份都是物理备份(也称为低级备份)。

(1) 逻辑备份。导出是将数据库中数据备份到一个称为"导出转储文件"的二进制系统文件中。导出有以下三种模式。

- 用户(User)模式：导出用户所有对象以及对象中的数据。
- 表(Table)模式：导出用户的所有表或者用户指定的表。
- 全局(Full)模式(也称为数据库模式)：导出数据库中所有对象,包括所有数据、数据定义和用来重建数据库的存储对象。

导出备份可以导出整个数据库、指定用户或指定表。在导出期间,可以选择是否导出与表相关的数据字典的信息,如权限、索引和与其相关的约束条件。导出备份有 3 种类型。

- 完全型(Complete Export)：对所有表执行全数据库导出或仅对上次导出后修改过的表执行全数据库导出。
- 积累型(Cumulative)：备份上一次积累型备份所改变的数据。
- 增量型(Incremental)：备份上一次备份后改变的数据。

导入是导出的逆过程,导入时读取导出创建的转储二进制文件以恢复数据。可以导入全部或部分已导出的数据。如果导入一个完全导出的整个导出转储文件,则所有数据库对象(包括表空间、数据文件和用户)都会在导入时创建。如果只打算从导出转储文件中导入部分数据,那么表空间、数据文件和将拥有并存储那些数据的用户必须在导入前设置好。

（2）物理备份。物理备份是备份数据库文件而不是其逻辑内容。Oracle 支持两种不同类型的物理备份：脱机备份（又称冷备份）和联机备份（又称热备份）。

脱机备份在数据库已经正常关闭的情况下进行。数据库正常关闭后会给用户提供一个完整的数据库。当数据库处于脱机备份状态时，备份的文件包括所有的数据文件、所有的控制文件、所有的联机重做日志和服务器参数文件（可选）。当数据库关闭时，对所有的这些文件进行备份可以提供一个数据库关闭时的完整镜像。以后可以从备份中获取整个文件集并恢复数据库的功能。

数据库可能要求 24 小时运行，而且随时会对数据进行操作。联机备份可以在数据库打开的情况下进行。一般通过使用 ALTER 命令改变表空间的状态来开始进行备份，备份完成后恢复原来状态，否则重做日志会错配，在下次启动数据库时引起表空间的修改。进行联机备份时要求数据库必须在归档方式下操作，在数据库不使用或使用率低的情况下进行，同时要有大量的存储空间。

数据库可从一个联机备份中完全恢复，并且可以通过归档的重做日志前滚到任一时刻。只要数据库是打开的，当时在数据库中任一提交的事务都将被恢复，任何未提交的事务都将被回滚。联机备份主要备份的文件包括所有的数据文件、所有归档的重做日志文件和一个控制文件。

联机备份过程具备强有力功能的原因有两个：一是提供了完全的时间点（Point-in-time）恢复；二是在文件系统备份时允许数据库保持打开状态。

10.1.2　恢复

数据库恢复就是当数据库出现故障时，将备份的数据库加载到系统，从而使数据库恢复到备份时的正确状态。Oracle 中数据库的恢复方法取决于故障类型，一般可以分为实例恢复和介质恢复。

1. 实例恢复

在数据库实例的运行期间，当意外掉电、后台进程故障或人为中止时出现实例故障，此时需要实例恢复。

如果出现实例故障，由于 Oracle 实例没有正常关闭，而且当实例发生故障时，服务器可能正在管理对数据库信息进行处理的事务。在这种情况下，数据库来不及执行一个数据库检查点，以保存内存缓冲区中的数据到数据文件，这会造成数据文件中数据的不一致性。实例恢复的目的就是将数据库恢复到与故障之前的事务一致的状态。实例恢复只需要联机日志文件，不需要归档日志文件。实例恢复的最大特点是，Oracle 在下次数据库启动时会自动地执行实例恢复。

实例恢复由下列操作步骤完成：

（1）为了解恢复数据文件中没有记录的数据，进行向前滚。该数据记录在在线日志中，包括对回退段的内容恢复。

（2）回退未提交的事务，按步骤（1）重新生成回退段所指定的操作。

（3）释放在发生故障时正在处理事务所持有的资源。

（4）解决在发生故障时正经历这一阶段提交的任何悬而未决的分布事务。

2. 介质恢复

如果在联机备份时发现实例故障,则需要介质恢复。介质恢复主要用在由于存储介质发生故障而导致数据文件被破坏时使用。介质故障是当一个文件或者磁盘不能读取或写入时出现的故障。这种状态下的数据库都是不一致的,这需要 DBA 手动进行数据库的恢复。这种恢复有两种形式:完全介质恢复和不完全介质恢复。

(1) 完全介质恢复。它使用重做数据或增量备份将数据库更新到最近的时间点,通常在介质故障损坏数据文件或控制文件后执行完全介质恢复操作。实施完全数据库恢复时,根据数据库文件的破坏情况,可以使用不同的方法。例如,当数据文件被物理破坏,数据库不能正常启动时,可以对全部的或单个被破坏的数据文件进行完全介质恢复。

(2) 不完全介质恢复。这是在完全介质恢复不可能或者有特殊要求时进行的介质恢复。例如,系统表空间的数据文件被损坏、在线日志损坏或人为误删基表和表空间等。这时可以进行不完全恢复,使数据库恢复到故障前或用户出错之前的一个事务的一致性状态。不完全介质恢复有不同类型的使用,取决于需要不完全介质恢复的情况。它有下列类型:基于撤销、基于时间和基于修改的不完全恢复。

① 基于撤销(CANCEL)恢复:在某种情况下,不完全介质恢复必须被控制,DBA 可撤销在指定点的操作。基于撤销的恢复在由于一个或多个日志组(在线或归档的)已被介质故障所破坏,不能用于恢复过程时使用。所以,介质恢复必须受控制,以致在使用最近、未损的日志组与数据文件后中止恢复操作。

② 基于时间(TIN/IE)和基于修改(SCN)的恢复:如果 DBA 希望恢复到过去的某个指定点,这是一种理想的不完全介质恢复,一般发生在恢复到某个特定操作之前,如恢复到意外删除某个数据表之前。

10.2　导出/导入

导出是数据库的逻辑备份,导入是数据库的逻辑恢复。在 Oracle 11g 中,既可以使用 Import 和 Export 实用程序进行导入/导出,也可以使用新的数据泵技术(将在 9.6 节介绍)进行导入/导出。本节介绍使用 Import 和 Export 实用程序实现导入/导出功能。

10.2.1　导出

数据库的逻辑备份步骤包括读一个数据库记录集和将记录集写入一个文件中。这些记录的读取与其物理位置无关。在 Oracle 中,Export 实用程序就是用来完成这样的数据库备份的。若要恢复使用由一个导出生成的文件,可使用 Import 实用程序。

Oracle 的 Export 实用程序用来读取数据库(包括数据字典)和把输出写入一个称为导出转储文件(Export Dump File)的二进制文件中。可以导出整个数据库,指定用户或指定表。在导出期间,可以选择是否导出与表相关的数据字典信息。例如,权限、索引和与其相关的约束条件。Export 所写的文件包括完全重建全部被选对象所需的命令。

可以对所有表执行全数据库导出(Complete Export)或者仅对上次导出后修改过的表执行全数据库导出。增量导出有两种不同类型：Incremental(增量)型和 Cumulative(积累)型。Incremental 导出将导出上次导出后修改过的全部表；而 Cumulative 导出将导出上次全导出后修改过的表。可使用 Export 实用程序来压缩数据段碎片的盘区。

从命令行调用 Export 程序并且传递各类参数和参数值，可以完成导出操作。参数和参数值决定了导出的具体任务。表 10.1 列出了 Export 指定的运行期选项。可以在"命令提示符"窗口中输入 EXP HELP＝Y 来调用 EXP 命令的帮助信息。

表 10.1　Export 选项

关　键　字	描　　述
Userid	执行导出的账户的用户名和口令，如果是 EXP 命令后的第一个参数，则关键字 Userid 可以省略
Buffer	用于获取数据行的缓冲区尺寸，默认值随系统而定，通常设定一个高值（＞64000）
File	导出转储文件的名字
Filesize	导出转储文件的最大尺寸。如果 file 条目中列出多个文件，将根据 Filesize 设置值导出这些文件
Compress	Y/N 标志，用于指定导出是否应把碎片段压缩成单个盘区。这个标志影响将存储到导出文件中的 STORAGE 子句
Grants	Y/N 标志，指定数据库对象的权限是否导出
Indexes	Y/N 标志，指定表上的索引是否导出
Rows	Y/N 标志，指定行是否导出。如果设置 N，在导出文件中将只创建数据库对象的 DDL
Constraints	Y/N 标志，用于指定表上的约束条件是否导出
Full	若设为 Y，执行 Full 数据库导出
Ower	导出数据库账户的清单；可以执行这些账户的 User 导出
Tables	导出表的清单；可以执行这些表的 Table 导出
Recordlength	导出转储文件记录的长度，以字节为单位。除非是在不同的操作系统间转换导出文件，否则就使用默认值
Direct	Y/N 标志，用于指示是否执行 Direct 导出。Direct 导出在导出期间绕过缓冲区，从而大大提高导出处理的效率
Inctype	要执行的导出类型（允许值为 Complete(默认)、Cumulative 和 Incremental）
Record	用于 Incremental 导出，这个 Y/N 标志指示一个记录是否存储在记录导出的数据字典中
Parfile	传递给 Export 的一个参数文件名
Statistics	这个参数指示导出对象的 ANALYZE 命令是否应写到导出转储文件上。其有效值是 Compute、Estimate(默认)和 N

续表

关　键　字	描　述
Consistent	Y/N 标志,用于指示是否应保留全部导出对象的读一致版本。在 Export 处理期间,当相关的表被用户修改时需要这个标志
Log	导出日志的文件名
Feedback	表导出时显示进度的行数。默认值为 0,所以在表全部导出前没有反馈显示
Query	用于导出表的子集 SELECT 语句
Transport_tablespace	如果正在使用可移动表空间选项,就设置为 Y。和关键字 TABLESPACE 一起使用
Tablespaces	移动表空间时应导出其元数据的表空间
OBJECT_CONSISTENT	导出对象时的事务集,默认为 N,建议采用默认值
Flashback_SCN	用于回调会话快照的 SCN 号,特殊情况下使用,建议不用
Flashback_time	用于回调会话快照的 SCN 号的时间,如果希望导出不是现在的数据,而是过去某个时刻的数据,可使用该参数
Resumable	遇到错误时挂起,建议采用默认值
Resumable_timeout	可恢复的文本字符串,默认值为 Y,建议采用默认值
Tts_full_check	对 TTS 执行完全或部分相关性检查,默认值为 Y,建议采用默认值
Template	导出的模板名

导出有以下 3 种模式:

(1) 交互模式。在输入 EXP 命令后,根据系统的提示输入导出参数,如用户名、口令和导出类型等参数。

(2) 命令行模式。命令行模式和交互模式类似,不同的是使用命令模式时,只能在模式被激活后才能把参数和参数值传递给导出程序。

(3) 参数文件模式。参数文件模式的关键参数是 Parfile。Parfile 的对象是一个包含激活控制导出对话的参数和参数值的文件名。

【例 10.1】 以交互模式进行数据库 XSCJ 中 XSB 表的导出。

执行的过程与结果如图 10.1 所示。

数据导出完毕后,在 C:\Documents and Settings\Administrator 目录下的 XSB. DMP 文件就是导出文件。

10.2.2 导入

导入数据可以通过 Oracle 的 Import 实用程序进行,可以导入全部或部分数据。如果导入一个全导出的导出转储文件,则包括表空间、数据文件和用户在内的所有数据库对象都会在导入时创建。不过,为了在数据库中指定对象的物理分配,通常需要预先创建表空间和用户。如果只从导出转储文件中导入部分数据,那么表空间、数据文件和用户必须在导入前

图 10.1 导出 XSB 表

设置好。

当数据库出现错误的修改或删除操作时,可以利用导入操作通过导出文件恢复重要的数据。在使用应用程序前,将对其操作的表导出到一个概要中,这样,如果由于应用程序中的错误而删除或修改了表中数据时,可以从已经导出到概要的备份表中恢复误操作的数据。

导入操作可以把一个操作系统中的 Oracle 数据库导出后再导入到另一个操作系统中。

导入操作可以交互进行,也可以通过命令进行。导入操作选项同导出的基本一样。表 10.2 给出了导入操作的参数,其他参数请参照导出参数。

表 10.2　Import 选项

关 键 字	描　　述
Userid	需执行导入操作的账户的用户名/口令。如果这是 IMP 命令后的第一个参数,就不必指定 Userid 关键字
Buffer	取数据行用的缓冲区尺寸。默认值随系统而定;该值通常设为一个高值($>100\ 000$)
File	要导入的导出转储文件名
Show	Y/N 标志,指定文件内容显示而不是执行
Ignore	Y/N 标志,指定在发出 CREATE 命令时遇到错误是否忽略。若要导入的对象已存在,就使用这个标志
Grants	Y/N 标志,指定数据库对象上的权限是否导入

关　键　字	描　　述
Indexes	Y/N 标志,指定表上的索引是否导入
Constraints	Y/N 标志,指定表上的约束条件是否导入
Rows	Y/N 标志,确定行是否导入。若将其设为 N,就只对数据库对象执行 DDL
Full	Y/N 标志,如果设置 Y,就导入 Full 导出转储文件
Fromuser	应从导出转储文件中读取其对象的数据库账户的列表(当 Full＝N 时)
Touser	导出转储文件中的对象将被导入到数据库账户的列表。Fromuser 和 Touser 不必设置成相同的值
Table	要导入的表的列表
Recordlength	导出转储文件记录的长度,以字节为单位。除非要在不同的操作系统间转换,否则都用默认值
Inctype	要被执行导入的类型(有效值是 Complete(默认)、Cumulative 和 Incremental)
commit	Y/N 标志,确定每个数组导入后 Import 是否提交(其大小由 Buffer 设置),如果设置为 N,在每个表导入后都要提交 Import。对于大型表,commit＝N 则需要同样大的回滚段
Parfile	传递给 Import 的参数名,这个文件可以包含这里所列出的全部参数的条目
Indexfile	Y/N 标志,指定表上的索引是否导入
Charset	在为 V5 和 V6 执行导入操作期间使用的字符集(过时但被保留)
Point_in_time_recover	Y/N 标志,确定导入是否是表空间时间点恢复的一部分
Destroy	Y/N 标志,指示是否执行在 Full 导出转储文件中找到的 CREATE TABLESPACE 命令(从而破坏正在导入的数据库数据文件)
Log	Import 日志将要写入的文件名
Skip_unusable_indexes	Y/N 标志,确定 Import 是否应跳过那些标有 unusable 的分区索引。可能要在导入操作期间跳过这些索引,然后用人工创建它们以改善创建索引的功能
Analyze	Y/N 标志,指示 Import 是否应执行在导出转储文件中找到的 Analyze 命令
Feedback	表导入时显示进展的示数。默认值为 0,所以在没有完全导入一个表前不显示反馈
Tiod_novalidate	使 Import 能跳过对指定对象类型的确认。这个选项通常与磁带安装一起使用。可以指定一个或多个对象
Filesize	如果参数 Filesize 用在 Export 上,这个标志就是对 Export 指定的最大转储尺寸
Recalculate_statistics	Y/N 标志,确定是否生成优化程序统计
Transport_tablespace	Y/N 标志,指示可移植的表空间元数据被导入到数据库中
Tablespace	要传送到数据库中的表空间名字和名字清单
Datafiles	要传送到数据库的数据文件清单
Tts_owner	可移植表空间中数据拥有者的名字和名字清单
Resumable	导入时若遇到与使用 Resumable_name 编码的字符串有关的问题时,延缓执行。延缓时间由 Resumable_timeout 参数确定

　　导入操作中参数相互冲突或者可能引起指令不一致时操作就会失败。例如，设置 FULL＝Y 和 OWNER＝SYSTEM，因为 FULL 参数调用 FULL 导入，而 OWNER 参数指定 USER 导入。

　　当从一个增量型导出或积累型导出中导入数据时，先使用最新的完全型导出，操作完成后，必须导入最新的积累型导出，随后导入之后的所有增量型导出。导入的模式包括用户模式、表模式和全局模式（又称数据库模式），与导出完全相同。

　　【例 10.2】　以交互模式进行 XSCJ 数据库中 XSB 表的导入。

　　为了查看导入的效果，首先将 XSB 表删除：

```
DROP TABLE XSB;
```

　　导入的过程和结果如图 10.2 所示。

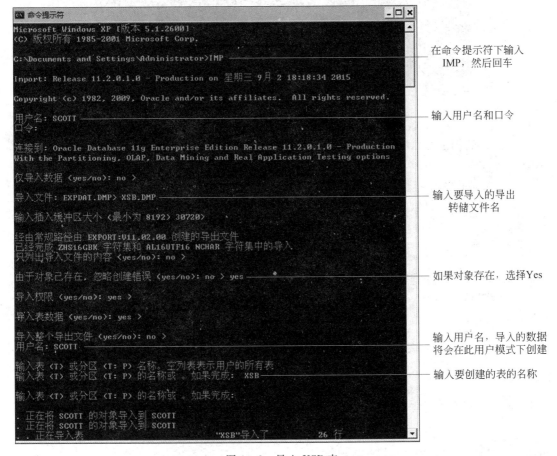

图 10.2　导入 XSB 表

　　导入完成后查看 XSB 表和表中数据是否恢复。

　　下面简单介绍命令行模式和参数模式的 EXP 与 IMP 用法：

　　（1）命令行模式。命令行模式其实与交互式是一样的道理，只是命令行模式将交互式中逐步输入的数据在一行命令中全部输入。例如，要导出 XSB 表，可以在命令提示符下输

入如下命令:

```
EXP USERID=SCOTT/Mm123456 FULL=N BUFFER=10000 FILE=XSB.DMP TABLES=XSB
```

结果如图 10.3 所示。

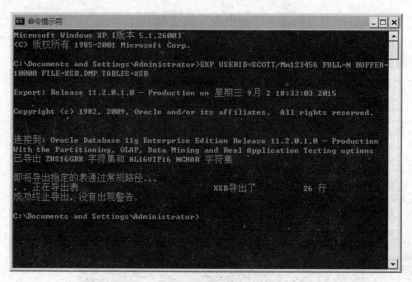

图 10.3　使用命令行模式导出 XSB 表

由上面的例子可以看出,当用户对 IMP 和 EXP 命令参数比较熟悉的情况下,命令行模式比交互式要方便很多。

(2) 参数模式。参数模式其实就是将命令行中命令后面所带的参数写在一个参数文件中,然后再使用命令,使后面带一个调用该文件的参数。可以通过普通的文本文件编辑器来创建这个文件。为了便于标识,将该参数文件命名为 .parfile 的后缀。以下是一个参数文件的内容。

```
USERID=SCOTT/Mm123456
    FULL=N
    BUFFER=10000
    FILE=XSB.DMP
    TABLES=XSB
```

使用参数模式执行过程如下:

```
EXP PARFILE=XSB.Parfile
```

10.3　脱机备份

脱机备份又称为冷备份。冷备份是数据库文件的物理备份,需要在数据库关闭状态下进行。通常在数据库通过一个 shutdown normal 或 shutdown immediate 命令正常关闭后进行。当数据库关闭时,对其使用的各个文件都可以进行备份。这些文件构成一个数据库关闭时的一个完整映像。冷备份要备份的文件包括所有的数据文件、所有的控制文件、所有的联机重做日志、init.ora 文件和 SPFILE 文件(可选)。

在磁盘空间容许的情况下,将这些文件复制到磁盘上。冷备份一般在 SQL * Plus 中进行。在进行备份前,应该确定要备份哪些文件,通过查询 V＄DATAFILE 视图可以获取数据文件的列表;通过查询 V＄LOGFILE 视图可以获取联机重做日志文件的列表;通过以下语句可查询控制文件的列表。

```
SHOW PARAMENTER CONTROL_FILES;
```

【例 10.3】 把 XSCJ 数据库的所有数据文件、重做日志文件和控制文件都备份。

(1) 正常关闭要备份的实例,在"命令提示符"窗口中输入如下命令:

```
SQLPLUS/NOLOG
CONNECT SCOTT/Mm123456 AS SYSDBA
SHUTDOWN NORMAL
```

(2) 备份数据库。使用操作系统的备份工具,备份所有的数据文件、重做日志文件、控制文件和参数文件。

(3) 启动数据库。

```
STARTUP MOUNT
```

10.4　联机备份

联机备份又称热备份或 ARCHIVELOG 备份,它要求数据库运行在 ARCHIVELOG 方式下。Oracle 是以循环方式写联机重做日志文件的,写满第一个日志后,开始写第二个,依此类推。当最后一个联机重做日志文件写满后,LGWR(Log Writer)后台进程开始重新向第一个文件写入内容。当 Oracle 在 ARCHIVELOG 方式运行时,ARCH 后台进程重写重做日志文件前将每个重做日志文件做一份备份。

10.4.1　以 ARCHIVELOG 方式运行数据库

进行联机备份可以使用 PL/SQL 语句,也可以使用备份向导,但都要求数据库在 ARCHIVELOG 方式下运行。下面说明如何进入 ARCHIVELOG 方式。

(1) 进入"命令提示符"窗口。

```
SQLPLUS/NOLOG
```

(2) 以 SYSDBA 身份和数据库相连。

```
CONNECT SCOTT/Mm123456 AS SYSDBA
```

（3）使数据库在 ARCHIVELOG 方式下运行。

```
SHUTDOWN IMMEDIATE
STARTUP MOUNT
ALTER DATABASE ARCHIVELOG;
ARCHIVE LOG START;
ALTER DATABASE OPEN;
```

下面的命令将从 Server Manager 中显示当前数据库的 ARCHIVELOG 状态。

```
ARCHIVE LOG LIST
```

整个过程的 SQL＊Plus 窗口如图 10.4 所示。

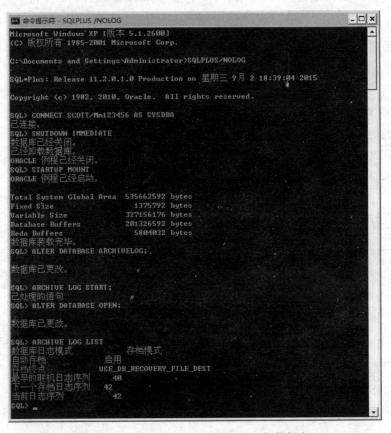

图 10.4　以 ARCHIVELOG 方式运行数据库

10.4.2　执行数据库联机备份

一旦数据库在 ARCHIVELOG 方式打开并对用户可用时，就可以进行备份。尽管联机备份可以在工作期间进行，但是最好安排在用户活动最少的时间。

1. 逐个表空间备份数据文件

首先要使用 ALTER TABLESPACE BEGIN BACKUP 语句将表空间设置为备份状

态,例如,标记表空间 SYSTEM 备份开始的语句如下:

```
ALTER TABLESPACE SYSTEM BEGIN BACKUP;
```

接着在"命令提示符"窗口中使用操作系统提供的命令备份表空间中的数据文件。例如:

```
COPYE:\app\Administrator\oradata\XSCJ\SYSTEM01.DBF D:\BACKUP
```

所有的数据文件备份完后,要使用 ALTER TABLESPACE END BACKUP 指出联机备份的结束,将表空间恢复到正常状态。例如:

```
ALTER TABLESPACE SYSTEM END BACKUP;
```

2. 备份归档重做日志文件

首先停止当前数据库的 ARCHIVELOG 状态:

```
ARCHIVE LOG START;
```

然后记录归档重做日志目标目录中的文件,并且备份归档重做日志文件。最后使用 ALTER DATABASE BACKUP CONTROLFILE 命令备份控制文件:

```
ALTER DATABASE BACKUP CONTROLFILE TO'D:\BACKUP\file.bak';
```

10.5　数据泵

10.5.1　数据泵概述

数据泵(Data Pump)是 Oracle 11g 提供的一个实用程序,它可以用从数据库中高速导出或加载数据库的方法,自动管理多个并行的数据流。数据泵可以实现在测试环境、开发环境、生产环境以及高级复制或热备份数据库之间的快速数据迁移,还能实现部分或全部数据库逻辑备份,以及跨平台的可传输表空间备份。

数据泵技术相对应的工具是 Data Pump Export 和 Data Pump Import。它的功能与前面介绍的 EXP 和 IMP 类似。所不同的是,数据泵的高速并行的设计使得服务器运行时执行导入和导出任务快速装载或卸载大量数据。另外,数据泵可以实现断点重启,即一个任务无论是人为中断还是意外中断,都可以从断点地方重新启动。数据泵技术是基于 EXP/IMP 的操作,主要用于对大量数据的大的作业操作。在使用数据泵进行数据导出与加载时,可以使用多线程并行操作。

10.5.2　EXPDP 导出

EXPDP 可以交互进行,也可以通过命令进行。表 10.3 给出了 EXPDP 命令的关键字。

【例 10.4】　使用 EXPDP 导出 SCOTT 用户的 XSB 表。

(1) EXPDP 准备工作。在使用 EXPDP 之前,需要创建一个目录,用于存储数据泵导出的数据。使用如下方法创建目录：

```
CREATE DIRECTORY dpump_dir as'd:\bak';
```

表 10.3　EXPDP 命令的关键字

关　键　字	描　述
ATTACH	连接到现有作业
CONTENT	指定要导出的数据，有效关键字为 ALL、DATA_ONLY 和 METADATA_ONLY
DIRECTORY	供转储文件和日志文件使用的目录对象
DUMPFILE	目标转储文件（expdat.dmp）的列表
ESTIMATE	计算作业的估计值，其中有效关键字为 BLOCK 和 STATISTICS
ESTIMATE_ONLY	在不执行导出的情况下计算作业估计值
EXCLUDE	排除特定的对象类型
FILESIZE	以字节为单位指定每个转储文件的大小
FLASHBACK_SCN	用于将会话快照设置回以前的状态的 SCN
FLASHBACK_TIME	用于获取最接近指定时间的 SCN 的时间
FULL	导出整个数据库
HELP	显示帮助信息
INCLUDE	包括特定的对象类型
JOB_NAME	要创建的导出作业的名称
LOGFILE	日志文件名（export.log）
NETWORK_LINK	链接到源系统的远程数据库的名称
NOLOGFILE	不写入日志文件
PARALLEL	更改当前作业的活动 worker 的数目
PARFILE	指定参数文件
QUERY	用于导出表的子集的谓词子句
SCHEMAS	要导出的方案的列表
STATUS	在默认值（0）显示可用时的新状态，要监视的频率（以秒计）作业状态
TABLES	列出要导出的表的列表
TABLESPACES	列出要导出的表空间的列表
TRANSPORT_FULL_CHECK	验证所有表的存储段
TRANSPORT_TABLESPACES	要从中卸载元数据的表空间的列表
VERSION	要导出的对象的版本，其中有效关键字为 COMPATIBLE、LATEST 或任何有效的数据库版本

在目录创建后，必须给导入/导出的用户赋予目录的读写权限。

GRANT READ,WRITE ON DIRECTORY DPUMP_DIR TO<用户名>;

（2）使用 EXPDP 导出数据。在"命令提示符"窗口中输入以下命令：

EXPDP SCOTT/Mm123456 DUMPFILE=XSB.DMP DIRECTORY=DPUMP_DIR TABLES=XSB JOB_NAME
=XSB_JOB

执行的过程与结果如图 10.5 所示。

图 10.5　使用 EXPDP 导出数据

10.5.3　IMPDP 导入

使用 IMPDP 可以将 EXPDP 所导出的文件导入到数据库。如果要将整个导入的数据库对象全部导入，还需要授予用户 IMP_FULL_DATABASE 角色。

表 10.4 给出了与 EXPDP 不同的 IMPDP 关键字说明，其余请参考 EXPDP 的关键字。可以如下语句查看 IMPDP 的关键字：

IMPDP HELP=Y

表 10.4　IMPDP 关键字

关　键　字	描　　　述
FROMUSER	列出拥有者用户名
FILE	要导入的文件名
TOUSER	列出要导入的用户的名字
SHOW	仅看文件的内容
IGNORE	忽略所有的错误
COMMIT	是否及时提交数组数据

续表

关　键　字	描　　述
ROWS	是否要导出数据
DESTROY	遇到与原来一样的数据文件是否要覆盖
INDEXFILE	是否写表和索引到指定的文件
SKIP_UNUSABALE_INDEXES	是否跳过不使用的索引
TOID_NOVALIDATE	跳过闲置的类型
COMPILE	是否编译过程和包
STREAMS_CCONFIGURATION	是否导入流常规元数据
STREAMS_INSTANTIATION	是否导入流实例元数据

【例 10.5】 使用 XSB. DMP 导出文件导入 XSB 表。

```
IMPDPSCOTT/Mm123456 DUMPFILE=XSB.DMP DIRECTORY=DPUMP_DIR
```

执行结果如图 10.6 所示。

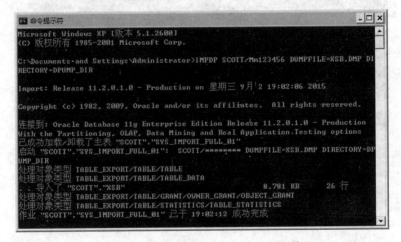

图 10.6　使用 IMPDP 命令导入 XSB 表

CHAPTER 第 11 章

系统安全管理

数据库中保存了大量的数据,有些数据对企业是极其重要的,是企业的核心机密,必须保证这些数据和操作的安全。因此,数据库系统必须具备完善、方便的安全管理机制。

在 Oracle 11g 中,数据库的安全性主要体现在以下两个方面:

(1) 对用户登录进行身份认证。当用户登录到数据库系统时,系统对该用户的账号和口令进行认证,包括确认用户账户是否有效以及能否访问数据库系统。

(2) 对用户操作进行权限控制。当用户登录到数据库后,只能对数据库中的数据在允许的权限内进行操作。数据库管理员(DBA)对数据库的管理具有最高的权限。

一个用户如果要对某一数据库进行操作,必须满足以下 3 个条件:

(1) 登录 Oracle 服务器时必须通过身份验证。

(2) 必须是该数据库的用户或者是某一数据库角色的成员。

(3) 必须有执行该操作的权限。

在 Oracle 系统中,为了实现数据的安全性,采取了用户、角色和概要文件等管理策略。本章通过实例讲解用户、角色和概要文件的创建和维护。

11.1 用户

Oracle 有一套严格的用户管理机制,新创建的用户只有通过管理员授权才能获得系统数据库的使用权限,否则该用户只有连接数据库的权利。正是有了这一套严格的安全管理机制,才保证了数据库系统的正常运转,确保数据信息不被泄露。

11.1.1 创建用户

用户就是使用数据库系统的所有合法操作者。Oracle 11g 有两个基本用户: SYSTEM 和 SYS。创建用户就是建立一个安全、有用的账户,并且这个账户要有充分的权限和正确的默认设置值。

1. 界面创建用户

(1) 启动 SQL Developer,使用 SYS 用户(口令为 Mm123456)连接数据库,打开连接,展开"其他用户"节点,可以看到系统中已存在的用户账户,如图 11.1 所示。

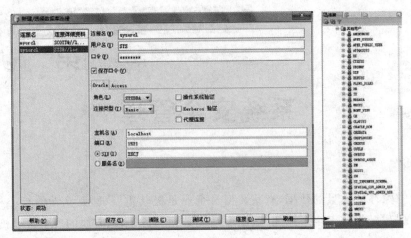

图 11.1　系统已存在的用户账户

（2）右击"其他用户"节点，选择"创建用户"菜单项，出现"创建/编辑用户"对话框，如图 11.2 所示，该对话框界面有 6 个选项页：用户、角色、系统权限、限额、SQL 和结果，分别用于设置和管理用户的不同类型信息。

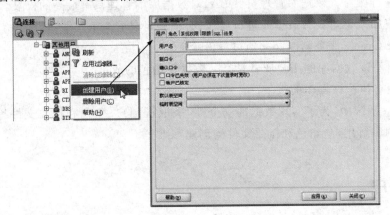

图 11.2　"创建/编辑用户"对话框

（3）设置"用户"选项页，如图 11.3 所示。

"用户"选项页的设置主要包括以下几个方面。

① 用户名：要创建的用户的名称，用户名一般采用 Oracle 11g 字符集中的字符，最长可为 30B。

② 输入新口令和确认口令：只有在两者完全一致时才通过确认。

③ 口令已失效（用户必须在下次登录时更改）：撤销原来的口令，撤销后可以更改用户口令。

④ 账户已锁定：表示锁定用户的账户并禁止访问该账户。

⑤ 默认表空间：为用户创建的对象选择默认表空间。

⑥ 临时表空间：为用户创建的对象选择临时表空间。

输入新用户名称 ZHOU；设定自己的口令，如 Mm123456；默认表空间选 USERS；临时表空间选 TEMP，其他选项均为默认值。

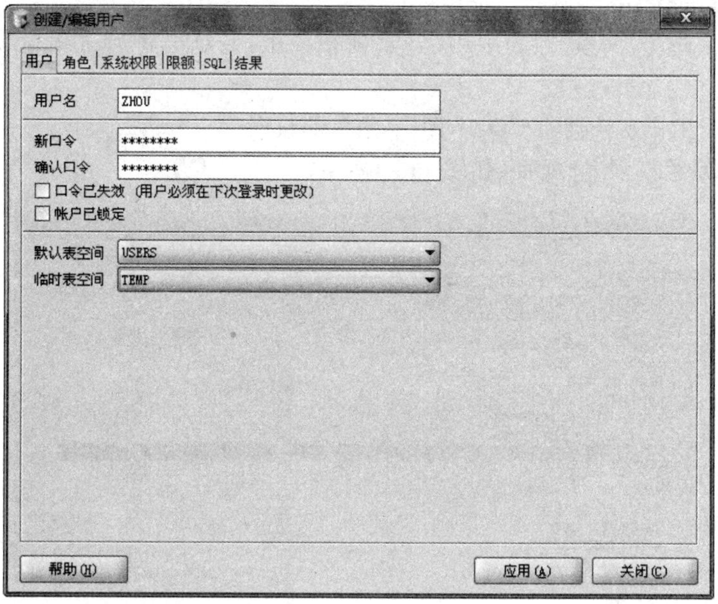

图 11.3　"用户"选项页

(4) 设置"角色"选项页,如图 11.4 所示。

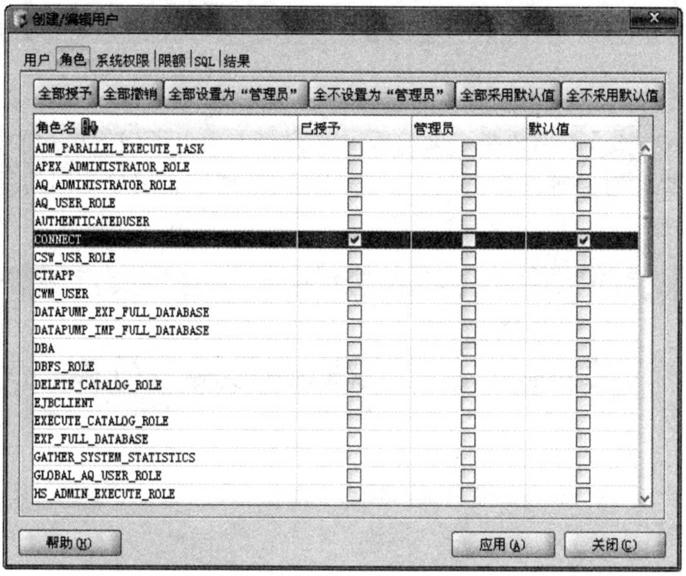

图 11.4　"角色"选项页

在该选项页中,可以把某些角色赋予新用户,这样新用户就继承了这些角色的权限。
界面中的表格包括以下 4 列。

① 角色名:角色的名称。

② 已授予:选中表示将此角色授予新用户。

③ 管理员:表示新用户是否可以将角色授予其他用户或角色,默认情况下为禁用,选

中复选框可以解除禁用。

④ 默认值：选中后，表示用户一旦登录到系统中，系统会将所选角色设置为用户默认的角色。

这里设置新用户默认拥有 CONNECT 角色的权限。

（5）设置"系统权限"选项页，如图 11.5 所示。

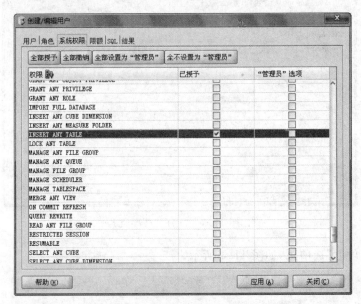

图 11.5　"系统权限"选项页

在该选项页中，赋予新用户指定的权限。在列表中列出了当前可用的权限，其中包括创建、修改、删除数据库对象等操作权限。根据实际需要授予新用户不同的系统权限。

（6）设置"限额"选项页，如图 11.6 所示。

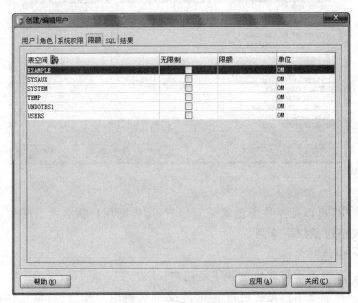

图 11.6　"限额"选项页

在该选项页中对新用户指定对应表空间的大小限额。在列表中选择表空间并通过选择"无限制"复选框或直接指定限额大小及单位。在此设置所有表空间的限额为 0M。

（7）至此，新用户的所有信息和权限都已设置完毕，切换到 SQL 选项页，可以查看创建该用户相应的 SQL 语句，如图 11.7 所示。

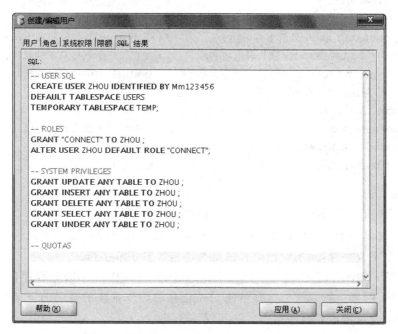

图 11.7　SQL 选项页

（8）最后，单击"应用"按钮，系统创建新用户并自动切换到"结果"选项页显示执行结果，如图 11.8 所示，完成后单击"关闭"按钮关闭对话框。若操作成功，将在"其他用户"节点下看到新创建的用户 ZHOU。

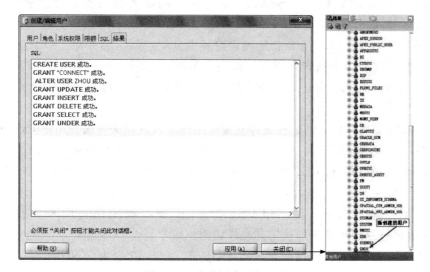

图 11.8　成功创建了新用户

2. 命令创建用户

也可以使用 CREATE USER 命令来创建一个新的数据库用户账户,但是创建者必须具有 CREATE USER 系统权限。语法格式为:

```
CREATE USER<用户名>                        /*将要创建的用户名*/
    [IDENTIFIED BY {<密码>| EXTERNALLY |
        GLOBALLY AS '<外部名称>' }]          /*表明 Oracle 如何验证用户*/
    [DEFAULT TABLESPACE<默认表空间名>]      /*标识用户所创建对象的默认表空间*/
    [TEMPORARY TABLESPACE<临时表空间名>]    /*标识用户的临时段的表空间*/
    /*用户规定的表空间存储对象,最多可达到这个定额规定的总尺寸*/
    [QUOTA<数字值>K |<数字值>M | UNLIMTED ON<表空间名>]
    [PROFILE<概要文件名>]                     /*将指定的概要文件分配给用户*/
    [PASSWORD EXPIRE]
    [ACCOUNT {LOCK| NULOCK}]                 /*账户是否锁定*/
```

说明:

(1) IDENTIFIED BY:表示 Oracle 如何验证用户。

① <密码>:创建一个本地用户,该用户必须按密码进行登录。密码只能包含数据库字符集中的单字节字符,而不管该字符集是否还包含多字节字符。

② EXTERNALLY:创建一个外部用户,该用户必须由外部服务程序(如操作系统或第三方服务程序)来进行验证。这样就使 Oracle 依靠操作系统的登录验证来保持特定的操作系统用户拥有对特定数据库用户的访问权。

③ GLOBALLY AS '<外部名称>':创建一个全局用户(global user),必须由企业目录服务器验证用户。

(2) DEFAULT TABLESPACE:标识用户所创建对象的默认表空间为指定的表空间,如果忽略该子句就放入 SYSTEM 表空间。

(3) TEMPORARY TABLESPACE:标识用户的临时段的表空间为指定的表空间。如果忽略该子句,临时段就默认为 SYSTEM 表空间。

(4) QUOTA:允许用户在以指定的表空间中分配空间定额并建立一个指定字节的定额,使用 K 或 M 为单位来指定该定额。该定额是在表空间中用户能分配的最大空间。可有多个 QUOTA 子句用于分配多个表空间。UNLIMITED 关键字允许用户无限制地分配表空间中的空间定额。

(5) PROFILE:将指定的概要文件分配给用户。该概要文件限制用户可使用的数据库资源的总量。如果忽略该子句,Oracle 就将 DEFAULT 概要文件分配给用户。

(6) PASSWORD EXPIRE:使用户的密码失效。这种设置强制使用户在试图登录数据库之前更改口令。

(7) ACCOUNT{LOCK | UNLOCK}:LOCK 表示锁定用户的账户并禁止访问。UNLOCK 表示解除用户账户的锁定并允许访问该账户。

【例 11.1】 创建一个名称为 AUTHOR 的用户,口令为 ANGEL,默认表空间为 USERS,临时表空间为 TEMP。没有定额,使用默认概要文件。

```
CREATE USER AUTHOR
```

```
IDENTIFIED BY ANGEL
DEFAULT TABLESPACE USERS
TEMPORARY TABLESPACE TEMP;
```

执行结果如图 11.9 所示。

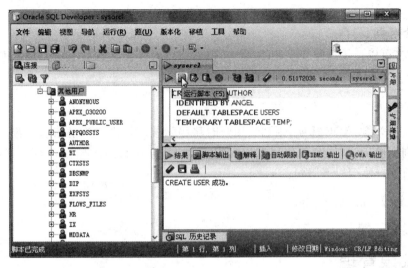

图 11.9　例 11.1 执行结果

11.1.2　管理用户

对用户的管理，就是对已有用户的信息进行管理，如修改用户和删除用户等。

1. 修改用户

使用 ALTER USER 语句可以对用户信息进行修改，但是执行者必须具有 ALTER USER 权限。语法格式为：

```
ALTER USER<用户名>
    [IDENTIFIED BY {<密码> | EXTERNALLLY |
        GLOBALLY AS '<外部名称>' }]
    [DEFAULT TABLESPACE<默认表空间名>]
    [TEMPORARY TABLESPACE<临时表空间名>]
    [QUOTA<数字值>K |<数字值>M | UNLIMTED ON<表空间名>]
    [PROFILE<概要文件名>]
    [PASSWORD EXPIRE]
    [ACCOUNT {LOCK| NULOCK}]
```

在 ALTER USER 语句中，IDENTIFIED GLOBALLY AS 表明用户必须通过 LDAP V3 兼容目录服务（如 Oracle Internet Directory）验证。只有当直接授权给该用户的所有外部角色被收回时，才能将验证用户访问的方法更改为 IDENTIFIED GLOBALLY AS '<外部名称>'. ALTER USER 语句中其他关键字和参数与 CREATE USER 语句中的意思相同。

【例 11.2】 修改用户 AUTHOR,使该用户的密码失效,使用户登录数据库前修改口令。

```
ALTER USER AUTHOR
    PASSWORD EXPIRE;
```

2. 删除用户

删除用户可以使用 DROP USER 语句,但是执行者必须具有 DROP USER 权限。语法格式为:

```
DROP USER<用户名>[CASCADE];
```

如果使用 CASCADE 选项,则删除用户时将删除该用户模式中的所有对象。如果用户拥有对象,则删除用户时,若不使用 CASCADE 选项,系统将给出错误信息。例如,要删除用户 AUTHOR,使用以下语句:

```
DROP USER AUTHOR CASCADE;
```

11.2 权限管理

为了使新创建的用户可以进行基本的数据库操作,如登录数据库、查询表和创建表等,就需要赋予他这些操作的权限。如果希望用户不能进行某些特殊的操作,就需要收回该用户的相应权限。Oracle 中的权限管理是 Oracle 安全机制中的重要组成部分。

11.2.1 权限概述

权限是预先定义好的、执行某种 SQL 语句或访问其他用户模式对象的能力。在 Oracle 数据库中是利用权限来进行安全管理的。按照所针对的控制对象,这些权限可以分成系统权限与对象权限两类。

1. 系统权限

系统权限是指在系统级控制数据库的存取和使用的机制,即执行某种 SQL 语句的能力。例如,启动、停止数据库,修改数据库参数,连接到数据库,以及创建、删除、更改模式对象(如表、视图、索引、过程等)等权限。系统权限是针对用户而设置的,用户必须被授予相应的系统权限才可以连接到数据库中进行相应的操作。在 Oracle 11g 中,SYSTEM 和 SYS 是数据库管理员,具有 DBA 所有的系统权限。

2. 对象权限

对象权限是指在对象级控制数据库的存取和使用的机制,即访问其他用户模式对象的能力。例如,用户可以存取哪个用户模式中的哪个对象,能对该对象进行查询、插入、更新操作等。对象权限一般是针对用户模式对象的。对象权限是用户之间的表、视图等模式对象的相互存取权限。例如,以用户 SCOTT 登录到数据库,可以查询该用户模式中的 XSB 表。

但是,如果以用户 SYS 登录到数据库,则不可以查询 XSB 表,因为 XSB 表不属于 SYS 用户,并且 SYS 用户没有被授予查询 XSB 表的权限,如图 11.10 所示。

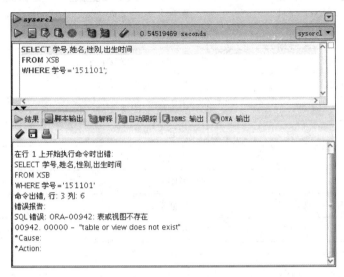

图 11.10 以 SYS 用户查询 XSB 表

11.2.2 系统权限管理

系统权限一般需要授予数据库管理人员和应用程序开发人员,数据库管理员可以将系统权限授予其他用户,也可以从被授予用户手中收回。

1. 系统权限的分类

Oracle 11g 提供了多种系统权限,每一种分别能使用户进行某种或某一类系统级的数据库操作。数据字典视图 SYSTEM_PRIVILEGE_MAP 中包括了 Oracle 数据库中的所有系统权限,通过查询该视图可以了解系统权限的信息,如下所示:

```
SELECT COUNT(*)
    FROM SYSTEM_PRIVILEGE_MAP;
```

输出结果为 208,可见 Oracle 11g 的系统权限有 208 个。

根据用户在数据库中所进行的操作不同,Oracle 的系统权限又可分为以下多种不同的类型。

(1)数据库维护权限。对于数据库管理员,需要创建表空间、修改数据库结构、创建用户、修改用户权限等进行数据库维护的操作。表 11.1 列出了这些操作的权限及功能。

表 11.1 数据库维护权限及功能

系 统 权 限	功 能
ALTER DATABASE	修改数据库的结构
ALTER SYSTEM	修改数据库系统的初始化参数

续表

系 统 权 限	功　能
DROP PUBLIC SYNONYM	删除公共同义词
CREATE PUBLIC SYNONYM	创建公共同义词
CREATE PROFILE	创建资源配置文件
ALTER PROFILE	更改资源配置文件
DROP PROFILE	删除资源配置文件
CREATE ROLE	创建角色
ALTER ROLE	修改角色
DROP ROLE	删除角色
CREATE TABLESPACE	创建表空间
ALTER TABLESPACE	修改表空间
DROP TABLESPACE	删除表空间
MANAGE TABLESPACE	管理表空间
UNLMITED TABLESPACE	不受配额限制地使用表空间
CREATE SESSION	创建会话,允许用户连接到数据库
ALTER SESSION	修改用户会话
ALTER RESOURCE COST	更改配置文件中的计算资源消耗的方式
RESTRICTED SESSION	在数据库处于受限会话模式下连接到数据
CREATE USER	创建用户
ALTER USER	更改用户
BECOME USER	当执行完全装入时,成为另一个用户
DROP USER	删除用户
SYSOPER(系统操作员权限)	STARTUP SHUTDOWN ALTER DATABASE MOUNT/OPEN ALTER DATABASE BACKUP CONTROLFILE ALTER DATABASE BEGINJEBID BACKUP ALTER DATABASE ARCHIVELOG RECOVER DATABASE RESTRICTED SESSION CREATE SPFILE/PFILE SYSDBA(系统管理员权限)SYSOPER 的所有权限 WITH ADMIN OPTION 子句
SELECT ANY DICTIONARY	允许查询以 DBA 开头的数据字典

　　(2) 数据库模式对象权限。对数据库开发人员而言,只需要了解操作数据库对象的权限(如创建表、创建视图等权限)就足够了。表 11.2 列出了部分权限及功能。

表 11.2　数据库模式对象部分权限及功能

系 统 权 限	功　　能
CREATE CLUSTER	在自己模式中创建聚簇
DROP CLUSTER	删除自己模式中的聚簇
CREATE PROCEDURE	在自己模式中创建存储过程
DROP PROCEDURE	删除自己模式中的存储过程
CREATE DATABASE LINK	创建数据库连接权限,通过数据库连接允许用户存取远程的数据库
DROP DATABASE LINK	删除数据库连接
CREATE SYNONYM	创建私有同义词
DROP SYNONYM	删除同义词
CREATE SEQUENCE	创建开发者所需要的序列
CREATE TRIGGER	创建触发器
DROP TRIGGER	删除触发器
CREATE TABLE	创建表
DROP TABLE	删除表
CREATE VIEW	创建视图
DROP VIEW	删除视图
CREATE TYPE	创建对象类型

（3）ANY 权限。系统权限中还有一种权限是 ANY,具有 ANY 权限表示可以在任何用户模式中进行操作。例如,具有 CREATE ANY TABLE 系统权限的用户可以在任何用户模式中创建表。与此相对应,不具有 ANY 权限表示只能在自己的模式中进行操作。一般情况下,应该给数据库管理员授予 ANY 权限,以便其管理所有用户的模式对象。但不应该将 ANY 权限授予普通用户,以防止影响其他用户的工作。表 11.3 列出了这些 ANY 权限及功能。

表 11.3　ANY 权限及功能

系 统 权 限	功　　能
ANALYZE ANY	允许对任何模式中的任何表、聚簇或者索引执行分析,查找其中的迁移记录和链接记录
CREATE ANY CLUSTER	在任何用户模式中创建聚簇
ALTER ANY CLUSTER	在任何用户模式中更改聚簇
DROP ANY CLUSTER	在任何用户模式中删除聚簇
CREATE ANY INDEX	在数据库中任何表上创建索引
ALTER ANY INDEX	在任何模式中更改索引
DROP ANY INDEX	在任何模式中删除索引
CREATE ANY PROCEDURE	在任何模式中创建过程
ALTER ANY PROCEDURE	在任何模式中更改过程

续表

系 统 权 限	功　　能
DROP ANY PROCEDURE	在任何模式中删除过程
EXECUTE ANY PROCEDURE	在任何模式中执行或者引用过程
GRANT ANY PRIVILEGE	将数据库中任何权限授予任何用户
ALTER ANY ROLE	修改数据库中任何角色
DROP ANY ROLE	删除数据库中任何角色
GRANT ANY ROLE	允许用户将数据库中任何角色授予数据库中其他用户
CREATE ANY SEQUENCE	在任何模式中创建序列
ALTER ANY SEQUENCE	在任何模式中更改序列
DROP ANY SEQUENCE	在任何模式中删除序列
SELECT ANY SEQUENCE	允许使用任何模式中的序列
CREATE ANY TABLE	在任何模式中创建表
ALTER ANYTABLE	在任何模式中更改表
DROP ANY TABLE	允许删除任何用户模式中的表
COMMENT ANY TABLE	在任何模式中为任何表、视图或者列添加注释
SELECT ANY TABLE	查询任何用户模式中基本表的记录
INSERT ANY TABLE	允许向任何用户模式中的表插入新记录
UPDATE ANY TABLE	允许修改任何用户模式中表的记录
DELETE ANY TABLE	允许删除任何用户模式中表的记录
LOCK ANY TABLE	对任何用户模式中的表加锁
FLASHBACK ANY TABLE	允许使用 AS OF 子句对任何模式中的表、视图执行一个 SQL 语句的闪回查询
CREATE ANY VIEW	在任何用户模式中创建视图
DROP ANY VIEW	在任何用户模式中删除视图
CREATE ANY TRIGGER	在任何用户模式中创建触发器
ALTER ANY TRIGGER	在任何用户模式中创建触发器
DROP ANY TRIGGER	在任何用户模式中删除触发器
ADMINISTER DATABASE TRIGGER	允许创建 ON DATABASE 触发器。在能够创建 ON DATABASE 触发器之前,还必须先拥有 CREATE TRIGGER 或 CREATE ANY TRIGGER 权限
CREATE ANY SYNONYM	在任何用户模式中创建专用同义词
DROP ANY SYNONYM	在任何用户模式中删除同义词

2. 系统权限的授予

系统权限的授予使用 GRANT 语句,语法格式为:

```
GRANT<系统权限名>TO {PUBLIC |<角色名>|<用户名>[,...n]}
    [WITH ADMIN OPTION]
```

其中,PUBLIC 是 Oracle 中的公共用户组,如果将权限授予 PUBLIC,则意味着数据库中的所有用户都将拥有该权限。如果使用 WITH ADMIN OPTION 选项,则被授权的用户还可以将这些系统权限传递给其他用户或角色。

【例 11.3】 授予用户 AUTHOR 连接数据库的权限。

创建用户 AUTHOR 后,该用户没有任何权限,使用该用户连接数据库将会出现错误,如图 11.11 所示。

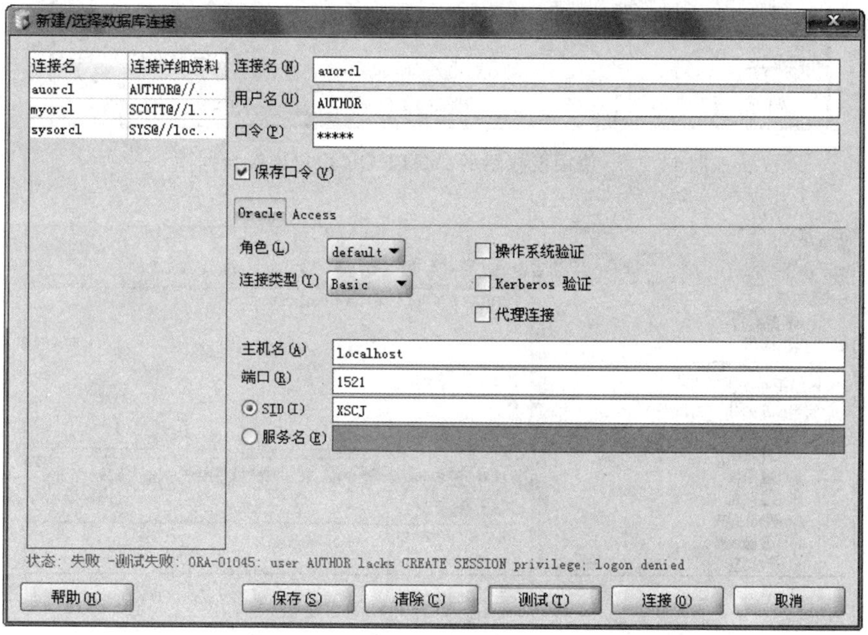

图 11.11 使用未授权用户 AUTHOR 连接数据库会出错

使用 SYS 用户连接数据库,执行如下语句:

```
GRANT CREATE SESSION TO AUTHOR;
```

然后再使用 AUTHOR 用户连接数据库,结果如图 11.12 所示。

【例 11.4】 授予用户 AUTHOR 在任何用户模式下创建表和视图的权限,并允许用户 AUTHOR 将这些权限授予其他用户。

```
GRANT CREATE ANY TABLE, CREATE ANY VIEW
    TO AUTHOR
    WITH ADMIN OPTION;
```

具有 CREATE ANY TABLE 权限的用户 AUTHOR 可以创建表,如图 11.13 所示。

如果需要了解当前用户所具有的系统权限,可以查询数据字典 USER_SYS_PRIVS、

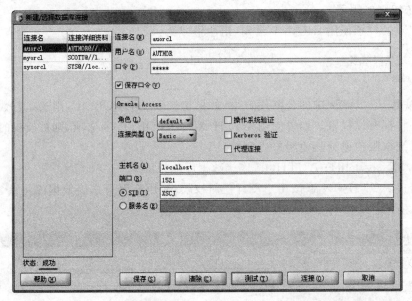

图 11.12　使用授权后的 AUTHOR 用户连接数据库

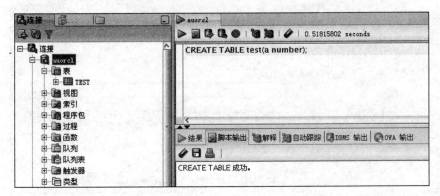

图 11.13　用 AUTHOR 创建表

ROLE_SYS_PRIVS,如图 11.14 所示。

	USERNAME	PRIVILEGE	ADMIN_OPTION
1	AUTHOR	CREATE SESSION	NO
2	AUTHOR	CREATE ANY TABLE	YES
3	AUTHOR	CREATE ANY VIEW	YES

图 11.14　查询系统权限

3. 系统权限的收回

数据库管理员或者具有向其他用户授权的用户可以使用 REVOKE 语句将已经授予的系统权限收回,语法格式为:

```
REVOKE<系统权限名>FROM {PUBLIC |<角色名>|<用户名>[,...n]};
```

例如,使用 SYS 用户登录,以下语句可以收回用户 AUTHOR 的 CREATE ANY VIEW 权限:

```
REVOKE CREATE ANY VIEW FROM AUTHOR;
```

用户的系统权限被收回后,相应的传递权限也同时被收回,但已经经过传递并获得权限的用户不受影响。

11.2.3 对象权限管理

对象权限是对特定方案对象执行特定操作的权利,这些方案对象主要包括表、视图、序列、过程、函数和包等。有些方案对象(如簇、索引、触发器和数据库链接)没有对应的对象权限,它们是通过系统权限控制的。例如,修改簇用户必须拥有 ALTER ANY CLUSTER 系统权限。对于属于某一个用户模式的方案对象,该用户对这些对象具有全部的对象权限。

1. 对象权限的分类

Oracle 11g 方案对象有下列 9 种权限。

(1) SELECT:读取表、视图、序列中的行。

(2) UPDATE:更新表、视图和序列中的行。

(3) DELETE:删除表、视图中的数据。

(4) INSERT:向表和视图中插入数据。

(5) EXECUTE:执行类型、函数、包和过程。

(6) READ:读取数据字典中的数据。

(7) INDEX:生成索引。

(8) REFERENCES:生成外键。

(9) ALTER:修改表、序列、同义词中的结构。

2. 对象权限的授予

授予对象权限也使用 GRANT 语句,语法格式为:

```
GRANT {<对象权限名>| ALL [PRIVILEGE] [(<列名>[,...n])]}
    ON [用户方案名.]<对象权限名>TO {PUBLIC |<角色名>|<用户名>[,...n]}
    [WITH GRANT OPTION];
```

其中,关键字 ALL 表示授予该对象全部的对象权限。还可以在括号中用列名来指定在表的某列的权限。ON 关键字用于指定权限所在的对象,WITH GRANT OPTION 选项用于指定用户可以将这些权限授予其他用户。

【例 11.5】 将 SYS 方案下 XSB 表的查询、添加、修改和删除数据的权限赋予用户 AUTHOR。

使用 SYS 用户连接数据库,执行如下语句:

```
GRANT SELECT, INSERT, UPDATE, DELETE
    ON XSB
    TO AUTHOR;
```

然后使用 AUTHOR 连接数据库,使用 SELECT 语句查询 XSB 表,可以发现,用户 AUTHOR 可以查询 XSB 表中的数据。

3. 对象权限的收回

收回对象权限也使用 REVOKE 语句,语法格式为:

```
REVOKE {<对象权限名>| ALL [PRIVILEGE] [(<列名>[,...n])]}
    ON [用户方案名.]<对象权限名>TO {PUBLIC |<角色名>|<用户名>[,...n]}
```

```
[CASCADE CONSTRAINTS];
```

其中，CASCADE CONSTRAINTS 选项表示在收回对象权限时，同时删除利用 REFERENCES 对象权限在该对象上定义的参照完整性约束。

【例 11.6】 收回用户 AUTHOR 查询 XSB 表的权限。

```
REVOKE SELECT
    ON XSB
    FROM AUTHOR;
```

11.2.4　安全特性

1. 表安全

在表和视图上赋予 DELETE、INSERT、SELECT 和 UPDATE 权限可进行查询和操作表数据。可以限制 INSERT 权限到表的特定的列，而所有其他列都接受 NULL 或者默认值。使用可选的 UPDATE，用户能够更新特定列的值。

如果用户需要在表上执行 DDL 操作，那么需要 ALTER、INDEX 和 REFERENCES 权限，还可能需要其他系统或者对象权限。例如，如果需要在表上创建触发器，用户就需要 ALTER TABLE 对象权限和 CREATE TRIGGER 系统权限。与 INSERT 和 UPDATE 权限相同，REFRENCES 权限能够对表的特定列授予权限。

2. 视图安全

对视图的方案对象权限允许执行大量的 DML 操作，影响视图创建的基表，对表的 DML 对象权限与视图相似。要创建视图，必须满足下面两个条件：

(1) 授予 CREATE VIEW 系统权限或者 CREATE ANY VIEW 系统权限。

(2) 显式授予 SELECT、INSERT、UPDATE 和 DELETE 对象权限，或者显式授予 SELECT ANY TABLE、INSERT ANY TABLE、UPDATE ANY TABLE、DELETE ANY TABLE 系统权限。

为了其他用户能够访问视图，可以通过 WITH GRANT OPTION 子句或者使用 WITH ADMIN OPTION 子句授予适当的系统权限。以下两点可以增加表的安全层次，包括列层和基于值的安全性。

(3) 视图访问基表所选择的列的数据。

(4) 在定义视图时，使用 WHERE 子句控制基表的部分数据。

3. 过程安全

过程方案的对象权限(其中包括独立的过程、函数和包)只有 EXECUTE 权限。将这个权限授予需要执行过程或需要编译另一个需要调用它的过程。

(1) 过程对象。具有某个过程的 EXECUTE 对象权限的用户可以执行该过程，也可以编译引用该过程的程序单元。过程调用时不会检查权限。具有 EXECUTE ANY PROCEDURE 系统权限的用户可以执行数据库中的任何过程。当用户需要创建过程时，必须拥有 CREATE PROCEDURE 系统权限或者 CREATE ANY PROCEDURE 系统权限。当需要修改过程时，需要 ALTER ANY PROCEDURE 系统权限。

拥有过程的用户必须拥有在过程体中引用的方案对象的权限。为了创建过程,必须为过程引用的所有对象授予用户必要的权限。

(2) 包对象。拥有包的 EXECUTE 对象权限的用户,可以执行包中的任何公共过程和函数,能够访问和修改任何公共包变量的值。对于包不能授予 EXECUTE 权限,当为数据库应用开发过程、函数和包时,要考虑建立安全性。

4. 类型安全

(1) 命名类型的系统权限。Oracle 11g 为命名类型(对象类型、可变数组和嵌套表)定义了系统权限,如表 11.4 所示。

表 11.4　命名类型的系统权限

系 统 权 限	说　明
CREATE TYPE	在用户自己的模式中创建命名类型
CREATE ANY TYPE	在所有的模式中创建命名类型
ALTER ANY TABLE	修改任何模式中的命名类型
DROP ANY TABLE	删除任何模式中的命名类型
EXECUTE ANY TYPE	使用和参考任何模式中的命名类型

CONNECT 和 RESOURCE 角色包含 CREATE TYPE 系统权限,DBA 角色包含所有的权限。

(2) 对象权限。如果在命名类型上存在 EXECUTE 权限,那么用户可以使用命名类型完成定义表、在关系包中定义列及声明命名类型的变量和类型。

(3) 创建类型和表权限。

① 在创建类型时,必须满足以下要求:

* 如果在自己模式上创建类型,则必须拥有 CREATE TYPE 系统权限;如果需要在其他用户上创建类型,则必须拥有 CREATE ANY TYPE 系统权限。
* 类型的所有者必须显式授予访问定义类型引用的其他类型的 EXECUTE 权限,或者授予 EXECUTE ANY TYPE 系统权限,所有者不能通过角色获取所需的权限。
* 如果类型所有者需要访问其他类型,则必须已经接受 EXECUTE 权限或者 EXECUTE ANY TYPE 系统权限。

② 如果使用类型创建表,则必须满足以下要求:

* 表的所有者必须显式授予 EXECUTE 对象权限,能够访问所有引用的类型,或者授予 EXECUTE ANY TYPE 系统权限。
* 如果表的所有者需要访问其他用户的表时,则必须在 GRANT OPTION 选项中接受参考类型的 EXECUTE 对象权限,或者在 ADMIN OPTION 中接受 EXECUTE ANY TYPE 系统权限。

(4) 类型访问和对象访问的权限。在列层和表层上的 DML 命令权限,可以应用到对象列和行对象上。

11.3　角色管理

11.3.1　角色概述

通过角色,Oracle 11g 提供了简单、易于控制的权限管理。角色(role)是一组权限,可授予用户或其他角色。可利用角色来管理数据库权限,可将权限添加到角色中,然后将角色授予用户。用户可使该角色起作用,并实施角色授予的权限。一个角色包含所有授予角色的权限及授予它的其他角色的全部权限。角色的这些属性大大简化了在数据库中的权限管理。

一个应用可以包含几个不同的角色,每个角色都包含不同的权限集合。DBA 可以创建带有密码的角色,防止未经授权就使用角色的权限。

1. 安全应用角色

DBA 可以授予安全应用角色运行给定数据库应用时所有必要的权限。然后将该安全应用角色授予其他角色或者用户,应用可以包含几个不同的角色,每个角色都包含不同的权限集合。

2. 用户自定义角色

DBA 可以为数据库用户组创建用户自定义的角色,赋予一般的权限需要。

3. 数据库角色的权限

(1) 角色可以被授予系统和方案对象权限。

(2) 角色可能被授予其他角色。

(3) 任何角色可以被授予任何数据库对象。

(4) 授予用户的角色,在给定的时间里,要么启用,要么禁用。

4. 角色和用户的安全域

每个角色和用户都包含自己唯一的安全域,角色的安全域包括授予角色的权限。用户安全域包括对应方案中的所有方案对象的权限、授予用户权限和授予当前起用的用户的角色的权限。用户安全域同样包含授予用户组 PUBLIC 的权限和角色。

5. 预定义角色

Oracle 系统在安装完成后就有整套的用于系统管理的角色,这些角色称为预定义角色。常见的预定义角色及权限说明如表 11.5 所示。数据字典视图 DBA_ROLES 中包含了数据库中的所有角色信息,包括预定义角色和自定义角色。

表 11.5　常见的预定义角色及权限说明

角　色　名	权　限　说　明
CONNECT	ALTER SESSION, CREATE CLUSTER, CREATE DATABASE LINK, CREATE SEQUENCE, CREATE SESSION, CREATE SYNONYM, CREATE VIEW, CREATE TABLE

续表

角　色　名	权　限　说　明
RESOURCE	CREATE CLUSTER, CREATE INDEXTYPE, CREATE OPERATOR, CREATE PROCEDURE, CREATE SEQUENCE, CREATE TABLE, CREATE TRIGGER, CREATE TYPE
DBA	拥有所有权限
EXP_FULL_DATABASE	SELECT ANY TABLE, BACKUP ANY TABLE, EXECUTE ANY PROCEDURE, EXECUTE ANY TYPE, ADMINISTER RESOURCE MANAGER; 在 SYS. INCVID, SYSINCFIL 和 SYS. INCEXP 表的 INSERT、DELETE 和 UPDATE 权限; EXECUTE_CATALOG-ROLE, SELECT_CATALOG_ROLE
IMP_FULL_DATABASE	执行全数据库导出所需要的权限, 包括系统权限列表(用 DBA_SYS_PRIVS) 和下面角色: EXECUTE_CATALOG_ROLE, SELECT_CATALOG_ROLE
DELETE_CATALOG_ROLE	删除权限
EXECUTE_CATALOG_ROLE	在所有目录包中 EXECUTE 权限
SELECT_CATALOG_ROLE	在所有表和视图上有 SELECT 权限

11.3.2　创建用户角色

用户角色是在创建数据库以后,由 DBA 用户按实际业务需要而创建的。新创建的用户角色没有任何权限,但可以将权限授予角色,然后将角色授予用户。这样,可以增强权限管理的灵活性和方便性。

用 CREATE ROLE 语句可以在数据库中创建角色,语法格式为:

```
CREATE ROLE<角色名>
    [NOT IDENTIFIED]
    [IDENTIFIED {BY<密码>|EXTERNALLY|GLOBALLY}];
```

其中, NOT IDENTIFIED 选项表示该角色由数据库授权, 不需要口令使它生效。IDENTIFIED 表示在用 SET ROLE 语句使该角色生效之前, 必须由指定的方法来授权一个用户。

说明:

(1) BY: 创建一个局部角色, 在使角色生效之前, 用户必须指定密码。密码只能是数据库字符集中的单字节字符。

(2) EXTERNALLY: 创建一个外部角色。在使角色生效之前, 必须由外部服务(如操作系统)来授权用户。

(3) GLOBALLY: 创建一个全局角色。在利用 SET ROLE 语句使角色生效前或在登录时, 用户必须由企业目录服务授权使用该角色。

【例 11.7】　创建一个新的角色 ACCOUNT_CREATE, 不设置密码。

```
CREATE ROLE ACCOUNT_CREATE;
```

执行后可在"创建/编辑用户"对话框的"角色"选项页列表中看到新创建的角色,如图 11.15 所示。

图 11.15 查看新创建的角色

11.3.3 管理用户角色

角色管理就是修改角色的权限、生成角色报告和删除角色等工作。

1. 修改角色

使用 ALTER ROLE 语句可以修改角色的定义,语法格式为:

```
ALTER ROLE<角色名>
    [NOT IDENTIFIED]
    [IDENTIFIED {BY<密码>|EXTERNALLY|GLOBALLY}];
```

ALTER ROLE 语句中的选项含义与 CREATE ROLE 语句中的相同。

2. 给角色授予和取消权限

用 CREATE ROLE 语句创建新角色时,最初权限是空的。这时,可以使用 GRANT 语句给角色授予权限,同时可以使用 REVOKE 语句取消角色的权限。

【例 11.8】 给角色 ACCOUNT_CREATE 授予在任何模式中创建表和视图的权限。

```
GRANT CREATE ANY TABLE, CREATE ANY VIEW
    TO ACCOUNT_CREATE;
```

【例 11.9】 取消角色 ACCOUNT_CREATE 的 CREATE ANY VIEW 权限。

```
REVOKE CREATE ANY VIEW
    FROM ACCOUNT_CREATE;
```

3. 将角色授予用户

将角色授予用户才能发挥角色的作用,角色授予用户以后,用户将立即拥有该角色所拥有的权限。将角色授予用户也使用 GRANT 语句,语法格式为:

```
GRANT<角色名>[,...n]
    TO {<用户名>|<角色名>| PUBLIC}
    [WITH ADMIN OPTION];
```

其中,也可以将角色授予其他角色或 PUBLIC 公共用户组,WITH GRANT OPTION 选项表示用户可以将这些权限授予其他用户。

【例 11.10】　将角色 ACCOUNT_CREATE 授予用户 AUTHOR。

```
GRANT ACCOUNT_CREATE
    TO AUTHOR;
```

4. 启用和禁用角色

可以使用 SET ROLE 语句为数据库用户的会话启用或禁用角色,语法格式为:

```
SET ROLE
    {<角色名>[IDENTIFIED BY<密码>][,...n]
      | ALL [EXCEPT<角色名>[, ...n]]
      | NONE
    };
```

其中,IDENTIFIED BY 子句用于为该角色指定密码,使用 ALL 选项表示将启用用户被授予的所有角色,但必须保证所有的角色没有设置密码。使用 EXCEPT 子句表示启用除该子句指定角色外的其他全部角色。NONE 选项表示禁用所有角色。

5. 收回用户的角色

从用户手中收回已经授予的角色也使用 REVOKE 语句,语法格式为:

```
REVOKE<角色名>[,...n]
    FROM {<用户名>|<角色名>| PUBLIC}
```

其中,PUBLIC 表示公共用户组。

11.4　概要文件和数据字典视图

概要文件用来限制由用户使用的系统和数据库资源,并限制和管理口令。如果数据库中没有创建概要文件,将使用默认的概要文件。

11.4.1　创建概要文件

使用 CREATE PROFILE 命令创建概要文件时,操作者必须有 CREATE PROFILE 的系统权限,语法格式为:

```
CREATE PROFILE<概要文件名>LIMIT
<限制参数 >|<口令参数>
```

说明：

(1) <*限制参数*>：使用表达式对一个用户指定资源限制的参数，语法格式为：

```
<限制参数>::=
[SESSIONS_PER_USER<数字数>|UNLIMITED|DEFAULT]
    /＊限制一个用户并发会话个数,UNLIMITED 表示无限制,DEFAULY 表示默认值,下同＊/
[CPU_PER_SESSION<数字数>|UNLIMITED|DEFAULT]
    /＊限制一次会话的 CPU 时间,以秒/100 为单位＊/
[CPU_PER_CALL<数字数>|UNLIMITED|DEFAULT]
    /＊限制一次调用的 CPU 时间,以秒/100 为单位＊/
[CONNECT_TIME<数字数>|UNLIMITED|DEFAULT]
    /＊一次会话持续的时间,以分钟为单位＊/
[IDLE_TIME<数字数>|UNLIMITED|DEFAULT]
    /＊限制一次会话期间的连续不活动时间,以分钟为单位＊/
[LOGICAL_READS_PER_SESSION<数字数>|UNLIMITED|DEFAULT]
    /＊规定一次会话中读取数据块的数目,包括从内存和磁盘中读取的块数＊/
[LOGICAL_READS_PER_CALL<数字数>|UNLIMITED|DEFAULT]
    /＊规定处理一个 SQL 语句一次调用所读的数据块的数目＊/
[COMPOSITE_LIMIT<数字数>|UNLIMITED|DEFAULT]
    /＊规定一次会话的资源开销,以服务单位表示该参数值＊/
[PRIVATE_SGA<数字数>{ K|M }|UNLIMITED|DEFAULT]
    /＊规定一次会话在系统全局区(SGA)的共享池可分配的私有空间的数目,以字节表示＊/
```

(2) <*口令参数*>：语法格式如下：

```
[FAILED_LOGIN__ATTEMPTS<表达式>|UNLIMITED|DEFAULT]
    /＊在锁定用户账户之前登录用户账户的失败次数＊/
[PASSWORD_LIFE_TIME<表达式>|UNLIMITED|DEFAULT]
    /＊限制同一口令可用于验证的天数＊/
[PASSWORD_REUSE_TIME<表达式>|UNLIMITED|DEFAULT]
    /＊规定口令不被重复使用的天数＊/
[PASSWORD_REUSE_MAX<表达式>|UNLIMITED|DEFAULT]
    /＊规定当前口令被重新使用前需要更改口令的次数,如果 PASSWORD_REUSE_TIME
        设置为一个整数值,则应设置为 UNLIMITED＊/
[PASSWORD_LOOK_TIME<表达式>|UNLIMITED|DEFAULT]
    /＊指定次数的登录失败而引起的账户封锁的天数＊/
[PASSWORD_GRACE_TIME<表达式>|UNLIMITED|DEFAULT]
    /＊在登录依然被允许但已开始发出警告之后的天数＊/
[PASSWORD_VERIFY_FUNCTION<function>|NULL|DEFAULT]
    /＊允许 PL/SQL 的口令校验脚本作为 CREATE PROFILE 语句的参数＊/
    /＊<function>表示口令复杂性校验程序的名字。NULL 表示没有口令校验功能＊/
```

【例 11.11】 创建一个 LIMITED_PROFILE 概要文件,把它提供给用户 AUTHOR
使用。

创建概要文件：

```
CREATE PROFILE LIMITED_PROFILE LIMIT
    FAILED_LOGIN_ATTEMPTS 5
    PASSWORD_LOCK_TIME 10;
```

修改用户 AUTHOR：

```
ALTER USER AUTHOR
    PROFILE LIMITED_PROFILE;
```

如果连续 5 次与 AUTHOR 账户的连接失败，该账户将自动由 Oracle 锁定。然后使用 AUTHOR 账户的正确口令时，系统会提示错误信息，只有对账户解锁后，才能再使用该账户。若一个账户由于多次连接失败而被锁定，当超过其概要文件的 PASSWORD_LOCK_TIME 值时将自动解锁。例如，在本例为 AUTHOR 锁定 10 天后即被解锁。

11.4.2　修改概要文件

使用 ALTER PROFILE 语句修改概要文件，语法格式为：

```
ALTER PROFILE<概要文件名>LIMIT
<限制参数>|<口令参数>
```

该语句的关键字和参数与 CREATE PROFILE 语句相同，请参照其语法说明。

注意：不能从 DEFAULT 概要文件中删除限制。

【例 11.12】　强制 LIMITED_PROFILE 概要文件的用户每 10 天改变一次口令。

```
ALTER PROFILE LIMITED_PROFILE LIMIT
    PASSWORD_LIFE_TIME 10;
```

命令修改了 LIMITED_PROFILE 概要文件，PASSWORD_LIFE_TIME 设为 10，因此使用这个概要文件的用户在 10 天后口令就会过期。如果口令过期，就必须在下次注册时修改它，除非概要文件对过期口令有特定的宽限期。

【例 11.13】　设置 PASSWORD_GRACE_TIME 为 10 天。

```
ALTER PROFILE LIMITED_PROFILE LIMIT
    PASSWORD_GRACE_TIME 10;
```

为过期口令设定宽限期为 10 天，若 10 天过后还未修改口令，账户就会过期。过期账户需要数据库管理员人工干预才能重新激活。

如果要删除概要文件，使用 DROP PROFILE 语句，语法格式为：

```
DROP PROFILE<概要文件名>;
```

11.4.3　数据字典视图

Oracle 11g 在 SYS 用户方案中内置了许多视图，可以用来查看系统相关的信息，下面将主要介绍使用视图查看用户、角色和权限。

（1）ALL_USERS 视图：当前用户可以看见的所有用户。

例如，以 SYS 用户连接数据库，输入下列命令：

```
SELECT * FROM SYS.ALL_USERS;
```

执行结果如图 11.16 所示。

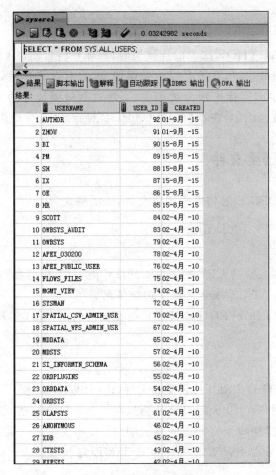

图 11.16　查看用户

（2）DBA_USERS 视图：数据库中所有的用户信息。

（3）USER_USERS 视图：当前正在使用数据库的用户信息。

（4）DBA_TS_QUOTAS 视图：用户的表空间限额情况。

（5）USER_PASSWORD_LIMITS 视图：分配给该用户的口令配置文件参数。

（6）USER_RESOURCE_LIMITS 视图：当前用户的资源限制。

（7）V $ SESSION 视图：每个当前会话的会话信息。

（8）V $ SESSTAT 视图：用户会话的统计数据。

（9）DBA_ROLES 视图：当前数据库中存在的所有角色。

（10）SESSION_ROLES 视图：用户当前启用的角色。

(11) DBA_ROLE_PRIVS 视图：授予给用户(或角色)的角色，也就是用户(或角色)与角色之间的授予关系。

例如，使用如下 SQL 语句查看：

```
SELECT * FROM DBA_ROLE_PRIVS;
```

执行结果如图 11.17 所示。

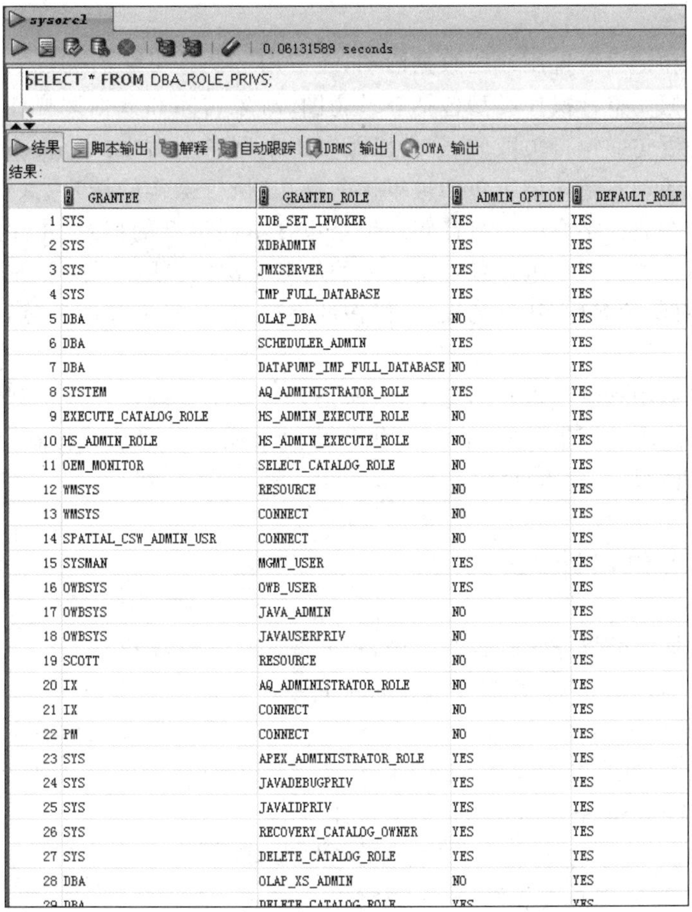

	GRANTEE	GRANTED_ROLE	ADMIN_OPTION	DEFAULT_ROLE
1	SYS	XDB_SET_INVOKER	YES	YES
2	SYS	XDBADMIN	YES	YES
3	SYS	JMXSERVER	YES	YES
4	SYS	IMP_FULL_DATABASE	YES	YES
5	DBA	OLAP_DBA	NO	YES
6	DBA	SCHEDULER_ADMIN	YES	YES
7	DBA	DATAPUMP_IMP_FULL_DATABASE	NO	YES
8	SYSTEM	AQ_ADMINISTRATOR_ROLE	YES	YES
9	EXECUTE_CATALOG_ROLE	HS_ADMIN_EXECUTE_ROLE	NO	YES
10	HS_ADMIN_ROLE	HS_ADMIN_EXECUTE_ROLE	NO	YES
11	OEM_MONITOR	SELECT_CATALOG_ROLE	NO	YES
12	WMSYS	RESOURCE	NO	YES
13	WMSYS	CONNECT	NO	YES
14	SPATIAL_CSW_ADMIN_USR	CONNECT	NO	YES
15	SYSMAN	MGMT_USER	YES	YES
16	OWBSYS	OWB_USER	YES	YES
17	OWBSYS	JAVA_ADMIN	NO	YES
18	OWBSYS	JAVAUSERPRIV	NO	YES
19	SCOTT	RESOURCE	NO	YES
20	IX	AQ_ADMINISTRATOR_ROLE	NO	YES
21	IX	CONNECT	NO	YES
22	PM	CONNECT	NO	YES
23	SYS	APEX_ADMINISTRATOR_ROLE	YES	YES
24	SYS	JAVADEBUGPRIV	YES	YES
25	SYS	JAVAIDPRIV	YES	YES
26	SYS	RECOVERY_CATALOG_OWNER	YES	YES
27	SYS	DELETE_CATALOG_ROLE	YES	YES
28	DBA	OLAP_XS_ADMIN	NO	YES
29	DBA	DELETE_CATALOG_ROLE	YES	YES

图 11.17 查看用户与角色之间的授予关系

(12) USER_ROLE_PRIVS 视图：授予当前角色的系统权限。

(13) DBA_SYS_PRIVS 视图：授予用户或角色的系统权限。

(14) USER_SYS_PRIVS 视图：授予当前用户的系统权限。

(15) SESSION_PRIVS 视图：用户当前启用的权限。

(16) ALL_COL_PRIVS 视图：当前用户或 PUBLIC 用户组是其所有者、授予者或者被授予者的用户的所有列对象(即表中的字段)的授权。

(17) DBA_COL_PRIVS 视图：数据库中所有的列对象的授权。

(18) USER_COL_PRIVS 视图：当前用户是其所有者、授予者或者被授予者的所有列对象的授权。

（19）DBA_TAB_PRIVS：数据库中所用对象的权限。

（20）ALL_TAB_PRIVS：用户或 PUBLIC 是其授予者的对象的授权。

（21）USER_TAB_PRIVS：当前用户是其被授予者的所有对象的授权。

11.5　审计

审计是监视和记录所选用户的数据活动，通常用于调查可疑活动以及监视与收集特定数据库活动的数据。审计操作类型包括登录企图、对象访问和数据库操作。审计操作项目包括成功执行的语句或执行失败的语句，以及在每个用户会话中执行一次的语句和所有用户或特定用户的活动。审计记录包括被审计的操作、执行操作的用户、操作的时间等信息。审计记录被存储在数据字典中。审计跟踪记录包含不同类型的信息，主要依赖于所审计的事件和审计选项设置。每个审计跟踪记录中的信息通常包含用户名、会话标识符、终端标识符、访问的方案对象的名称、执行的操作、操作的完成代码、日期和时间戳，以及使用的系统权限。

管理员可以启用和禁用审计信息记录，但是只有安全管理员才能对记录审计信息进行管理。当在数据库中启用审计时，在语句执行阶段生成审计记录。注意，在 PL/SQL 程序单元中的 SQL 语句是单独审计的。

11.5.1　登录审计

用户连接数据库的操作过程称为登录，登录审计用下列命名。

（1）AUDIT SESSION：开启连接数据库审计。

（2）AUDIT SESSION WHENEVER SUCCESSFUL：审计成功的连接图。

（3）AUDIT SESSION WHENEVER NOT SUCCESSFUL：只审计失败的连接。

（4）NOAUDIT SESSION：禁止会话审计。

数据库的审计记录存放在 SYS 方案中的 AUD＄表中，可以通过 DBA_AUDIT_SESSION 数据字典视图来查看 SYS.AUD＄。例如：

```
SELECT  OS_Username, Username, Terminal,
        DECODE(Returncode, '0', 'Connected', '1005', 'FailedNull', '1017',
        'Failed', Returncode),
        TO_CHAR(Timestamp, 'DD-MON-YY HH24:MI:SS'),
        TO_CHAR(Logoff_time, 'DD-MON-YY HH24:MI:SS')
    FROM DBA_AUDIT_SESSION;
```

说明：

（1）OS_Username：使用的操作系统账户。

（2）Username：Oracle 账户名。

（3）Terminal：使用的终端 ID。

(4) Returncode：如果为 0，连接成功；否则就检查两个常用错误号，确定失败的原因。检查的两个错误号为 ORA-1005 和 ORA-1017，这两个错误代码覆盖了经常发生的登录错误。当用户输入一个用户名但无口令时就返回 ORA-1005；当用户输入一个无效口令时就返回 ORA-1017。

(5) Timestamp：登录时间。

(6) Logoff_time：注销的时间。

11.5.2　操作审计

对表、数据库链接、表空间、同义词、回滚段、用户或索引等数据库对象的任何操作都可被审计。这些操作包括对象的建立、修改和删除。语法格式为：

```
AUDIT {<审计操作>|<系统权限名>}
    [BY<用户名>[,...n]]
    [BY {SESSION|ACCESS}]
    [WHENEVER [NOT] SUCCESSFUL]
```

说明：

(1) <审计操作>：对于每个审计操作，其产生的审计记录都包含执行操作的用户、操作类型、操作涉及的对象及操作的日期和时间等信息。审计记录被写入审计跟踪（audit trail），审计跟踪包含审计记录的数据库表。可以通过数据字典视图检查审计跟踪来了解数据库的活动。

(2) <系统权限名>：指定审计的系统权限，Oracle 为指定的系统权限和语句选项组提供捷径。

(3) BY <用户名>：指定审计的用户。若忽略该子句，Oracle 审计所有用户的语句。

(4) BY SESSION：同一会话中同一类型的全部 SQL 语句仅写单个记录。

(5) BY ACCESS：每个被审计的语句写一个记录。

(6) WHENEVER SUCCESSFUL：只审计完全成功的 SQL 语句。包含 NOT 时，则只审计失败或产生错误的语句。若完全忽略 WHENEVER SUCCESSFUL 子句，则审计全部的 SQL 语句，不管语句是否执行成功。

【例 11.14】　使用用户 AUTHOR 的所有更新操作都被审计。

```
AUDIT UPDATE TABLE BY AUTHOR;
```

若要审计影响角色的所有命令，可输入命令：

```
AUDIT ROLE;
```

若要禁止这个设置值，可输入命令：

```
NOAUDIT ROLE;
```

被审计的操作都被指定一个数字代码，这些代码可通过 AUDIT_ACTIONS 视图来访问。例如：

```
SELECT   Action, Name
    FROM AUDIT_ACTIONS;
```

已知操作代码就可以通过 DBA_AUDIT_OBJECT 视图检索登录审计记录。例如：

```
SELECT
        OS_Username, Username, Terminal, Owner, Obj_Name, Action_Name,
        DECODE(Returncode, '0', 'Success',Returncode),
        TO_CHAR(Timestamp, 'DD-MON-YYYYY HH24:MI:SS')
    FROM DBA_AUDIT_OBJECT;
```

说明：

(1) OS_Username：操作系统账户。

(2) Username：账户名。

(3) Terminal：所用的终端 ID。

(4) Action_Name：操作码。

(5) Owner：对象拥有者。

(6) Obj_Name：对象名。

(7) Returncode：返回代码。若是 0 则表示连接成功,否则就报告一个错误数值。

(8) Timestamp：登录时间。

11.5.3　对象审计

除了系统级的对象操作外,还可以审计对象的数据处理操作。这些操作可能包括对表的选择、插入、更新和删除操作。这种操作类型的审计方式与操作审计非常相似。语法格式为：

```
AUDIT {<审计选项> |ALL} ON
    {[用户方案名.]<对象名> |DIRECTORY   <逻辑目录名> |DEFAULT}
    [BY SESSION|ACCESS]
    [WHENEVER [NOT] SUCCESSFUL]
```

说明：

(1) ＜审计选项＞：表 11.6 列出了对象审计选项。

表 11.6　对象审计选项

对象选项	表	视图	序列	过程/函数/包	显形图/快照	目录	库	对象类型	环境
ALTER	×		×		×			×	
AUDIT	×	×	×	×	×	×		×	×
COMENT	×	×			×				
DELETE	×	×			×				
EXECUTE				×			×		
GRANT	×	×	×	×	×	×	×	×	×

续表

对象选项	表	视图	序列	过程/函数/包	显形图/快照	目录	库	对象类型	环境
INDEX	×				×				
INSERT	×	×			×				
LOCK	×	×			×				
READ						×			
RENAME	×	×			×				
SELECT	×	×	×	×	×				
UPDATE	×	×			×				

（2）ALL：指定所有对象类型的对象选项。

（3）<对象名>：标识审计对象。对象必须是表、视图、序列、存储过程、函数、包、快照或库，也可是它们的同义词。

（4）ON DEFAULT：默认审计选项，以后创建的任何对象都自动用这些选项审计。用于视图的默认审计选项总是视图基表的审计选项的联合。若改变默认审计选项，先前创建的对象的审计选项保持不变。只能通过指定 AUDIT 语句 ON 子句中的对象来更改已有对象的审计选项。

（5）ON DIRECTORY：指定审计的目录名。

（6）BY SESSION：Oracle 在同一会话中对在同一对象上的同一类型的全部操作写单个记录。

（7）BY ACCESS：对每个被审计的操作写一个记录。

【例 11.15】　对 XSB 表的所有 INSERT 命令都要进行审计，对 CJB 表的每个命令都要进行审计，对 KCB 表的 DELETE 命令都要进行审计。

```
AUDIT INSERT ON SYSTEM.XSB;
AUDIT ALL ON SYSTEM.CJB;
AUDIT DELETE ON SYSTEM.KCB;
```

通过对 DBA_AUDIT_OBJECT 视图进行查询，就可以看到最终的审计记录。

11.5.4　权限审计

权限审计表示只审计某一个系统权限的使用状况，既可以审计某个用户所使用的系统权限，也可以审计所有用户使用的系统权限。

【例 11.16】　分别对 AUTHOR 和 ZHOU 用户进行系统权限级别的审计。

```
AUDIT DELETE ANY TABLE WHENEVER NOT SUCCESSFUL;
AUDIT CREATE TABLE WHENEVER NOT SUCCESSFUL;
AUDIT ALTER ANY TABLE,ALTER ANY PROCEDURE BY AUTHOR BY ACCESS
    WHENEVER NOT SUCCESSFUL;
AUDIT CREATE USER BY ZHOU WHENEVER NOT SUCCESSFUL;
```

通过查询数据字典 DBA_PRIV_AUDIT_OPTS（必须以 SYS 用户连接数据库进行查

询),可以了解对哪些用户进行了权限审计及审计的选项。

```
SELECT USER_NAME, PRIVILEGE, SUCCESS, FAILURE
    FROM DBA_PRIV_AUDIT_OPTS
    ORDER BY USER_NAME;
```

执行结果如图 11.18 所示。

	USER_NAME	PRIVILEGE	SUCCESS	FAILURE
1	AUTHOR	ALTER ANY PROCEDURE	NOT SET	BY ACCESS
2	AUTHOR	ALTER ANY TABLE	NOT SET	BY ACCESS
3	ZHOU	CREATE USER	NOT SET	BY ACCESS
4	(null)	CREATE ANY TABLE	NOT SET	BY ACCESS
5	(null)	CREATE TABLE	NOT SET	BY ACCESS
6	(null)	DELETE ANY TABLE	NOT SET	BY ACCESS

图 11.18　例 11.16 执行结果

CHAPTER 第 12 章

事务、锁、闪回和 Undo 表空间

本章主要介绍事务、锁、闪回和 Undo 表空间的概念。事务是访问并可能更新数据库中各种数据项的一个程序执行单元。锁是在多用户访问相同的资源时防止事务之间的有害性交互的机制。闪回是指使数据库中的实体显示迅速回退到过去某一时间点的操作。Undo 表空间则是取代回滚段机制的表空间。

12.1 事务

用户会话是用户到数据库的一个连接,而用户对数据库的操作则是通过会话中的一个个事务来进行的。在 Oracle 11g 中,用户使用 INSERT、UPDATE 和 DELETE 语句操作数据库中的数据时,数据不会立刻改变,用户需要通过对事务进行控制来确认或取消先前的操作。例如,在前面章节中使用 INSERT 语句后使用 COMMIT 命令就是为了提交事务来保存修改。

12.1.1 事务的概念

事务相当于工作中的一个执行单元,它由一系列 SQL 语句组成。这个单元中的每个 SQL 语句是互相依赖的,而且单元作为一个整体是不可分割的。如果单元中的一个语句不能完成,整个单元就会回滚(撤销),所有影响到的数据将返回到事务开始以前的状态。因此,只有事务中的所有语句都成功地执行后,才能说这个事务被成功地执行。

在现实生活中,事务随处可见,如银行交易、股票交易、网上购物、库存商品控制等。在所有这些例子中,事务的成功取决于这些相互依赖的行为是否能够被成功地执行,是否互相协调。其中的任何一个行为或任务失败都将取消整个事务,系统返回到事务处理之前的状态。

下面使用一个简单的例子来帮助理解事务。向公司数据库添加一名新的雇员(见图 12.1)。这里的过程由 3 个基本步骤组成:在雇员数据库中为雇员创建一条记录;为雇员分配部门;建

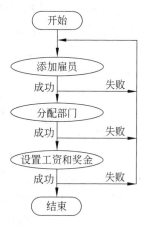

图 12.1 添加雇员事务

立雇员的工资记录。如果这 3 步中的任何一步失败,例如为新成员分配的雇员 ID 已经被其他人使用或者输入到工资系统中的值太大,系统就必须撤销在失败之前所有的变化,删除所有不完整记录的踪迹,避免以后的不一致和计算失误。前面的 3 项任务构成了一个事务。任何一个任务的失败都会导致整个事务被撤销,系统返回到以前的状态。

在形式上,事务是由 ACID 属性标识的。ACID 是一个简称,每个事务的处理必须满足 ACID 原则,即原子性(Atomicity)、一致性(Consistency)、隔离性(Isolation)和持久性(Durability)。

(1) 原子性。原子性意味着每个事务都必须被认为是一个不可分割的单元。假设一个事务由两个或者多个任务组成,其中的语句必须同时成功才能认为事务是成功的。如果事务失败,系统将会返回到事务以前的状态。

在添加雇员这个例子中,原子性指如果没有创建雇员相应的工资表和部门记录,就不可能向雇员数据库添加雇员。

原子的执行是一个或者全部发生或者什么也没有发生的命题。在一个原子操作中,如果事务中的任何一个语句失败,前面执行的语句都将返回,以保证数据的整体性没有受到影响。这在一些关键系统中尤其重要,现实世界的应用程序(如金融系统)执行数据输入或更新,必须保证不出现数据丢失或数据错误,从而保证数据安全性。

(2) 一致性。不管事务是完全成功完成还是中途失败,当事务使系统中的所有数据处于一致的状态时存在一致性。参照前面的例子,一致性是指如果从系统中删除了一个雇员,则所有和该雇员相关的数据,包括工资数据和组的成员资格也要被删除。

(3) 隔离性。隔离性是指每个事务在它自己的空间发生,和其他发生在系统中的事务隔离,而且事务的结果只有在它完全被执行时才能看到。即使在这样的一个系统中同时发生了多个事务,隔离性原则保证某个特定事务在完全完成之前,其结果是看不见的。

当系统支持多个同时存在的用户和连接时(如 SQL Server),这就尤其重要。如果系统不遵循这个基本规则,就可能导致大量数据的破坏,如每个事务的各自空间的完整性很快地被其他冲突事务所侵犯。

(4) 持久性。持久性意味着一旦事务执行成功,在系统中产生的所有变化将是永久的。即使系统崩溃,一个提交的事务仍然存在。当一个事务完成,数据库的日志已经被更新时,持久性就开始发生作用。大多数 RDBMS 产品通过保存所有行为的日志来保证数据的持久性,这些行为是指在数据库中以任何方法更改数据。数据库日志记录了所有对于表的更新、查询、报表等。

12.1.2 事务处理

Oracle 11g 中的事务是隐式自动开始的,不需要用户显式地使用语句来开始一个事务。当发生如下事件时,事务就自动开始了:

(1) 连接到数据库,并开始执行第一条 DML 语句。

(2) 前一个事务结束或者执行一条自动提交事务的语句。

发生如下事件时,Oracle 认为事务结束:

(1) 用户执行 COMMIT 语句提交事务,或者执行 ROLLBACK 语句撤销了事务。

（2）用户执行了一条 DDL 语句，如 CREATE、DROP 或 ALTER 语句。

（3）用户执行了一条 DCL 语句，如 GRANT、REVOKE、AUDIT、NOAUDIT 等。

（4）用户断开与数据库的连接，这时用户当前的事务会被自动提交。

（5）执行 DML 语句失败，这时当前的事务会被自动回退。

另外，还可以在 SQL * Plus 中设置自动提交功能，即使用 SET 命令来设置是否自动提交事务。语法格式为：

```
SET AUTOCOMMIT ON | OFF
```

其中，ON 表示设置为自动提交事务，OFF 则相反。也就是说，一旦设置了自动提交，用户每次执行 INSERT、UPDATE 或 DELETE 语句后，系统会自动进行提交，不需要使用 COMMIT 命令来提交。但这种方法不利于实现多语句组成的逻辑单位，所以默认是不自动提交的。

下面具体介绍 Oracle 事务处理机制中的 COMMIT 语句和 ROLLBACK 语句。

1. 提交事务

使用 COMMIT 命令提交事务以后，Oracle 会将 DML 语句对数据库所做的修改永久性地保存到数据库中。在使用 COMMIT 提交事务时，Oracle 会执行如下操作：

（1）在回退段的事务表内记录这个事务已经提交，并且生成一个唯一的系统改变号（SCN）保存到事务表中，用于唯一标识这个事务。

（2）启动 LGWR 后台进程，将 SGA 区重做日志缓存的重做记录写入联机重做日志文件，并且将该事务的 SCN 也保存到联机重做日志文件中。

（3）释放该事务中各个 SQL 语句所占用的系统资源。

（4）通知用户事务已经成功提交。

需要注意的是，Oracle 提交事务的性能并不会因为事务所包含的 SQL 语句过多而受到影响，因为对于提交事务 Oracle 采用了一种称为"快速提交"（Fast Commit）的机制。也就是说，当用户提交事务时，Oracle 并不会将与该事务相关的"脏数据块"立即写入数据文件，只是将重做记录保存到重做日志文件，这样即使发生错误丢失了内存中的数据，系统也可以根据重做日志对其进行还原。因此，只要事务的重做记录被完全写入联机重做日志文件，即可以认为该事务已经成功提交。

【例 12.1】　使用 INSERT 语句向 XSB 表插入一行数据，并使用 COMMIT 提交事务。

首先启动 SQL Developer，以 SCOTT 用户连接数据库，使用 INSERT 语句：

```
INSERT INTO XSB(学号, 姓名, 性别, 出生时间, 专业, 总学分)
    VALUES('151117', '刘明', '男',TO_DATE('19960315','YYYYMMDD'), '计算机', 48);
```

之后使用 SELECT 语句查询刚刚插入的那行数据：

```
SELECT 学号, 姓名, 性别, 出生时间, 专业, 总学分
   FROM XSB
   WHERE 学号='151117';
```

执行结果如图 12.2 所示。

现在打开 SQL * Plus（同时保持 SQL Developer 的连接不关闭），使用相同的用户账号

图 12.2　查看数据

连接数据库,执行同样的查询,结果如图 12.3 所示。

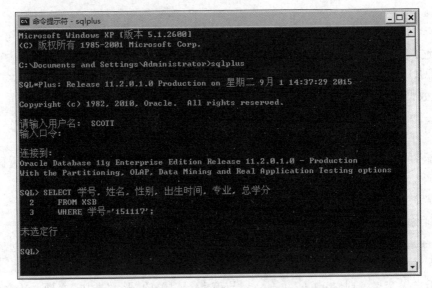

图 12.3　在另一个会话中查询未提交的数据

这时可以发现,由于第一个会话没有提交事务,所以在第二个会话中看不到第一个会话中新添加的数据。需要先在 SQL Developer 中单击 (提交)按钮来提交事务,之后用户才能在其他会话中查看到该行数据。

2. 回退全部事务

如果在数据库修改的过程中,用户不打算保存对数据所做的修改,可以使用 ROLLBACK 语句回退整个事务,将数据库的状态回退到上一个提交成功的状态。语法格式为:

```
ROOLBACK;
```

Oracle 通过回退段(或撤销表空间)存储数据库修改前的数据,通过重做日志记录撤销对数据库所做的修改。如果回退整个事务,Oracle 将执行以下操作:

(1) Oracle 通过使用回退段中的数据撤销事务中所有 SQL 语句对数据库所做的修改。

(2) Oracle 服务进程释放事务所使用的资源。

（3）通知用户事务回退成功。

3. 回退部分事务

Oracle 不仅允许回退整个未提交的事务，还允许回退一部分事务，这是利用一种称为"保存点"的机制实现的。在事务的执行过程中，可以通过建立保存点将一个较长的事务分隔为几部分。通过保存点，用户可以在一个长事务中的任意时刻保存当前的工作，随后用户可以选择回退保存点之后的操作，保存点之前的操作被保留。例如，假设在一个事务中包含多条 INSERT 语句，在成功执行 100 条语句后建立了一个保存点，如果第 101 条语句插入了错误的数据，用户可以通过回退到保存点将事务的状态恢复到执行完 100 条 INSERT 语句之后的状态，而不必回退整个事务。

设置保存点使用 SAVEPOINT 语句来实现，语法格式为：

```
SAVEPOINT <保存点名称>;
```

如果要回退到事务的某个保存点，则使用 ROLLBACK TO 语句，语法格式为：

```
ROLLBACK TO [SAVEPOINT] <保存点名称>
```

ROLLBACK TO 语句只会回退用户所做的一部分操作，事务并没有结束。直到使用 COMMIT 或 ROLLBACK 命令以后，用户的事务处理才算结束。

如果回退部分事务，Oracle 将执行以下操作：

（1）Oracle 通过使用回退段中的数据，撤销事务中保存点之后的所有更改，但保存保存点之前的更改。

（2）Oracle 服务进程释放保存点之后各个 SQL 语句所占用的系统资源，但保存保存点之前各个 SQL 语句所占用的系统资源。

（3）通知用户回退到保存点的操作成功。

（4）用户可以继续执行当前的事务。

【例 12.2】　向 XSCJ 数据库的 XSB 表添加一行数据，设置一个保存点，然后删除该行数据。但执行后，新插入的数据行并没有删除，因为事务中使用了 ROLLBACK TO 语句将操作回退到保存点 My_sav，即删除前的状态。

首先添加数据：

```
INSERT INTO XSB(学号, 姓名, 性别, 出生时间, 专业, 总学分)
    VALUES('151118', '王祥', '男',TO_DATE('19960418','YYYYMMDD'), '计算机', 48);
```

然后设置保存点 My_sav：

```
SAVEPOINT My_sav;
```

查询该行数据：

```
SELECT 学号, 姓名, 性别,出生时间 ,专业, 总学分
    FROM XSB
    WHERE 学号='151118';
```

执行结果如图 12.4 所示。

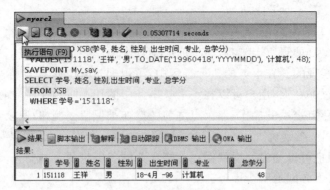

图 12.4　设置保存点

之后删除该行数据：

```
DELETE FROM XSB WHERE 学号='151118';
```

执行相同的查询，结果如图 12.5 所示。

回退到保存点 My_sav：

```
ROLLBACK TO My_sav;
```

提交事务：

```
COMMIT;
```

执行查询的结果如图 12.6 所示。

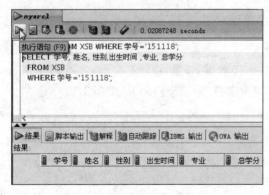

图 12.5　删除数据　　　　　　　图 12.6　数据库中最后保存的数据

由此可见，DELETE 语句执行的操作并没有被提交至数据库。

12.1.3　自治事务

自治事务(Autonomous Transaction)允许用户创建一个"事务中的事务"，它能独立于其父事务提交或回滚。利用自治事务，可以挂起当前执行的事务，开始一个新事务，完成一些工作，然后提交或回滚，所有这些都不影响当前执行事务的状态。同样，当前事务的回退也对自治事务没有影响。自治事务提供了一种用 PL/SQL 控制事务的新方法，可以用于：

- 顶层匿名块。
- 本地（过程中的过程）、独立或打包的函数和过程。
- 对象类型的方法。
- 数据库触发器。

自治事务在 DECLARE 块中使用 PRAGMA AUTONOMOUS_TRANSACTION 语句来声明，自治事务从 PRAGMA 后的第一个 BEGIN 开始，只要此 BEGIN 块仍在作用域，则都属于自治事务。结束一个自治事务必须提交一个 COMMIT、ROLLBACK 或执行 DDL。

【例 12.3】　在 XSB 表中删除一行数据，接着定义一个自治事务，在自治事务中向 XSB 表添加一行数据，最后在外层事务中回退删除数据的操作。

首先删除 XSB 表的一行数据：

```
DELETE FROM XSB WHERE 学号='151242';
```

接着定义一个自治事务，并添加数据：

```
DECLARE
    PRAGMA AUTONOMOUS_TRANSACTION;
BEGIN
    INSERT INTO XSB(学号, 姓名, 性别, 出生时间, 专业, 总学分)
        VALUES('151301', '张建', '男',TO_DATE('19970315','YYYYMMDD'), '软件工程',
48);
    COMMIT;
END;
/
```

最后使用 ROLLBACK 语句回退当前事务：

```
ROLLBACK;
```

之后查看 XSB 表中的内容，可以发现，151242 号学生的记录没有被删除，而 151301 号学生的记录已经保存到 XSB 表中，如图 12.7 所示。

由于在触发器中不能直接使用 COMMIT 语句，所以在触发器中对数据库有写操作（如 INSERT、UPDATE、DELETE）时，是无法简单地用 SQL 语句来完成的，此时可以将其设为自治事务，从而避免出现这种问题。

【例 12.4】　重新创建例 8.9 的触发器，使其能正常工作。

```
CREATE OR REPLACE TRIGGER del_xs
    BEFORE DELETE ON XSB FOR EACH ROW
DECLARE
    PRAGMA AUTONOMOUS_TRANSACTION;
BEGIN
    INSERT INTO XSB_HIS(学号,姓名,性别,出生时间, 专业, 总学分,备注)
        VALUES(:OLD.学号,:OLD.姓名, :OLD.性别, :OLD.出生时间, :OLD.专业, :OLD.总学
        分, :OLD.备注);
    COMMIT;
```

XSB

列　数据　约束条件　授权　统计信息　触发器　闪回　相关性　详细资料　索引　SQL

排序...　过滤器:

	学号	姓名	性别	出生时间	专业	总学分	备注
1	151115	刘明仪	男	02-3月 -96	计算机	58	三好学生
2	151101	王林	男	10-2月 -97	计算机	58	(null)
3	151117	刘明	男	15-3月 -96	计算机	48	(null)
4	151102	程明	男	01-2月 -98	计算机	58	(null)
5	151242	周何骏	男	25-9月 -98	通信工程	90	三好学生
6	151118	王祥	男	18-4月 -96	计算机	48	(null)
7	151301	张建	男	15-3月 -97	软件工程	48	(null)
8	151103	王燕	女	06-10月-96	计算机	58	(null)
9	151104	韦严平	男	26-8月 -97	计算机	58	(null)
10	151106	李方方	男	20-11月-97	计算机	58	(null)
11	151107	李明	男	01-5月 -97	计算机	62	提前修完《数据结构》，并获学分
12	151108	林一帆	男	05-8月 -96	计算机	60	已提前修完一门课
13	151109	张强民	男	11-8月 -96	计算机	58	(null)
14	151110	张蔚	女	22-7月 -98	计算机	58	三好生
15	151111	赵琳	女	18-3月 -97	计算机	58	(null)
16	151113	严红	女	11-8月 -96	计算机	56	有一门课不及格，待补考
17	151201	王敏	男	10-6月 -96	通信工程	42	(null)
18	151202	王林	男	29-1月 -96	通信工程	40	有一门课不及格，待补考
19	151203	王玉民	男	26-3月 -97	通信工程	42	(null)
20	151204	马琳琳	女	10-2月 -96	通信工程	42	(null)
21	151206	李计	男	20-9月 -96	通信工程	42	(null)
22	151210	李红庆	男	01-5月 -96	通信工程	44	已提前修完一门课，并获得学分
23	151216	孙祥欣	男	19-3月 -96	通信工程	42	(null)
24	151218	孙研	男	09-10月-97	通信工程	42	(null)
25	151220	吴薇华	女	18-3月 -97	通信工程	42	(null)
26	151221	刘燕敏	女	12-11月-96	通信工程	42	(null)
27	151241	罗林琳	女	30-1月 -97	通信工程	50	转专业学习

图 12.7　例 12.3 执行结果

```
END;
```

接着删除 XSB 表的 151301 号学生记录：

```
DELETE FROM XSB WHERE 学号='151301';
```

然后查看 XSB_HIS 表，即可发现已经添加了该行数据，如图 12.8 所示。

XSB_HIS

列　数据　约束条件　授权　统计信息　触发器　闪回　相关性　详细资料　索引　SQL

排序...　过滤器:

	学号	姓名	性别	出生时间	专业	总学分	备注
1	151301	张建	男	15-3月 -97	软件工程	48	(null)

图 12.8　例 12.4 执行结果

12.2　锁

多用户在访问相同的资源时，锁是用于防止事务之间的有害性交互的机制。当用户对数据库并发访问时，为了确保事务完整性和数据库一致性，需要使用锁，它是实现数据库并发控制的主要手段。锁可以防止用户读取正在由其他用户更改的数据，并可以防止多个用户同时更改相同数据。如果不使用锁，则数据库中的数据可能在逻辑上不正确，并且对数据的查询可能会产生意想不到的结果。

Oracle 11g 通过获得不同类型的锁，允许或阻止其他用户对相同资源的同时存取，并确保不破坏数据的完整性，从而自动满足了数据的完整性、并行性和一致性。为了在实现锁时不在系统中形成瓶颈和不阻止对数据的并行存取，Oracle 11g 根据所执行的数据库操作自动地要求不同层次的锁定，以确保最大的并行性。例如，当一个用户正在读取某行中的数据，其他用户能够向同一行中写数据。但是，用户不允许删除表。

12.2.1　锁机制和死锁

1. 锁机制

Oracle 11g 在执行 SQL 语句时，自动维护必要的锁，使得用户不必关心这些细节。Oracle 11g 自动使用应用的最低层限制，提供高度的数据并行性和安全的数据完整性。Oracle 11g 同样允许用户手动锁住数据。Oracle 11g 使用锁机制在事务之间提供并行性和完整性主要是用于事务控制，所以应用设计人员需要正确定义事务。锁机制是完全自动的，不需要用户干预。

在 Oracle 11g 中，提供了以下两种锁机制：

(1) 共享锁(Share Lock)。共享锁通过数据存取的高并行性来实现。如果获得了一个共享锁，那么用户就可以共享相同的资源。许多事务可以获得相同资源上的共享锁。例如，多个用户可以在相同的时间读取相同的数据。

(2) 独占锁(Exclusive Lock)。独占锁防止共同改变相同的资源。假如一个事务获得了某一资源上的一个独占锁，那么直到该锁被解除，其他事务才能修改该资源，但允许对资源进行共享。例如，假如一个表被锁定在独占模式下，它并不阻止其他用户从同一个表得到数据。

所有的锁在事务期间被保持，事务中的 SQL 语句所做的修改只有在事务提交时才能对其他事务可用。Oracle 在事务提交和回滚时，释放事务所使用的锁。

2. 死锁

当两个或者多个用户等待其中一个被锁住的资源时，就有可能发生死锁现象。对于死锁，Oracle 自动进行定期搜索，通过回滚死锁中包含的其中一个语句来解决死锁问题，也就是释放其中一个冲突锁，同时返回一个消息给对应的事务。用户在设计应用程序时，要遵循一定的锁规则，尽力避免死锁现象的发生。

12.2.2　锁的类型

Oracle 11g 自动提供几种不同类型的锁，控制对数据的并行访问。一般情况下，锁可以分为以下几种类型。

1. DML 锁

DML 锁的目标是保证并行访问的数据完整性，防止同步冲突的 DML 和 DDL 操作的破坏性交互。例如，保证表的特定行能够被一个事务更新，同时保证在事务提交之前不能删除表。DML 操作能够在特定的行和整个表这两个不同的层上获取数据。

能够获取独占 DML 锁的语句有：INSERT、UPDATE、DELETE 和带有 FOR UPDATE 子句的 SELECT 语句。DML 语句在特定的行上操作需要行层的锁，使用 DML 语句修改表时需要表锁。

2. DDL 锁

DDL 锁保护方案对象的定义,调用一个 DDL 语句将会隐式提交事务。Oracle 自动获取过程定义中所需的方案对象的 DDL 锁。DDL 锁防止过程引用的方案对象在过程编译完成之前被修改。DDL 锁有多种形式:

(1) 独占 DDL 锁。当 CREATE、ALTER 和 DROP 等语句用于一个对象时使用该锁。假如另外一个用户保留了任何级别的锁,那么该用户就不能得到表中的独占 DDL 锁。例如,假如另一个用户在该表上有一个未提交的事务,那么 ALTERT TABLE 语句会失效。

(2) 共享 DDL 锁。当 GRANT 与 CREATE PACKAGE 等语句用于一个对象时使用此锁。一个共享 DDL 锁不能阻止类似的 DDL 语句或任何 DML 语句用于一个对象上,但是它能防止另一个用户改变或删除已引用的对象。共享 DDL 锁还可以在 DDL 语句执行期间一直维持,直到发生一个隐式的提交。

(3) 可破的分析 DDL 锁。库高速缓存区中语句或 PL/SQL 对象有一个用于它所引用的每一个对象的锁。假如被引用的对象改变了,可破的分析 DDL 锁会持续。假如对象改变了,它会检查语句是否应失效。

3. 内部锁

内部锁包含内部数据库和内存结构。对用户来说,它们是不可访问的,因为用户不需要控制它们的发生。

12.2.3　表锁和事务锁

为了使事务能够保护表中的 DML 存取以及防止表中产生冲突的 DDL 操作,Oracle 获得表锁(TM)。例如,假如某个事务在一张表上持有一个表锁,那么它会阻止任何其他事务获取该表中用于删除或改变该表的一个专用 DDL 锁。表 12.1 列出了不同的模式。当执行特定的语句时,由 RDBMS 获得这些模式的表锁。通过 V $ lock 动态表可以查看锁的相关信息。模式列的值分别为 2、3 或 6。数值 2 表示一个行共享锁(RS);数值 3 表示一个行独占锁(RX);数值 6 表示一个独占锁(X)。

表 12.1　使用的语句与获得的锁

语　　句	类型	模　　式
INSERT	TM	行独占(3)(RX)
UPDATE	TM	行独占(3)(RX)
DELETE	TM	行独占(3)(RX)
SELECT FOR UPDATE	TM	行共享(2)(RS)
LOCK TABLE	TM	独占(6)(X)

当一个事务发出如表 12.2 所列出的语句时,将获得事务锁(TX)。事务锁总是在行级上获得,它独占地锁住该行,并阻止其他事务修改该行,直到持有该锁的事务回滚或提交数据为止。

表 12.2 事务锁语句

语　　句	类　型	模　　式
INSERT	TX	独占(6)(X)
UPDATE	TX	独占(6)(X)
DELETE	TX	独占(6)(X)
SELECT FOR UPDATE	TX	独占(6)(X)

注意：要想获得事务锁(TX)，事务首先必须获得该表锁(TM)。

12.3 闪回操作

Oracle 数据库从 Oracle 9i 版本开始就引入了基于回退段的"闪回查询"(Flashback Query)功能，用户使用闪回查询可以及时取得误操作 DML 前某一时间点数据库的映像视图，并针对错误进行相应的恢复措施。在 Oracle 10g 中对闪回(Flashback)功能进行了全面完善，引入了新的特性，如 Flashback Version Query、Flashback Transaction Query、Flash Database 等。Oracle 11g 则在原来的基础上又提供了新的闪回方式 Flashback Data Archive，称为闪回数据归档，闪回操作已经从普通的闪回查询发展到多种形式，数据闪回功能更加完善，可以在不对数据库进行完全恢复的情况下，对某一个指定的表进行恢复。

12.3.1 基本概念

闪回操作使数据库中的实体显示迅速回退到过去某一时间点，这样可以实现对历史数据的恢复。闪回数据库功能可以将 Oracle 数据库恢复到以前的时间点。传统的方法是进行时间点恢复。然而，时间点恢复需要数小时甚至几天的时间。闪回数据库是进行时间点恢复的新方法。它能够快速将 Oracle 数据库恢复到以前的时间，以正确更正由于逻辑数据损坏或用户错误而引起的任何问题。当需要恢复时，可以将数据库恢复到错误前的时间点，并且只恢复改变的数据块。

在 Oracle 11g 中，闪回操作包括如下内容。

(1) 查询闪回(Flashback Query)：查询过去某个指定时间、指定实体的数据，恢复错误的数据库更新、删除等。

(2) 表闪回(Flashback Table)：使表返回到过去某一时间的状态，可以恢复表、取消对表进行的修改。

(3) 删除闪回(Flashback Drop)：可以将删除的表重新恢复。

(4) 数据库闪回(Flashback Database)：可以将整个数据库回退到过去某个时间点。

(5) 归档闪回(Flashback Data Archive)：可以闪回到指定时间之前的旧数据而不影响重做日志的策略。

12.3.2　查询闪回

Oracle 11g 查询闪回使管理员或用户不仅能够查询过去某些时间点的任何数据,还能够查看和重建因意外被删除或更改而丢失的数据。查询闪回管理简单,数据库可自动保存必要的信息,以在可配置时间内重新将数据恢复成为过去的状态。

执行查询闪回操作时,需要使用两个时间函数:TIMESTAMP 和 TO_TIMESTAMP。其中,函数 TO_TIMESTAMP 的语法格式为:

```
TO_TIMESTAMP('timepoint', 'format')
```

其中,timepoint 表示某时间点。format 指定需要把 timepoint 格式化成何种格式。

【例 12.5】　使用查询闪回恢复删除的数据。

(1) 查询表 XSB1 中的数据。

首先使用 SET 语句在 SQL>标识符前显示当前时间。

```
SET TIME ON
```

查询数据。

```
SELECT * FROM XSB1;
```

执行结果如图 12.9 所示。

(2) 删除表 XSB1 中所有记录并提交。

```
DELETE FROM XSB1;
COMMIT;
```

执行如图 12.10 所示。

图 12.9　查询 XSB1 表中的数据　　　图 12.10　删除 XSB1 表中所有数据并提交

(3) 进行查询闪回。

```
SELECT * FROMXSB1AS OF TIMESTAMP
      TO_TIMESTAMP('2015-7-6 15:10:17','YYYY-MM-DD HH24:MI:SS');
```

执行以上语句后,可以看到表中原来的数据。

(4) 将闪回中的数据重新插入 XSB1 表中。

```
INSERT INTO XSB1
    SELECT * FROMXSB1AS OF TIMESTAMP
        TO_TIMESTAMP('2015-7-6 15:10:17','YYYY-MM-DD HH24:MI:SS');
```

表中数据复原如图 12.11 所示。

图 12.11　XSB1 表中数据复原

12.3.3　表闪回

利用表闪回可以恢复表,取消对表所进行的修改。表闪回要求用户具有以下权限:

(1) FLASHBACK ANY TABLE 权限或者该表的 Flashback 对象权限。

(2) 有该表的 SELECT、INSERT、DELETE 和 ALTER 权限。

(3) 必须保证该表 ROW MOVEMENT。

Oracle 11g 的表闪回与查询闪回功能类似,也是利用恢复信息(Undo Information)对以前的一个时间点上的数据进行恢复。表闪回有如下特性:

(1) 在线操作。

(2) 恢复到指定时间点或者 SCN 的任何数据。

(3) 自动恢复相关属性,如索引、触发器等。

(4) 满足分布式的一致性。

(5) 满足数据的一致性,所有相关对象的一致性。

要实现表闪回,必须确保与撤销表空间有关的参数设置合理。撤销表空间相关参数为:UNDO_MANAGEMENT、UNDO_TABLESPACE 和 UNDO_RETENTION。以 SYSTEM 用户连接数据库,在 SQL * Plus 中执行下面的语句显示撤销表空间的参数。

```
SHOW PARAMETER UNDO
```

执行结果如图 12.12 所示。

图 12.12　显示撤销表空间的参数

　　Oracle 11g 采用撤销表空间记录增加、删除和修改数据,但也保留了以前版本使用的回滚段。UNDO_RETENTION 表示当前所做的增加、删除和修改操作提交后,记录在撤销表空间的数据保留的时间。

　　在创建撤销表空间时,要考虑数据保存的时间长短、每秒产生的块数据量及块大小等。假如表空间大小用 undo 表示,那么 undo＝UR×UPS×DB_BLOCK_SIZE＋冗余量。

　　说明:

　　(1) UR:在 undo 中保持的最长时间数(秒),由数据库参数 UNDO_RETENTION 值决定。

　　(2) UPS:在 undo 中每秒产生的数据块数量。

　　表闪回的语法格式如下:

```
FLASHBACK TABLE [用户方案名.]<表名>
    TO {  [BEFORE DROP [RENAME TO <新表名>]]
| [SCN | TIMESTAMP] <表达式>[ENABLE |DISABLE] TRIGGERS}
```

　　说明:

　　(1) BEFORE DROP:表示恢复到删除之前。

　　(2) RENAME TO:表示恢复时更换表名。

　　(3) SCN:SCN 是系统改变号,可以从 FLASHBACK_TRANSACTION_QUERY 数据字典中查到。

　　(4) TIMESTAMP:表示系统邮戳,包含年月日和时分秒。

　　(5) ENABLE TRIGGERS:表示触发器恢复之后的状态为 ENABLE。默认为 DISABLE。

　　【例 12.6】 首先创建一个表,然后删除某些数据,再利用 FLASHBACK TABLE 命令恢复。

　　(1) 使用 SYS 登录 SQL＊Plus 并创建 CJB1 表。

```
SET TIME ON
CREATE TABLE CJB1
    AS SELECT *  FROM CJB;
```

　　通过 SELECT 语句可查看到 CJB1 表中的数据。

　　(2) 删除学号为 151113 的学生选修课程的记录并提交。

```
DELETE FROM CJB1
    WHERE 学号='151113';              /＊删除的时间点为 16:54:35＊/
COMMIT;
```

　　使用 SELECT 语句查询 CJB1 表,学号为 151113 的学生选修课程的记录已不存在。

　　(3) 使用表闪回进行恢复。

```
ALTER TABLE CJB1 ENABLE ROW MOVEMENT;
FLASHBACK TABLE CJB1 TO TIMESTAMP
                TO_TIMESTAMP('2015-7-6 16:54:35','YYYY-MM-DD HH24:MI:SS
                ');
```

整个操作过程及恢复结果如图 12.13 所示。

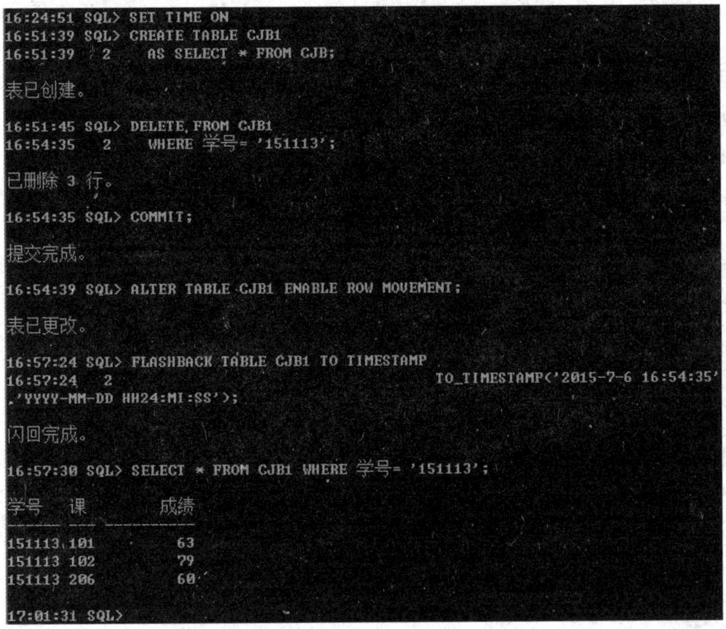

```
16:24:51 SQL> SET TIME ON
16:51:39 SQL> CREATE TABLE CJB1
16:51:39   2    AS SELECT * FROM CJB;

表已创建。

16:51:45 SQL> DELETE FROM CJB1
16:54:35   2    WHERE 学号= '151113';

已删除 3 行。

16:54:35 SQL> COMMIT;

提交完成。

16:54:39 SQL> ALTER TABLE CJB1 ENABLE ROW MOVEMENT;

表已更改。

16:57:24 SQL> FLASHBACK TABLE CJB1 TO TIMESTAMP
16:57:24   2                    TO_TIMESTAMP('2015-7-6 16:54:35'
,'YYYY-MM-DD HH24:MI:SS');

闪回完成。

16:57:30 SQL> SELECT * FROM CJB1 WHERE 学号= '151113';

学号    课      成绩
_____  _____  _____
151113 101         63
151113 102         79
151113 206         60

17:01:31 SQL>
```

图 12.13   例 12.6 执行结果

上述例子中,采用 TO_TIMESTAMP 来指定恢复时间。还可以使用 SCN,但是在操作中,时间比较容易掌握,而误操作时的 SCN 并不容易得知。Oracle 使用 TIMESTAMP_TO_SCN 函数来实现将时间戳转换为 SCN。

注意:在每个系统中,返回的 SCN 是不一样的。

12.3.4 删除闪回

1. 删除闪回操作

当用户对表进行 DDL 操作时,它是自动提交的。如果误删了某个表,在 Oracle 10g 版本之前只能使用日常的备份恢复数据。现在,Oracle 11g 提供的删除闪回为数据库实体提供了一个安全机制。

与 Windows 文件删除功能相似,当用户删除一个表时,Oracle 系统会将该表放到回收站中,直到用户决定永久删除它,使用 PURGE 命令对回收站空间进行清除,或在出现表空间的空间不足时,它才会被删除。

回收站是一个虚拟容器,用于存储所有被删除的对象。为了避免被删除的表与同类对象名称重复,被删除表(或者其他对象)放到回收站时,Oracle 系统对被删除表(或对象名)进行转换。转换后的名称格式如下:

```
BIN$globalUID$Sversion
```

其中,globalUID 是一个全局唯一的标识对象,长度为 24 个字符,它是 Oracle 内部使用的标识; $ Sversion 是数据库分配的版本号。

通过设置初始化参数 RECYCLEBIN,可以控制是否启用回收站功能。以下语句将启用回收站:

```
ALTER SESSION SET RECYCLEBIN=ON;
```

其中,设置为 OFF 则表示关闭,默认为 ON。

数据字典 USER_TABLES 中的 dropped 列表示表是否被删除。使用 SELECT 语句查询:

```
SELECT table_name, dropped FROM USER_TABLES;
```

其中,dropped 字段值为 YES 的 table_name 均为转换后的名称。也可以通过 SHOW 命令或查询数据字典 USER_RECYCLEBIN 获得回收站信息。

【例 12.7】 删除闪回的实现。

(1) 使用 SCOTT 用户连接并创建一个表 t1。

```
CREATE TABLE t1(t char(10));
```

(2) 使用 DROP 命令删除表 t1。

```
DROP TABLE t1;
```

(3) 查询数据字典信息。

```
SELECT OBJECT_NAME, ORIGINAL_NAME, TYPE, DROPTIME
       FROM RECYCLEBIN;
```

查询结果如图 12.14 所示。

	OBJECT_NAME	ORIGINAL_NAME	TYPE	DROPTIME
1	BIN$tcru6Cz5S2eSs2NVYra0hA==$0	XSB_PK	INDEX	2015-06-11:09:54:03
2	BIN$vTUS6LydSR6nxtv5+imXgg==$0	XSB	TABLE	2015-06-11:09:54:04
3	BIN$nV9/e18RRSCUnCxhfW1Bqw==$0	XSB_PK	INDEX	2015-06-11:17:00:16
4	BIN$AFKkv8f2TbOcCGGZ6HriRQ==$0	XSB	TABLE	2015-06-11:17:00:17
5	BIN$sTUFoQnzSiSXkOoFA07O1g==$0	SYS_C0010355	INDEX	2015-06-13:16:11:54
6	BIN$uOOFxg47SHWPJVLrUud+Pw==$0	XSB	TABLE	2015-06-13:16:11:55
7	BIN$TCBL3CCtTD6q7j6T5/NIVw==$0	SYS_C0010360	INDEX	2015-06-13:16:13:27
8	BIN$rBv9pHtESdC34p3FOK7Ibg==$0	XSB	TABLE	2015-06-13:16:13:27
9	BIN$MOGecASDQnWVE0hOtoChdg==$0	SYS_C0010365	INDEX	2015-06-13:17:04:13
10	BIN$AlTcoNaiTlK1PzBTseI4zQ==$0	XSB	TABLE	2015-06-13:17:04:13
11	BIN$Xmar/WZkSnqOeebGUrXTBA==$0	SYS_C0010374	INDEX	2015-06-15:15:38:12
12	BIN$A1O98m+ARP2Y7ou1oK7OaA==$0	KCB	TABLE	2015-06-15:15:38:12
13	BIN$SS+k9o9dQna18ebMnjArnQ==$0	PK_JSJ	INDEX	2015-06-16:11:23:24
14	BIN$VN1+Qwe9SfuB8WHK7F117A==$0	XS_JSJ	TABLE	2015-06-16:11:23:25
15	BIN$rF71BqTkRxyjYWpI1t9VXA==$0	TABLE1	TABLE	2015-07-02:14:49:17
16	BIN$sNYniXcYS5mPIC5bA9PsZw==$0	T1	TABLE	2015-07-06:17:14:11

图 12.14   查看回收站中被删除的表

(4) 使用删除闪回从回收站恢复表 t1。

```
FLASHBACK TABLE t1 TO BEFORE DROP;
```

闪回完成后可以看到,表 t1 已经恢复。如果不知道原表名,可以直接使用回收站中的名称进行闪回。

2. 回收站管理

回收站可以提供误操作后进行恢复的必要信息,但是如果不经常对回收站的信息进行管理,磁盘空间会被长期占用,因此要经常清除回收站中无用的东西。要清除回收站,可以使用 PURGE 命令。PURGE 命令可以删除回收站中的表、表空间和索引,并释放表、表空间和索引所占用的空间,其语法格式如下:

```
PURGE
{
TABLESPACE <表空间名>USER <用户名>
    | [ TABLE <表名>| INDEX <索引名>]
    | [ RECYCLEBIN | DBA_RECYCLEBIN ]
}
```

说明:

(1) TABLESPACE:指示清除回收站中的表空间。

(2) USER:指示清除回收站中的用户。

(3) TABLE:指示清除回收站中的表。

(4) INDEX:指示清除回收站中的索引。

(5) RECYCLEBIN:指的是当前用户需要清除的回收站。

(6) DBA_RECYCLEBIN:仅 SYSDBA 系统权限才能使用,此参数可使用户从 Oracle 系统回收站清除所有对象。

【例 12.8】 查询当前用户回收站中的内容,再用 PURGE 清除。

(1) 查询回收站内容。

```
SELECT OBJECT_NAME,ORIGINAL_NAME
    FROM USER_RECYCLEBIN;
```

结果如图 12.15 所示。

(2) 清除表 TABLE1。

	OBJECT_NAME	ORIGINAL_NAME
1	BIN$tcru6Cz5S2eSs2NVYra0hA==$0	XSB_PK
2	BIN$vTUS6LydSR6nxtv5+imXgg==$0	XSB
3	BIN$nV9/e18RRSCUnCxhfWlBqw==$0	XSB_PK
4	BIN$AFKkv8f2TbOcCGGZ6HriRQ==$0	XSB
5	BIN$sTUFoQnzSiSXkOoFA0701g==$0	SYS_C0010355
6	BIN$u0OFxg47SHWPJVLrUud+Pw==$0	XSB
7	BIN$TCBL3CCtTD6q7j6T5/NIVw==$0	SYS_C0010360
8	BIN$rBv9pHtESdC34p3FOK7Ibg==$0	XSB
9	BIN$MOGecASDQnWVE0hOtoChdg==$0	SYS_C0010365
10	BIN$AlTcoNaiT1K1PzBTseI4zQ==$0	XSB
11	BIN$Xmar/WZkSnqOeebGUrXTBA==$0	SYS_C0010374
12	BIN$AlO98m+ARP2Y7ou1oK7OaA==$0	KCB
13	BIN$SS+k9o9dQna18ebMnjArnQ==$0	PK_JSJ
14	BIN$VN1+Qwe9SfuB8WHK7F1l7A==$0	XS_JSJ
15	BIN$rF71BqTkRxyjYWpI1t9VXA==$0	TABLE1

图 12.15 查看回收站内容

```
PURGE TABLE TABLE1;
```

再次查看回收站时,该表已被清除。

12.3.5 数据库闪回

Oracle 11g 数据库在执行 DML 操作时,将每个操作过程记录在日志文件中。若 Oracle 系统出现错误操作时,可进行数据库级的闪回。

数据库闪回可以使数据库回到过去某一时间点上或 SCN 的状态,用户可以不利用备份就能快速地实现时间点的恢复。为了能在发生误操作时闪回数据库到误操作之前的时间点上,需要设置下面 3 个参数。

(1) DB_RECOVERY_FILE_DEST:确定 FLASHBACK LOGS 的存放路径。

（2）DB_RECOVERY_FILE_DEST_SIZE：指定恢复区的大小，默认值为空。

（3）DB_FLASHBACK_RETENTION_TARGET：设定闪回数据库的保存时间，单位是分钟，默认是一天。

在创建数据库时，Oracle 系统就自动创建了恢复区。默认情况下，FLASHBACK DATABASE 功能是不可用的。如果需要闪回数据库功能，DBA 必须正确配置该日志区的大小，最好根据每天数据库块发生改变的数量来确定其大小。

当用户发布 FLASHBACK DATABASE 语句后，Oracle 系统首先检查所需的归档文件和联机重做日志，如果正常，则恢复数据库中所有数据文件到指定的 SCN 或时间点上。

数据库闪回的语法如下：

```
FLASHBACK [ STANDBY | DATABASE <数据库名>
{
    TO [ SCN | TIMESTAMP ] <表达式>
    | TO BEFORE [ SCN | TIMESTAMP ] <表达式>
}
```

说明：

（1）TO SCN：指定 SCN。

（2）TO TIMESTAMP：指定一个需要恢复的时间点。

（3）TO BEFORE SCN：恢复到之前的 SCN。

（4）TO BEFORE TIMESTAMP：恢复数据库到之前的时间点。

使用 FLASHBACK DATABASE 必须以 MOUNT 启动数据库实例，然后执行 ALTER DATABASE FLASHBACK ON 或者 ALTER DATABASE TSNAME FLASHBACK ON 命令打开数据库闪回功能。ALTER DATABASE FLASHBACK OFF 命令是关闭数据库闪回功能。

【例 12.9】 设置闪回数据库环境。

（1）使用 SYS 登录 SQL ＊ Plus，查看闪回信息，执行如下两条命令：

```
SHOW PARAMETER DB_RECOVERY_FILE_DEST
SHOW PARAMETER FLASHBACK
```

（2）以 SYSDBA 登录，确认实例是否在归档模式下。

```
CONNECT SYS/Mm123456 AS SYSDBA
SELECT DBID,NAME,LOG_MODE FROM V$DATABASE;
SHUTDOWN IMMEDIATE;
```

结果如图 12.16 所示。

（3）设置 FLASHBACK DATABASE 为启用。

```
STARTUP MOUNT
ALTER DATABASE FLASHBACK ON;
ALTER DATABASE OPEN;
```

结果如图 12.17 所示。

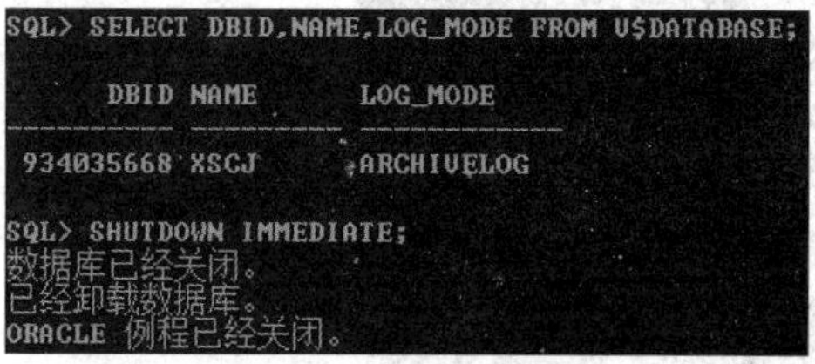

图 12.16　确认实例是否在归档模式下 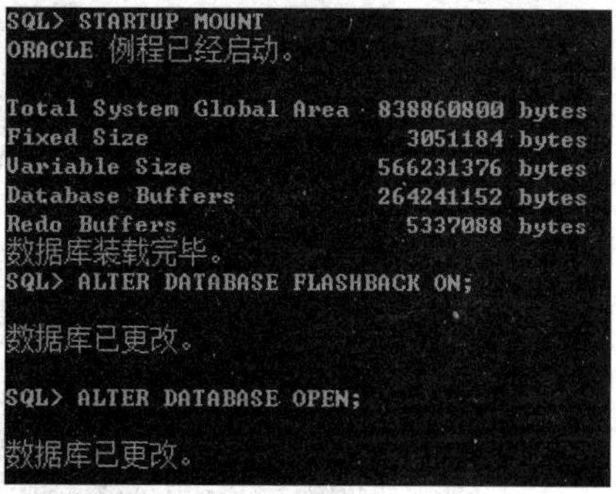　　　图 12.17　设置 FLASHBACK DATABASE 为启用

　　通过上述过程，对数据库闪回功能的设置，Oracle 的数据库闪回功能就会自动收集数据，用户只要确保数据库是在归档模式下即可。

　　设置好数据库闪回所需要的环境和参数，就可以在系统出现错误时用 FLASHBACK DATABASE 命令恢复数据库到某个时间点或 SCN 上。

　　【例 12.10】　数据库闪回。

　　(1) 查看当前数据库是否是归档模式和启用了闪回数据库功能。

```
SELECT DBID,NAME,LOG_MODE FROM V$DATABASE;
ARCHIVE LOG LIST
SHOW PARAMETER DB_RECOVERY_FILE_DEST
```

　　(2) 查询当前时间和旧的闪回号。

```
SHOW USER;
SELECT SYSDATE FROM DUAL;
ALTER SESSION SET NLS_DATE_FORMAT='YYYY-MM-DD HH24:MI:SS';
SELECT SYSDATE FROM DUAL;
SELECT OLDEST_FLASHBACK_SCN,OLDEST_FLASHBACK_TIME
    FROM V$FLASHBACK_DATABASE_LOG;
SET TIME ON
```

　　执行结果如图 12.18 所示。

　　(3) 在当前用户下创建例表 KCB1。

```
CREATE TABLE KCB1 AS SELECT * FROM SCOTT.KCB;
```

　　(4) 确定时间点，模拟误操作，删除表 KCB1。

```
SELECT SYSDATE FROM DUAL;
DROP TABLE KCB1;
DESC KCB1;
```

　　执行结果如图 12.19 所示。

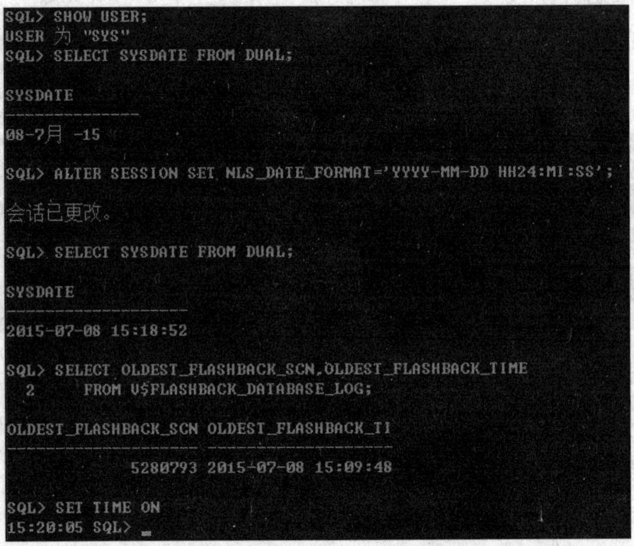

图 12.18　查询当前时间和旧的闪回号

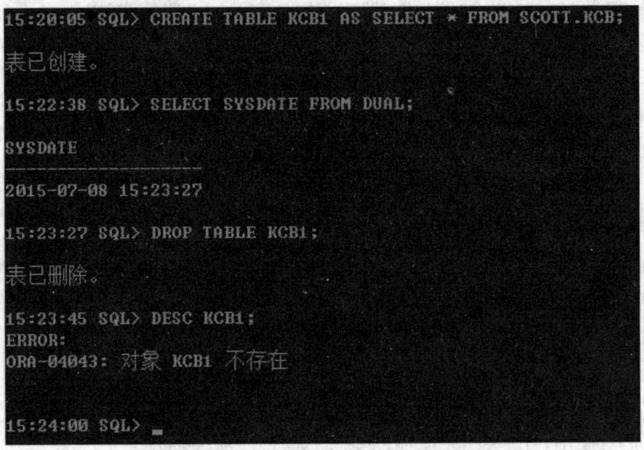

图 12.19　删除 KCB1 表

（5）以 MOUNT 打开数据库并进行数据库闪回。

```
SHUTDOWN IMMEDIATE;
STARTUP MOUNT EXCLUSIVE;
FLASHBACK DATABASE
    TO TIMESTAMP(TO_DATE('2015-7-815:23:27', 'YYYY-MM-DD HH24:MI:SS'));
ALTER DATABASE OPEN RESETLOGS;
```

结果如图 12.20 所示。

利用数据库闪回后,通过 SELECT 语句可以发现 KCB1 恢复到错误操作之前,表结构和数据都已经恢复。不需要使用数据库闪回时,可以使用 ALTER 语句将其关闭:

```
ALTER DATABASE FLASHBACK OFF
```

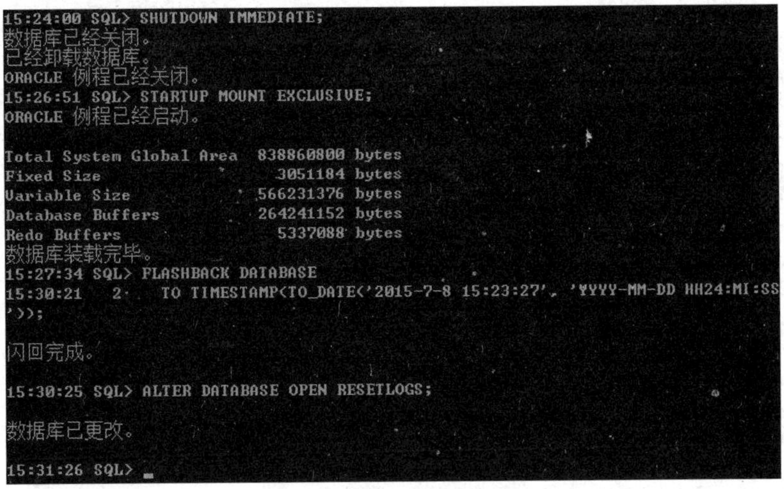

图 12.20 进行数据库闪回

12.3.6 归档闪回

Flashback Data Archive 和 Flashback Query 都能够查询之前的数据,但是它们实现的机制是不一样的。Flashback Query 是通过直接从重做日志中读取信息来构造旧数据的,但重做日志是循环使用的,只要事务提交,之前的重做信息就可能被覆盖。Flashback Data Archive 则通过将变化数据另外存储到创建的归档闪回中,以示重做日志区别。这样可以通过为归档闪回单独设置存活策略,使得数据库可以闪回到指定时间之前的旧数据而不影响重做日志的策略,并且可以根据需要执行哪些数据库对象需要保存历史变化的数据,而不是将所有对象的变化数据都保存下来,从而可以极大地减少空间需求。

创建一个闪回数据归档区使用 CREATE FLASHBACK ARCHIVE 语句,语法格式如下:

```
CREATE FLASHBACK ARCHIVE [DEFAULT] <闪回归档区名称>
    TABLESPACE <表空间名>
    [QUOTA <数字值>{M|G|T|P} ]
    [RETENTION <数字值>{YEAR|MONTH|DAY}];
```

说明:

(1) DEFAULT:指定默认的闪回数据归档区。

(2) TABLESPACE:指定闪回数据归档区存放的表空间。

(3) QUOTA:指定闪回数据归档区的最大大小。

(4) RETENTION:指定归档区可以保留的时间,YEAR、MONTH 和 DAY 分别表示年、月、日。

【例 12.11】 创建一个闪回数据归档区,并作为默认的归档区。

使用 SYS 用户以 SYSDBA 登录,执行如下语句:

```
CREATE FLASHBACK ARCHIVE DEFAULT test_archive
```

```
TABLESPACE USERS
QUOTA 10M
RETENTION 1 DAY;
```

【例 12.12】 归档闪回。

（1）使用 SCOTT 用户连接数据库，并创建 KCB2 表。

```
CREATE TABLE KCB2 AS SELECT * FROM KCB;
```

（2）对 KCB2 表执行闪回归档设置。

使用 SYS 用户以 SYSDBA 登录，执行如下命令：

```
ALTER TABLE SCOTT.KCB2 FLASHBACK ARCHIVE test_archive;
```

说明：取消对于数据表的闪回归档可以使用如下命令：

```
ALTER TABLE <表名>NOFLASHBACK ARCHIVE;
```

（3）记录 SCN。

```
SELECT DBMS_FLASHBACK.GET_SYSTEM_CHANGE_NUMBER FROM DUAL;
```

结果如图 12.21 所示。

删除 KCB2 表中的一些数据：

```
DELETE FROM SCOTT.KCB2 WHERE 学分>4;
COMMIT;
```

（4）执行闪回查询。

```
SELECT * FROM SCOTT.KCB2 AS OF SCN 5123052;
```

结果如图 12.22 所示，显示的是未删除之前的数据。

	课程号	课程名	开课学期	学时	学分
1	210	计算机原理	5	85	5
2	101	计算机基础	1	80	5
3	206	离散数学	4	68	4
4	208	数据结构	5	68	4
5	209	操作系统	6	68	4
6	212	数据库原理	7	68	4
7	301	计算机网络	7	51	3
8	302	软件工程	7	51	3
9	102	程序设计与语言	2	68	4

	GET_SYSTEM_CHANGE_NUMBER
1	5123052

图 12.21　记录 SCN

图 12.22　闪回查询

12.4　Undo 表空间

回滚段一直是 Oracle 困扰数据库管理员的难题。因为它是动态参数，当用户的事务量较小时回滚段不会出现错误，而当事务量较大时就会出现错误。在 Oracle 11g 数据库中，Undo 表空间取代了回滚段。虽然在 Oracle 11g 数据库中仍然可以使用回滚段，但是

Oracle 建议使用 Undo 表空间(Undo_Tablespace)机制工作。

12.4.1 自动 Undo 管理

在 Oracle 中,允许创建多个 Undo 表空间,但是同一时间只能激活一个 Undo 表空间。使用参数文件中的 Undo_TABLESPACE 参数指定要激活的 Undo 表空间名,Undo 表空间的组织和管理由 Oracle 系统内部机制自动完成。在自动 Undo 管理设置完成后,在数据字典 DBA_ROLLBACK_SEGS 中可以显示回滚段信息,但是回滚段的管理由数据库实例自动进行。

在 Oracle 10g 版本以前,采用在 RBS 表空间创建大的回滚段的方法处理大的事务。但是,由于一个事务只可以使用一个回滚段,当一个回滚段动态扩展超过数据库文件允许的扩展范围时,将产生回滚段不足的错误,系统就终止事务。使用自动 Undo 管理后,一个事务可以使用多个回滚段。当一个回滚段不足时,Oracle 系统会自动使用其他回滚段,不终止事务的运行。从 Oracle 10g 版本以后,DBA 只需要了解 Undo 表空间是否有足够的空间,而不必为每一个事务设置回滚段。

12.4.2 Undo 表空间的优点

Oracle 数据库系统在处理事务时,将改变前的值一直保存在回滚段中,以便跟踪之前的映像数据。只要事务没有提交,与事务有关的数据就一直保存在回滚段中,一旦事务提交,系统立即清除回滚段中的数据。在旧版本中,对于大的事务处理所带来的回滚段分配失败一直没有完善的解决方法,从 Oracle 10g 版本开始采用了 Undo 表空间,它有如下几个方面的优点:

(1)存储非提交或提交的事务改变块备份。

(2)存储数据库改变的数据行备份(可能是块级)。

(3)存储自从上次提交以来的事务的快照。

(4)在内存中存放逻辑信息或文件中的非物理信息。

(5)存储一个事务的前映像(Before Image)。

(6)系统撤销数据允许非提交事务。

12.4.3 Undo 表空间管理参数

Oracle 11g 数据库系统中,默认启用自动 Undo 管理,同时支持传统回滚段的使用。使用自动 Undo 管理,需要设置下列参数。

(1) undo_management:确定 Undo 表空间的管理方式,如果该参数设置为 AUTO,则表示系统使用自动 Undo 管理;如果设置为 MANUAL,则表示使用手动 Undo 管理,以回滚段方式启动数据库。

(2) undo_tablespace:表示使用自动 Undo 管理时,系统默认 Undo 表空间名,默认名为 UNDOTBS1。

(3) undo_retention：决定 Undo 数据的维持时间，即用户事务结束后，Undo 的数据保留时间，默认值为 900s。

以 SYS 用户 SYSDBA 身份登录，使用 SHOW 命令可以查询 Undo 参数的设置情况：

```
SHOW PARAMETER UNDO
```

执行后看到 Undo 参数，如图 12.23 所示。

NAME	TYPE	VALUE
temp_undo_enabled	boolean	FALSE
undo_management	string	AUTO
undo_retention	integer	900
undo_tablespace	string	UNDOTBS1

图 12.23　查询 Undo 参数

12.4.4　创建和管理 Undo 表空间

在 Oracle 数据库安装结束后，系统已经创建了一个 Undo 表空间，回滚段的管理方式自动设置为自动 Undo 管理。根据需要，还可以创建第二个 Undo 表空间。

1. 创建 Undo 表空间

创建 Undo 表空间的语法格式如下：

```
CREATE UNDO TABLESPACE <表空间名>
    DATAFILE '<文件路径>/<文件名>' [SIZE <文件大小>[ K|M ]] [ REUSE ]
    [ AUTOEXTEND [ OFF|ON [ NEXT <磁盘空间大小>[ K|M ]]
    [ MAXSIZE [ UNLIMITED|<最大磁盘空间大小>[ K|M ] ] ]]
    [ ONLINE|OFFLINE ]
    [ LOGGING|NOLOGGING ]
    [EXTENT MANAGEMENT LOCAL AUTOALLOCATE]
```

其中的参数含义请参考 9.1.1 节中的 CREATE TABLESPACE 命令详解，在此不再赘述。

注意：Undo 表空间只适合本地化管理表空间，在创建 Undo 表空间时，不能使用数据字典管理表空间；Undo 表空间的区管理方式不能使用 UNIFORM 方式，只允许使用 AUTOALLOCATE 方式；段的管理不能使用 SEGMENT MANAGERMENT AUTO 方式。

【例 12.13】 在数据库中创建另外一个 Undo 表空间 UNDOTBS2。

```
CREATE UNDO TABLESPACE UNDOTBS2
    DATAFILE 'E:\app\Administrator\oradata\XSCJ\UNDOTBS02.dbf' SIZE 100M
    AUTOEXTEND ON NEXT 100M MAXSIZE UNLIMITED
    EXTENT MANAGEMENT LOCAL AUTOALLOCATE;
```

Undo 表空间创建结束后，查询数据字典 dba_tablespaces，可以看到表空间的参数、管理方式及类型，如图 12.24 所示。

```
SELECT TABLESPACE_NAME, INITIAL_EXTENT,NEXT_EXTENT, MAX_EXTENT,CONTENTS
    FROM DBA_TABLESPACES;
```

	TABLESPACE_NAME	INITIAL_EXTENT	NEXT_EXTENT	MAX_EXTENTS	CONTENTS
1	SYSTEM	65536	(null)	2147483645	PERMANENT
2	SYSAUX	65536	(null)	2147483645	PERMANENT
3	UNDOTBS1	65536	(null)	2147483645	UNDO
4	TEMP	1048576	1048576	(null)	TEMPORARY
5	USERS	65536	(null)	2147483645	PERMANENT
6	EXAMPLE	65536	(null)	2147483645	PERMANENT
7	UNDOTBS2	65536	(null)	2147483645	UNDO

图 12.24　查询表空间的参数、管理方式及类型

图 12.24 中,CONTENTS 字段值为 UNDO 的就是 Undo 表空间。Undo 表空间只有一个可以激活,新创建的 undotbs2 在没有设置前是不能使用的,可以用以下命令设置激活它:

```
ALTER SYSTEM SET UNDO_TABLESPACE=undotbs2;
```

2. 修改 Undo 表空间

修改 Undo 表空间用 ALTER TABLESPACE 语句,语法格式请参考 3.3 节,在此不再赘述。修改时请读者注意前面创建 Undo 表空间时提到的注意事项。

【例 12.14】　为 Undo 表空间 UNDOTBS2 增加两个数据文件,分别是 UNDOTBS2_01.DBF 和 UNDOTBS2_02.DBF,大小为 100MB,允许自动扩展,每次扩展为 50MB,最大空间受磁盘可用空间的限制。

```
ALTER TABLESPACE UNDOTBS2
    ADD DATAFILE 'E:\app\Administrator\oradata\XSCJ\UNDOTBS2_01.DBF' SIZE 100M
        AUTOEXTEND ON NEXT 50M MAXSIZE UNLIMITED,
      'E:\app\Administrator\oradata\XSCJ\UNDOTBS2_02.DBF' SIZE 100M
        AUTOEXTEND ON NEXT 50M MAXSIZE UNLIMITED;
```

执行完可在相应目录下看到新增的数据文件,如图 12.25 所示。

名称	修改日期	类型	大小
CONTROL01.CTL	2015/7/7 8:06	CTL 文件	9,808 KB
EXAMPLE01.DBF	2015/7/7 8:06	DBF 文件	1,290,888 KB
REDO01	2015/7/7 8:05	文本文档	51,201 KB
REDO02	2015/7/6 17:38	文本文档	51,201 KB
REDO03	2015/7/6 17:38	文本文档	51,201 KB
SYSAUX01.DBF	2015/7/7 11:00	DBF 文件	880,648 KB
SYSTEM01.DBF	2015/7/7 8:06	DBF 文件	829,448 KB
TEMP01.DBF	2015/7/6 17:38	DBF 文件	201,736 KB
UNDOTBS01.DBF	2015/7/7 8:06	DBF 文件	660,488 KB
UNDOTBS02.DBF	2015/7/7 11:18	DBF 文件	102,408 KB
UNDOTBS2_01.DBF	2015/7/7 11:36	DBF 文件	102,408 KB
UNDOTBS2_02.DBF	2015/7/7 11:36	DBF 文件	102,408 KB
USERS01.DBF	2015/7/7 10:36	DBF 文件	14,088 KB

图 12.25　增加的数据文件

3. 删除 Undo 表空间

如果数据库中存在多个 Undo 表空间,那么同一时刻只能激活一个,可以删除未被激活的表空间。删除 Undo 表空间的方法和删除其他表空间相同。

【例 12.15】 删除 Undo 表空间 UNDOTBS2。

```
ALTER SYSTEM SET UNDO_TABLESPACE=UNDOTBS1;
DROP TABLESPACE UNDOTBS2;
```

同义词、链接、快照和序列

本章主要介绍 Oracle 数据库中的一些其他概念,如同义词、数据库链接、数据库快照和序列等。

13.1 同义词

在分布式数据库环境中,为了识别一个数据库对象,如表或视图,必须规定主机名、服务器(实例)名、对象的拥有者和对象名。当以不同的身份使用数据库时,需要这些参数中的一个或多个。为了给不同的用户提供一个简单、能唯一标识数据库对象的名称,可以为数据库对象创建同义词。同义词有两种:公用同义词和私有同义词。公用同义词由一个特定数据库的所有用户共享,私有同义词只被数据库的某个用户账号所有者拥有。

例如,前述 XSB 表必须由一个账号(如 SCOTT)所拥有,对于同一个数据库的其他用户账号,如要引用它就必须使用语法:SCOTT. XSB。但是,这种语法需要另一个账户知道谁是 XSB 表的拥有者。为避免这种情况的发生,可以创建一个公用同义词 XSB 指向 SCOTT. XSB,这样无论何时引用同义词 XSB,它都能指向正确的表。

同义词可以指向的对象有表、视图、存储过程、函数、包和序列。可以为本地数据库对象创建同义词,在为远程数据库创建了数据库链接之后还可以为远程数据库对象创建同义词。下面介绍同义词的创建和使用方法。

13.1.1 创建同义词

1. 界面创建同义词

【**例 13.1**】 为 XSCJ 本地数据库的 XSB 表创建同义词 XS。

(1)启动 SQL Developer,以 SYS 用户 SYSDBA 身份登录。

(2)打开 sysorcl 连接,右击"同义词"节点,选择"新建同义词"菜单项,弹出"创建数据库同义词"对话框,如图 13.1 所示。

(3)勾选"公共"复选框,在"名称"栏中填写同义词名 XS。在"属性"选项页的"引用的方案"下拉列表中选择 SCOTT;选中"基于对象"选项,在其后下拉列表中选 XSB,单击"确定"按钮。

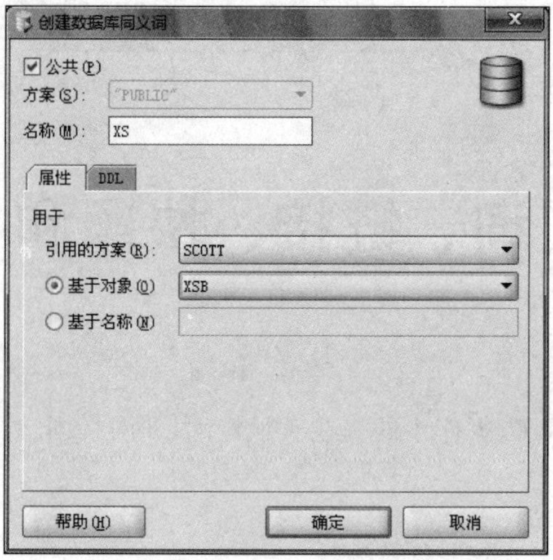

图 13.1 "创建同义词"对话框

2. 命令创建同义词

语法格式如下：

```
CREATE [PUBLIC] SYNONYM [用户方案名.]<同义词名>
    FOR [用户方案名.]对象名 [@<远程数据库同义词>]
```

说明：PUBLIC 表示创建一个公用同义。同义词指向的对象可以是表、视图、过程、函数、包和序列。@符号表明新创建的同义词是远程数据库同义词。

【例 13.2】 为 XSCJ 数据库的 CJB 表创建公用同义词 CJ。

```
CREATE PUBLIC SYNONYM CJ
    FOR SCOTT.CJB;
```

执行结果如图 13.2 所示。

图 13.2 例 13.2 执行结果

13.1.2　使用同义词

在创建同义词后，数据库的用户就可以直接通过同义词名称访问该同义词所指的数据库对象，而不需要特别指出该对象的所属关系。

【**例 13.3**】　SYS 用户查询 XSCJ 数据库的 XSB 表中所有学生的情况。

```
SELECT * FROM XS;
```

如果没有为 XSCJ 数据库的 XSB 表创建同义词 XS,那么 SYS 用户查询 XSB 表则需指定 XSB 表的所有者:

```
SELECT * FROM SCOTT.XSB;
```

13.1.3　删除同义词

同义词的删除既可以以界面方式删除,也可以以命令方式删除。

1. 界面删除同义词

展开 sysorcl 连接的“公共同义词”节点,找到刚创建的同义词 XS,右击鼠标,选择“删除”菜单项,在出现的“删除”对话框中单击“应用”按钮,在弹出的消息框中单击“确定”即可。整个操作过程如图 13.3 所示。

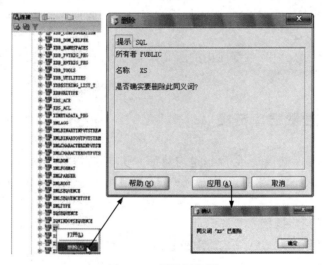

图 13.3　删除同义词

2. 命令删除同义词

语法格式如下:

```
DROP [PUBLIC] SYNONYM [用户名.]<同义词名>
```

说明:PUBLIC 表明删除一个公用同义词。

【**例 13.4**】　删除公用同义词 CJ。

```
DROP PUBLIC SYNONYM CJ;
```

执行结果如图 13.4 所示。

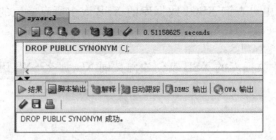

图 13.4　例 13.4 执行结果

13.2　数据库链接

作为一个分布式数据库系统,Oracle 提供了使用远程数据库的功能。当需要引用远程数据库的数据时,必须指定远程对象的全限定名。在前面章节的例子中,只用到全限定名的两个部分:所有者及表名。如果表在远程数据库中,为了指定远程数据库中一个对象的访问路径,必须创建一个数据库链接,使本地用户通过这个数据库链接登录到远程数据库上使用它的数据。

数据库链接既可以公用(数据库中的所有账号都可以使用),也可以私有(只为某个账号的用户创建)。

13.2.1　创建数据库链接

当创建一个数据库链接时,必须指定与数据库相链接的用户名、口令以及与远程数据库相连的服务器名字。如果不指定用户名,Oracle 将使用本地账号名和口令来建立与远程数据库的链接。

1. 界面创建数据库链接

【例 13.5】　以界面方式创建数据库链接 MY_LINK。

打开 sysorcl 连接,右击"数据库链接"节点,选择"新建数据库链接"菜单项,弹出"创建数据库链接"对话框,如图 13.5 所示,在其中指定数据库链接的设置。

需要设置如下信息。

(1) 公共:如果选中此复选框,则创建公用数据库链接。默认设置为"私有"。

(2) 名称:将要创建的数据库链接的名称,必须是有效的 Oracle 标识符,这里填写为 MY_LINK。

(3) 服务名:指定数据库链接所指向的远程数据库,这里是 XSCJ。

(4) 连接身份:设置连接数据库的用户基本信息。

- 固定用户:私有用户的用户名和口令。如果在创建数据库链接时,没有指定用户名和口令,数据库链接将使用访问该数据库链接的用户账号的用户名和口令。

- 当前用户:指定数据库链接已经被授权,一个已授权的数据库链接允许当前用户不需要进行身份证明可直接连接到远程数据库上。但是,当前用户必须是已经经过验证的全局用户,并在远程数据库上具有全局用户账号。

这里选"当前用户"。

单击"确定"按钮,创建成功。

图 13.5　"创建数据库链接"对话框

2. 命令创建数据库链接

语法格式如下:

```
CREATE [PUBLIC] DATABASE LINK <数据库链接名>
    [CONNECT TO <用户名>IDENTIFIED BY <密码>]
    USING '<数据库名>'
```

说明:PUBLIC 表示创建公用的数据库链接。CONNECT TO 指定固定用户与远程数据库连接,并在用户名后使用 IDENTIFIED BY 指定口令。USING 子句指定数据库链接指向的远程数据库。

【例 13.6】　为 XSCJ 数据库创建一个名为 MY_PLINK 的公用链接。

```
CREATE PUBLIC DATABASE LINK MY_PLINK
    CONNECT TO SCOTT IDENTIFIED BY Mm123456
    USING 'XSCJ';
```

执行结果如图 13.6 所示。

这个例子规定,当使用这个链接时,它将打开由 XSCJ 指定的数据库中的一个会话。当它在 XSCJ 实例中打开一个会话时,将按用户 SCOTT、口令 Mm123456 注册。

13.2.2　使用数据库链接

创建了数据库链接,就可以使用远程数据库的对象了。例如,为了使用例 13.6 中创建的数据库链接来访问一个表,链接必须用 FROM 子句来指定,如下例所示。

【例 13.7】　查询远程数据库 XSCJ 的 KCB2 表中的所有课程情况。

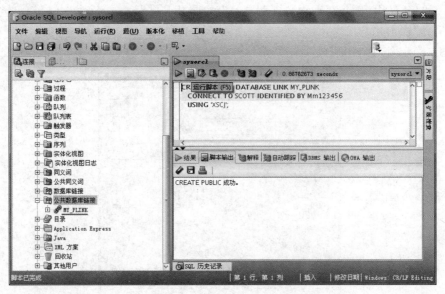

图 13.6　例 13.6 执行结果

```
SELECT * FROM SCOTT.KCB2@MY_PLINK;
```

执行结果如图 13.7 所示。

	课程号	课程名	开课学期	学时	学分
1	206	离散数学	4	68	4
2	208	数据结构	5	68	4
3	209	操作系统	6	68	4
4	212	数据库原理	7	68	4
5	301	计算机网络	7	51	3
6	302	软件工程	7	51	3
7	102	程序设计与语言	2	68	4

图 13.7　例 13.7 执行结果

　　上述查询将通过 MY_PLINK 数据库链接来访问 KCB2 表,对于经常使用的数据库链接,可以建立一个本地的同义词,以方便使用。

　　【例 13.8】　为 XSCJ 远程数据库的 KCB2 表创建一个同义词。

```
CREATE PUBLIC SYNONYM KCB2_syn
    FOR SCOTT.KCB2@MY_PLINK;
```

　　这时,数据库对象的全限定标识已被定义,其中包括通过服务名的主机和实例、通过数据库链接的拥有者和表名。

13.2.3　删除数据库链接

　　使用 PL/SQL 删除数据库链接的语法格式如下:

```
DROP [PUBLIC] DATABASE LINK <数据库链接名>
```

　　【例 13.9】　删除公用数据库链接 MY_PLINK。

DROP PUBLIC DATABASE LINK MY_PLINK;

执行结果如图 13.8 所示。

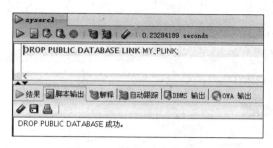

图 13.8　例 13.9 执行结果

注意：公用数据库链接可由任何有相应权限的用户删除，而私有数据库链接只能由 SYS 系统用户删除。

13.3　快照

快照（Snapshot）基于一个查询，该查询链接远程数据库。可以把快照设置成只读方式或可更新方式。若要改善性能，可以索引快照使用的本地表。根据快照基本查询的复杂性，可以使用快照日志（Snapshot Log）来提高复制操作的性能。复制操作根据用户为每个快照的安排自动完成。

有两种可用的快照类型：复杂快照（Complex Snapshot）和简单快照（Simple Snapshot）。在一个简单快照中，每一行都基于一个远程数据库表中的一行；而复杂快照的行则基于一个远程数据表的多行，例如通过一个 group by 操作或基于多个表连接的结果。

由于快照将在本地数据库中创建一些对象，因此，创建快照的用户必须具有 CREATE TABLE 权限和 UNLIMITED TABLESPACE 权限或存储快照对象的表空间的定额。快照在本地数据库中创建并从远程主数据库获取数据。

在创建一个快照之前，首先要在本地数据库中创建一个到源数据库的链接。下面的例子创建一个名为 SH_LINK 的私有数据库链接。

【例 13.10】　创建一个名为 SH_LINK 的私有数据库链接。

```
CREATE DATABASE LINK SH_LINK
    CONNECT TO SCOTT IDENTIFIED BY Mm123456
    USING 'XSCJ';
```

13.3.1　创建快照

"快照"和"实体化视图"同义，它们均指一个表，该表包含对一个或多个表的查询结果。这些表可能位于相同数据库上或可能位于远程数据库上。查询中的表称为主体表或从表。包含主体表的数据库称为主体数据库。既可以使用界面方式创建快照，也可以使用命令方式创建快照。

1. 界面创建快照

打开 sysorcl 连接,右击"实体化视图"节点,选择"新建实体化视图"菜单项,弹出"创建实体化视图"对话框,如图 13.9 所示。

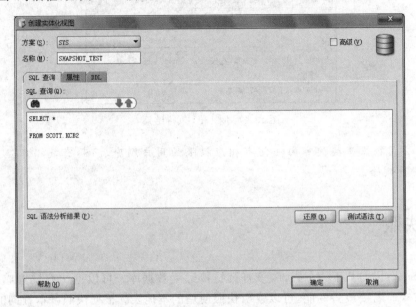

图 13.9　"创建实体化视图"对话框

(1) 在"SQL 查询"选项页指定实体化视图的基本信息。

方案: 指定包含当前将要创建的实体化视图的方案,这里选 SYS。

名称: 指定实体化视图的名称,这里填写 SHAPSHOT_TEST。

SQL 查询: 可编辑的文本区域,在此输入用于置入实体化视图的 SQL 查询。

(2) 切换到"属性"选项页,如图 13.10 所示。在该选项页中指定关于实体化视图的刷新选项。如果实体化视图是"刷新选项"组的一部分,通常将在"刷新选项"组中管理实体化视图的刷新特性。单独设置刷新特性可能会导致与相关的实体化视图的数据不一致问题。

"方法"下拉列表包括以下 3 项。

* FORCE(强制): 指定如能快速刷新则进行快速刷新,如不能快速刷新则进行完全刷新。
* FAST(快速): 使用最近的更改更新实体化视图。
* COMPLETE(完全): 选择"完全"可全部替换实体化视图。

这里选 FORCE。

"类型"下拉列表包括以下两项。

* 主键: 选择主关键字,让所选实体化视图在刷新时可以使用主关键字。
* 行 ID: 选择"行 ID",允许所选实体化视图在刷新时使用"行 ID"。

这里选主键。

"使用回退段"选项组指定所使用的回退段。

* 主: 输入刷新时在主体表上所用的回退段的名称。

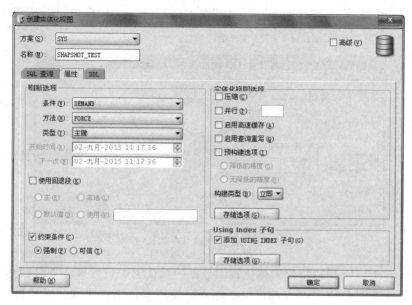

图 13.10　"属性"选项页

- 本地：选择刷新时在快照站点上所用的回退段的名称。

这里不使用回退段。

对话框右边"实体化视图选项"组中的选项的介绍如下。

- 并行：若选中"并行"复选框，用于创建实体化视图并以并行方式装载它。选中该选项即可指定并行执行某一操作。
- 启用高速缓存：确定 Oracle 将为实体化视图检索的块存储在缓冲区高速缓存的位置。对于将经常访问的数据，该选项指定当执行全表扫描时，把为该实体化视图检索的块放置在缓冲区高速缓存中的 LRU 列表最近使用的一端。对于不经常访问的数据，不选择该选项则指定当执行全表扫描时，把为该实体化视图检索的块放置在缓冲区高速缓存中的 LRU 列表最近最少使用的一端。

（3）单击"实体化视图选项"组中的"存储选项"按钮，打开"实体化视图存储选项"对话框，如图 13.11 所示。在其中可以指定实体化视图的存储特征。

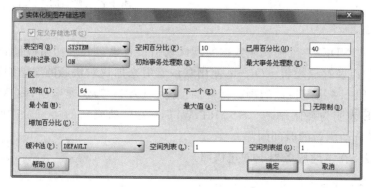

图 13.11　"实体化视图存储选项"对话框

（4）单击属性选项页"Using Index 子句"组中的"存储选项"按钮，打开"实体化视图索引存储选项"对话框，如图 13.12 所示。

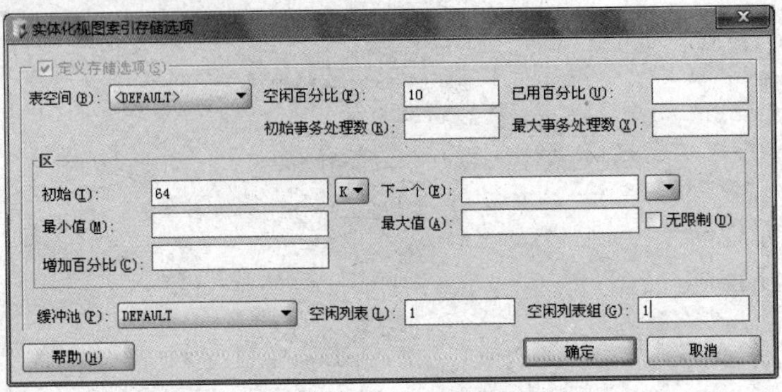

图 13.12 "实体化视图索引存储选项"对话框

可以为 Oracle 11g 用以维护实体化视图数据的默认索引设置事务处理初始数量的值、事务处理的最大数量的值以及存储设置。Oracle 使用默认索引来加快对实体化视图的增量刷新速度。

单击"确定"按钮完成操作。

2. 命令创建快照

语法格式如下：

```
CREATE SNAPSHOT [用户方案名.]<快照名>          /*将要创建的快照名称*/
    [PCTFREE <数字值>]                         /*指定保留的空间百分比*/
    [PCTUSED <数字值>]                         /*指定已用空间的最小百分比*/
    [INITRANS <数字值>]                        /*指定事务条目的初值*/
    [MAXTRANS <数字值>]                        /*指定最大并发事务数*/
    [TABLESPACE <表空间名>]                    /*指定表空间*/
    [STORGE <存储参数>]                        /*快照的存储特征*/
    [USING INDEX   [PCTFREE <数字值>]          /*使用索引*/
    [REFRESH [FAST | COMPLETE | FORCE] [START WITH <日期值>] [NEXT <日期值>] ]
                                               /*指定快照的刷新特性的信息*/
    [FOR UPDATE] AS <子查询>                    /*用于置入快照的 SQL 查询*/
```

说明：

（1）USING INDEX：维护快照数据的默认索引设置事务处理初始数量的值、事务处理的最大数量的值以及存储设置。Oracle 使用默认索引来加快对快照的增量刷新速度。

（2）REFRESH：指定快照的刷新特性的信息。FAST 为快速刷新；COMPLETE 为完全刷新；FORCE 表明为强制刷新。START WITH 为自动刷新的第一个时间指定一个日期；NEXT 指定自动刷新的时间间隔。

【例 13.11】 在本地服务器上创建快照。

```
CREATE SNAPSHOT KC_COUNT
    PCTFREE 5
    TABLESPACE SYSTEM
```

```
REFRESH COMPLETE
    START WITH SysDate
    NEXT SysDate+7
AS
SELECT COUNT(*)
    FROM SCOTT.KCB2@SH_LINK;
```

执行结果如图 13.13 所示。

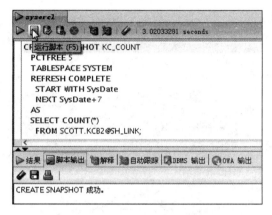

图 13.13　例 13.11 执行结果

说明：快照为 KC_COUNT。表空间和存储区参数应用于存储快照数据的本地基表。除了刷新间隔外，还给出了基本查询。在这种情况下，快照被通知立即检索主数据，然后将于 7 天(SysDate＋7)后再次执行快照操作。注意，快照查询不能引用用户 SYS 所拥有的表或视图。

注意：创建一个快照时，必须引用远程数据库中的整个对象名。在上面的例子中，对象名是 SCOTT.KCB2。

当创建这个快照时，就会在本地数据库中创建一个数据表。Oracle 将创建一个称作 SNAP＄_snapshotname 的数据表，即快照的本地基表，用来存储快照查询返回的记录。尽管此表可以被索引，但它不能以任何方式改变。在创建数据表的同时还将创建这个表的一个只读视图(以快照命名)，称为 MVIEW＄_snapshotname 的视图，将作为远程主表的视图被创建。此视图将用于刷新过程。

13.3.2　修改快照

使用 PL/SQL 方式修改快照的语法格式如下：

```
ALTER SNAPSHOT [方案名.]<快照名>
    [PCTFREE <数字值>]
    [PCTUSED <数字值>]
    [INITRANS <数字值>]
    [MAXTRANS <数字值>]
    [TABLESPACE <表空间名>]
```

```
[STORGE <存储参数>]
[USING INDEX   [PCTFEE <数字值>]
[REFRESH [FAST | COMPLETE | FORCE] [START WITH <日期值>] [NEXT <日期值>] ]
```

其中,参数和关键字的含义请参照 CREATE SNAPSHOT 语句的语法说明。

【例 13.12】 修改例 13.11 中的快照。

```
ALTER SNAPSHOT KC_COUNT
    PCTFREE 10
    PCTUSED 25
    INITRANS 1
    MAXTRANS 20;
```

执行结果如图 13.14 所示。

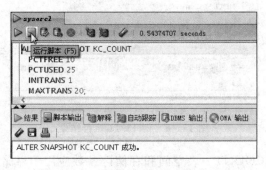

图 13.14 例 13.12 执行结果

13.3.3 删除快照

若要撤销一个快照,可以使用界面或命令方式来删除。例如,要删除 KC_COUNT 快照,只需在"实体化视图"节点选中 KC_COUNT,右击鼠标,选择"删除"菜单项,出现"删除"对话框,单击"应用"按钮,在弹出的消息框中单击"确定"即可。整个操作过程如图 13.15 所示。

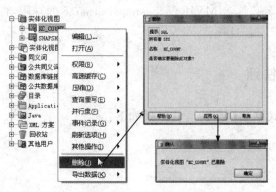

图 13.15 删除快照

用 SQL 命令删除快照的语法格式如下:

```
DROP SNAPSHOT <数据库快照名>;
```

例如,要删除 SHAPSHOT_TEST 快照,可使用如下语句:

```
DROP SNAPSHOT SHAPSHOT_TEST;
```

13.4　序列

序列(Sequence)定义存储在数据字典中,它通过提供唯一数值的顺序表来简化程序设计工作。当一个序列第一次被查询调用时,它将返回一个预定值。在随后的每一次查询中,序列将产生一个按其指定的增量增长的值。序列可以是循环的,也可以是连续增加的,直到指定的最大值为止。

使用一个序列时,不保证将生成一串连续不断的值。例如,如果查询一个序列的下一个值供 INSERT 使用,则该查询是能使用这个序列值的唯一会话。如果未能提交事务处理,则序列值就不被插入表中,以后的 INSERT 将使用该序列随后的值。

序列的类型一般可以分为以下两种。

(1)升序:序列值自初始值向最大值递增。这是创建序列时的默认设置。

(2)降序:序列值自初始值向最小值递减。

13.4.1　创建序列

1. 界面创建序列

打开 sysorcl 连接,右击"序列"节点,选择"新建序列"菜单项,弹出"创建数据库序列"对话框,如图 13.16 所示。

在其中设置新序列的信息,包含的各项信息介绍如下。

(1)方案:在"方案"下拉列表中选择该序列所属的用户方案。新序列的默认方案就是登录用户,这里是 SYS。

(2)名称:待定义的序列的名称。序列的名称必须是一个有效的 Oracle 标识符。这里取名为 S_XH。

(3)增量:序列递增、递减的间隔数值(升序序列)。如果该字段为正整数,则表示创建的是升序序列;如果为负整数,则表示创建的是降序序列。

(4)最小值:序列可允许的最小值,默认为 1。

(5)开头为:序列的起始值,该字段必须是一个整数。

图 13.16　"创建数据库序列"对话框

（6）最大值：序列可允许的最大值。

（7）高速缓存：若选择 CACHE,就需要设置高速缓存大小,默认值为 20,也可以指定值,可接受的最小值为 2。对循环序列来说,该值必须小于循环中值的个数。如果序列能够生成的值数的上限小于高速缓存大小,则高速缓存大小将自动改换为该上限数。

（8）周期：选中此选项,即指定在达到序列最小值或最大值之后,序列应继续生成值。对升序序列来说,在达到最大值后将生成最小值。对降序序列来说,在达到最小值后将生成最大值。如果未选中"周期",序列将在达到最小值或最大值后停止生成任何值。

（9）顺序：选中该选项,即指定序列号要按请求顺序生成。

单击"确定"按钮,系统创建序列。

2. 命令创建序列

也可以使用 SQL 命令创建序列,语法格式如下：

```
CREATE SEQUENCE [用户方案名.] <序列名>          /*将要创建的序列名称*/
    [INCREMENT BY <数字值>]                      /*递增或递减值*/
    [START WITH <数字值>]                        /*初始值*/
    [MAXVALUE <数字值>| NOMAXVALUE]              /*最大值*/
    [MINVALUE <数字值>| NOMINVALUE]              /*最小值*/
    [CYCLE | NOCYCLE]                            /*是否循环*/
    [CACHE <数字值>| NOCACHE]                    /*高速缓冲区设置*/
    [ORDER | NOORDER]                            /*序列号是否按照顺序生成*/
```

说明：

（1）INCREMENT BY：指定序列递增或递减的间隔数值,指定为正值则表示创建的是升序序列,为负值则表示创建的是降序序列。

（2）START WITH：序列的起始值。若不指定该值,对升序序列将使用该序列默认的最小值。对降序序列,将使用该序列默认的最大值。

（3）MAXVALUE：序列可允许的最大值。若指定为 NOMAXVALUE,则将对升序序列使用默认值 1.0E27(10 的 27 次方),而对降序序列使用默认值-1。

（4）MINVALUE：序列可允许的最小值。若指定为 NOMINVALUE,则对升序序列将使用默认值 1,而对降序序列使用默认值-1.0E26(-10 的 26 次方)。

（5）CYCLE：指定在达到序列最小值或最大值之后,序列应继续生成值。对升序序列来说,在达到最大值后将生成最小值。对降序序列来说,在达到最小值后将生成最大值。若指定为 NOCYCLE,则序列将在达到最小值或最大值后停止生成任何值。

（6）CACHE：由数据库预分配并存储的值的数目。默认值为 20,也可以指定值,可接受的最小值为 2。对循环序列来说,该值必须小于循环中值的个数。如果序列能够生成的值数的上限小于高速缓存大小,则高速缓存大小将自动改换为该上限数。若指定为 NOORDER,则指定不预分配序列值。

【例 13.13】 创建一个降序序列。

```
CREATE SEQUENCE S_TEST
    INCREMENT BY -2 START WITH 4500
    MAXVALUE 4500
```

```
MINVALUE 1
CYCLE
CACHE 20
NOORDER;
```

13.4.2　修改序列

以界面方式修改序列的方法与创建序列类似,这里不再赘述,本节主要介绍使用 SQL 命令方式修改序列的方法。修改序列使用 ALTER SEQUENCE 语句,语法格式为:

```
ALTER SEQUENCE [用户方案名.] <序列名>
    [INCREMENT BY <数字值>]              /* 递增或递减值 */
    [MAXVALUE <数字值> | NOMAXVALUE]    /* 最大值 */
    [MINVALUE <数字值> | NOMINVALUE]    /* 最小值 */
    [CYCLE | NOCYCLE]                   /* 是否循环 */
    [CACHE <数字值> | NOCACHE]          /* 高速缓冲区设置 */
    [ORDER | NOORDER]                   /* 序列号是否按照顺序生成 */
```

语句中的选项含义参见 CREATE SEQUENCE 语句说明。

【例 13.14】　修改例 13.13 创建的序列。

```
ALTER SEQUENCE S_TEST
    INCREMENT BY -1
    MAXVALUE 9000
    MINVALUE 4500
    NOORDER;
```

13.4.3　删除序列

用 SQL 命令删除序列的语法格式如下:

```
DROP SEQUENCE<序列名>
```

例如,要删除 S_TEST 序列,可使用如下语句:

```
DROP SEQUENCE S_TEST;
```

CHAPTER 第 14 章

实验和练习

本书实验部分是为了让学生能够在上机环境中自己动手来操作 Oracle 数据库而特别准备的。学生可以按照实验中提出的步骤并且参照本书前面教程部分完成操作,并按照"思考与练习"中的要求自己来解决一些问题。

14.1 实验 1 创建数据库和表

14.1.1 界面创建数据库和表

参考本书第 3 章界面创建和操作数据库完成实例

(1) 使用 DBCA 创建学生成绩管理数据库 XSCJ。

(2) 使用 SQL Developer,通过界面方式在 XSCJ 数据库中创建表 xsb。

14.1.2 界面操作表记录

使用 SQL Developer,通过界面方式在 XSCJ 数据库 xsb 表插入记录、修改记录和删除记录,操作记录的样本数据参考附录 A。在操作后注意观察下方的对应的 SQL * Plus 命令。

思考与练习

(1) 在 14.1.1 节实验基础上修改 xsb 表结构,不设置主键。

① 在 xsb 表插入第 1 条记录,试验和观察:

学号、姓名、性别、出生时间列是否可不输入内容,而专业列是否可不输入内容?

出生时间内容格式(例如:mm-dd-yyyy)变一下是否能够输入?

② 在 xsb 表插入第 2 条记录,试验和观察:

输入学号与第 1 条记录相同,是否能够输入?

(2) 修改 xsb 表结构,重新设置学号列为主键。观察出现什么现象,是否能够设置成功?

把 xsb 表插入第 2 条记录中的学号修改成与第 1 条记录不同,重新修改 xsb 表结构,设置学号列为主键。是否能够设置成功?

在 xsb 表插入第 3 条记录,学号与前面已经插入的记录相同,是否能够插入? 学号与前面已经插入的记录不相同,是否能够插入?

（3）修改前面已经插入的记录。

把学号、姓名、性别、出生时间列修改为空是否可以? 为什么?

把专业列修改为空是否可以? 为什么?

（4）输入下列命令显示 xsb 表所有记录内容：SELECT ＊ FROM xsb。

（5）删除一条记录,然后显示 xsb 表所有记录内容。

（6）参考附录 A 的所有样本数据录入各个表中。

14.1.3　操作表空间

（1）使用 CREATE TABLESPACE 命令创建表空间 mytabsp。

（2）用界面创建 mytest 表,使用 mytabsp 表空间。

14.2　实验 2　创建数据库和表

14.2.1　命令创建表结构

思考与练习

（1）用 CREATE TABLE 命令创建 xsb1,表结构与 xsb 相同。用界面方式查看创建的 xsb1 表结构。

（2）用 CREATE TABLE 命令创建课程 kcb 和成绩表 cjb。用界面方式查看创建的 kcb 表结构和 cjb 表结构。

（3）用 CREATE TABLE xsb2 AS SELECT ＊ FROM xsb WHERE flase 命令创建 xsb2,表结构与 xsb 相同。用界面方式查看创建的 xsb2 表结构。

（4）用界面方式删除 xsb1 表,用命令删除 xsb2 表。

14.2.2　命令创建学生表（xsb）记录

思考与练习

（1）用 CREATE TABLE xs_jsj AS SELECT ＊ FROM xsb WHERE 专业＝'计算机' 命令创建计算机专业学生表,表结构与 xsb 相同。

用界面和命令方式显示 xs_jsj 表记录内容。

（2）用 CREATE TABLE xs_jsj1 AS SELECT ＊ FROM xsb WHERE true 命令复制学生表（xsb）表记录,用命令方式显示 xs_jsj1 表记录内容。

（3）用命令删除 xs_jsj1 表非计算机专业学生记录,然后显示所有记录。

（4）用命令向 xs_jsj1 表中增加一条记录,有默认值的列采用默认值。

（5）用命令向 xs_jsj1 表中增加一条记录,不采用默认值。

（6）用命令修改非学号列,然后显示该记录。

(7) 用命令修改学号列与另一条记录相同,观察是否能够修改?

(8) 同步 xs_jsj1 表和 xs_jsj 表,同步后观察记录是否相同?

(9) 删除 xs_jsj1 表中刚加入的一条记录,并且进行确认,显示记录内容。删除 xs_jsj1 表的所有记录,显示记录内容。

(10) 撤销删除 xs_jsj1 表的所有记录,显示记录内容。

14.2.3　命令创建课程表(kcb)和成绩表(cjb)记录

(1) 参考附录 A 利用界面方式和命令方式输入课程表(kcb)记录。

(2) 参考附录 A 利用界面方式和命令方式输入成绩表(cjb)记录。

14.3　实验 3　数据库的查询和视图

14.3.1　数据库的查询

1. 参考本书 5.1 节数据库的查询完成实例

学生成绩管理数据库(XSCJ)及其表前面已经创建,本节还使用了产品数据库 CPDB。

创建产品数据库 CPDB,在产品数据库 CPDB 中创建产品表 CP,CP 表结构如表 14.1 所示。

表 14.1　CP 表结构

列　名	数据类型	是否允许为空值	默认值	说明
产品编号	char(8)	×	无	主键
产品名称	char(12)	×	无	
价格	number(8)	×	无	
库存量	number(4)	√	无	

产品表 CP 样本数据如表 14.2 所示。

表 14.2　CP 表样本数据

产品编号	产品名称	价　格	库存量
10001100	冰箱 A_100	1500.00	500
10002120	冰箱 A_200	1850.00	200
20011001	空调 K_1200	2680.00	300
20012000	空调 K_2100	3200.00	1000
30003001	冰柜 L_150	5000.00	100
10001200	冰箱 B_200	1600.00	1200
10001102	冰箱 C_210	1890.00	600
30004100	冰柜 L_210	4800.00	200
20001002	空调 K_3001	3800.00	280
20011600	空调 K_1600	4200.00	1500

完成 5.1 节数据库查询实例,并查看结果。

2．思考与练习

按照要求设计查询语句,查询学生表 xsb、课程表 kcb 和成绩表 cjb。输入查询命令,观察查询结果。

(1) 查询 22 岁以下姓"王"的姓名、专业。

(2) 查询某课程得良的学生的学号、姓名、课程号、课程名、成绩。

(3) 查询某课程的成绩等级,输出学号、姓名、分数、等级

(4) 分别按照课程列出选修学生,同时统计男女学生人数、课程总选修人数、平均分,每一门课程学生按照分数由高到低排列。

(5) 根据学号第 2~3 位(入校年份)和第 3~4 位(专业代号)和性别进行查询,分别显示是哪一年、哪一个专业、男女学生记录,其后显示统计人数,最后显示总人数。

14.3.2　数据库视图

1．参考本书 5.2 节数据库视图完成实例

完成 5.2 节数据库视图实例,并查看结果。

2．思考与练习

(1) 建立扩展成绩表视图 mycjb,用成绩表(cjb)关联学生表(xsb)和课程表(kcb),包含学号、姓名、课程号、课程名、成绩。

(2) 对扩展成绩表视图 mycjb 进行查询:

① 查询所有课程所有学生记录,按照课程分组,按照分数大小排列。

② 查询指定课程所有学生记录,按照专业分组,按照学号排列。

③ 查询指定学生所有课程记录,按照课程号排列,累计总学分。

(3) 更新扩展成绩表视图 mycjb 内容,查看原表的变化:

① 修改某个学生某门课程成绩。

② 查询原成绩表(cjb),观察成绩变化。

(4) 建立扩展成绩表视图 mycjb1,输出列同(1),但仅包含计算机专业学生。重复(2)和(3)操作。

(5) 建立扩展成绩表视图 mycjb2,输出列同(1),但仅包含通信工程专业学生。重复(2)和(3)操作。

(6) 将扩展成绩表视图 mycjb1 和扩展成绩表视图 mycjb2 联合起来,查询所有记录、某一课程的所有学生记录和某一课程的指定学生记录。

14.3.3　含替换变量的查询

(1) 完成 5.3 节含替换变量的查询查询实例,并查看结果。

(2) 思考与练习:采用含替换变量进行查询。

14.4　实验 4　索引和数据完整性

14.4.1　索引

思考与练习

（1）在学生表(xsb)中临时插入一条记录,学号为中间值,查询学生表,观察记录在输出记录中的位置,分析原因。

（2）在学生表(xsb)的姓名字段创建普通索引,查询学生表的所有记录,观察输出顺序,分析原因。

（3）向学生表(xsb)插入一条姓名相同的记录,查询学生表的所有记录,观察插入记录的显示位置,分析原因。

（4）删除姓名字段创建普通索引,查询学生表的所有记录,观察输出顺序,分析原因。

（5）在学生表(xsb)的姓名字段创建 UNIQUE 索引,然后插入一条姓名相同的记录,为什么不能插入? 分析原因。

（6）删除姓名字段创建 UNIQUE 索引。

（7）向学生表(xsb)的插入一条学号相同的记录,为什么不能插入? 分析原因。

（8）向成绩表(cjb)的插入一条学号相同的记录,为什么可以插入? 分析原因。

14.4.2　数据完整性

1. 在前面基础上定义数据完整性

（1）向 xsb 表插入一条记录,专业字段不输入,观察是否能够插入?

为了插入记录时专业必须输入如何设置? 试验一下。

为了插入记录时如果专业字段不输入,自动加入"计算机",如何设置? 试验一下。

（2）使用命令方式向 xsb 表姓名列添加一个 UNIQUE 约束,然后插入一条姓名相同的记录,是否能够插入? 为什么?

（3）使用命令方式向 xsb 表添加 CHECK 约束,控制总学分必须为 0~100。

向 xsb 表插入一条记录,总学分输入-1,观察是否能够插入?

（4）使用界面方式定义 xsb 表和 cjb 表之间的参照关系,所有在 cjb 表中出现的学号都应该在 xsb 表中存在。

向 cjb 表插入一条记录,学号不在 xsb 中,观察是否能够插入?

（5）使用命令方式定义 kcb 表和 cjb 表之间的参照关系,所有在 cjb 表中出现的课程号都应该在 kcb 表中存在。

向 cjb 表插入一条记录,课程号不在 kcb 中,观察是否能够插入?

（6）向 cjb 表插入"课程名"相同的记录,是否能够插入? 为什么?

2. 思考与练习

（1）设置专业名称必须与学号的第 3～4 位表示的专业代号一致。例如，"11"为"计算机"，"12"为"通信工程"。（参考系统函数功能）

向 xsb 表插入一条记录，学号的第 3～4 位（专业代号）为"11"，专业输入"通信工程"，观察是否能够插入？

（2）设置学号的第 1～2 位表示的入校年份不会比当前的日期中的年份大，插入记录，试验一下是否成功。

（3）设置学号的第 1～2 位表示的入校年份与出生时间的关系，不允许大于 22 岁，插入记录，试验一下是否成功。

14.5　实验 5　PL/SQL 编程

1. 参考本书第 7 章 PL/SQL 编程完成实例

在 SQL＊Plus 的编辑窗口分别输入实例程序并执行，观察执行结果。

2. 思考与练习

（1）用非游标方法设计用户定义函数：UDFcount1（）。

① 用户定义函数功能：统计＜60、60～69、70～79、80～89、＞90 分数段的人数。

输入参数：课程号（mykch）。如果为空，则为所有课程。

输出参数：各分数段人数：n0，n60，n70，n80，n90。

② 设计调用用户定义函数程序。

输入值给变量，然后将该变量作为输入参数，调用用户定义函数 UDFcount1（）。

③ 执行调用用户定义函数程序。

输入某课程号，观察是否显示该课程各分数段人数。

输入参数为空，观察是否显示所有课程各分数段人数。

（2）用游标方法设计用户定义函数：UDFcount2（）。

功能同上，重复上述步骤，比较它们的差别。

14.6　实验 6　存储过程和触发器

14.6.1　存储过程

1. 参考本书 8.1 节存储过程完成实例

在 SQL＊Plus 的编辑窗口分别输入存储过程实例并执行，观察执行结果。

2. 思考与练习

（1）设计存储过程，调用实验 5 创建的用户定义函数：UDFcount1（）和 UDFcount2（）。执行存储过程，观察执行结果。

（2）设计存储过程，功能如下：

根据学号第 2～3 位（入校年份）、第 3～4 位（专业代号）和性别，分别显示哪一年、哪一个专业、男女学生记录，其后显示统计人数，最后显示总人数。

执行存储过程，观察执行结果。

14.6.2　触发器

1. 思考与练习：记录插入和删除

先删除前面 xsb、kcb 和 cjb 表创建的参照完整性关系。

（1）创建一个 cjb 表 INSERT 触发器，当插入 cjb 表中一条记录时，如果学号 xsb 表不存在或者课程号 kcb 表不存在，则不能插入。

（2）创建一个 xsb 表 DELETE 触发器，当删除 xsb 表中一条记录时，如果 cjb 表中有与该学号相同的成绩记录，则不能删除。

（3）创建一个 kcb 表 DELETE 触发器，当删除 kcb 表中一条记录时，如果 cjb 表中与有该课程号相同的成绩记录，则不能删除。

2. 思考与练习：更新记录数据

（1）创建一个 cjb 表 INSERT 触发器，当插入 cjb 表中一条记录时，如果成绩≥60，则根据课程号对应的学分，在 xsb 中总学分加相应的学分。

（2）创建一个 cjb 表 DELETE 触发器，当删除 cjb 表中一条记录时，如果此前的成绩≥60，则根据课程号对应的学分，在 xsb 中总学分减相应的学分。

（3）创建一个 cjb 表 UPDATE 触发器，如果此前的成绩≥60，此后修改成绩＜60，则根据课程号对应的学分，在 xsb 中总学分减相应的学分。如果此前的成绩＜60，此后修改成绩≥60，则根据课程号对应的学分，在 xsb 中总学分加相应的学分。

14.7　实验 7　高级数据类型

1. 参考本书第 9 章高级数据类型完成实例

（1）新建一个学生照片表 xszp，用于保存学生的照片信息，并添加 101101 学生的照片，照片为 101101.jpg 文件，保存在 D 盘 image 目录下。

（2）创建一个表 xslx 用于保存学生的具体联系方式（含列名"学号"和"联系方式"），使用 INSERT 语句向表 xslx 中插入 101101 号学生的联系方式。

2. 思考与练习

（1）在插入 CLOB、BLOB 和 NCLOB 数据类型时，要先分别插入哪几个空白构造函数？

（2）使用临时表的方式向 xsls 表中导入 101102 号学生的联系方式。

（3）查询 xslx 表中 101102 员工的电话。

14.8　实验 8　系统安全管理

1. 参考本书第 11 章系统安全管理完成实例

（1）创建用户 author。

（2）使用 GRANT 语句赋予 author 系统权限，之后再使用 REVOKE 语句收回该权限。

（3）授予用户 author 修改 xsb 表的权限。用该用户操作，看是否具有权限。

（4）创建角色 account_create，给角色 account_create 授予和取消权限。

（5）创建概要文件。

2. 思考与练习

（1）创建一个用户 manager，授予 DBA 角色和 SYSDBA 系统权限，它可以替代 system 系统用户。用该用户操作，看是否具有权限。

（2）创建一个角色 admin，授予 DBA 角色和 SYSDBA 系统权限。

（3）创建概要文件 yggl_profile 并分配给用户 manager。

CHAPTER 第 15 章

综合应用实践数据准备

为了便于学习,后面所有综合应用案例仍然采用学生成绩数据库。综合应用部分与前面基础部分是独立的。但如果不熟悉 Oracle,学习 Oracle 是必需的。如果已熟悉 Oracle,学习应用 Oracle 解决问题可直接从本章开始。本章为后面综合应用案例做数据库准备。虽然后面综合应用案例平台不同,但均操作本章准备的数据库。这给读者学习多平台开发 Oracle 应用提供了极大的方便。

15.1 数据库与基本表

综合应用案例均使用学生成绩数据库 XSCJ 作为后台数据库,用户名使用 SCOTT,密码为 Mm123456。前面在介绍数据库基础时也采用学生成绩数据库,数据库表中均使用汉字作为字段名,其目的是为了便于 Oracle 基础内容的学习,方便教学。但是,实际应用开发时,用汉字作为字段名会不太方便,综合应用实习部分是介绍解决实际问题,为了与解决实际问题方法一致,XSCJ 数据库表中所有的字段名使用汉语拼音缩写。

综合应用案例使用的学生成绩管理数据库中包含 4 个表,分别是学生信息表(XSB)、学生照片表(XSZP)、课程表(KCB)和成绩表(CJB),各个表的结构如表 15.1 至表 15.4 所示,所有的表均保存在 SCOTT 方案默认的表空间 USERS 中。

表 15.1　XSB 的表结构

列名	数据类型	是否可空	默认值	说　　明	列名含义
XH	char(6)	×	无	主键,前 2 位为年级,中间 2 位为班级号,后 2 位为序号	学号
XM	char(8)	×	无		姓名
XB	char(2)	×	"男"		性别
CSSJ	date	×	无		出生时间
ZY	char(12)	√	无		专业
ZXF	number(2)	√	0	0≤总学分<160	总学分
BZ	varchar2(200)	√	无		备注

表 15.2　XSZP 表的表结构

列名	数据类型	是否可空	默认值	说明	列名含义
XH	char(6)	×	无	主键	学号
ZP	blob	√	无		照片

表 15.3　KCB 的表结构

列名	数据类型	是否可空	默认值	说　　明	列名含义
KCH	char(3)	×	无	主键	课程号
KCM	char(16)	×	无		课程名
KKXQ	number(1)	√	1	有效值只能为 1～8	开课学期
XS	number(2)	√	0		学时
学分　XF	number(1)	×	0		

表 15.4　CJB 的表结构

列名	数据类型	是否可空	默认值	说明	列名含义
XH	char(6)	×	无	主键	学号
KCH	char(3)	×	无	主键	课程号
CJ	number(2)	√	无		成绩

　　XSB、KCB 和 CJB 表的列名相对于本书基础部分来说更换为英文缩写，其余相同。
XSZP 表用来保存学生的照片信息。

　　创建 XSB 表的语句如下：

```
CREATE TABLE XSB
(
    XH      char(6)         NOT NULL        PRIMARY KEY,
    XM      char(8)         NOT NULL,
    XB      char(2)         DEFAULT '男'    NOT NULL,
    CSSJ    date            NOT NULL,
    ZY      char(12)        NULL,
    ZXF     number(2)       NULL,
    BZ      varchar2(200)   NULL
);
```

　　其他表的创建语句这里不再具体列出，请读者自行完成，表创建完后可以向表中插入附
录 A 提供的样本数据。

15.2　视图

　　创建学生课程成绩视图，名称为 XS_KC_CJ，通过学号将学生表和成绩表联系起来，通
过课程号将成绩表和课程表联系起来，包含学号、姓名、专业、课程号、课程名和成绩等列。

要求所有学生的选课情况都保存在视图中,即任意一个学号和任意一个课程号都在视图中有对应的一条记录,如果成绩表(CJB)存在对应的记录则在成绩视图中显示成绩,若不存在则显示为 NULL。

　　SCOTT 用户默认没有创建视图的权限,首先需要使用 SYSTEM 用户登录数据库,授予 SCOTT 用户 CREATE VIEW 的权限。

```
GRANT CREATE VIEW TO SCOTT;
```

创建视图的命令如下:

```
CREATE OR REPLACE FORCE VIEW "SCOTT"."XS_KC_CJ"("XH", "XM", "ZY", "KCH", "KCM",
"CJ")AS
  SELECT
    XSB.XH,XSB.XM,XSB.ZY,KCB.KCH,KCB.KCM,CJB.CJ
FROM
    XSB CROSS JOIN KCB
        LEFT OUTER JOIN CJB ON CJB.XH=XSB.XH AND CJB.KCH=KCB.KCH;
```

15.3　触发器与完整性约束

1. 删除学生对应成绩和照片记录(使用触发器实现)

　　实现功能:当删除学生记录时,同步删除成绩表(CJB)中该学生的成绩记录和照片表(XSZP)中的照片记录。可以通过创建学生表(XSB)的 DELETE 触发器实现此功能。触发器语句如下:

```
CREATE OR REPLACE TRIGGER XS_DELETE
    AFTER DELETE ON XSB FOR EACH ROW
BEGIN
    DELETE FROM CJB WHERE XH=:OLD.XH;
    DELETE FROM XSZP WHERE XH=:OLD.XH;
END;
```

2. 删除课程对应成绩记录(使用完整性约束实现)

　　实现功能:当删除课程记录后,同步删除成绩表(CJB)中所有学生的该课程的成绩记录。此功能可以用类似于上面的触发器实现,也可以用参照完整性约束实现。语句如下所示:

```
ALTER TABLE CJB
    ADD CONSTRAINT FK_KC FOREIGN KEY(KCH)
        REFERENCES KCB(KCH)
    ON DELETE CASCADE;
```

　　可以看出完整性约束比触发器有更多的限制,触发器比完整性约束具有更多的灵活性。读者可以自行验证本节创建的触发器和完整性约束的功能。

15.4　存储过程

创建存储过程 CJ_Data。参数包含：学号(in_xh)、课程号(in_kch)和成绩(in_cj)。

编写思路

(1) 根据课程号查询该课程对应的学分。

(2) 根据学号和课程号查询该成绩记录,删除原来成绩记录。如果成绩≥60,则该学生总学分(ZXF)减去该课程的学分。

(3) 如果新成绩＝－1(表示删除该成绩记录),则存储过程结束。

(4) 增加成绩记录,如果成绩≥60,则该学生总学分(ZXF)加上该课程的学分。

创建存储过程的语句如下：

```
CREATE OR REPLACE
PROCEDURE CJ_DATA
(in_xh IN char, in_kch IN char, in_cj IN number)
AS
    in_count number;
    in_xf number:=0;
    in_cjb_cj number:=0;
BEGIN
    SELECT XF INTO in_xf FROM KCB WHERE KCH=in_kch;
    SELECT COUNT(*)INTO in_count FROM CJB WHERE XH=in_xh AND KCH=in_kch;
    IF in_count>0 THEN
        SELECT CJ INTO in_cjb_cj FROM CJB WHERE XH=in_xh AND KCH=in_kch;
        DELETE FROM CJB WHERE XH=in_xh AND KCH=in_kch;
        IF in_cjb_cj>=60 THEN
            UPDATE XSB SET ZXF=ZXF-in_xf WHERE XH=in_xh;
        END IF;
    END IF;
    IF in_cj<>-1 THEN
        INSERT INTO CJB VALUES(in_xh, in_kch, in_cj);
        IF in_cj>=60 THEN
            UPDATE XSB SET ZXF=ZXF+in_xf WHERE XH=in_xh;
        END IF;
    END IF;
    COMMIT;
END;
```

创建完成后可以通过调用存储过程来测试功能是否能够完成。例如,修改学号为 151101、课程号为 101 的成绩,把 80 分改为 50 分。查看 CJB 的成绩是否修改成功,XSB 的总学分是否减少。

```
BEGIN
```

```
    CJ_Data('151101', '101',50);
END;
```

15.5　综合应用实习功能

　　下列为综合应用实习功能的菜单,其中,标注 ＊ 项目为读者在完成本教程实习功能后,通过模仿练习完成的功能。

　　1. 学生信息管理

　　学生信息录入、修改和删除;

　　学生信息查询;

　　学生学分排序(＊)。

　　2. 课程信息管理

　　课程信息录入(＊);

　　课程信息查询(＊)。

　　3. 成绩管理

　　学生成绩录入;

　　学生成绩查询(＊);

　　课程成绩排序(＊)。

Visual Basic.NET/Oracle 11g 学生成绩管理系统

本章介绍以 Microsoft Visual Basic. NET 2015(简称 VB. NET 2015)为前台开发工具，并以 Oracle 11g 学生成绩数据库 XSCJ 作为后台数据库，实现一个简单的学生成绩管理系统。本系统的功能包括学生信息的查询，学生信息的录入、修改和删除，学生成绩的录入和删除。学生成绩管理 Oracle 数据库已经在第 15 章中完成。

16.1 Visual Basic.NET 环境的使用

16.1.1 切换到 Visual Basic.NET 开发环境

VB. NET 2015 基于 Microsoft. NET 平台，是集成在 Visual Studio 2015(简称 VS2015)中的，故需要先安装 VS2015，而 VS2015 默认的开发语言是 C#，要使用 VB，必须首先切换到 VB. NET 开发环境。

操作步骤如下：

(1) 启动 VS2015，选择主菜单"工具"→"导入和导出设置"，启动"导入和导出设置向导"，如图 16.1 所示。

(2) 在向导的欢迎页，选中"重置所有设置"单选按钮，单击"下一步"按钮，如图 16.2 所示。

(3) 在向导的"保存当前设置"页，选中"是，保存我的当前设置"单选按钮，单击"下一步"按钮，如图 16.3 所示。

(4) 在向导的"选择一个默认设置集合"页，于列表中选中 Visual Basic 项，单击"完成"按钮结束向导，如图 16.4 所示。

接下来，VS2015 开始初始化新的开发环境，稍候片刻，初始化工作完成，开发环境就切换到 VB. NET 了。

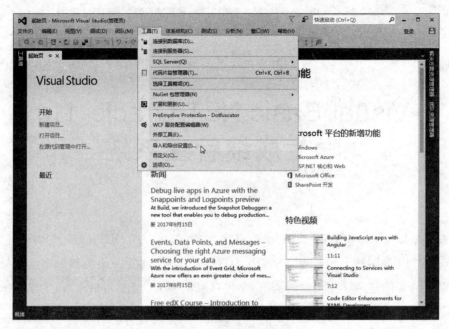

图 16.1　导入/导出设置

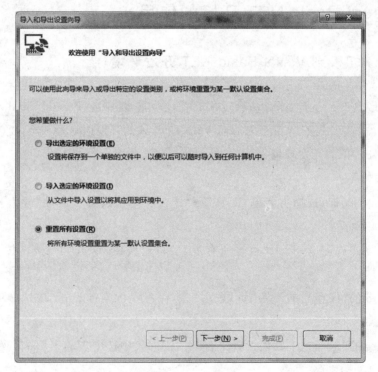

图 16.2　重置设置

图 16.3　保存设置

图 16.4　选择 Visual Basic 为开发语言

16.1.2 创建 Visual Basic.NET 项目

（1）新建项目

选择主菜单"文件"→"新建项目"，弹出"新建项目"对话框，展开左侧的已安装模板，选中 Visual Basic→Windows 项，在中央列表区选中"Windows 窗体应用程序"，在底部"名称"栏填写项目名为 StudentMgr，单击"确定"按钮，如图 16.5 所示。

图 16.5　"新建项目"对话框

系统初始创建了一个 Form1.vb 窗体作为 VB.NET 应用程序的默认启动窗体，我们把它作为本章实习程序"学生成绩管理系统"的主窗体，如图 16.6 所示。

（2）添加窗体

除了主窗体外，一个应用程序往往还要包含多个窗体，以实现多个不同的功能模块。往项目中添加新窗体的操作方法是：在"解决方案资源管理器"中右击项目名，从弹出菜单中选择"添加"→"Windows 窗体"，弹出"添加新项"对话框，在底部"名称"栏中输入窗体名，单击"添加"按钮，如图 16.7 所示。

这里先往项目中添加一个"学生信息查询"窗体，命名为 stu_query。

16.1.3 Visual Basic.NET 连接 Oracle

将新添加窗体的 Text 属性设置为"学生信息查询"，从工具箱往窗体上拖曳放置一个 DataGridView 控件，它是.NET 平台上一个功能强大的数据显示组件，下面介绍如何通过设置它连接 Oracle 11g，来显示出 XSCJ 数据库中的学生信息。步骤如下：

（1）选中窗体中的 DataGridView 控件，单击其右上角的▶图标，弹出"DataGridView

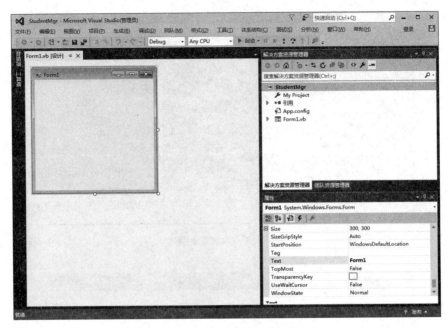

图 16.6　项目的默认主窗体

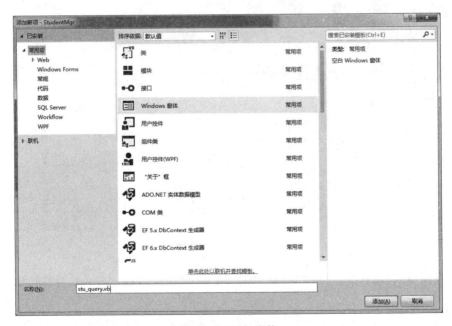

图 16.7　添加窗体

任务”面板，从“选择数据源”下拉框中单击“添加项目数据源”链接，进入数据源配置向导，如图 16.8 所示。

（2）在向导的“选择数据源类型”页，选中“数据库”图标，单击“下一步”按钮，如图 16.9 所示。

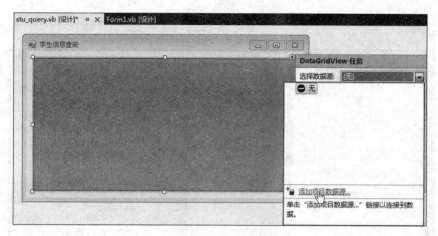

图 16.8   添加数据源

图 16.9   选择数据源类型

（3）在向导的"选择数据库模型"页，选中"数据集"图标，单击"下一步"按钮，如图 16.10 所示。

（4）在向导的"选择你的数据连接"页，单击"新建连接"按钮，弹出"添加连接"对话框，在"服务器名"栏填写 XSCJ，"用户名"栏填写 SCOTT，"密码"栏填写 Mm123456，同时勾选"保存密码"复选框，单击"测试连接"按钮，若连接成功就会弹出"测试连接成功"消息框，这表示 VB. NET 已成功连上了 Oracle 11g。单击"确定"按钮回到向导页，可以看到列表中已经创建了一个连接 XSCJ. SCOTT，选中"是，在连接字符串中包含敏感数据"单选按钮，单击 ⊟ 可查看生成的连接字符串内容，单击"下一步"按钮，如图 16.11 所示。

（5）在向导的"将连接字符串保存到应用程序配置文件中"页，勾选"是，将连接另存为"

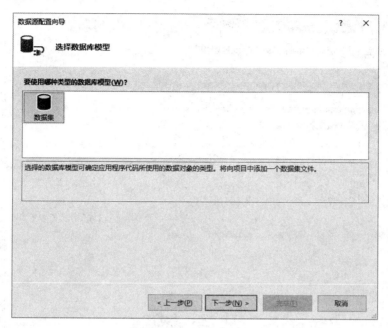

图 16.10　选择数据库模型

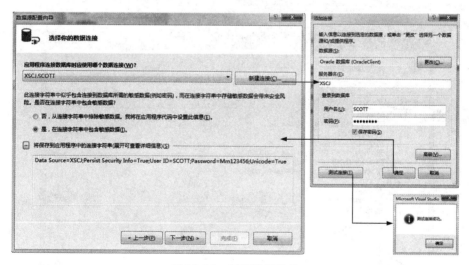

图 16.11　创建数据连接

复选框,单击"下一步"按钮,如图 16.12 所示。

（6）在向导的"选择数据库对象"页,勾选 XSB 的 XH、XM、XB、CSSJ、ZY、ZXF 列复选框,单击"完成"按钮,如图 16.13 所示。

（7）完成后,可以看到窗体中的 DataGridView 控件已绑定了一个名为 XSBBindingSource 的数据源,表格上部出现与数据库字段"XH、XM、XB、CSSJ、ZY、ZXF"相一致的列名,并且系统自动为该窗体生成了 DataSet1、XSBBindingSource 和 XSBTableAdapter 3 个组件,如图 16.14 所示。

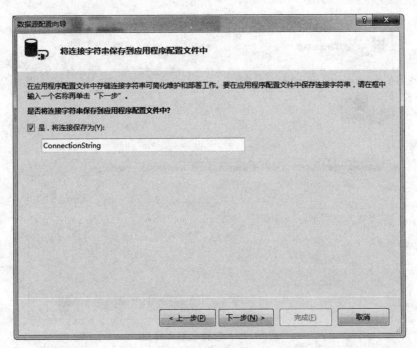

图 16.12　保存连接字符串到配置文件

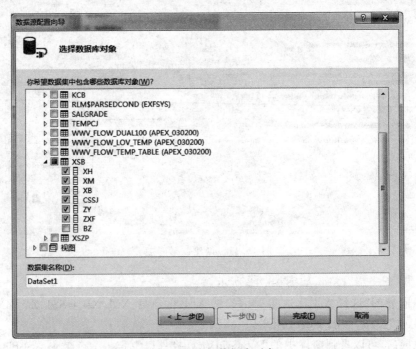

图 16.13　选择数据库对象

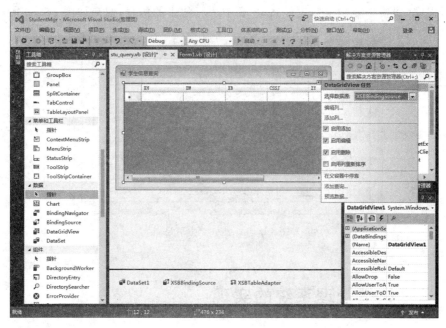

图 16.14 数据绑定成功

（8）将 DataGridView 控件重命名为 StuDG，在其属性窗口中找到 Columns 属性，单击其右边的⋯按钮，在弹出的"编辑列"对话框中，将各列名改成中文（通过设置 HeaderText 属性），单击"确定"按钮。修改完成的表格控件外观如图 16.15 所示。

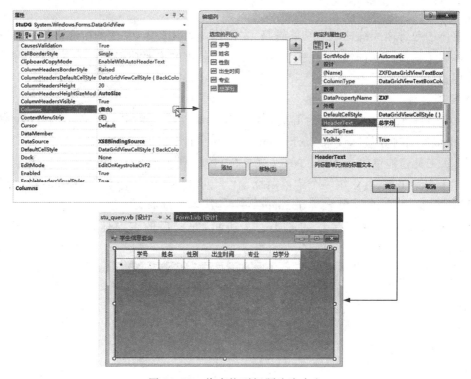

图 16.15 将表格列标题改为中文

运行程序,表格中显示出数据库 XSB 表中所有学生的信息,效果如图 16.16 所示。

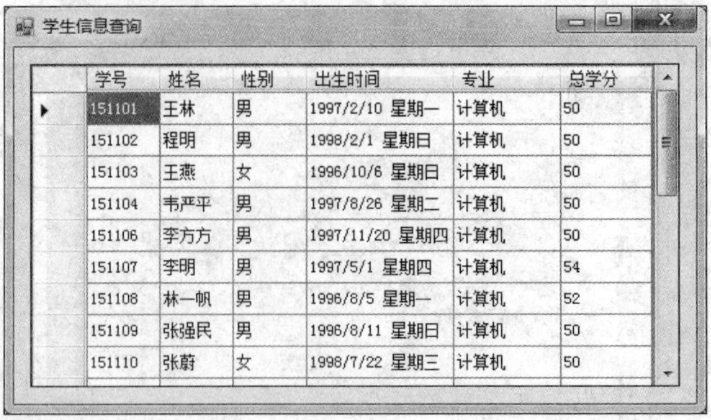

图 16.16　显示学生信息

16.2　学生成绩管理系统的实现

本节主要介绍学生成绩管理系统各模块的具体实现。

16.2.1　主窗体设计

1. 主要功能

主窗体中包含本系统的所有功能选择,主窗体作为父窗体,其他的所有功能界面都将作为主窗体的子窗体,运行时直接在主窗体中显示。包含的主要功能有:学生信息查询、学生信息管理和学生成绩录入。

2. 实现过程

(1) 将项目 Form1.vb 窗体的 IsMdiContainer 属性修改为 True。窗体的 Text 属性设置为"学生成绩管理系统",设置 BackgroundImage 属性为窗体添加背景。

(2) 从工具箱拖曳一个 MenuStrip(菜单栏)控件到主窗体上,单击编辑输入主窗体菜单栏的 3 个主菜单项,其中第一个菜单项标题"学生信息查询",命名为 search;第二个菜单项标题"学生信息管理",命名为 manage;第三个菜单项标题"学生成绩录入",命名为 insert。编辑完成后的主菜单栏如图 16.17 所示,完成后的主窗体运行效果如图 16.18 所示。

图 16.17　编辑主菜单栏

图 16.18　主窗体运行效果

3. 主要代码

菜单栏中选择各个子菜单后触发的事件如下：

```
Public Class Form1
    Private Sub search_Click(sender As Object, e As EventArgs)Handles search.Click
        '单击"学生信息查询"菜单
        stu_query.MdiParent=Me
        stu_query.Show()
    End Sub
    Private Sub manage_Click(sender As Object, e As EventArgs)Handles manage.Click
        '单击"学生信息管理"菜单
        stu_manage.MdiParent=Me
        stu_manage.Show()
    End Sub
    Private Sub insert_Click(sender As Object, e As EventArgs)Handles insert.Click
        '单击"学生成绩录入"菜单
        cj_insert.MdiParent=Me
        cj_insert.Show()
    End Sub
End Class
```

16.2.2　学生信息查询

1. 主要功能

学生信息框的表格显示数据库中所有学生的信息记录。输入学号，单击"查询"按钮，可以查看该学号学生的姓名、专业、备注信息和照片。

2. 实现过程

在"学生信息查询"窗体上，拖曳 4 个 GroupBox 和 1 个 FlowLayoutPanel 控件用于对窗口进行分割,在第 1 个 GroupBox 中新建 3 个 Label 控件、2 个 TextBox 控件、1 个 ComboBox 控件和 1 个查询按钮。TextBox 控件用于保存学生学号和姓名,ComboBox 控件用于保存学生的专业,Text 属性设为"所有专业"。在第 2 个 GroupBox 控件中放置 DataGridView 控件(16.1 节已设置),用于显示学生信息。在第 3 个和第 4 个 GroupBox 中分别放置一个 PictureBox 控件和一个 RichTextBox 控件,分别用于保存照片和备注信息,而这两个 GroupBox 都位于 FlowLayoutPanel 面板控件上。

设计完成的"学生信息查询"窗体的效果如图 16.19 所示。窗体中各个控件的命名与设置在表 16.1 中列出。

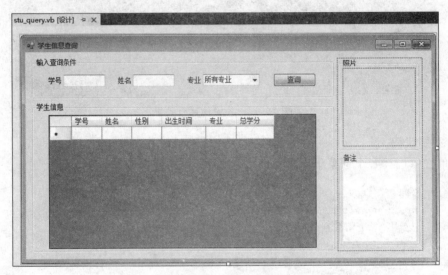

图 16.19 stu_query 窗体的设计

表 16.1 stu_query 窗体的控件设置

控件类别	控件名称	属性设置	说明
Label	label1~labe3	设置各自的 Text 属性	标识学生的学号、姓名、专业
TextBox	StuXH	Text 值清空	保存学生学号
TextBox	StuXM	Text 值清空	保存学生姓名
ComboBox	StuZY	Text 值设为"所有专业"	保存学生的专业
Button	Search	Text 属性设为"查询"	单击查询学生信息
DataGridView	StuDG	设置见 16.1 节	以列表方式显示信息
PictureBox	StuZP	SizeMode 属性设置为 Zoom	用于显示学生的照片
RichTextBox	StuBZ	BorderStyle 属性设置为 None	显示学生的备注

3. 主要代码

(1) 定义执行过程中需要用到以下几个全局变量:

```
Private SqlCon As New OracleClient.OracleConnection
                            'ADO.NET Connection 对象用于创建一个连接
Private SqlCmd As New OracleClient.OracleCommand
                            'ADO.NET Command 对象用于执行一次简单查询
Private SqlRes As New DataSet        'ADO.NET DataSet 对象用于容纳一个数据集
```

```
Dim SqlStr As String                    '保存查询字符串
```

（2）窗口加载时打开数据库连接并对"专业"下拉框赋值。

```
Private Sub stu_query_Load(sender As Object, e As EventArgs)Handles MyBase.Load
    'TODO: 这行代码将数据加载到表"DataSet1.XSB"中。您可以根据需要移动或删除它
    Me.XSBTableAdapter.Fill(Me.DataSet1.XSB)
    'Form 加载时连接 Oracle 数据库
    SqlCon.ConnectionString =" Data Source = XSCJ; User ID = SCOTT; Password =
Mm123456;Unicode=True"
    SqlCon.Open()
    SqlCmd.Connection=SqlCon
    SqlCmd.CommandText="SELECT DISTINCT ZY FROM XSB"        '设置查询字符串
    Dim SqlAdp As New OracleClient.OracleDataAdapter(SqlCmd)
    SqlAdp.Fill(SqlRes, "zy")
    '初始化"专业"下拉框中的选项
    StuZY.Items.Add("所有专业")
    Dim i As Integer
    i=0
    While i<SqlRes.Tables("zy").Rows.Count
        StuZY.Items.Add(SqlRes.Tables("zy").Rows(i)(0))
                                           '将记录集的当前"专业"添加到下拉框控件
        i=i+1                              '索引增1(转到记录集的下一个记录)
    End While
End Sub
```

（3）定义产生查询字符串的函数。

```
Public Sub MakeSqlStr()                         '产生查询字符串
    SqlStr=""
    If Trim(StuXH.Text)<>"" Then
        SqlStr="WHERE XSB.XH like '%"+Trim(StuXH.Text)+"%'"
    End If
    If Trim(StuXM.Text)<>"" Then
        If SqlStr <>"" Then
            SqlStr=SqlStr+" and "
        Else
            SqlStr=SqlStr+" where "
        End If
        SqlStr=SqlStr+" XM like '%"+Trim(StuXM.Text)+"%'"
    End If
    If Trim(StuZY.Text)<>"所有专业" Then
        If(SqlStr <>"")Then
            SqlStr=SqlStr+" and "
        Else
            SqlStr=SqlStr+" where "
        End If
        SqlStr=SqlStr+" ZY='"+Trim(StuZY.Text)+"'"
    End If
End Sub
```

(4) 单击"查询"按钮触发的事件。

```
Private Sub Search_Click(sender As Object, e As EventArgs)Handles Search.Click
    StuXM.Text=""
    StuZY.Text="所有专业"
    MakeSqlStr()                                       '产生查询条件
    SqlStr="SELECT XSB.* ,XSZP.ZP FROM XSB LEFT OUTER JOIN XSZP ON XSB.XH=XSZP.
    XH " & SqlStr                                      '将 XSB 与 XSZP 两表关联查询
    Dim SqlAdp As New OracleClient.OracleDataAdapter(SqlStr, SqlCon)
    SqlAdp.Fill(SqlRes, "xs")                          '载入查询得到的数据集
    StuXH.Text=SqlRes.Tables("xs").Rows(0)("XH")       '显示学号
    StuXM.Text=SqlRes.Tables("xs").Rows(0)("XM")       '显示姓名
    StuZY.Text=SqlRes.Tables("xs").Rows(0)("ZY")       '显示专业
'用内存流读取显示照片
    If SqlRes.Tables("xs").Rows(0)("ZP")IsNot DBNull.Value Then
        Dim buffer As Byte()                           '字节数组用于暂存照片
        Dim memory As System.IO.MemoryStream
        buffer=CType(SqlRes.Tables("xs").Rows(0)("ZP"), Byte())
        memory=New IO.MemoryStream(buffer)             '读取的照片放入内存流
        StuZP.Image=New System.Drawing.Bitmap(memory)
        memory.Dispose()
    Else
        StuZP.Image=Nothing                            '无照片
    End If
    StuBZ.Text=SqlRes.Tables("xs").Rows(0)("BZ").ToString()    '显示备注
    SqlRes.Tables("xs").Clear()
End Sub
```

单击工具栏的运行按钮运行主界面,选择"学生信息查询"功能后运行的界面如图 16.20 所示。

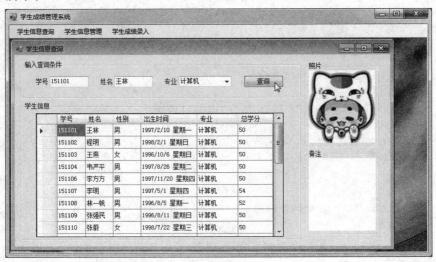

图 16.20　学生信息查询

16.2.3 学生信息管理

1. 主要功能

输入学生学号后,单击"查询"按钮,可以在窗口中的各个控件中显示当前学生的具体信息。单击"更新"按钮,可以对学生信息进行添加和修改。单击"删除"按钮,可以删除当前的学生记录。当删除一条学生记录时,触发器 XS_DELETE 会自动到 CJB 表中删除此学生的成绩记录,并到 XSZP 表中删除此学生的照片记录,以保证数据的参照完整性。

2. 实现过程

(1) 新建"学生信息管理"窗体,命名为 stu_manage。

(2) 在 stu_manage 窗口中,拖曳两个 GroupBox 控件用于对窗口进行分割,在其中一个 GroupBox 中新建 3 个按钮用于学生管理的操作,另一个 GroupBox 中显示学生的各项信息。

在窗体中设计的界面如图 16.21 所示,窗体中各个控件的命名与设置在表 16.2 中列出。

图 16.21 stu_manage 窗体的设计

表 16.2 stu_manage 窗体的控件设置

控 件 类 别	控 件 名 称	属 性 设 置	说　　　明
Label	label1～label7	设置各自的 Text 属性	标识学生的学号、姓名等信息
TextBox	StuXH	Text 值清空	保存学生学号
TextBox	StuXM	Text 值清空	保存学生姓名
RadioButton	man 和 woman	Checked 属性都设置为 False	保存学生性别
TextBox	StuCSSJ	Text 值清空	保存出生时间

续表

控 件 类 别	控 件 名 称	属 性 设 置	说 明
ComboBox	StuZY	Text 值清空	保存学生的专业
TextBox	StuZXF	Text 值清空	保存学生的总学分
RichTextBox	StuBZ	BorderStyle 属性设置为 None	保存学生的备注
PictureBox	StuZP	SizeMode 属性设置为 Zoom	用于保存学生的照片
OpenFileDialog	PicDialog	默认设置	用于打开照片文件
Button	loadpic	设置 Text 属性为"载入照片"	单击该按钮可以载入学生照片
Button	search、update 和 delete	设置 Text 属性为"查询""更新"和"删除"	用于执行学生的查询、更新及删除操作

3. 主要代码

（1）定义执行过程中需要用到以下几个全局变量：

```
Private SqlCon As New OracleClient.OracleConnection
                            'ADO.NET Connection 对象用于创建一个连接
Private SqlCmd As New OracleClient.OracleCommand
                            'ADO.NET Command 对象用于执行一次简单查询
Private SqlRes As New DataSet      'ADO.NET DataSet 对象用于容纳一个数据集
Dim Filename As String             '保存照片文件名
Dim FileByteArray()As Byte         '存放图片的二进制流
```

（2）窗口加载时打开数据库连接并对"专业"下拉框赋值。

```
Private Sub stu _ manage _ Load (sender As Object, e As EventArgs) Handles
MyBase.Load
    'Form 加载时连接 Oracle 数据库
    SqlCon.ConnectionString =" Data Source = XSCJ; User ID = SCOTT; Password =
Mm123456;Unicode=True"
    SqlCon.Open()
    SqlCmd.Connection=SqlCon
    SqlCmd.CommandText="SELECT DISTINCT ZY FROM XSB设置查询字符串
    Dim SqlAdp As New OracleClient.OracleDataAdapter(SqlCmd)
    SqlAdp.Fill(SqlRes, "zy")
    '初始化"专业"下拉框中的选项
    Dim i As Integer
    i=0
    While i<SqlRes.Tables("zy").Rows.Count
        StuZY.Items.Add(SqlRes.Tables("zy").Rows(i)(0))
                            '将记录集的当前"专业"添加到下拉框控件
        i=i+1              '索引增 1(转到记录集的下一个记录)
    End While
End Sub
```

（3）单击"载入照片"按钮时触发的事件。

```
Private Sub loadpic_Click(sender As Object, e As EventArgs)Handles loadpic.Click
    '显示打开文件的公用对话框,选择需要加入数据库的图片
    PicDialog.Filter="(*.jpg)|*.jpg|(*.bmp)|*.bmp|(*.gif)|*.gif"
    PicDialog.ShowDialog()
End Sub
```

（4）在打开文件对话框中,选中照片文件,单击"打开"按钮后进行的处理。

```
Private Sub PicDialog_FileOk(sender As Object, e As System.ComponentModel.
CancelEventArgs)Handles PicDialog.FileOk
    Filename=PicDialog.FileName                      '得到文件名
    If Filename <>"" Then
        StuZP.Image=Image.FromFile(Filename)         '预览图片
        Dim picPath As String                        '选择图片的路径
        picPath=Filename.ToString()
        Dim o As New System.IO.FileStream(picPath, System.IO.FileMode.Open,
        System.IO.FileAccess.Read, System.IO.FileShare.Read)
        Dim r As New System.IO.StreamReader(o)
        ReDim FileByteArray(o.Length-1)
        o.Read(FileByteArray, 0, o.Length)
    End If
End Sub
```

（5）单击"查询"按钮时,根据 StuXH 控件中的学号,从 XSB 表中查询学生的基本信息并在窗口中显示,从 XSZP 表中查找出学生的照片并显示学生的照片信息。

```
Private Sub search_Click(sender As Object, e As EventArgs)Handles search.Click
    SqlCmd.CommandText="SELECT XSB.*,XSZP.ZP FROM XSB LEFT OUTER JOIN XSZP ON
    XSB.XH=XSZP.XH WHERE XSB.XH='"+StuXH.Text+"'"
    Dim SqlDr As OracleClient.OracleDataReader=SqlCmd.ExecuteReader
    If(SqlDr.Read())Then
        StuXH.Text=SqlDr("XH").ToString()            '显示学号
        StuXM.Text=SqlDr("XM").ToString()            '显示姓名
        If SqlDr("XB")="男" Then                      '显示性别
            man.Checked=True
        Else
            woman.Checked=True
        End If
        StuCSSJ.Text=SqlDr("CSSJ").ToString()        '显示出生时间
        StuZY.Text=SqlDr("ZY").ToString()            '显示专业
        StuZXF.Text=SqlDr("ZXF").ToString()          '显示总学分
        If SqlDr("BZ")IsNot DBNull.Value Then        '显示备注
            StuBZ.Text=SqlDr("BZ").ToString()
        Else
            StuBZ.Text=""
```

```
            End If
            '显示照片
            If SqlDr("ZP")IsNot DBNull.Value Then
                Dim buffer As Byte()
                Dim memory As System.IO.MemoryStream
                buffer=CType(SqlDr("ZP"), Byte())
                memory=New IO.MemoryStream(buffer)
                StuZP.Image=New System.Drawing.Bitmap(memory)
                memory.Dispose()
            Else
                StuZP.Image=Nothing
            End If
        Else
            Call MsgBox("没有此学生信息!", "提示")
        End If
    End Sub
```

(6) 单击"更新"按钮时,首先查询判断数据库中是否已有该学生的记录。若有,则以当前界面上所填写的信息修改数据库的旧记录;若没有,则向 XSB 表中添加新的学生记录。如果用户选择了照片,还要向 XSZP 表中插入照片信息。

```
Private Sub update_Click(sender As Object, e As EventArgs)Handles update.Click
    Dim SqlStr As String
    Dim Number, Name, Sex, Birthday, Project, Credit, Note As String
    Number=StuXH.Text
    Name=Trim(StuXM.Text)
    If man.Checked Then
        Sex="男"
    Else
        Sex="女"
    End If
    Birthday=StuCSSJ.Text
    Project=StuZY.Text
    Credit=StuZXF.Text
    Note=StuBZ.Text
    If Number="" Or Name="" Or Sex="" Or IsDate(Birthday)=False Or IsNumeric
    (Credit)=False Then
        MsgBox("条件不符,请检查!", "提示")
    Else
        SqlCmd.CommandText="SELECT * FROM XSB WHERE XH='"+Number+"'"
        Dim SqlAdp As New OracleClient.OracleDataAdapter(SqlCmd)
        SqlAdp.Fill(SqlRes, "xs")
        If SqlRes.Tables("xs").Rows.Count <>0 Then
            '如果原来有则修改旧记录
            SqlStr="UPDATE XSB SET XM='"+Name+"',XB='"+Sex+"',CSSJ=TO_DATE('"+
            Birthday+"','YYYY-MM-DD'), ZY='"+Project+"', ZXF="+Credit+",BZ='"+
```

```
                Note+"' WHERE XH='"+Number+"'"
            Else
                '如果原来没有记录则插入新记录
                SqlStr="INSERT INTO XSB VALUES('"+Number+"','"+Name+"','"+Sex+"',
                TO_DATE('"+Birthday+"','YYYY-MM-DD'),'"+Project+"',"+Credit+",
                '"+Note+"')"
            End If
            SqlCmd.CommandText=SqlStr
            SqlCmd.ExecuteNonQuery()
            '在照片表中插入照片
            If FileByteArray IsNot Nothing Then
                If SqlRes.Tables("xs").Rows.Count<>0 Then
                    '如果原来有则更新照片
                    SqlStr="UPDATE XSZP SET ZP=:ZP WHERE XH='"+Number+"'"
                Else
                    '如果原来没有照片则插入新记录
                    SqlStr="INSERT INTO XSZP(XH,ZP)VALUES('"+Number+"',:ZP)"
                End If
                Dim command As OracleClient.OracleCommand=New OracleClient.
                OracleCommand(SqlStr, SqlCon)
                command.Parameters.AddWithValue(":ZP", FileByteArray)
                command.ExecuteNonQuery()
                FileByteArray=Nothing
            End If
            Call MsgBox("更新成功!",, "提示")
            SqlRes.Tables("xs").Clear()
        End If
End Sub
```

(7) 单击"删除"按钮将删除当前学生的信息。

```
Private Sub delete_Click(sender As Object, e As EventArgs)Handles delete.Click
    If StuXH.Text<>"" Then
        Dim Ret
        Ret=MsgBox("是否要删除"+StuXH.Text+"号学生的记录?", vbYesNo, "提示")
        If Ret=vbYes Then
            SqlCmd.CommandText="SELECT * FROM XSB WHERE XH='"+StuXH.Text+"'"
            Dim SqlAdp As New OracleClient.OracleDataAdapter(SqlCmd)
            SqlAdp.Fill(SqlRes, "stu")
            If SqlRes.Tables("stu").Rows.Count<>0 Then
                SqlRes.Tables("stu").Clear()
                SqlCmd.CommandText="DELETE FROM XSB WHERE XH='"+StuXH.Text+"'"
                SqlCmd.ExecuteNonQuery()
                Call MsgBox("删除成功!",, "提示")
            Else
                Call MsgBox("学号不存在!",, "提示")
```

```
            End If
        End If
    Else
        Call MsgBox("请输入学号!",, "提示")
    End If
End Sub
```

学生信息管理的运行界面如图 16.22 所示。

图 16.22　学生信息管理

16.2.4　学生成绩录入

1. 主要功能

用户选择课程名和专业后，单击"查询"按钮，下方的表格会从视图 XS_KC_CJ 中列出与课程名和专业都对应的学生的学号、姓名、课程号、课程名和所选课程的成绩。如果未选该课程则成绩为空。当单击选中表格中的某一行记录时，学号、姓名和成绩文本框以及课程名列表框中将显示出对应的数据。在成绩文本框中输入新成绩或修改旧成绩，单击"更新"按钮，则调用存储过程 CJ_Data(参照第 15 章)向 CJB 表中插入一行新成绩或修改原来的成绩。单击"删除"按钮，则调用存储过程 CJ_Data 删除 CJB 表对应的一行成绩记录。

2. 实现过程

(1) 新建"学生成绩录入"窗体，命名为 cj_insert。

(2) 拖曳两个 GroupBox 控件用于分割窗体，在其中一个 GroupBox 中新建 2 个 ComboBox 用于保存课程名和专业；3 个 TextBox 控件用于保存学号、姓名和成绩；3 个 Button 控件分别用于查询、更新和删除操作。在另一个 GroupBox 中新建 1 个 DataGridView 控件，用于显示学生选课成绩记录。

在窗体中设计的界面如图 16.23 所示，窗体中各个控件的命名与设置在表 16.3 中列出。

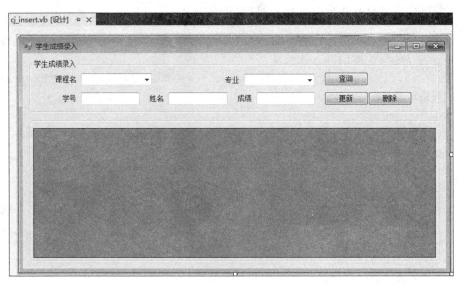

图 16.23　cj_insert 窗体的设计

表 16.3　cj_insert 窗体的控件设置

控 件 类 别	控 件 名 称	属 性 设 置	说　　明
Label	label1～label5	设置各自的 Text 属性	标识学生的学号、姓名等信息
ComboBox	StuKCM	Text 值清空	选择课程名
ComboBox	StuZY	Text 值清空	选择专业
TextBox	StuXH	Text 值清空，Enabled 属性设置为 False，表示不可更改	保存学生学号
TextBox	StuXM	Text 值清空，Enabled 属性设置为 False，表示不可更改	保存学生姓名
TextBox	StuCJ	Text 值清空	保存成绩
Button	search、update 和 delete	设置 Text 属性为"查询""更新"和"删除"	用于执行成绩的查询、更新和删除操作
DataGridView	cjDG	AutoSizeColumnsMode 属性设置为 Fill，SelectionMode 属性设置为 FullRowSelect	以列表方式显示成绩信息

3. 主要代码

（1）定义全局变量。

```
Private SqlCon As New OracleClient.OracleConnection
                              'ADO.NET Connection 对象用于创建一个连接
Private SqlCmd As New OracleClient.OracleCommand
                              'ADO.NET Command 对象用于执行一次简单查询
Private SqlRes As New DataSet        'ADO.NET DataSet 对象用于容纳一个数据集
Dim SqlStr As String                 '保存查询字符串
```

（2）窗口加载时打开数据库连接并对"课程名"和"专业"下拉列表框赋值。

```
Private Sub cj_insert_Load(sender As Object, e As EventArgs)Handles MyBase.Load
    'Form 加载时连接 Oracle 数据库
    SqlCon.ConnectionString =" Data Source = XSCJ; User ID = SCOTT; Password =
Mm123456;Unicode=True"
    SqlCon.Open()
    SqlCmd.Connection=SqlCon
    SqlCmd.CommandText="SELECT DISTINCT ZY FROM XSB"        '设置查询字符串
    Dim SqlAdp1 As New OracleClient.OracleDataAdapter(SqlCmd)
    SqlAdp1.Fill(SqlRes, "zy")
    '初始化"专业"下拉框中的选项
    Dim i As Integer
    i=0
    While i<SqlRes.Tables("zy").Rows.Count
        StuZY.Items.Add(SqlRes.Tables("zy").Rows(i)(0))
                                            '将记录集的当前"专业"添加到下拉框控件
        i=i+1                               '索引增 1(转到记录集的下一个记录)
    End While
    SqlCmd.CommandText="SELECT DISTINCT KCM FROM KCB"    '设置查询字符串
    Dim SqlAdp2 As New OracleClient.OracleDataAdapter(SqlCmd)
    SqlAdp2.Fill(SqlRes, "kc")
    '初始化"课程名"下拉框中的选项
    i=0
    While i<SqlRes.Tables("kc").Rows.Count
        StuKCM.Items.Add(SqlRes.Tables("kc").Rows(i)(0))
                                            '将记录集的当前"课程名"添加到下拉框控件
        i=i+1                               '索引增 1(转到记录集的下一个记录)
    End While
    '加载 DataGridView 控件中学生的选课成绩信息
    SqlStr="SELECT XH AS 学号,XM AS 姓名,KCH AS 课程号,KCM AS 课程名,CJ AS 成绩 FROM
XS_KC_CJ"
    Dim SqlAdp As New OracleClient.OracleDataAdapter(SqlStr, SqlCon)
    SqlAdp.Fill(SqlRes, "xskcj")
    cjDG.DataSource=SqlRes.Tables("xskcj")
End Sub
```

（3）单击"查询"按钮时，根据专业和课程名在表格中列出学生的成绩信息。

```
Private Sub search_Click(sender As Object, e As EventArgs)Handles search.Click
    SqlStr="SELECT XH AS 学号,XM AS 姓名,KCH AS 课程号,KCM AS 课程名,CJ AS 成绩 FROM
    XS_KC_CJ WHERE KCM='"+StuKCM.Text+"' AND ZY='"+StuZY.Text+"'"
    Dim SqlAdp As New OracleClient.OracleDataAdapter(SqlStr, SqlCon)
    SqlRes.Tables("xskcj").Clear()
    SqlAdp.Fill(SqlRes, "xskcj")
    cjDG.DataSource=SqlRes.Tables("xskcj")
```

```
        cjDG.Refresh()                          '重新从数据库中提取数据
End Sub
```

（4）当用户选中表格中的记录时，在窗口控件中同步显示对应该学生的成绩信息。

```
Private Sub cjDG_SelectionChanged(sender As Object, e As EventArgs)Handles
cjDG.SelectionChanged
    If cjDG.SelectedRows.Count<>0 Then
        StuXH.Text=cjDG.SelectedRows(0).Cells(0).Value      '显示学号
        StuXM.Text=cjDG.SelectedRows(0).Cells(1).Value      '显示姓名
        StuKCM.Text=cjDG.SelectedRows(0).Cells(3).Value     '显示课程名
        StuCJ.Text=cjDG.SelectedRows(0).Cells(4).Value.ToString()
                                                            '显示成绩
    End If
End Sub
```

（5）定义执行存储过程的函数 call_proc，函数的参数是学号、课程名和成绩。

```
Public Sub call_proc(ByVal num As String, ByVal cname As String, ByVal point As
Integer)
    Dim cnum As String
    Dim in_xh, in_kch, in_cj                             '存储过程执行的参数
    SqlCmd.CommandText="SELECT KCH FROM KCB WHERE KCM='"+cname+"'"
                                                         '设置查询字符串
    Dim SqlDr As OracleClient.OracleDataReader=SqlCmd.ExecuteReader
    '根据课程名查询课程号
    If(SqlDr.Read())Then
        cnum=SqlDr("KCH").ToString()
    Else
        cnum=""
    End If
    If num<>"" And cnum<>"" And IsNumeric(point)=True Then
        SqlCmd.CommandText="CJ_Data"                    '存储过程名
        SqlCmd.CommandType=CommandType.StoredProcedure  '命令类型为存储过程
        '追加参数法调用存储过程
        SqlCmd.Parameters.Add("in_xh", OracleClient.OracleType.Char, 6).Value=num
        SqlCmd.Parameters.Add("in_kch", OracleClient.OracleType.Char, 3).Value=cnum
        SqlCmd.Parameters.Add("in_cj", OracleClient.OracleType.Int32, 2).Value=point
        '执行存储过程
        SqlCmd.ExecuteNonQuery()
        '删除参数
        SqlCmd.Parameters.Clear()
    Else
        MsgBox("请输入正确的成绩信息!",, "提示")
    End If
End Sub
```

（6）单击"更新"按钮调用函数 call_proc。

```
Private Sub update_Click(sender As Object, e As EventArgs)Handles update.Click
    Dim num, cname As String
    Dim point As Integer
    num=Trim(StuXH.Text)
    cname=Trim(StuKCM.Text)
    point=CInt(StuCJ.Text)
    Call call_proc(num, cname, point)
    MsgBox("更新成功!",, "提示")
End Sub
```

（7）单击"删除"按钮调用函数 call_proc，参数 point 设为－1，表示删除成绩。

```
Private Sub delete_Click(sender As Object, e As EventArgs)Handles delete.Click
    Dim num, cname As String
    num=Trim(StuXH.Text)
    cname=Trim(StuKCM.Text)
    Call call_proc(num, cname, -1)
    MsgBox("删除成功!",, "提示")
End Sub
```

学生成绩录入的运行界面如图 16.24 所示。

图 16.24   学生成绩录入

Visual C# /Oracle 11g 学生成绩管理系统

本章将以 Visual Studio 2015 作为开发环境,以 Visual C#为编程语言,使用 Oracle 11g 学生成绩数据库 XSCJ 作为后台数据库,采用 C/S 模式实现学生成绩管理系统的开发。

17.1 ADO.NET 模型

同其他.NET 开发语言一样,在 Visual C#语言中对数据库的访问是通过.NET 框架中的 ADO.NET 来实现的。ADO.NET 是重要的应用程序级接口,用于在 Microsoft.NET 平台上提供数据访问服务。

17.1.1 ADO.NET 模型简介

ADO.NET 是微软新一代数据访问标准,它是为了广泛的数据控制而设计的(而不仅仅为数据库应用),所以使用起来比以前的 ADO 更灵活,更有弹性,也提供了更多的功能,提供了更有效率的数据存取。它采用了面向对象结构,采用业界标准的 XML 作为数据交换格式,能够应用于多种操作系统环境。

ADO.NET 采用不连接传输模式,用户要求访问数据源时,建立连接后 ADO.NET 通过 DataSet 对象将数据源的数据读入,每个用户都有专属的 DataSet 对象。应用程序只有在要取得数据或者更新数据时才对数据源进行联机工作,所以应用程序所要管理的连接减少了;数据源就不用一直和应用程序保持联机,其负载得到减轻,性能得到提高。

ADO.NET 对象模型的两个主要成员是数据提供程序(Data Provider)和数据集(DataSet 对象),ADO.NET 的主要结构如图 17.1 所示。

1. 数据提供程序

数据提供程序是数据库的访问接口,负责建立连接和数据操作。它作为 DataSet 对象与数据源之间的桥梁,负责将数据源中的数据取出后置入 DataSet 对象中,或将数据存回数据源。

.NET 框架下的数据提供程序主要包含了 Connection(创建到数据源的连接)、Command(对数据源执行 SQL 命令并返回结果)、DataReader(读取数据源的数据)和 DataAdapter 对象(对数据源执行 SQL 命令并返回结果)。

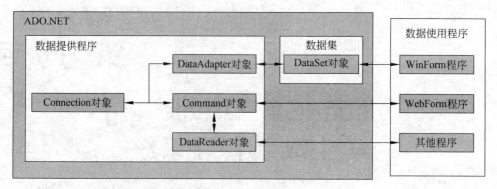

图 17.1 ADO. NET 的结构

（1）Connection 对象表示与一个数据源的物理连接，它的属性决定了数据提供程序（使用 OLEDB 数据提供程序时）、数据源、所连接到的数据库和连接期间使用的字符串。

（2）Command 对象代表在数据源上执行的一条 SQL 语句或一个存储过程。对于一个 Connection 对象来说，可以独立地创建和执行不同的 Command 对象。

（3）DataReader 对象是一种快速、低开销的对象，用于从数据源中获取仅转发的、只读的数据流，往往用来显示查询的结果。DataReader 不能用代码直接创建，只能通过调用 Command 对象的 ExecuteReader()方法来创建。

（4）DataAdapter 对象是 Connection 对象和数据集之间的桥梁，它管理 4 个 Command 对象，处理后端数据集和数据源的通信。Command 对象支持 SQL 语句和存储过程，存储过程可能返回单个值或多个值，也可以不返回值。DataAdapter 对象的 4 个命令对象是 SelectCommand、UpdateCommand、InsertCommand 和 DeleteCommand。SelectCommand 对象用于填充数据集，其他 3 个对象用于修改、插入和删除数据源中的数据。

事实上，在连接不同的数据源时，ADO. NET 用来实现相同功能的类对象也有所不同，主要区别在于名称、部分属性或方法。例如，连接 Oracle 数据库时使用 OracleConnection（使用 Oracle 作为前缀）对象，连接 SQL Server 数据库时使用 SqlConnection（使用 Sql 作为前缀）对象，连接 ODBC 数据源时使用 OdbcConnection（使用 Odbc 作为前缀）对象。这些连接数据库的对象其属性和方法基本相同，因此它们被统称为 Connection 对象。数据提供程序中的其他类对象也与之类似。

2. 数据集

数据集（DataSet 对象）用来记录在内存中的数据，它就像位于内存的一个简化的关系数据库，包含了一个或多个数据表（DataTable），表数据可来自数据库、文件或 XML 数据，表可以有主键，表之间可以通过外键或约束建立关系。每个表由数据列（DataColumn）和数据行（DataRow）组成。

DataSet 对象模型的结构如图 17.2 所示。DataSet 对象中的表（即 DataTable 对象）存放在表集合（DataTableCollection 对象）中，通过 DataTableCollection 来访问表。表的行（DatRow 对象）存放在行集（DataRowCollection 对象）中，使用 DataRowCollection 访问表的行。表的列（DataColumn 对象）存放在列集合（DataColumnCollection 对象）中，通过 DataColumnCollection 访问表的列。DataRelationCollection 存放数据关系（DataRelation 对象），DataRelation 描述数据表之间的关系，就像在数据集中执行 Join 命令将表连接。

ForeignKeyConstraints 是常用的关系之一，它将两个表以主/从方式关联，可强制数据集在执行更新操作时进行数据一致性检查。

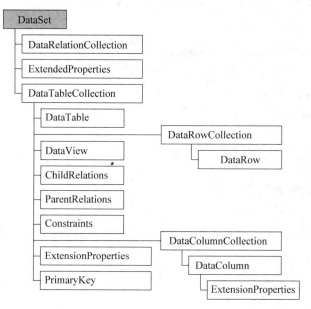

图 17.2　DataSet 对象模型的结构

17.1.2　重定目标到.NET 4

C#.NET 的开发环境使用 Visual Studio 2015（简称 VS2015），其试用版可以到微软的官方网站下载。VS2015 默认安装的是.NET 4.6 环境，但是.NET Framework 4.6 已经不支持 C#.NET 用于操作 Oracle 数据库的 System.Data.OracleClient，需要将项目重定目标到.NET Framework 4，具体操作方法如下：在 VS2015 的解决方案资源管理器中右击项目，选择"添加引用"菜单项。在弹出的"引用管理器"对话框左侧选"程序集"→"框架"选项卡，在中间列表中找到 System.Data.OracleClient 项，勾选上，单击"确定"按钮。此时，在解决方案资源管理器中展开项目树，可在"引用"目录下看到新添加的命名空间，如图 17.3 所示。

图 17.3　重定目标到.NET 4

17.2　Visual C# 操作 Oracle 数据库

首先介绍如何使用 Visual C♯语言操作 Oracle 数据库。ADO. NET 操作 Oracle 数据库时主要使用的对象有 OracleConnection、OracleCommand、OracleDataReader、OracleDataAdapter 和 DataSet 等。但这些对象不能直接使用,需要在程序开始处用 using 引入相应的命名空间,语句如下:

```
using System.Data.OracleClient;
```

17.2.1　连接数据库

操作数据库的第一步是建立与数据库的连接,创建一个到 Oracle 数据库的连接对象一般使用 OracleConnection 对象,例如:

```
string ConnectionString="Data Source=XSCJ;User ID =SCOTT;Password=Mm123456;";
                                                           //数据库连接字符串
OracleConnection conn=new OracleConnection(ConnectionString)//定义连接对象
```

其中,Data Source 表示要连接的 Oracle 实例的名称或网络地址,User ID 表示 Oracle 登录账户名;Password 表示 Oracle 账户的登录密码。

定义了一个 OracleConnection 对象后只是对连接属性进行了设置,并不打开与数据库的连接,所以还需要使用 Open()方法打开连接,语句如下:

```
conn.Open();                                               //连接数据库
```

如果需要关闭这个连接,可以使用 close()方法,语句如下:

```
conn.close();
```

17.2.2　执行 SQL 命令

成功连接数据库后,通过 OracleCommand 对象或 OracleDataAdapter 对象执行 SQL 命令,再通过返回的各种结果对象来访问数据库。

1. 使用 OracleCommand 对象执行 SQL 命令

OracleCommand 对象可以对 Oracle 数据库执行各种 SQL 命令或存储过程,可返回 OracleDataReader 对象,或执行对数据表的更新操作。

OracleCommand 对象的主要属性和方法分别列于表 17.1 和表 17.2 中。

Command 对象的 CommandType 属性用于设置命令的类别: 可以是存储过程、表名或 SQL 语句。当将该属性值设为 CommandType. TableDirect 时,要求 CommandText 的值必须是表名而不能是 SQL 语句。

表 17.1　**OracleCommand 对象的常用属性**

属　　性	说　　明
CommandText	取得或设置要对数据源执行的 SQL 命令、存储过程或数据表名
CommandTimeout	获取或设置 Command 对象的超时时间,单位为秒,为 0 表示不限制。默认为 30s,即若在这个时间之内 Command 对象无法执行 SQL 命令,则返回失败
CommandType	获取或设置命令类别,可取的值为 StoredProcedure、TableDirect、Text,代表的含义分别为存储过程、数据表名和 SQL 语句,默认为 Text。数字、属性的值为 CommandType. StoredProcedure、CommandType. Text 等
Connection	获取或设置 Command 对象所使用的数据连接属性
Parameters	SQL 命令参数集合

表 17.2　**OracleCommand 对象的常用方法**

方　　法	说　　明
Cancel()	取消 Comand 对象的执行
CreateParameter()	创建 Parameter 对象
ExecuteNonQuery()	执行 CommandText 属性指定的内容,返回数据表被影响的行数。只有 Update、Insert 和 Delete 命令会影响行数。该方法用于执行对数据库的更新操作
ExecuteReader()	执行 CommandText 属性指定的内容,返回 OracleDataReader 对象。该方法用于对数据库的查询操作
ExecuteScalar()	执行 CommandText 属性指定的内容,返回结果表第一行第一列的值。该方法只能执行 Select 命令

Command 对象提供了多个执行 SQL 命令的方法,常用的是 ExecuteNonQuery()和 ExecuteReader()方法,它们分别用于对数据库的更新和查询操作。注意,ExecuteNonQuery()不返回结果,而 ExecuteReader()则返回 DataReader 对象。示例代码如下:

```
string queryString="SELECT XH, XM FROM XSB";              //定义 SQL 语句
string connectionString="Data Source=XSCJ;User ID =SCOTT;Password=Mm123456;";
using(OralceConnection connection=new OralceConnection(connectionString))
{
    OralceCommand command=new OralceCommand(queryString, connection);
    connection.Open();                                    //打开数据库连接
    OralceDataReader reader=command.ExecuteReader();      //执行命令
    ...
}
```

2. 使用 OracleDataAdapter 对象执行 SQL 命令

OracleDataAdapter 对象用来传递各种 SQL 命令,并将命令执行结果填入 DataSet 对象。并且,OracleDataAdapter 对象还可将数据集对象更改过的数据写回数据源。它是数据库与 DataSet 对象之间沟通的桥梁,通过数据集访问数据库是 ADO. NET 模型的主要方式。

OracleDataAdapter 对象的常用属性、方法和事件分别列于表 17.3、表 17.4 和

表 17.5 中。

表 17.3　OracleDataAdapter 对象的常用属性

属　　性	说　　明
ContinueUpdateOnError	获取或设置当执行 Update()方法更新数据源发生错误时是否继续。默认为 False
DeleteCommand	获取或设置删除数据源中的数据行的 SQL 命令。该值为 Comand 对象
InsertCommand	获取或设置向数据源中插入数据行的 SQL 命令。该值为 Comand 对象
SelectCommand	获取或设置查询数据源的 SQL 命令。该值为 Comand 对象
UpdateCommand	获取或设置更新数据源中的数据行的 SQL 命令。该值为 Comand 对象

表 17.4　OracleDataAdapter 对象的常用方法

方　　法	说　　明
Fill(dataset,srcTable)	将数据集的 SelectCommand 属性指定的 SQL 命令执行后所选取的数据行置入参数 dataSet 指定的 DataSet 对象
Update(dataset,srcTable)	调用 InsertCommand 或 UpdateCommand 或 DeleteCommand 属性指定的 SQL 命令,将 DataSet 对象更新到相应的数据源。参数 dataSet 指定要更新到数据源的 DataSet 对象,srcTable 参数为数据表对应的来源数据表名。该方法的返回值为影响的行数

表 17.5　OracleDataAdapter 对象的事件

事　　件	说　　明
FillError	调用 DataAdapter 的 Fill()方法时,若发生错误则触发该事件
RowUpdated	当调用 Update()方法并执行完 SQL 命令时会触发该事件
RowUpdating	当调用 Update()方法、在开始执行 SQL 命令时会触发该事件

OracleDataAdapter 对象的 DeleteCommand、InsertCommand 和 UpdateCommand 属性只有在调用 Update()方法且 OracleDataAdapter 对象得知数据源的数据行后才可使用。

Fill()方法用于新增或更新 DataSet 中的记录;当新增、修改或删除 DataSet 中的记录时,并需要更改数据源时使用 Update()方法。

3. 通过 OracleDataAdapter 对象更新数据库

使用 OracleCommand 对象可对数据库进行更新操作,通过 OracleDataAdapter 对象也可执行对数据库的更新。

使用 OracleDataAdapter 可以执行多个 SQL 命令。但要注意,在执行 OracleDataAdapter 对象的 UpDate()方法之前,所操作的都是数据集(即内存数据库)中的数据,只有执行了 Update()方法后,才会对物理数据库进行更新。使用 OracleDataAdapter 对象对数据进行更新操作分为以下 3 个步骤:

① 创建 OracleDataAdapter 对象并设置 UpdateCommand 等属性。

② 指定更新操作。

③ 调用 Update()方法执行更新。

OracleDataAdapter 对象的 InsertCommand、UpdateCommand 和 DeleteCommand 属性

是对数据进行相应更新操作的模板,当调用 Update()方法时,OracleDataAdapter 对象将根据需要的更新操作去查找相应属性(即操作模板),若找不到,则会产生错误。例如,若要对数据进行插入操作,但没有设置 InsertCommand 属性,就会产生错误。

17.2.3　使用 OracleDataReader 对象访问数据

ADO. NET 有两种访问数据的方式,即使用 OracleDataReader 对象和 DataSet 对象。OracleDataReader 对象是用来访问数据的简单方式,只能读取数据,不能写入数据,并且只能顺序读取数据,即将数据表中的行从头至尾依次顺序读出。OracleDataReader 被创建时,记录指针在表的最前端,可使用 Read()方法每次从表中读出一条记录。

1. OracleDataReader 对象的属性和方法

OracleDataReader 对象的常用属性和方法分别列于表 17.6 和表 17.7 中。

表 17.6　OracleDataReader 对象的常用属性

属　　性	说　　明
FieldCount	获取 OracleDataReader 对象包含的记录行中的字段数
IsClosed	获取 OracleDataReader 对象的状态,为 True 表示关闭
Item({name,col})	获取或设置表字段值,name 为字段名;col 为列序号,序号从 0 开始。例如:objReader. Item(0)、objReader. Item("name")
ReacordsAffected	获取在执行 Insert、Update 或 Delete 命令后受影响的行数。该属性只有在读取完所有行且 OracleDataReader 对象关闭后才会被指定

表 17.7　OracleDataReader 对象的常用方法

方　　法	说　　明
Close()	关闭 OracleDataReader 对象
GetBoolean(Col)	获取序号为 Col 的列的值,所获取列的数据类型必须为 Boolean 类型;其他类似的方法还有 GetByte、GetChar、GetDateTime、GetDecimal、GetDouble、GetFloat、GetInt16、GetInt32、GetInt64、GetString 等
GetDataTypeName(Col)	获取序号为 Col 的列的来源数据类型名
GetFieldType(Col)	获取序号为 Col 的列数据类型
GetName(Col)	获取序号为 Col 的列的字段名称
GetOrdinal(Name)	获取字段名为 Name 的列的序号
GetValue(Col)	获取序号为 Col 的列的值
GetValues(values)	获取所有字段的值,并将字段值存放在 values 数组中
IsDBNull(Col)	若序号为 Col 的列为空值,则返回 True,否则返回 False
Read()	读取下一条记录,返回布尔值,返回 True 表示有下一条记录;返回 False 表示没有下一条记录

OracleDataReader 对象最常用的方法是 Read、GetName、GetValue 和 GetValues。Read 方法用于从数据源读取一条记录,要注意它的返回值为布尔值,可根据该返回值判断

当前数据源的读取位置是否已经到达末尾。GetName 用于获取表字段名称,在输出时常将字段名作为输出表格的标题栏。GetValue 和 GetValues 分别用于读取当前记录的指定字段值和整个记录值,执行完 GetValues 方法后,就可使用循环来取得数组的内容(即当前记录的各字段值)。

2. 使用 OracleDataReader 对象访问数据

使用 OracleDataReader 对象读取数据的步骤如下:

① 使用 OracleConnection 对象创建数据连接。

② 使用 OracleCommand 对象的 ExecuteReader()方法执行 SQL 查询或存储过程,创建 OracleDataReader 对象。

③ 成功创建该对象后,可使用其属性和方法访问数据。

例如,要查询学生成绩数据库中学生的学号和姓名,可以使用如下代码:

```
string queryString ="SELECT XH, XM FROM XSB";
string connectionString =" Data Source = XSCJ; User ID = SCOTT; Password
=Mm123456;";
OracleConnection conn =new OracleConnection(connectionString);
OracleCommand cmd =new OracleCommand(queryString, conn);
conn.Open();
//执行查询,返回 OracleDataReader 对象
OracleDataReader reader=cmd.ExecuteReader();
//迭代结果集中的行,直到读完最后一条记录 Read()方法返回 false
while(reader.Read())
{
    Console.WriteLine(String.Format("{0}, {1}",reader["XH"], reader["XM"]));
}
reader.Close();
```

17.2.4　使用 DataSet 对象访问数据

DataSet 对象是 ADO.NET 的重要组成部分,它是一个内存数据库。DataSet 中可以包含多个数据表,可在程序中动态地产生数据表,数据表可来自数据库、文件或 XML 数据。DataSet 对象还包括主键、外键和约束等信息。DataSet 提供方法对数据集中表数据进行浏览、编辑、排序、过滤或建立视图。

DataSet 对象包括 3 个集合:DataTableCollection(数据表的集合,包括多个 DataTable 对象)、DataRowCollection(行集合,包含多个 DataRow 对象)和 DataColumnCollection(列集合,包含多个 DataColumn 对象)。

DataSet 对象的常用属性列于表 17.8 中。

DataSet 对象最常用的属性是 Tables,通过该属性,可以获得或设置数据表行、列的值。例如,表达式 DS.Tables("students").Rows(i).Item(j)表示访问 students 表的第 i 行第 j 列。

表 17.8　DataSet 对象的常用属性

属　　性	说　　明
CaseSensitive	获取或设置在 DataTable 对象中字符串比较时是否区分字母的大小写。默认为 False
DataSetName	获取或设置 DataSet 对象的名称
EnforceConstraints	获取或设置执行数据更新操作时是否遵循约束。默认为 True
HasErrors	DataSet 对象内的数据表是否存在错误行
Tables	获取数据集的数据表集合(DataTableCollection)，DataSet 对象的所有 DataTable 对象都属于 DataTableCollection

　　DataSet 对象的常用方法有 Clear()和 Copy()，Clear()方法清除 DataSet 对象的数据，删除所有 DataTable 对象；Copy()方法复制 DataSet 对象的结构和数据，返回值是与本 DataSet 对象具有同样结构和数据的 DataSet 对象。示例代码如下：

```
string connectionString ="Data Source=XSCJ;User ID =SCOTT;Password=Mm123456;";
using(OracleConnection conn =new OracleConnection(connectionString))
{
    OracleDataAdapter adapter=new OracleDataAdapter();
    adapter.TableMappings.Add("Table", "XSB");
    conn.Open();
    OracleCommand cmd=new OracleCommand("SELECT * FROMXSB;",conn);
    cmd.CommandType=CommandType.Text;
    adapter.SelectCommand=cmd;
    DataSet dataSet=new DataSet("XSB");
    adapter.Fill(dataSet);
}
```

17.2.5　执行存储过程

　　连接 Oracle 数据库后执行存储过程，主要是通过 OracleCommand 对象来实现的。既可以直接使用 OracleCommand 对象执行存储过程，也可以通过 OracleDataAdapter 对象载入 OracleCommand 对象执行存储过程。直接使用 OracleCommand 对象执行存储过程简洁方便，但存储过程返回的结果不可绑定到显示控件，通过 OracleDataAdapter 对象载入 OracleCommand 对象的方式执行存储过程则可以方便地将数据源绑定到数据显示控件。

　　直接使用 OracleCommand 对象执行存储过程的步骤是：先创建 OracleCommand 对象，将执行的 SQL 命令设置为存储过程名或者将其 CommandText 属性设置为存储过程名，并将 OracleCommand 对象的 CommandType 属性值设置为 CommandType. StoredProcedure，最后使用 ExecuteReader()或 ExecuteNonQuery()方法执行存储过程。若存储过程使用了参数，还需利用 Parameters()方法对参数进行设置。

　　通过 OracleDataAdapter 对象载入 OracleCommand 对象执行存储过程的步骤是：先创建 OracleCommand 对象，将其执行的 SQL 命令设置为存储过程名，并将 OracleCommand

对象的 CommandType 属性值设置为 CommandType. StoredProcedure；然后 OracleCommand 对象载入 OracleDataAdapter 对象，最后通过 Fill()方法执行指定的存储过程，填充 DataSet 对象。同样，若存储过程使用了参数，也需利用 Parameters()方法对参数进行设置。示例代码如下：

```
...
/* SalesByCategory 为存储过程名 */
OracleCommand salesCommand=new OracleCommand("SalesByCategory",conn);
salesCommand.CommandType=CommandType.StoredProcedure;
OracleParameter parameter = salesCommand. Parameters. Add ( ": CategoryName ",
OracleType.Varchar, 15);
parameter.Value="Beverages";
conn.Open();
OracleDataReader reader=salesCommand.ExecuteReader();
reader.Close();
conn.Close();
```

17.3　使用 Visual C# 开发学生成绩管理系统

此系统的功能包括学生信息的查询，学生信息的录入、修改和删除，学生成绩的录入和删除。其余功能读者可以自行完成。

17.3.1　创建学生成绩管理系统

1. 新建项目

运行 Visual Studio 2015(以下简称 VS2015)，选择菜单栏的"文件"→"新建"→"项目"，在弹出的"新建项目"对话框中选择"Windows 窗体应用程序"模板，命名为 StudentOra，如图 17.4 所示，单击"确定"按钮完成项目的创建。

2. 新建父窗体

打开"解决方案资源管理器"，右击项目名，选择"添加"→"Windows 窗体"，系统弹出"添加新项"对话框，如图 17.5 所示。选择 Windows Forms→"MDI 父窗体"模板，设置名称 main. cs，单击"添加"按钮完成父窗体的添加。

3. 新建子窗体

本实习完成学生成绩管理系统的学生信息查询、学生信息管理和学生成绩录入功能，所以需要新建 3 个子窗体，操作步骤如下：

首先新建学生信息查询窗体，打开"解决方案资源管理器"，右击项目名，选择"添加"→"Windows 窗体"，在弹出的"添加新项"对话框中选中"Windows 窗体"模板，命名为 Stu_Search. cs，如图 17.6 所示，单击"添加"按钮完成窗体的添加。

按照相同的方法添加学生信息管理窗体 Stu_Manage. cs 和学生成绩录入窗体 CJ_Insert. cs。

图 17.4 "新建项目"对话框

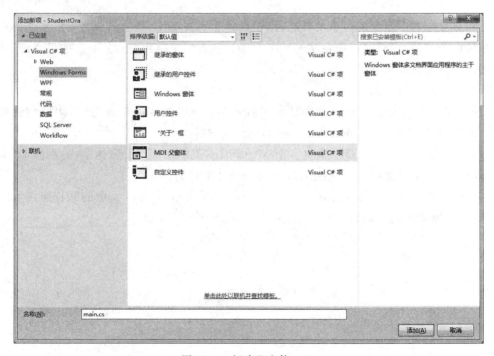

图 17.5 新建父窗体 main

图 17.6　新建学生信息查询窗体

17.3.2　父窗体设计

父窗体中包含本系统的所有功能选择,主窗体作为父窗体,其他的所有功能界面都将作为父窗体的子窗体,运行时直接在父窗体中显示。包含的主要功能有:学生信息查询、学生信息管理和学生成绩录入。

设计父窗体的步骤如下:

(1) 设置父窗体属性。打开父窗体的属性窗口,Text 属性值设置为"学生成绩管理系统"。删除父窗体中原有的 MenuStrip 和 ToolStrip 控件。

(2) 添加菜单。从工具箱中拖曳一个 MenuStrip 菜单控件到父窗体中,分别添加"学生信息查询""学生信息管理""学生成绩录入"等菜单,如图 17.7 所示。

(3) 删除窗体原有代码。打开 main.cs 代码页,删除 main 部分类中的除构造函数之外的所有代码,删除后的代码如下:

```
public partial class main : Form
{
    public main()
    {
        InitializeComponent();
    }
}
```

(4) 添加代码。返回窗体设计页面,双击"学生信息查询"菜单,系统自动切换到 main.cs 代码页中,并添加了"学生信息查询 ToolStripMenuItem_Click"方法,表示当单击"学生

图 17.7 添加菜单

信息查询"菜单时所执行的事件方法,代码如下所示:

```
private void 学生信息查询 ToolStripMenuItem_Click(object sender, EventArgs e)
{
    Stu_Searchsearch=new Stu_Search();
    search.MdiParent=this;                    //Stu_Search 的父窗体为 main
    search.Show();                            //显示学生信息查询窗体
}
```

同样的方法添加"学生信息管理"和"学生成绩录入"菜单的事件代码如下:

```
private void 学生信息管理 ToolStripMenuItem_Click(object sender, EventArgs e)
{
    Stu_Manage manage=new Stu_Manage();
    manage.MdiParent=this;                    //Stu_Manage 的父窗体为 main
    manage.Show();                            //显示学生信息管理窗体
}
private void 学生成绩录入 ToolStripMenuItem_Click(object sender, EventArgs e)
{
    CJ_Insert cjinsert=new CJ_Insert();
    cjinsert.MdiParent=this;                  //CJ_Insert 的父窗体为 main
    cjinsert.Show();                          //显示学生成绩录入窗体
}
```

(5)将父窗体设置为首选执行窗体。在"解决方案资源管理器"中打开 Program.cs 文件,将 Form1 修改为 main。修改后的代码如下:

```
[STAThread]
static void Main()
{
    Application.EnableVisualStyles();
```

```
    Application.SetCompatibleTextRenderingDefault(false);
    Application.Run(new main());
}
```

至此完成了父窗体的设计。

17.3.3 学生信息查询

1. 主要功能

可以满足简单查询的需要,若什么条件也不输入则显示所有记录。可以输入条件进行简单的模糊查询,各条件之间为"与"的关系。在查询的结果中,单击一行记录时,可以查看此学生的备注和照片。

2. 实现过程

打开 Stu_Search 窗体的设计模式,将 Stu_Search 窗体的 Text 属性设置为"学生信息查询",在窗体添加 3 个 GroupBox 控件用于对窗口进行分割,在第 1 个 GroupBox 中新建 3 个 Label 控件、2 个 TextBox 控件、1 个 ComboBox 控件和 1 个查询按钮。TextBox 控件用于保存学生学号和姓名,ComboBox 控件用于保存学生的专业,Text 属性设为"所有专业"。在第 2 个 GroupBox 控件中新建一个 DataGridView 控件,用于显示学生信息。第 3 个 GroupBox 中新建一个 PictureBox 控件和一个设置为 Multiline 的 TextBox 控件,分别用于保存照片和备注信息,最后"学生信息查询"窗体的效果如图 17.8 所示。窗体中各个控件的命名与设置在表 17.9 中列出。

图 17.8　Stu_Search 窗体的设置

表 17.9　Stu_Search 窗体的控件设置

控件类别	控件名称	属性设置	说明
Label	label1～label3	设置各自的 Text 属性	标识学生的学号、姓名、专业
TextBox	StuXH	Text 值清空	保存学生学号
TextBox	StuXM	Text 值清空	保存学生姓名
ComboBox	StuZY	Text 值设为"所有专业"	保存学生的专业
Button	SearchBtn	Text 属性设为"查询"	单击查询学生信息
DataGridView	StuDG	—	以列表方式显示信息
PictureBox	StuZP	—	用于显示学生的照片
TextBox	StuBZ	单击控件右上角的展开按钮 ▶，选中 Multiline 复选框	显示学生的备注

专业下拉框 StuZY 控件的设置：打开 StuZY 的属性窗口，单击 Items 属性后 ⬚ 图标打开"字符串集合编辑器"，分别添加"计算机"和"通信工程"，如图 17.9 所示。Text 属性设置为"所有专业"。

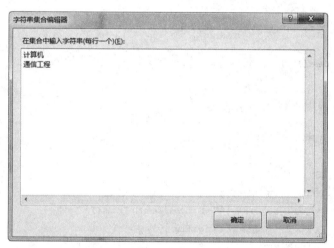

图 17.9　设置 StuZY 控件

3. 主要代码

（1）添加命名空间。因为本窗体涉及操作 Oracle 数据库的处理和流的处理，所以打开 Stu_Search.cs 代码页，添加命名空间：

```
using System.Data.OracleClient;
using System.IO;
```

（2）定义连接字符串。在 Stu_Search.cs 代码页的 public partial class Stu_Search : Form{}类代码的首部添加如下代码：

```
string ConnectionString="Data Source=XSCJ;User ID=SCOTT;Password=Mm123456;";
```

（3）窗口加载时对 StuDG 控件进行初始化。

```
private void Stu_Search_Load(object sender, EventArgs e)
{
    OracleConnection conn=new OracleConnection(ConnectionString);
                                                    //定义连接对象
     string sqlStrSelect="SELECT XH AS 学号,XM AS 姓名, XB AS 性别,
                    CSSJ AS 出生时间, ZY AS 专业,ZXF AS 总学分 FROM XSB";
    try
    {
        OracleDataAdapter adapter=new OracleDataAdapter(sqlStrSelect, conn);
                                                    //实例化数据库适配器
        DataSet dstable=new DataSet();          //定义数据集 dstable
        adapter.Fill(dstable, "testTable");     //填充数据集
        StuDG.DataSource=dstable.Tables["testTable"].DefaultView;
                                                //表 testTable 为 StuDG 的数据源
        StuDG.Show();                           //显示 StuDG 的数据
    }
    catch(Exception ex)
    { MessageBox.Show(ex.Message); }
    finally
    { conn.Close(); }
}
```

（4）定义产生查询字符串的函数。

```
private string MakeSql()
{
    string SqlStr="";
    if(StuXH.Text.Trim()!=string.Empty)
        SqlStr=" AND XH LIKE '%"+StuXH.Text.Trim()+"%'";
    if(StuXM.Text.Trim()!=string.Empty)
        SqlStr=" AND XM LIKE '%"+StuXM.Text.Trim()+"%'";
    if(StuZY.Text!="所有专业")
        SqlStr=" AND ZY='"+StuZY.Text+"'";
    return SqlStr;
}
```

（5）单击查询按钮触发的事件。

```
private void SearchBtn_Click(object sender, EventArgs e)
{
    string sql=MakeSql();
    //生成完整的 SELECT 语句
    string str_sql="SELECT XH AS 学号,XM AS 姓名, XB AS 性别,CSSJ AS 出生时间,
            ZY AS 专业,ZXF AS 总学分 FROM XSB WHERE 1=1"+sql;
    OracleConnection conn=new OracleConnection(ConnectionString);
```

```
    OracleDataAdapter adapter=new OracleDataAdapter(str_sql, conn);
    DataSet dstable=new DataSet();
    adapter.Fill(dstable, "testTable");
    StuDG.DataSource=dstable.Tables["testTable"].DefaultView;
    StuDG.Show();                              //刷新 StuDG 控件的数据
}
```

（6）在 Stu_Search_Designer. cs 代码文件中 StuDG 的设置部分添加如下代码，用于定义 StuDG 控件的 CellClick 事件。

```
this.StuDG.CellClick +=new System.Windows.Forms.DataGridViewCellEventHandler
(this.StuDG_CellClick);
```

（7）在 Stu_Search. cs 代码文件中添加 StuDG 控件单元格的单击事件，当用户单击控件中单元格所在的数据行时取出当前行学号，然后在"照片"和"备注"栏显示该学生的照片和备注。

```
private void StuDG_CellClick(object sender, DataGridViewCellEventArgs e)
{
    DataGridViewRow dgRow=StuDG.Rows[e.RowIndex];   //获取选中的记录行
    DataGridViewCellCollection dgCC=dgRow.Cells;    //获取行单元格集合
    string xh=dgCC[0].Value.ToString();             //获取单元格的学号值
    if(xh !="")
    {
        OracleConnection conn=new OracleConnection(ConnectionString);
        conn.Open();
        //查询照片和备注
        string sql1="SELECT BZ FROM XSB WHERE XH='"+xh+"'";
        string sql2="SELECT ZP FROM XSZP WHERE XH='"+xh+"'";
        OracleCommand cmd1=new OracleCommand(sql1, conn);
        OracleCommand cmd2=new OracleCommand(sql2, conn);
        //执行查询,返回 OracleDataReader 对象
        OracleDataReader reader1=cmd1.ExecuteReader();
        OracleDataReader reader2=cmd2.ExecuteReader();
        if(reader1.Read())                          //显示备注
            StuBZ.Text=reader1["BZ"].ToString();
        if(reader2.Read())                          //如果存在照片
        {
            MemoryStream memStream=null;            //定义一个内存流
            if(StuZP.Image !=null)                  //如果 pictureBox1 中有图片销毁
                StuZP.Image.Dispose();
            byte[] data=(byte[])reader2["ZP"];
            memStream=new MemoryStream(data);       //字节流转换为内存流
            StuZP.Image=Image.FromStream(memStream); //内存流转换为照片
            if(memStream !=null)                    //如果内存流不为空则关闭
                memStream.Close();
```

```
            }
        }
    }
```

Stu_Search 窗体的最后运行效果如图 17.10 所示。

图 17.10　Stu_Search 窗体的最后运行结果

17.3.4　学生信息管理

1. 主要功能

输入学生学号后,单击"查询"按钮,可以在窗口中的各个控件中显示当前学生的具体信息。单击"更新"按钮,可以对学生信息进行添加和修改。单击"删除"按钮,可以删除相应的学生记录。当删除一条学生记录时,触发器 XS_DELETE 会自动到 CJB 表中删除此学生的成绩记录,并到 XSZP 表中删除此学生的照片记录,以保证数据的参照完整性。

2. 实现过程

打开 Stu_Search 窗体的设计模式,将 Stu_Manage 窗体的 Text 属性设置为"学生信息管理"。在 Stu_Manage 窗体中,新建两个 GroupBox 控件用于对窗口进行分割,在其中一个 GroupBox 中新建 3 个按钮用于学生管理的操作,另一个 GroupBox 中显示学生的信息。

在窗体中设计的界面如图 17.11 所示,窗体中各个控件的命名与设置在表 17.10 中列出。

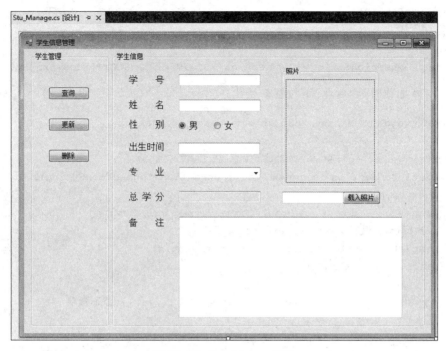

图 17.11　Stu_Manage 窗体

表 17.10　Stu_Manage 窗体的控件设置

控件类别	控件名称	属性设置	说　明
Label	label1～label7	设置各自的 Text 属性	标识学生的学号、姓名等信息
TextBox	StuXH	Text 值清空	保存学生学号
TextBox	StuXM	Text 值清空	保存学生姓名
RadioButton	Man 和 Woman	Man 的 Text 属性设置为 True	保存学生性别
TextBox	StuCSSJ	Text 值清空	保存出生时间
ComboBox	StuZY	在窗体初始化时赋初值	保存学生的专业
TextBox	StuZXF	ReadOnly 属性设置为 True，表示不可更改	保存学生的总学分
TextBox	StuBZ	设置为 Multiline	保存学生的备注
PictureBox	StuZP	Text 值清空	用于保存学生的照片
Button	LoadPic	设置 Text 属性为"载入照片"	单击该按钮可以载入学生照片
TextBox	File	Text 值清空	保存用户上传的图片路径
Button	SearchBtn、UpdateBtn 和 DeleteBtn	设置 Text 属性为"查询""更新"和"删除	用于执行学生的查询、更新及删除操作

3. 主要代码

（1）引入命名空间。引入 Oracle 数据库和流的处理。

```
using System.Data.OracleClient;
```

```
using System.IO;
```

(2) 定义连接字符串。

```
string ConnectionString="Data Source=XSCJ;User ID=SCOTT;Password=Mm123456;";
```

(3) 窗体加载时为"专业"下拉框初始化。

```
private void Stu_Manage_Load(object sender, EventArgs e)
{
    string spec_sql="SELECT DISTINCT ZY FROM XSB";
    OracleConnection conn=new OracleConnection(ConnectionString);
    conn.Open();
    OracleCommand cmd=new OracleCommand(spec_sql, conn);
    //执行查询,返回 OracleDataReader 对象
    OracleDataReader reader=cmd.ExecuteReader();
    while(reader.Read())
    {
        StuZY.Items.Add(reader["ZY"]);                    //添加选项
    }
}
```

(4) 单击查询按钮时,根据 StuXH 控件中的学号,从 XSB 表中查询学生的基本信息并在窗口中显示,从 XSZP 表中查找出学生的照片显示到 StuZP 控件中。

```
private void SearchBtn_Click(object sender, EventArgs e)
{
    OracleConnection conn=new OracleConnection(ConnectionString);
    string sqlStrSelect="SELECT * FROM XSB WHERE XH='"+StuXH.Text.Trim()+"'";
    OracleCommand cmd=new OracleCommand(sqlStrSelect, conn);
    try
    {
        conn.Open();                                      //打开数据库连接
        OracleDataReader sdr=cmd.ExecuteReader();
        MemoryStream memStream=null;                      //定义一个内存流
        if(sdr.HasRows)                                   //如果有记录
        {
            sdr.Read();                                   //读取第一行记录
            StuXM.Text=sdr["XM"].ToString();              //读取姓名
            StuCSSJ.Text=sdr["CSSJ"].ToString();          //读取出生时间
            StuZY.Text=sdr["ZY"].ToString();              //读取专业
            StuZXF.Text=sdr["ZXF"].ToString();            //读取总学分
            StuBZ.Text=sdr["BZ"].ToString();              //读取备注
            string sex=sdr["XB"].ToString();              //读取性别
            if(sex =="男")
                Man.Checked=true;
            else
                Woman.Checked=true;
```

```
                    //读取照片
                    string zpsql="SELECT ZP FROM XSZP WHERE XH='"+StuXH.Text.Trim()+"
'";

                    OracleCommand zpcmd=new OracleCommand(zpsql, conn);
                    OracleDataReader zpsdr=zpcmd.ExecuteReader();
                    if(zpsdr.Read())                              //如果有照片
                    {
                        if(StuZP.Image !=null)                    //如果 StuZP 中有图片销毁
                            StuZP.Image.Dispose();
                        byte[] data=(byte[])zpsdr["ZP"];
                        memStream=new MemoryStream(data);         //字节流转换为内存流
                        StuZP.Image=Image.FromStream(memStream);
                                                                  //内存流转换为照片
                    }
                }
                else
                    MessageBox.Show("无记录!");
                if(memStream !=null)                              //如果内存流不为空则关闭
                    memStream.Close();
            }
            catch(Exception ex)
            { MessageBox.Show(ex.Message); }
            finally
            {
                if(conn.State ==ConnectionState.Open)             //如果数据库连接则关闭
                    conn.Close();
            }
        }
```

（5）单击"载入照片"按钮时，获取图片的路径和文件名，显示在 File 文本框控件中，并将图片显示在 StuZP 控件中。

```
private void LoadPic_Click(object sender, EventArgs e)
{
    OpenFileDialog openFileDialog=new OpenFileDialog();  //实例化打开文件对话框
    openFileDialog.InitialDirectory= Environment.GetFolderPath (Environment.
    SpecialFolder.Personal);
    openFileDialog.Filter="jpg图片|*.jpg|gif图片|*.gif|所有文件(*.*)|*.*";
                                                         //设置打开文件类型
    if(openFileDialog.ShowDialog(this)==DialogResult.OK)
    {
        string FileName=openFileDialog.FileName;         //获取文件路径
        StuZP.Image=Image.FromFile(FileName);            //将图片显示在 StuZP 控件中
        File.Text=FileName;                              //文件路径存在 Flie 文本框中
    }
}
```

(6) 定义向 XSZP 表添加照片的函数 insertzp,函数的参数为学号和照片的文件名。

```
private void insertzp(string xh,string filename)
{
    OracleConnection conn=new OracleConnection(ConnectionString);
    conn.Open();
    string sel_sql="SELECT * FROM XSZP WHERE XH='"+xh+"'";
    string dzp_sql="DELETE FROM XSZP WHERE XH='"+xh+"'";
    string ins_sql="INSERT INTO XSZP VALUES (:xh,:zp)";
    OracleCommand sel_cmd=new OracleCommand(sel_sql, conn);
    OracleCommand dzp_cmd=new OracleCommand(dzp_sql, conn);
    OracleDataReader sdr=sel_cmd.ExecuteReader();
    if(sdr.Read())                              //如果已有照片
    {
        dzp_cmd.ExecuteNonQuery();              //先删除之,然后再插新记录
    }
    FileStream fs=null;
    //以文件流方式读取照片
    fs=new FileStream(filename, FileMode.Open, FileAccess.Read);
    MemoryStream mem=new MemoryStream();        //实例化内存流对象 mem
    byte[] data1=new byte[fs.Length];           //定义照片长度的数组
    fs.Read(data1, 0,(int)fs.Length);           //把照片存到数组中
    OracleCommand ins_cmd=new OracleCommand(ins_sql, conn);
    ins_cmd.Parameters.Add(":xh", OracleType.Char, 8).Value=xh;
    ins_cmd.Parameters.Add(":zp", OracleType.Blob);   //这里选择 Blob 类型
    ins_cmd.Parameters[":zp"].Value=data1;      //给 zp 参数赋值
    try
    {
        ins_cmd.ExecuteNonQuery();              //执行 SQL 语句
    }
    catch(Exception ex)
    { MessageBox.Show("出错!"+ex.Message); }
    finally
    { conn.Close(); }
}
```

(7) 单击"更新"按钮时,如果学生学号已存在则修改该学生记录,如果不存在则添加一条新记录。如果用户选择了照片,则调用 insertzp()函数向 XSZP 表中插入照片信息。

```
private void UpdateBtn_Click(object sender, EventArgs e)
{
    string xh=StuXH.Text.Trim().ToString();     //学号
    string xm=StuXM.Text.Trim().ToString();     //姓名
    string xb="";                               //性别
    string cssj="";                             //出生时间
    string zy=StuZY.Text.Trim().ToString();     //专业
```

```
string zxf=StuZXF.Text.Trim().ToString();        //总学分
string bz=StuBZ.Text.Trim().ToString();          //备注
string filename=File.Text.Trim().ToString();     //上传的文件名
if(Man.Checked ==true)
    xb="男";
else
    xb="女";
if(xh =="" || xm =="")
{
    MessageBox.Show("学号和姓名不能为空!");
    return;                                      //如果学号和姓名为空则返回
}
try
{
    //获取出生时间字符串
    cssj =DateTime.Parse(StuCSSJ.Text.Trim()).ToString("yyyy-MM-dd");
}
catch
{
    MessageBox.Show("日期格式不正确!");
    return;
}
string select_sql="SELECT * FROM XSB WHERE XH='"+xh+"'";
string sqlStr="";
OracleConnection conn=new OracleConnection(ConnectionString);
conn.Open();
OracleCommand select_cmd=new OracleCommand(select_sql, conn);
OracleDataReader sdr=select_cmd.ExecuteReader();
if(sdr.Read())                                   //如果学号已存在则修改信息
    sqlStr="UPDATE XSB SET XM='"+xm+"',XB='"+xb+"',CSSJ=TO_DATE('"+cssj
    +"','YYYY-MM-DD'),ZY='"+zy+"',ZXF="+zxf+",BZ='"+bz+"' WHERE XH='"+
    xh+"'";
else
    sqlStr="INSERT INTO XSB Values('"+xh+"','"+xm+"','"+xb+"',TO_DATE('"
    + cssj+"','YYYY-MM-DD'),'"+zy+"',"+zxf+",'"+bz+"')";
if(filename!="")                                 //如果选择了照片
{
    insertzp(xh, filename);                      //调用 insertzp()函数
}
try
{
    OracleCommand cmd=new OracleCommand(sqlStr, conn);
    cmd.ExecuteNonQuery();
}
catch(Exception ex)
```

```
    { MessageBox.Show("出错!"+ex.Message); }
    finally
    {
        MessageBox.Show("更新成功!");
        conn.Close();
    }
}
```

(8) 单击"删除"按钮将删除当前学生的信息。

```
private void DeleteBtn_Click(object sender, EventArgs e)
{
    if(StuXH.Text =="")
    {
        MessageBox.Show("请输出要删除的学号!");
    }
    else
    {
        OracleConnection conn=new OracleConnection(ConnectionString);
        conn.Open();
        string s_sql="SELECT * FROM XSB WHERE XH='"+StuXH.Text.Trim()+"'";
        string d_sql="DELETE FROM XSB WHERE XH='"+StuXH.Text.Trim()+"'";
        OracleCommand s_cmd=new OracleCommand(s_sql, conn);
        OracleCommand d_cmd=new OracleCommand(d_sql, conn);
        OracleDataReader sdr=s_cmd.ExecuteReader();
        if(sdr.Read())
        {
            int a=d_cmd.ExecuteNonQuery();
            if(a!=0)
                MessageBox.Show("删除成功!");
        }
        else
            MessageBox.Show("学号不存在!");
    }
}
```

Stu_Manage 窗体的最后运行效果如图 17.12 所示。

17.3.5　学生成绩录入

1. 主要功能

用户选择课程名和专业后,单击"查询"按钮,下方的表格中会从视图 XS_KC_CJ 中列出与课程名和专业都对应的学生的学号、姓名、课程号、课程名和所选课程的成绩。如果未选该课程,则成绩为空。当移动表格中的记录集时,学号、姓名和成绩文本框中将列出相应的数据。在成绩文本框中输入新成绩或修改旧成绩,单击"更新"按钮则调用存储过程 CJ_

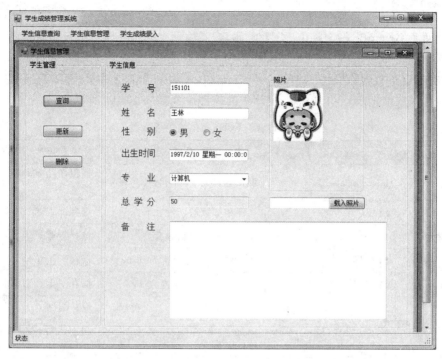

图 17.12　Stu_Manage 窗体的最后运行效果

Data(参照 15.4 节)向 CJB 表中插入一行新成绩或修改原来的成绩。单击"删除"按钮,则调用存储过程 CJ_Data 删除 CJB 表对应的一行成绩记录,程序的运行界面如图 17.13 所示。

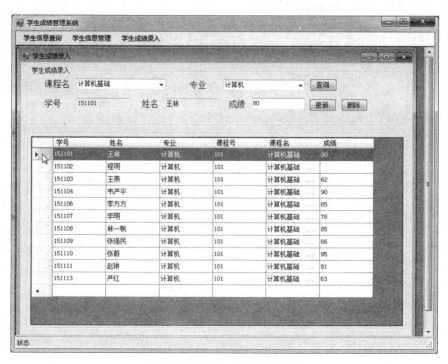

图 17.13　学生成绩录入界面

2. 实现过程

新建两个 GroupBox 控件用于分割窗体,在其中一个 GroupBox 中新建 2 个 ComboBox 用于保存课程名和专业,3 个 TextBox 控件用于保存学号、姓名和成绩,3 个 Button 控件分别用于查询、更新和删除操作。在另一个 GroupBox 中新建 1 个 DataGridView 控件,用于显示学生选课成绩记录。CJ_Insert 窗体中的控件设置如表 17.11 所示。

表 17.11　CJ_Insert 窗体的控件设置

控件类别	控件名称	属性设置	说　　明
Label	label1～label5	设置各自的 Text 属性	标识学生的学号、姓名等信息
ComboBox	StuKCM	在窗体加载时初始化	选择课程名
ComboBox	StuZY	在窗体加载时初始化	选择专业
TextBox	StuXH	ReadOnly 属性设置为 True	保存学生学号
TextBox	StuXM	ReadOnly 属性设置为 True	保存学生姓名
TextBox	StuCJ	Text 值清空	保存成绩
Button	SearchBtn、UpdateBtn 和 DeleteBtn	设置 Text 属性为"查询""更新"和"删除"	用于执行成绩的查询、更新和删除操作
DataGridView	CJDG		以列表方式显示信息

3. 主要代码

(1) 首先引入 OracleClient 命名空间。

```
using System.Data.OracleClient;
```

(2) 定义连接字符串。

```
string ConnectionString="Data Source=XSCJ;User ID=SCOTT;Password=Mm123456;";
```

(3) 窗体加载时对"课程名"和"专业"下拉框初始化,并对窗体的数据表格初始化数据。

```
private void CJ_Insert_Load(object sender, EventArgs e)
{
    OracleConnection conn=new OracleConnection(ConnectionString);
    string sql="SELECT DISTINCT ZY FROM XSB";
    OracleCommand cmd=new OracleCommand(sql, conn);
    try
    {
        conn.Open();
        OracleDataReader reader=cmd.ExecuteReader();
        while(reader.Read())
        {
            StuZY.Items.Add(reader["ZY"]);
        }
        reader.Close();
        sql="SELECT KCM FROM KCB";
```

```
        cmd=new OracleCommand(sql, conn);
        reader=cmd.ExecuteReader();
        while(reader.Read())
        {
            StuKCM.Items.Add(reader["KCM"]);
        }
        reader.Close();
    }
    catch(Exception ex)
    { MessageBox.Show(ex.Message); }
    finally
    { conn.Close(); }
    //为 CJDG 控件初始化数据
    string SqlStr="SELECT XH AS 学号,XM AS 姓名,ZY AS 专业,KCH AS 课程号,KCM AS 课程
名,CJ AS 成绩 FROM XS_KC_CJ";
    cmd=new OracleCommand(SqlStr, conn);
    OracleDataAdapter sda=new OracleDataAdapter(SqlStr, conn);
    DataSet dstable=new DataSet();
    sda.Fill(dstable, "testTable");
    CJDG.DataSource=dstable.Tables["testTable"].DefaultView;
    CJDG.Show();
}
```

（4）单击查询按钮后，在 CJDG 控件中显示查询到的成绩记录。

```
private void SearchBtn_Click(object sender, EventArgs e)
{
    string SqlStr="SELECT XH AS 学号,XM AS 姓名,ZY AS 专业,KCH AS 课程号,KCM AS 课程
名,CJ AS 成绩 FROM XS_KC_CJ WHERE ZY='"+StuZY.Text.Trim()+"' AND KCM='"+
StuKCM.Text.Trim()+"'";
    OracleConnection conn=new OracleConnection(ConnectionString);
    OracleCommand cmd=new OracleCommand(SqlStr, conn);
    OracleDataAdapter sda=new OracleDataAdapter(SqlStr, conn);
    DataSet dstable=new DataSet();
    sda.Fill(dstable, "testTable");
    CJDG.DataSource=dstable.Tables["testTable"].DefaultView;
    CJDG.Show();
}
```

（5）在 CJ_Insert_Designer. cs 代码文件中 CJDG 控件的设置部分添加如下代码，用于
定义 CJDG 控件的 RowHeaderMouseClick 事件。

```
this.CJDG.RowHeaderMouseClick +=
    new System.Windows.Forms.DataGridViewCellMouseEventHandler(this.CJDG_
RowHeaderMouseClick);
```

（6）窗口表格中选择的记录改变时，在窗口控件中同步显示学生成绩信息。

```
private void CJDG_RowHeaderMouseClick(object sender,
DataGridViewCellMouseEventArgs e)
{
    //获取选中的记录行
    DataGridViewRow dgvRow=CJDG.Rows[e.RowIndex];
    //获取行单元格集合
    DataGridViewCellCollection dgvCC=dgvRow.Cells;
    //将单元格数据赋值到文本框中
    StuXH.Text=dgvCC[0].Value.ToString();
    StuXM.Text=dgvCC[1].Value.ToString();
    StuZY.Text=dgvCC[2].Value.ToString();
    StuKCM.Text=dgvCC[4].Value.ToString();
    StuCJ.Text=dgvCC[5].Value.ToString();
}
```

（7）定义执行存储过程的函数 call_proc，函数的参数是学号、课程名和成绩。

```
private void call_proc(string xh,string kcm,int cj)
{
    string   kch="";
    OracleConnection conn=new OracleConnection(ConnectionString);
    conn.Open();
    //根据课程名查找课程号
    string sql="SELECT KCH FROM KCB WHERE KCM='"+kcm+"'";
    OracleCommand mycommand=new OracleCommand(sql,conn);
    OracleDataReader reader=mycommand.ExecuteReader();
    if(reader.Read())
        kch=reader["KCH"].ToString();
    //执行存储过程
    if(xh !="" && kch !="" && cj !=null)
    {
        mycommand=new OracleCommand("CJ_Data", conn);
        mycommand.CommandType=CommandType.StoredProcedure;
        OracleParameter SqlStuXH = mycommand. Parameters. Add ( " in _ xh ",
        OracleType.Char, 6);
        SqlStuXH.Direction=ParameterDirection.Input;
        OracleParameter SqlStuKCH = mycommand. Parameters. Add ( " in _ kch ",
        OracleType.Char, 3);
        SqlStuKCH.Direction=ParameterDirection.Input;
        OracleParameter SqlStuCJ = mycommand. Parameters. Add ( " in _ cj ",
        OracleType.Int32);
        SqlStuCJ.Direction=ParameterDirection.Input;
        SqlStuXH.Value=xh;
        SqlStuKCH.Value=kch;
```

```
        SqlStuCJ.Value=cj;
        mycommand.ExecuteNonQuery();                    //执行存储过程
     }
    else
    {
        MessageBox.Show("请输入正确信息!");
        return;
    }
}
```

(8) 单击"更新"按钮调用函数 call_proc。

```
private void UpdateBtn_Click(object sender, EventArgs e)
{
    string xh=StuXH.Text.Trim().ToString();
    string kcm=StuKCM.Text.Trim().ToString();
    int cj=0;
    try
    {
        cj=Convert.ToInt32(StuCJ.Text.Trim());          //将输入值转化为数字格式
    }
    catch
    {
        MessageBox.Show("请输入正确的成绩!");
        return;
    }
    try
    {   call_proc(xh, kcm, cj);     }
    finally
    {   MessageBox.Show("更新成功!");      }
}
```

(9) 单击"删除"按钮调用函数 call_proc,参数 point 设为-1,表示删除成绩。

```
private void DeleteBtn_Click(object sender, EventArgs e)
{
    string xh=StuXH.Text.Trim().ToString();
    string kcm=StuKCM.Text.Trim().ToString();
    try
    {   call_proc(xh, kcm, -1); }
    finally
    {   MessageBox.Show("删除成功!");      }
}
```

ASP.NET（C#）/Oracle 11g 学生成绩管理系统

ASP. NET 作为目前最为流行的 Web 开发技术之一，可以快速建立灵活、安全和稳定的 Web 应用程序。ASP. NET 是. NET 框架的一部分，支持 VisualBasic. NET 和 Visual C#语言。本章采用 ASP. NET 4.5，以 C#语言作为脚本语言，在 Visual Studio 2015 平台下，以 Oracle 11g 学生成绩数据库 XSCJ 作为后台数据库，开发学生成绩管理系统。

18.1 使用 ASP.NET 操作 Oracle 数据库

ASP. NET 也是通过 ADO. NET 方式来访问数据库的，所以第 17 章中介绍的 ADO. NET 模型操作 Oracle 数据库的类也适用于开发 ASP. NET 应用程序，这里不再重复介绍。

18.1.1 将数据库连接字符串写入配置文件

在 ASP. NET 应用程序的开发中，可以将数据库连接字符串保存到应用程序配置文件中。这样可以方便数据库连接，而且下次换数据库时直接修改配置文件就可以了，同时也保证了数据库安全。具体的操作步骤如下：

（1）在 Visual Studio 2015（以下简称 VS2015）默认工作区目录（C：\ Users \ Administrator\Documents\Visual Studio 2015\Projects）新建名为 XSCJSYS 的文件夹，用于存放学生成绩管理网站。

（2）运行 VS2015，选择菜单"文件"→"新建"→"网站"，在弹出的"新建网站"对话框中选择"ASP. NET Web 窗体网站"模板，如图 18.1 所示，单击"确定"按钮。

（3）在 Default. aspx 页面的设计模式中，从工具箱中拖曳一个 SqlDataSource 控件到此页面中。单击 SqlDataSource1 右上角的 ▶图标，选择"配置数据源"选项，在弹出的"配置数据源"对话框中单击"新建连接"按钮，在弹出的"选择数据源"对话框中选择"Oracle 数据库"选项，如图 18.2 所示。单击"继续"按钮，弹出"添加连接"对话框，设置连接，"服务器名"输入 XSCJ，"用户名"使用 scott 用户，如图 18.3 所示。测试连接成功后，单击"确定"按钮，单击"下一步"按钮，在弹出"将连接字符串保存到应用程序配置文件中"对话框中保持复选框的选中状态和文本框的字符(ConnectionString)不变，如图 18.4 所示。单击"下一步"按

图 18.1　"新建网站"对话框

钮,然后再单击"下一步"按钮,最后单击"完成"按钮则将数据库连接字符串写入配置文件中。之后可以删除 SqlDataSource1 控件。

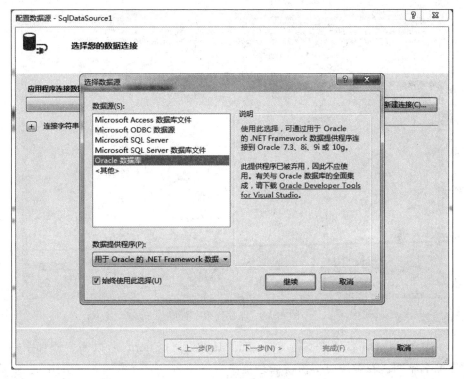

图 18.2　"选择数据源"对话框

图 18.3　"添加连接"对话框

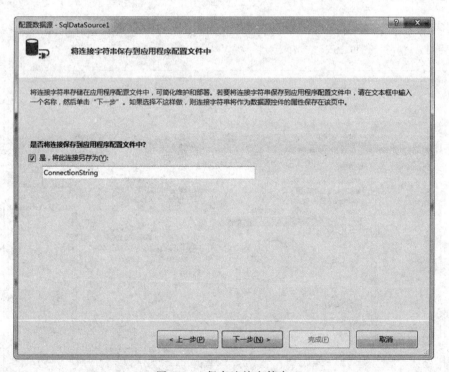

图 18.4　保存连接字符串

（4）ASP. NET 4.5 默认不支持 System. Data. OracleClient，所以需要添加引用后才可以使用该命名空间。在解决方案资源管理器中右击站名，选择"添加"→"引用"选项，在弹出的"引用管理器"对话框中选择 System. Data. OracleClient 选项，单击"确定"按钮，如图 18.5 所示。

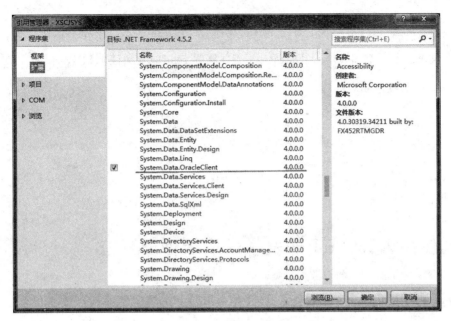

图 18.5　"引用管理器"对话框

18.1.2　操作 Oracle 数据库

ASP.NET(C♯)操作 Oracle 数据库所使用的类和 C♯.NET 是相同的。例如,使用 OracleConnection 类连接 Oracle 数据库,使用 OracleCommand 类执行 SQL 命令。

ASP.NET 操作 Oracle 数据库涉及的操作主要有以下几种:

(1) 读取连接字符串。首先引入读取配置文件和操作 Oracle 数据库时使用的命名空间。

```
using System.Configuration;              //涉及读取配置文件中数据库连接字符串
using System.Data.OracleClient;          //涉及访问 Oracle 数据库
```

之后可以使用如下语句读取连接字符串:

```
string connStr =ConfigurationManager.ConnectionStrings["ConnectionString"].
ConnectionString;
```

其中,"ConnectionString"名称是修改配置文件时设置的名称。

(2) 连接数据库。连接数据库使用 OracleConnection 对象。

```
OracleConnection conn=new OracleConnection(connStr);
conn.Open();
```

(3) 执行 SQL 语句。执行 SQL 语句首先初始化一个 OracleCommand 对象,然后使用 OracleCommand 对象的 ExecuteReader()方法或 ExecuteNonQuery()方法执行命令。

```
string str="SELECT * FROM XSB";
```

```
OracleCommand sqlcommand=new OracleCommand(str, conn);
OracleDataReader reader=sqlcommand.ExecuteReader();      //执行命令
```

（4）读取数据。使用 OracleDataReader 对象的 read()方法读取数据。

```
while(reader.Read())
{
    Response.Write(reader["XH"]);
    Response.Write("<br>");
}
reader.Close();
conn.Close();
```

18.2　使用 ASP.NET 开发学生成绩管理系统

此系统的功能包括学生信息查询、学生信息管理和成绩信息录入。

18.2.1　创建学生成绩管理网站

1. 新建母版页

打开 VS 2015 的"解决方案资源管理器"，右击站点，选择"添加"→"添加新项"选项，在弹出的"添加新项"对话框中选择"母版页"模板，如图 18.6 所示，然后单击"添加"按钮。

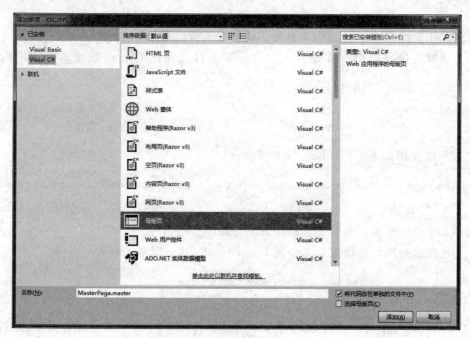

图 18.6　添加母版页

2. 新建内容页

内容页的创建步骤如下：

（1）添加学生信息查询页面。打开"解决方案资源管理器"，右击站点，选择"添加"→"添加新项"选项，在弹出的"添加新项"对话框中选中"Web 窗体"模板，再勾选对话框右下方的"选择母版页"复选框，命名为 StuSearch. aspx，如图 18.7 所示。

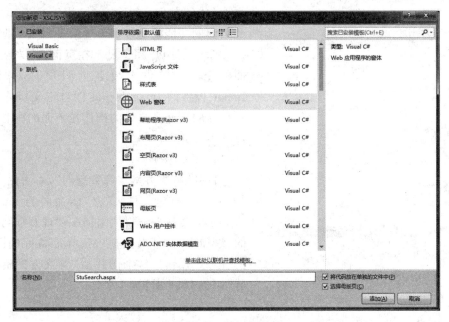

图 18.7 添加内容页

（2）选择母版页。单击"添加"按钮，在弹出的"选择母版页"对话框中选择 MasterPage. master 母版页，单击"确定"按钮，如图 18.8 所示。

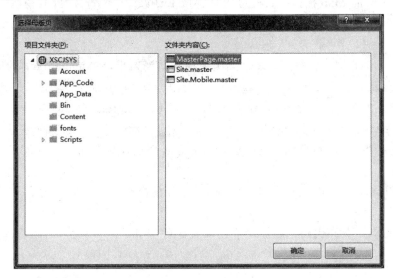

图 18.8 选择母版页

（3）添加其他内容页面。按照上面方法创建其他内容页面，这里不再详述。学生信息管理和成绩信息录入页面分别命名为 Stumanage. aspx 和 Scoremanage. aspx。

图 18.9　添加了图片后的"解决方案资源管理器"

3. 新建显示照片页

在此学生成绩管理系统中，多处要显示学生照片，为了方便，可以新建一个普通的 Web 窗体页面（命名为 Showpic. aspx）用于显示学生照片。此页面的功能就是根据学生的学号从数据库中找出此学生的照片并且显示在页面上，当在其他页面的 Image 控件上要显示照片时，可以使用 Image 控件的 ImageUrl 属性自定义绑定到此显示照片的页面。具体的操作在下面的内容页面的设计中将介绍。

4. 添加图片

打开"解决方案资源管理器"，右击站点，选择"添加"→"新建文件夹"选项，命名为 image。右击 image 文件夹，选择"添加"→"现有项"，在弹出的"添加现有项"对话框中选择准备好的图片，单击"添加"按钮。添加图片后"解决方案资源管理器"如图 18.9 所示。

18.2.2　设计母版页

母版页设计步骤如下：

（1）添加 ImageMap 控件。打开母版页（MasterPage. master）的拆分视图，在＜form id＝"form1" runat＝"server"＞下添加一个 div 标签，从工具箱中拖曳一个 ImageMap 控件到此标签中。

（2）设置 ImageMap1。将 ImageMap1 拖动到适当大小，在 ImageMap1 的属性窗口中，ImageUrl 属性值设置为～/image/ xscj. jpg。单击 HotSpots 后的图标按钮，在弹出的"HotSpot 集合编辑器"对话框中分别添加 4 个 RectangleHotSpot，其中 Bottom、Left、Right、Top、AlternateText 和 NavigateUrl 属性分别表示热点的"底部""左边""右边""高度""交替提示"和"链接到页面"。按图 18.10 所示分别设置各个 RectangleHotSpot 的属性值。

说明：RectangleHotSpot 的属性值可以根据在拖动 ImageMap 控件显示的数据来确定。

（3）完善 XHTML 代码。添加背景色以及让各个 div 居中显示，完成后部分 XHTML 代码如下。

```
<body bgcolor="#D9DFAA">
    <form id="form1" runat="server">
    <div align="center">
```

```
<asp:ImageMap ID="ImageMap1" runat="server" Height="111px" Width="771px"
    ImageUrl="~/image/xscj.jpg">
    <asp:RectangleHotSpot Bottom="100" Left="230" NavigateUrl=
    "StuSearch.aspx"
        Right="290" Top="80" AlternateText="学生查询" />
    <asp:RectangleHotSpot Bottom="100" Left="300" NavigateUrl=
    "Stumanage.aspx"
        Right="360" Top="80" AlternateText="学生管理" />
    <asp:RectangleHotSpot Bottom="100" Left="383" NavigateUrl=
    "Scoremanage.aspx"
        Right="443" Top="80" AlternateText="成绩管理" />
    <asp:RectangleHotSpot Bottom="100" Left="460" NavigateUrl=""
        Right="520" Top="80" AlternateText="课程管理" />
</asp:ImageMap>
</div>
<div align="center">
    <asp:ContentPlaceHolder id="ContentPlaceHolder1" runat="server"></asp:
    ContentPlaceHolder>
</div>
<div align="center">
    南京师范大学:南京市宁海路 122 号邮编:210097<br/>师教教育研究中心版权所有
    2000-2017
</div>
</form>
</body>
```

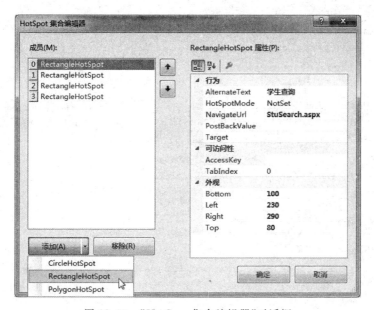

图 18.10　"HotSpot 集合编辑器"对话框

（4）切换到设计视图，设计完成后的母版页面如图 18.11 所示。

图 18.11　设计好的母版页

18.2.3　设计显示照片页面

显示图片页面（Showpic. aspx）的功能就是根据学生的学号从 XSZP 表中找出此学生照片并且显示在页面上。

设计步骤如下：

（1）添加命名空间。在解决方案资源管理器中打开 Showpic. aspx. cs 文件，添加如下命名空间。

```
using System.Configuration;                      //涉及读取配置文件中数据库连接字符串
using System.Data.OracleClient;                  //涉及访问 Oracle 数据库
```

（2）添加代码。在 Showpic. aspx. cs 文件中添加显示学生照片的代码。

```
public partial class Showpic : System.Web.UI.Page
{
    protected void Page_Load(object sender, EventArgs e)
    {
        if(!Page.IsPostBack)
        {
            byte[] picData;                     //以字节数组的方式存储获取的图片数据
            string id=Request.QueryString["id"];     //获取传入的参数
            if(!CheckParameter(id, out picData))      //参数验证
            {   Response.Write("<script>alert('没有可以显示的照片。')</script>");
            }
            else
            {
            Response.ContentType="application/octet-stream";
                                                //设置页面的输出类型
            Response.BinaryWrite(picData);       //以二进制输出图片数据
            Response.End();                      //清空缓冲,停止页面执行
            }
        }
    }
    //进行参数验证的函数
```

```
private bool CheckParameter(string id,out byte[] picData)
{
    picData=null;
    if(string.IsNullOrEmpty(id))                        //判断传入参数是否为空
    {    return false;    }
    //从配置文件中获取连接字符串
    string connStr =
        ConfigurationManager.ConnectionStrings["ConnectionString"].ConnectionString;
    OracleConnection conn=new OracleConnection(connStr);
    string query=string.Format("select ZP from XSZP where XH='{0}'", id);
    OracleCommand cmd=new OracleCommand(query, conn);
    try
    {
        conn.Open();
        object data=cmd.ExecuteScalar();                //根据参数获取数据
        if(Convert.IsDBNull(data)|| data ==null)        //如果照片字段为空或者无返回值
        {    return false;    }
        else
        {
            picData=(byte[])data;
            return true;
        }
    }
    finally
    {    conn.Close();    }
}
```

18.2.4　学生信息查询

学生信息查询页(StuSearch.aspx)的主要功能是查询学生的具体信息。此页面运行后的部分结果界面如图 18.12 所示。此页面主要应用了 GridView 控件和 DetailsView 控件操作 XSCJ 数据库中的 XSB 表和 XSZP 表。涉及控件的绑定和图片显示等知识。GridView 控件是显示符合查找条件的所有学生的学号、姓名、性别、专业、出生时间、总学分、备注字段的信息。而 DetailsView 控件是显示在 GridView 控件上选择的学生照片信息。

设计步骤如下:

(1) 布局界面。光标放在 Content 控件中,单击 VS2015 菜单栏的"表"菜单,选择"插入表"菜单项,添加一个 7 列 3 行的表并且选择标题复选框,在表格中选中第 2 行的左 6 列合并成一个单元格。从工具栏中选择 4 个 Label、1 个 DropDownList、1 个 Button、1 个 GridView、3 个 SqlDataSource 和 1 个 DetailView 控件到表格中。布局好的页面如图 18.13 所示。

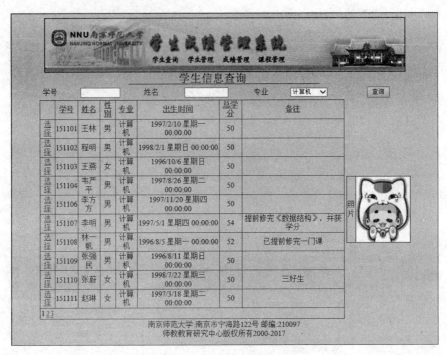

图 18.12　学生信息查询页面

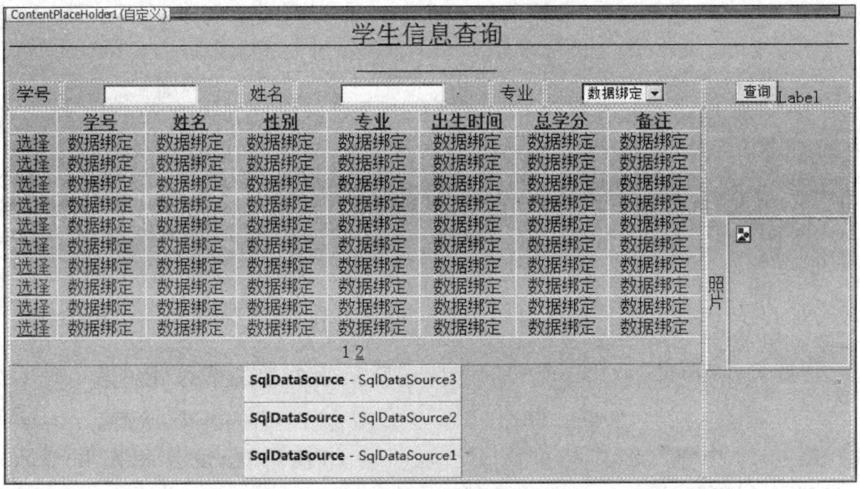

图 18.13　布局后的学生信息查询页面

页面中的各个控件的设置如表 18.1 所示。

表 18.1　学生信息查询页面中的控件的属性设置

控件类别	Text 属性值	控件 ID	说　　明
Label	学号	Label1	显示"学号"字样
Label	姓名	Label2	显示"姓名"字样

控 件 类 别	Text 属性值	控件 ID	说　　　明
Label	专业	Label3	显示"专业"字样
Label	—	number	存放 StuGV 上选择的学生学号作为 StuDV 的数据绑定的条件
Button	查询	SearchBtn	执行查询事件
DropDownList	—	StuZY	显示专业
TextBox	—	StuXH	接受用户输入的学生学号
TextBox	—	StuXM	接受用户输入的学生姓名
GridView	—	StuGV	显示查找的所有学生的学号、姓名等信息
DetailView	—	StuDV	显示在 GridView 上选择的学生的照片信息
SqlDataSource	—	SqlDataSource1	从 XSB 表中查找出专业作为 StuZY 控件的数据源
SqlDataSource	—	SqlDataSource2	从 XSB 表中查找出学号等信息作为 StuGV 控件的数据源
SqlDataSource	—	SqlDataSource3	从 XSZP 表中查找出照片信息作为 StuDV 控件的数据源

（2）配置数据源。配置数据源就是配置 SqlDataSourc 控件，右击 SqlDataSource1 数据源控件，选择"配置数据源"选项。系统弹出"配置数据源"对话框，在下拉框中选择数据连接 ConnectionString，如图 18.14 所示。

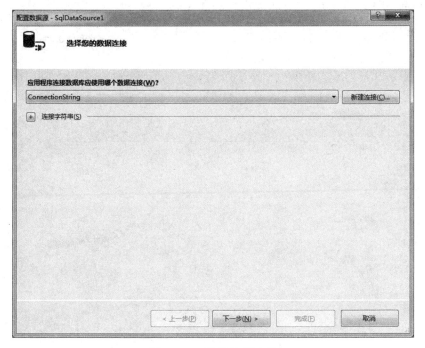

图 18.14　选择数据连接

单击"下一步"按钮,进入"配置 Select 语句"对话框,选择"指定自定义 SQL 语句或存储过程"选项,如图 18.15 所示。

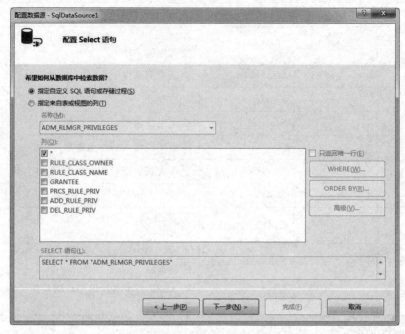

图 18.15　配置 Select 语句

单击"下一步"按钮,进入"定义自定义语句或存储过程"对话框,如图 18.16 所示。添加 SELECT 语句 SELECT DISTINCT ZY FROM XSB。

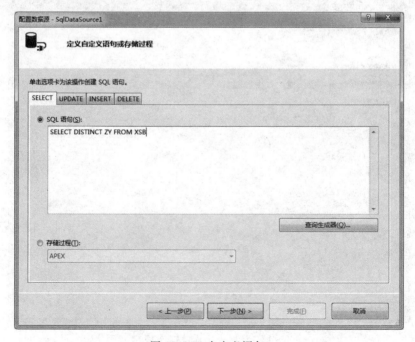

图 18.16　自定义语句

　　单击"下一步"按钮,单击"测试查询"按钮,可以预览自定义语句执行的结果,确认结果无误,再单击"完成"按钮,如图 18.17 所示。这样"专业"下拉框的数据源 SqlDataSource1 就设置好了。

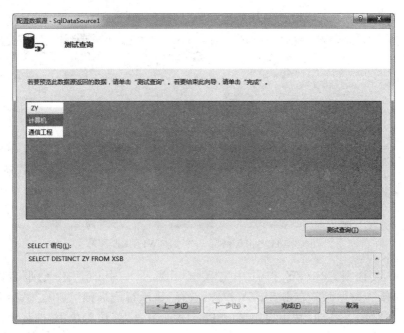

图 18.17　测试查询

　　SqlDataSource2 的数据源的主要配置是在配置 SELECT 语句的对话框中选择 XSB 表中 XH、XM、ZY、CSSJ、XB、ZXF 和 BZ 字段,如图 18.18 所示。

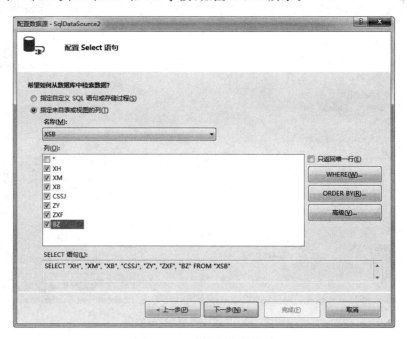

图 18.18　选择指定表的列

SqlDataSource3 的数据源的主要配置是在配置 SELECT 语句对话框中选择 XSZP 表中 XH 字段,并且在"添加 WHERE 子句"对话框中选择"列"为 XH,"源"为 Control,参数属性栏的"控件 ID"为 number,如图 18.19 所示,单击"添加"按钮。当然 number 控件的 Visible 的属性值设置为 False,这样在显示页面时就隐藏起来了。

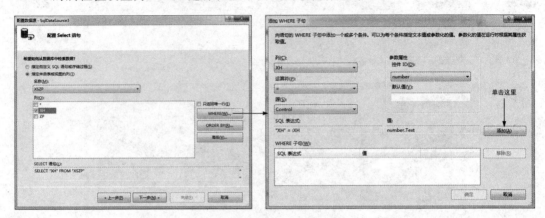

图 18.19　SqlDataSource3 添加 WHERE 子句

(3) 选择数据源。StuZY 控件中需要显示数据库中的所有专业名,所以选择 SqlDataSource1 为数据源。右击 StuZY 控件,选择"显示智能标记"选项。然后选中 StuZY 控件,单击右上角的 ▶ 按钮,选中启用 AutoPostBack 复选框,接着单击"选择数据源"选项,系统弹出"选择数据源"对话框,选择 SqlDataSource1 数据源,选择 ZY 字段,如图 18.20 所示。单击"确定"按钮后,StuZY 控件的数据绑定就成功了,绑定后"专业"下拉框显示数据绑定字样,其中启用 AutoPostBack 是为了每选择一个专业就向服务器提交一次事务。

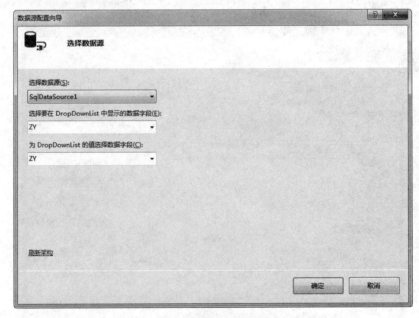

图 18.20　"选择数据源"对话框

　　StuGV 和 StuDV 控件分别选择 SqlDataSource2 的数据源和 SqlDataSource3 的数据源。在 StuGV 任务中分别选中"启用分页""启用排序""启用选定内容"复选框。单击"编辑列"进入"字段"对话框,添加 1 个 CommandField 下的"选择"字段和 7 个 BoundFIeld 字段,分别把各个字段的 HeaderText 更换成相应的汉字,把 DataField 属性设置相应的字段名,如图 18.21 所示。

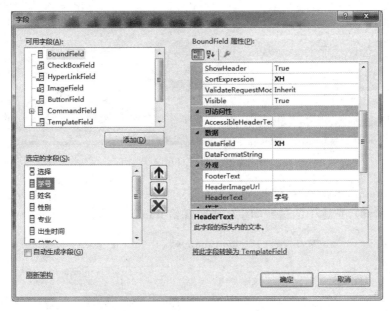

图 18.21　编辑 StuGV 组件的列

　　单击 StuDV 控件右上角的 ▷ 按钮,选择"编辑字段"选项,在"字段"对话框中,去掉 XH 字段并添加一个 TemplateField,HeaderText 更换成"照片",并转换为 TemplateField。

　　选择 StuDV 的"编辑模板"选项,在 StuDV 的照片模板编辑中,在 ItemTemplate 中添加一个 Image 控件,ID 为 StuZP,如图 18.22 所示,在其 DataBindings 窗口中指定其可绑定属性 ImageUrl 的自定义绑定代码表达式为 "ShowPic.aspx? id="+Eval("XH"),如图 18.23 所示。

　　(4) 添加 StuGV 的事件及代码。为 StuGV 组件的 onselectedindexchanged 事件添加响应方法为 StuGV_SelectedIndexChanged,为 onpageindexchanging 事件添加响应方法为 StuGV_PageIndexChanging。在 StuSearch.aspx 的源视图中设置 StuGV 的响应事件,代码如下所示:

图 18.22　添加 Image 控件

```
<asp:GridView ID="StuGV" runat="server" AllowPaging="True"
        AutoGenerateColumns="False" DataKeyNames="XH" DataSourceID=
        "SqlDataSource2"
        onpageindexchanging="StuGV_PageIndexChanging"
        onselectedindexchanged="StuGV_SelectedIndexChanged"
    AllowSorting="True" Width="603px">
```

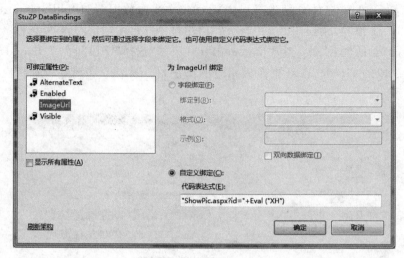

图 18.23　指定自定义绑定

在 StuSearch. aspx. cs 文件中定义 StuGV_SelectedIndexChanged 方法，当选择了 StuGV 中的一行时，把选中的这行学生的学号赋给 number. Text。

```
protected void StuGV_SelectedIndexChanged(object sender, EventArgs e)
{
    Number.Text=StuGV.SelectedRow.Cells[1].Text;
}
```

同样，也要定义 StuGV_PageIndexChanging 方法，表示 StuGV 换页时响应的事件。代码如下：

```
protected void StuGV_PageIndexChanging(object sender, GridViewPageEventArgs e)
{
    StuGV.PageIndex=e.NewPageIndex;
    this.StuGV.DataBind();
}
```

(5) 添加 MakeSelectSql 方法。MakeSelectSql 方法主要用于返回查询学生信息的 SQL 语句，其代码如下：

```
private string MakeSelectSql()
{
    string queryString="SELECT * FROM XSB WHERE 1=1";
    if(StuXH.Text.Trim()!=string.Empty)
        queryString +=" and XH like '%"+StuXH.Text.Trim()+"%'";
    if(StuXM.Text.Trim()!=string.Empty)
        queryString +=" and XM like '%"+StuXM.Text.Trim()+"%'";
    if(StuZY.Text !="所有专业")
        queryString +=" and ZY like '%"+StuZY.SelectedValue+"%'";
    return queryString;
}
```

（6）添加查询按钮的事件和方法。查询按钮是根据所输入的信息从 XSB 表中查询学生信息。当没有输入信息时则将学生信息全部显示出来，当输入信息后根据所输入信息执行模糊查询。代码如下：

```
protected void SearchBtn_Click(object sender, EventArgs e)
{
    number.Text=null;
    SqlDataSource2.SelectCommand=MakeSelectSql();
}
```

（7）运行程序。按 Ctrl＋F5 键运行程序。

18.2.5　学生信息管理

学生信息管理页（Stumanage. aspx）的主要功能包括查询、添加、修改、删除学生记录，运行界面如图 18.24 所示。此页面主要是操作 XSCJ 数据库的 XSB 表，当输入学生学号后单击"查询"按钮，学生的详细信息就显示在页面中；输入学生信息后单击"添加"按钮，就在数据库中插入了一条新的学生记录；单击"删除"按钮可以删除相应的学生记录。

图 18.24　学生信息管理页面

设计步骤如下：

（1）页面布局。切换到学生信息管理页面（StuManage. aspx）设计视图，选择"表"→"插入表"，在弹出的"插入表"对话框中设置表为 9 行 4 列。合并第 4 列中的 1～6 行，合并第 1 行的 2～3 列。合并的方法可以选定要合并的单元格，然后右击，选择"修改"→"合并单元格"选项。

（2）拖放控件。打开"工具箱"，拖曳 4 个 Button 控件、5 个 TextBox 控件、1 个 DropDownList 控件、1 个 RadioButtonList、1 个 FileUpload 控件和 1 个 Image 控件到表格的相应位置，并且输入提示字样，按照如图 18.25 所示设置。

（3）控件的设置。学生信息管理页面中的控件设置如表 18.2 所示。

图 18.25　布局后的学生信息管理页面

表 18.2　学生信息管理页面控件的设置

控 件 类 别	属 性 设 置	控 件 ID	说　　明
Button	设置 Text 属性为"查询""添加""修改"和"删除"	SearchBtn、 InsertBtn、UpdateBtn 和 DeleteBtn	用于执行学生的查询、添加、修改和删除操作
TextBox	Text 值清空	StuXH	保存学生学号
TextBox	Text 值清空	StuXM	保存学生姓名
RadioButtonList		StuXB	保存学生性别
DropDownList		StuZY	保存学生的专业
TextBox	Text 值清空	StuCSSJ	保存出生时间
TextBox	ReadOnly 属性设为 True	StuZXF	保存学生的总学分
TextBox	Text 值清空	StuBZ	保存学生的备注
FileUpload		ImgUpload	载入学生照片
Image		StuZP	用于保存学生的照片

打开 DropDownList 控件 StuZY 的属性窗口,单击 Items 的图标按钮打开"ListItem 集合编辑器",分别添加"计算机"和"通信工程","计算机"的 Selected 属性为 True。在 RadioButtonList 控件 StuXB 的属性窗口中单击 Items 的图标打开"ListItem 集合编辑器",分别添加"男"和"女"。"男"的 Selected 属性设置为 True,Text 和 Value 属性都设置为"男";"女"的 Selected 设置为 False,Text 和 Value 属性设置为"女"。StuXB 控件的 RepeatDirection 属性设置为 Horizontal。设计后的页面如图 18.25 所示。

(4) 添加命名空间。打开 Stumanage.aspx.cs 代码页,添加如下命名空间。

```
using System.Configuration;
using System.Data.OracleClient;
```

(5) 添加获取数据库连接字符串代码。在 Stumanage.aspx.cs 代码页中输入获取数据库连接字符串代码。

```
public partial class Stumanage : System.Web.UI.Page
{
```

```
protected string connStr=ConfigurationManager.
    ConnectionStrings["ConnectionString"].ConnectionString;    //获取连接字符串
}
```

（6）添加"查询"按钮事件及其事件代码。切换到设计视图，双击"查询"按钮，添加如下事件代码。

```
protected void SearchBtn_Click(object sender, EventArgs e)
{
    if(StuXH.Text =="")
    {
        Response.Write("<script>alert('请输入学生学号!')</script>");
        return;
    }
    OracleConnection conn=new OracleConnection(connStr);
    string sqlStrSelect="SELECT XH,XM,XB,CSSJ,ZY,ZXF,BZ FROM XSB WHERE XH='"+
    StuXH.Text.Trim()+"'";
    OracleCommand cmd=new OracleCommand(sqlStrSelect, conn);
    conn.Open();
    OracleDataReader dr=cmd.ExecuteReader();
    if(dr.Read())
    {
        StuXM.Text=dr["XM"].ToString();
        if(dr["XB"].ToString()=="女")
        {
            StuXB.Items.FindByText("男").Selected=false;
            StuXB.Items.FindByText("女").Selected=true;
        }
        StuCSSJ.Text=dr["CSSJ"].ToString();
        StuZY.SelectedItem.Text=dr["ZY"].ToString();
        StuZXF.Text=dr["ZXF"].ToString();
        StuBZ.Text=dr["BZ"].ToString();
        StuZP.ImageUrl="~/Showpic.aspx?id="+StuXH.Text.Trim();
    }
    else
        Response.Write("<script>alert('没有该学生!')</script>");
    conn.Close();
}
```

（7）定义向 XSZP 表添加照片的函数。

```
private void insertzp(string xh)
{
    OracleConnection conn=new OracleConnection(connStr);
    conn.Open();
    string sel_sql="SELECT * FROM XSZP WHERE XH='"+xh+"'";
    string dzp_sql="DELETE FROM XSZP WHERE XH='"+xh+"'";
```

```
    string ins_sql="INSERT INTO XSZP VALUES(:xh,:zp)";
    OracleCommand sel_cmd=new OracleCommand(sel_sql, conn);
    OracleCommand dzp_cmd=new OracleCommand(dzp_sql, conn);
    OracleDataReader sdr=sel_cmd.ExecuteReader();
    if(sdr.Read())                                          //如果已有照片
    {
        dzp_cmd.ExecuteNonQuery();                          //先删除之,然后再插新记录
    }
    OracleCommand ins_cmd=new OracleCommand(ins_sql, conn);
    if(!string.IsNullOrEmpty(ImgUpload.FileName))
    ins_cmd.Parameters.Add(":xh", OracleType.Char, 8).Value=xh;
                                                            //绑定学号
    ins_cmd.Parameters.Add(":zp", OracleType.Blob);  //这里选择 Blob 类型
    ins_cmd.Parameters[":zp"].Value=ImgUpload.FileBytes;
                                                            //把读取的字节赋给:zp 参数
    try
    {
        ins_cmd.ExecuteNonQuery();                          //执行 SQL 语句
    }
    catch(Exception ex)
    {
        Response.Write("<sctipt>出错!"+ex.Message+"</script>");
        return;
    }
    finally
    { conn.Close(); }
}
```

(8) 添加"添加"按钮事件及其事件代码。

```
protected void InsetBtn_Click(object sender, EventArgs e)
{
    string xh=StuXH.Text.Trim().ToString();
    string xm=StuXM.Text.Trim().ToString();
    if(xh=="" || xm =="")
    {
        Response.Write("<script>alert('学号和姓名不能为空!')</script>");
        return;                                             //如果没输入完整则返回
    }
    else
    {
        OracleConnection conn=new OracleConnection(connStr);
        string sqlStrSelect="SELECT * FROM XSB WHERE XH='"+xh+"'";
        OracleCommand cmdSelect=new OracleCommand(sqlStrSelect, conn);
        conn.Open();
        OracleDataReader dr=cmdSelect.ExecuteReader();
```

```
    if(!dr.Read())                                       //如果还没有该学生记录
    {
        string sqlStr="INSERT INTO XSB VALUES (:XH,:XM,:XB,:CSSJ,:ZY,0,:BZ)";
        OracleCommand cmd=new OracleCommand(sqlStr, conn);
        //添加参数
        cmd.Parameters.Add(":XH", OracleType.Char, 6).Value=StuXH.Text.Trim();
        cmd.Parameters.Add(":XM", OracleType.Char, 8).Value=StuXM.Text.Trim();
        cmd.Parameters.Add(":XB", OracleType.Char,2).Value=StuXB.
        SelectedValue;
        cmd.Parameters.Add(":CSSJ", OracleType.Timestamp).Value=StuCSSJ.
        Text.Trim();
        cmd.Parameters.Add(":ZY", OracleType.Char, 12).Value=StuZY.
        SelectedValue;
        cmd.Parameters.Add(":BZ", OracleType.VarChar, 200).Value=StuBZ.
        Text.Trim();
        cmd.ExecuteNonQuery();                           //执行插入记录的 SQL 语句
        if(!string.IsNullOrEmpty(ImgUpload.FileName))
                                                         //如果选择了照片
        {
                insertzp(xh);                            //设置含有照片的 SQL 语句
        }
        Response.Write("<script>alert('添加成功!')</script>");
    }
    else
    {
        Response.Write("<script>alert('该学生已存在!')</script>");
        return;
    }
    conn.Close();
    }
}
```

（9）添加"修改"按钮事件及其事件代码。

```
protected void UpdateBtn_Click(object sender, EventArgs e)
{
    string xh=StuXH.Text.Trim().ToString();              //学号
    string xm=StuXM.Text.Trim().ToString();              //姓名
    string xb=StuXB.SelectedValue;                       //性别
    string cssj="";                                      //出生时间
    string zy=StuZY.Text.Trim().ToString();              //专业
    string bz=StuBZ.Text.Trim().ToString();              //备注
    if(xh =="" || xm =="")
    {
        Response.Write("<script>alert('请输入学号')</script>");
        return;                                          //如果学号和姓名为空则返回
```

```
        }
        try
        {
            //获取出生时间字符串
            cssj=DateTime.Parse(StuCSSJ.Text.Trim()).ToString("yyyy-MM-dd");
        }
        catch
        {
            Response.Write("<script>alert('日期格式不正确!')</script>");
            return;
        }
        OracleConnection conn=new OracleConnection(connStr);
        /*根据页面的输入情况组成更新学生数据的 SQL 语句*/
        string sqlStr="UPDATE XSB SET XM='"+xm+"',XB='"+xb+"',CSSJ=TO_DATE('"+
        cssj+"','YYYY-MM-DD'),ZY='"+zy+"',BZ='"+bz+"' WHERE XH='"+xh+"'";
        OracleCommand cmd=new OracleCommand(sqlStr, conn);
        conn.Open();
        if(!string.IsNullOrEmpty(ImgUpload.FileName))    //插入照片
            insertzp(xh);
        int yxh=cmd.ExecuteNonQuery();
        if(yxh !=1)
            Response.Write("<script>alert('没有该学生!')</script>");
        else
            Response.Write("<script>alert('修改成功!')</script>");
        conn.Close();
    }
```

(10) 添加"删除"按钮事件及其事件代码。

```
protected void DeleteBtn_Click(object sender, EventArgs e)
{
    if(StuXH.Text =="")
    {
        Response.Write("<script>alert('请输入学号')</script>");
        return;
    }
    OracleConnection conn=new OracleConnection(connStr);
    string sqlStr="DELETE FROM XSB WHERE XH='"+StuXH.Text.Trim()+"'";
    OracleCommand cmd=new OracleCommand(sqlStr, conn);
    conn.Open();
    int a=cmd.ExecuteNonQuery();              //执行 SQL 语句,返回值为所影响的行数
    if(a ==1)                                 //根据执行结果的返回值判断是否删除成功
        Response.Write("<script>alert('删除成功!')</script>");
    else
        Response.Write("<script>alert('没有此学生!')</script>");
    conn.Close();
}
```

18.2.6　学生成绩录入

学生成绩录入页(Scoremanage.aspx)的主要功能是修改、添加或者删除学生成绩。此页面运行后的部分结果界面如图 18.26 所示。主要是应用了 GridView 控件操作 XSCJ 数据库中的视图 XS_KC_CJ 和 XSB 表。首先把 XSB 表中的 XH 和 XM 字段绑定到 GridView 控件上,然后查找出视图 XS_KC_CJ 中的学生成绩,并且根据 GridView 控件上的 XH 显示在相应的位置上。此页面主要应用了调用存储过程来添加或者删除学生成绩。

图 18.26　学生成绩录入页面

设计步骤如下:

(1) 布局页面。选择 Scoremanage.aspx 页面。光标放在 Content 控件中,单击 VS 2015 菜单栏的"表"菜单,选择"插入表"菜单项,添加一个 4 列 2 行的表并且选择标题复选框,在表格中选中第 2 行的 4 列合并成一个单元格。从工具栏中选择 2 个 Label、2 个 DropDownList、1 个 GridView 和 3 个 SqlDataSource 控件到表格中。布局好的页面如图 18.27 所示,在其中输入标题"学生成绩录入"。

页面中的各个控件的设置如表 18.3 所示。

表 18.3　成绩信息管理页面中的控件的属性设置

控 件 类 别	Text 属性值	控件 ID	说　　明
Label	专业	Label1	显示"专业"字样
Label	课程	Label2	显示"课程"字样
DropDownList		StuZY	选择专业
DropDownList		StuKCM	选择课程名

续表

控 件 类 别	Text 属性值	控件 ID	说　　明
GridView		CJGV	显示所选课程的所有学生的学号、姓名、成绩信息
SqlDataSource		SqlDataSource1	从 XSB 表中查找出专业作为 StuZY 数据源
SqlDataSource		SqlDataSource2	从 KCB 表中查找所有课程名作为 StuKCM 的数据源
SqlDataSource		SqlDataSource3	从 XSB 表中查找出 XH、XM 字段信息作为 DetailView 的数据源

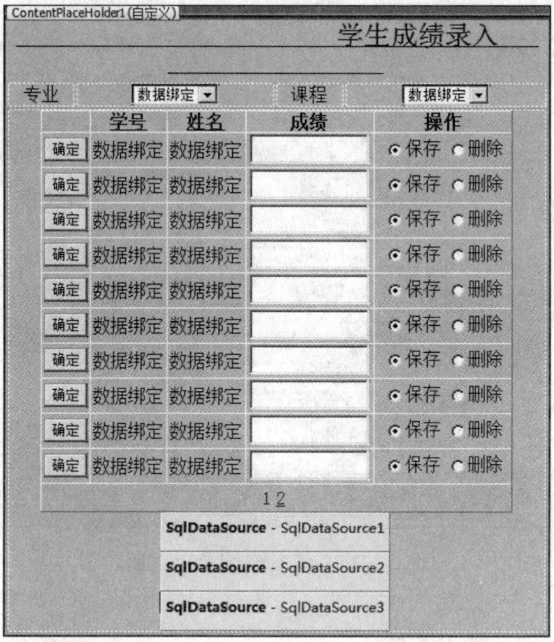

图 18.27　布局后的学生成绩录入部分页面

（2）配置数据源。SqlDataSource1 的数据源的主要配置是在定义自定义语句或存储过程对话框中添加 SELECT DISTINCT ZY FROM XSB 语句。SqlDataSource2 的数据源的主要配置是在配置 SELECT 语句的对话框中选择 KCB 表中 KCH、KCM 字段。SqlDataSource3 的数据源的主要配置是在配置 SELECT 语句对话框中选择 XSB 表中 XH、XM、ZY 字段，并且在添加 WHERE 子句对话框中选择 ZY 的参数属性控件 ID 为 StuZY，如图 18.28 所示。

（3）选择数据源。StuZY 选择 SqlDataSource1 为数据源，启用 AutoPostBack。StuKCM 和 CJGV 分别选择 SqlDataSource2 和 SqlDataSource3 为数据源。StuKCM 也要启用 AutoPostBack，并且"DropDownList 中显示的数据字段"选择为 KCM，"DropDownList 的值选择数据字段"为 KCH。在 GridView 任务中分别选中"启用分页""启用排序"和"启用选定内容"复选框，单击"编辑列"后进入"字段"对话框，去除 ZY 字段，并且分别把各个字段的 HeaderText 更换成相应的汉字，再添加 2 个 TemplateField，

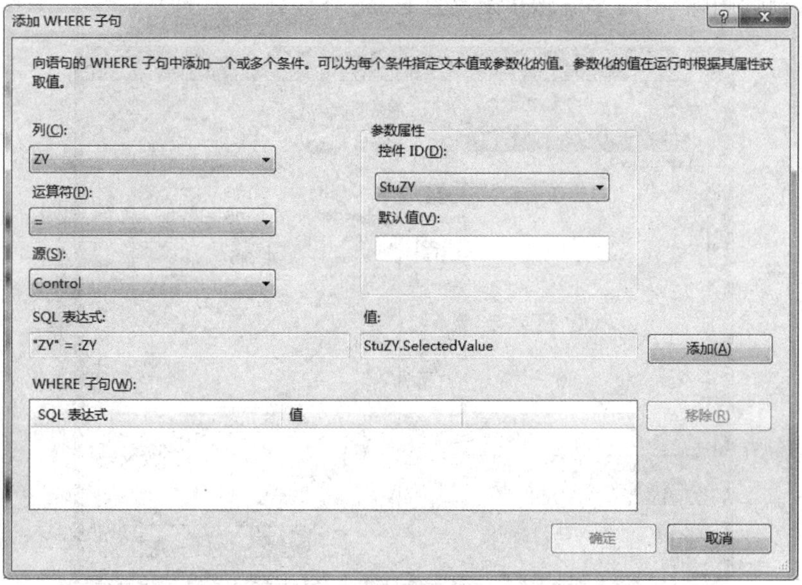

图 18.28　添加 SqlDataSource3 的 SELECT 语句的 WHERE 子句

HeaderText 分别为"成绩"和"操作",选择"选择"字段,把"CommandField 属性"栏中的 SelectText 属性改为"确定"。ButtonType 改为 Button,如图 18.29 所示。

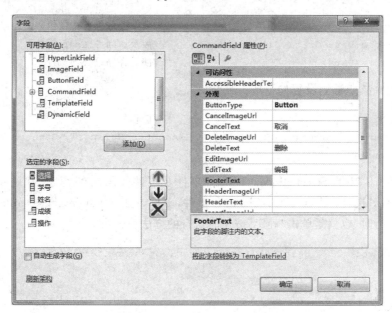

图 18.29　设置 GridView 字段

在 CJGV 控件模板编辑页的"成绩"中,添加一个 ID 为 StuXH 的 TextBox 控件放入 ItemTemplate 中,用于显示、添加或者修改成绩。在模板编辑页的"操作"中,添加一个 ID 为 control 的 RadioButtonList 控件,将其 RepeatDirection 属性设置为 Horizontal,在 Items 属性中分别添加"保存"和"删除"两个成员,如图 18.30 所示。并且将"保存"中的 Selected

设置为 True,将"删除"中的 Selected 设置为 False。

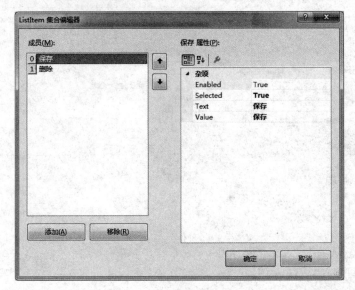

图 18.30　给 control 添加成员

（4）添加命名空间。在"解决方案资源管理器"中打开 Scoremanage. aspx. cs 文件,添加如下命名空间。

```
using System.Configuration;              //涉及读取配置文件中数据库连接字符串
using System.Data.OracleClient;          //涉及访问 Oracle 数据库
using System.Data;                       //涉及存储过程的执行
```

（5）添加成员变量。设置如下成员变量。

```
string stukch=null;                      //课程号
string connStr=ConfigurationManager.ConnectionStrings["ConnectionString"].
ConnectionString;
```

（6）添加 CJGV 的 SelectedIndexChanged 事件及事件代码。在 CJGV 属性窗口中,单击"事件"按钮图标,选择 SelectedIndexChanged 事件,事件方法为 CJGV_ SelectedIndexChanged,表示选择某一行时,也就是单击"确定"按钮时执行的方法。代码如下:

```
protected void CJGV_SelectedIndexChanged(object sender, EventArgs e)
{
    string stucj=null;
    int cj=0;
    string select=
        ((RadioButtonList)CJGV.SelectedRow.Cells[3].FindControl("control")).Text;
    if(select =="保存")
    {
        stucj=((TextBox)CJGV.SelectedRow.Cells[3].FindControl("StuXH")).Text;
        if(stucj ==string.Empty)
        {
```

```
            Response.Write("<script>alert('请输入成绩!')</script>");
            return;
        }
        else
        {
            cj=int.Parse(stucj);
            if(cj<0 || cj>100)
            {
                Response.Write("<script>alert('请输入 0 到 100 之间的数')
                </script>");
                return;
            }
        }
    }
    else
    {
        stucj="-1";
        cj=int.Parse(stucj);
    }
    string stuxh=CJGV.SelectedRow.Cells[1].Text.Trim();
    string kch=StuKCM.SelectedValue;
    OracleConnection conn=new OracleConnection(connStr);
    try
    {
        conn.Open();
        OracleCommand mycommand=new OracleCommand();
        mycommand.Connection=conn;
        mycommand.CommandType=CommandType.StoredProcedure;
        mycommand.CommandText="CJ_Data";
        OracleParameter SqlStuXH=mycommand.Parameters.Add("in_xh", OracleType.
        Char, 6);
        SqlStuXH.Direction=ParameterDirection.Input;
        OracleParameter SqlStuKCH=mycommand.Parameters.Add("in_kch", OracleType.
        Char, 3);
        SqlStuKCH.Direction=ParameterDirection.Input;
        OracleParameter SqlStuCJ=mycommand.Parameters.Add("in_cj", OracleType.
        Int32);
        SqlStuCJ.Direction=ParameterDirection.Input;
        SqlStuXH.Value=stuxh;
        SqlStuKCH.Value=kch;
        SqlStuCJ.Value=cj;
        mycommand.ExecuteNonQuery();
        if(stucj =="-1")
        {      Response.Write("<script>alert('删除成功!')</script>");        }
        else
```

```
        {       Response.Write("<script>alert('保存成功!')</script>");       }
    }
    finally
    {       conn.Close();       }
    StuKCM_SelectedIndexChanged(null, null);
}
```

(7) 添加 StuKCM 的 SelectedIndexChanged 事件及事件方法。在 StuKCM 属性窗口中,单击"事件"按钮图标,选择 SelectedIndexChanged 事件,事件方法为 StuKCM_SelectedIndexChanged,表示在课程下拉框中选择某个课程时所要执行的方法。代码如下:

```
//读取成绩并显示在控件上
protected void StuKCM_SelectedIndexChanged(object sender, EventArgs e)
{
    stukch=StuKCM.SelectedValue.Trim().ToString();
    CJGV_StuCJBind();
}
```

其中的 CJGV_StuCJBind 方法从视图 XS_KC_CJ 中根据 KCH 将学生的此门课程成绩搜索出来并根据 CJGV 控件中的学号一一对应显示在 GridView 控件上,CJGV_StuCJBind 方法代码如下:

```
protected void CJGV_StuCJBind()
{
    OracleConnection conn=new OracleConnection(connStr);
    string sqlStr="SELECT XH,CJ FROM XS_KC_CJ WHERE KCH='"+stukch+"'";
    OracleDataReader sqlreader=null;
    try
    {
        conn.Open();
        OracleCommand myCommand=new OracleCommand(sqlStr, conn);
        sqlreader=myCommand.ExecuteReader();
        foreach(GridViewRow gvr in CJGV.Rows)
        {       ((TextBox)gvr.Cells[3].FindControl("StuXH")).Text=null;       }
        while(sqlreader.Read())
        {
            string stuxh=sqlreader["XH"].ToString();
            string stucj=sqlreader["CJ"].ToString();
            foreach(GridViewRow gvr in CJGV.Rows)
            {
                string gvrstuxh=gvr.Cells[1].Text.Trim().ToString();
                if(gvrstuxh ==stuxh)
                {
                    ((TextBox)gvr.Cells[3].FindControl("StuXH")).Text=stucj;
                    break;
                }
            }
```

```
                }
            }
        }
        catch
        {       Response.Write("<script>alert('查询成绩出现异常')</script>");       }
        finally
        {
            sqlreader.Close();
            conn.Close();
        }
    }
```

（8）添加 StuKCM 的 DataBound 事件及事件方法。在 StuKCM 属性窗口中，单击"事件"按钮图标，选择 DataBound 事件，事件方法为 StuKCM_Data Bound，表示在课程下拉框中重新绑定时所要执行的方法。代码如下：

```
protected void StuKCM_DataBound(object sender, EventArgs e)
{
    StuKCM_SelectedIndexChanged(null, null);
}
```

（9）定义 CJGV 控件的 PageIndexChanging 事件触发方法为 CJGV_PageIndexChanging，在 CJGV 控件数据换页时执行该方法。

```
protected void CJGV_PageIndexChanging(object sender, GridViewPageEventArgs e)
{
    CJGV.PageIndex=e.NewPageIndex;
    this.CJGV.DataBind();
}
```

CHAPTER 19 第19章

PHP (Apache)/Oracle 11g
学生成绩管理系统

本系统是在 Windows 7 环境下,基于新版 PHP 7 脚本语言实现的学生成绩管理系统,Web 服务器使用新的 Apache 2.4 服务器,后台数据库使用 Oracle 11g 学生成绩数据库 XSCJ。本系统现包含学生信息查询、学生信息管理、学生成绩录入 3 个功能,读者可以在本系统的基础上进行相应的扩展,如增加课程信息查询、课程信息管理等相关功能。在学习这部分内容前需要掌握一定的 PHP 和 HTML 的基础知识。

19.1 开发环境的搭建

Oracle 数据库的安装和配置不再叙述,这里只简单介绍如何搭建 PHP 操作 Oracle 数据库的开发环境。下面简单介绍开发环境的搭建方法。

19.1.1 Apache 的下载与安装

Apache 的下载地址为 http://httpd.apache.org/download.cgi。本书选择安装的版本是最新的 Apache 2.4.27,下载得到的文件名为 httpd-2.4.27-x86-vc14.zip,将其解压至 C:\Program Files\Php\Apache24 目录下。

1. 定义服务器根目录

进入 C:\Program Files\Php\Apache24\conf 目录,找到 Apache 的配置文件 httpd.conf,用 Windows 记事本打开,在其中定义服务器根目录(如图 19.1 所示)。

```
Define SRVROOT "C:/Program Files/Php/Apache24"
```

2. 安装 Apache 服务

进入 Windows 命令行,输入以下命令来安装 Apache 服务(如图 19.2 所示)。

```
httpd.exe -k install -n apache
```

3. 启动 Apache

进入 C:\Program Files\Php\Apache24\bin,双击其中的 ApacheMonitor.exe,在桌面任务栏右下角出现一个 █ 图标,如图 19.3 所示,图标内的三角形为绿色时表示服务正在运

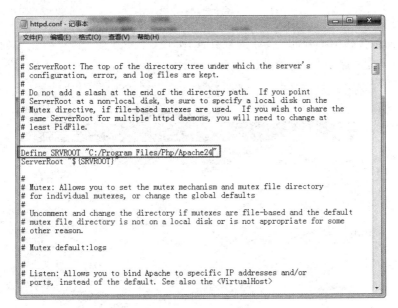

图 19.1　定义 Apache 服务器根目录

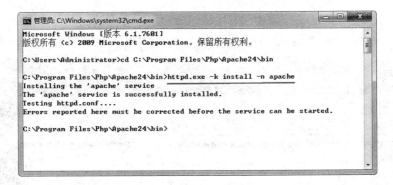

图 19.2　安装 Apache 服务

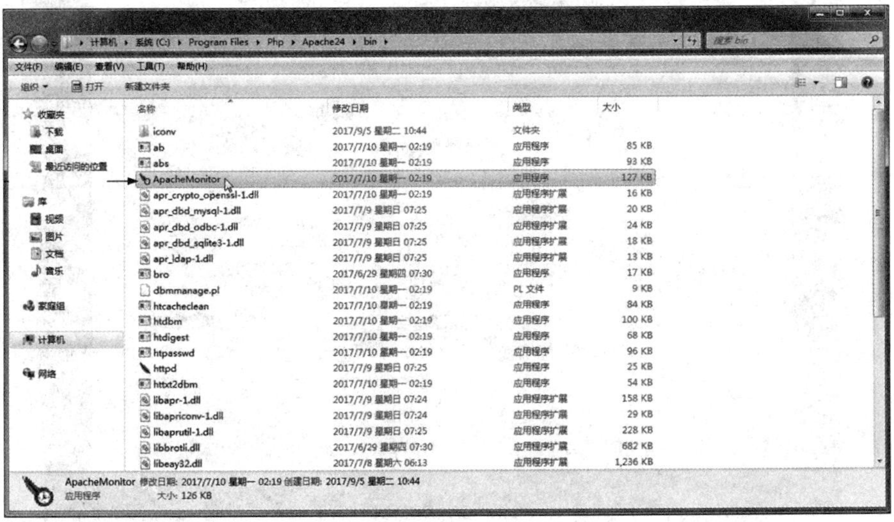

图 19.3　启动 Apache

行,为红色时表示服务停止。

双击该图标会弹出 Apache 服务管理界面,如图 19.4 所示,单击其上的 Start、Stop 和 Restart 按钮可分别启动、停止和重启 Apache 服务。

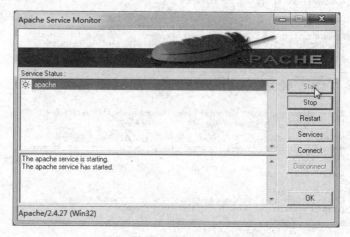

图 19.4　Apache 服务管理界面

至此,Apache 安装完成。读者可以测试查看是否成功,在 IE 地址栏中输入 http://localhost 或 http://127.0.0.1 后回车。如果测试成功,会出现如图 19.5 所示的页面。

图 19.5　Apache 安装成功

说明：在 Apache 服务器根目录下有一个 htdocs 文件夹，这也是 Apache 的文档根目录，需要访问的页面文件都要保存在该目录下才能运行。

19.1.2　PHP 的安装与配置

Windows 下专用的 PHP 官方下载地址为 http://windows.php.net/download/。本书选择的版本为 PHP 7.1.9，下载得到的文件名为 php-7.1.9-Win32-VC14-x86.zip，将其解压至 C:\Program Files\Php\php719 目录下。

1. 指定扩展库目录

进入 C:\Program Files\Php\php719 目录，找到一个名为 php.ini-production 的文件，将其复制一份在原目录下并重命名为 php.ini（作为 PHP 的配置文件使用），用 Windows 记事本打开，在其中指定扩展库目录（如图 19.6 所示）。

```
extension_dir="C:/Program Files/Php/php719"
On windows:
extension_dir="C:/Program Files/Php/php719/ext"
```

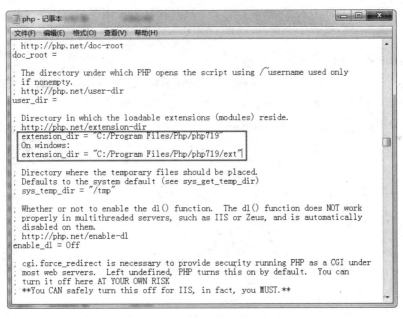

图 19.6　指定 PHP 扩展库目录

2. 开放扩展库 .dll

在 php.ini 文件中，设置开放（去掉行前分号）以下这些基本的扩展库（如图 19.7 所示）。

```
extension=php_curl.dll
extension=php_gd2.dll
extension=php_mbstring.dll
extension=php_mysqli.dll
```

```
extension=php_pdo_mysql.dll
```

php - 记事本
文件(F) 编辑(E) 格式(O) 查看(V) 帮助(H)

```
; Be sure to appropriately set the extension_dir directive.
;
;extension=php_bz2.dll
extension=php_curl.dll
;extension=php_fileinfo.dll
;extension=php_ftp.dll
extension=php_gd2.dll
;extension=php_gettext.dll
;extension=php_gmp.dll
;extension=php_intl.dll
;extension=php_imap.dll
;extension=php_interbase.dll
;extension=php_ldap.dll
extension=php_mbstring.dll
;extension=php_exif.dll      ; Must be after mbstring as it depends on it
extension=php_mysqli.dll
;extension=php_oci8_12c.dll  ; Use with Oracle Database 12c Instant Client
;extension=php_openssl.dll
;extension=php_pdo_firebird.dll
extension=php_pdo_mysql.dll
;extension=php_pdo_oci.dll
;extension=php_pdo_odbc.dll
;extension=php_pdo_pgsql.dll
;extension=php_pdo_sqlite.dll
;extension=php_pgsql.dll
;extension=php_shmop.dll

; The MIBS data available in the PHP distribution must be installed.
```

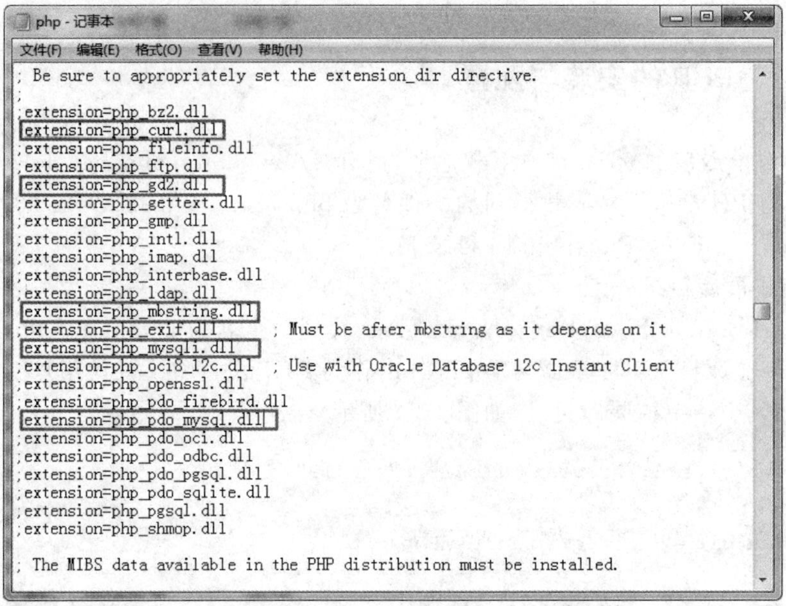

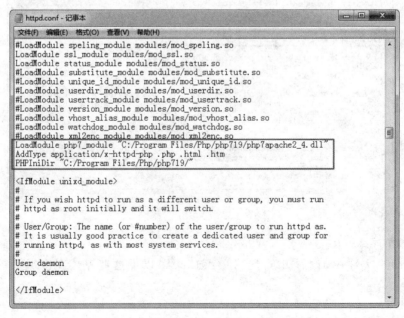

图 19.7　开放 PHP 基本扩展库

3. Apache 整合 PHP

进入 C:\Program Files\Php\Apache24\conf 目录，打开 Apache 配置文件 httpd.conf，在其中添加如下配置(如图 19.8 所示)。

httpd.conf - 记事本
文件(F) 编辑(E) 格式(O) 查看(V) 帮助(H)

```
#LoadModule speling_module modules/mod_speling.so
LoadModule ssl_module modules/mod_ssl.so
LoadModule status_module modules/mod_status.so
#LoadModule substitute_module modules/mod_substitute.so
#LoadModule unique_id_module modules/mod_unique_id.so
#LoadModule userdir_module modules/mod_userdir.so
#LoadModule usertrack_module modules/mod_usertrack.so
#LoadModule version_module modules/mod_version.so
#LoadModule vhost_alias_module modules/mod_vhost_alias.so
#LoadModule watchdog_module modules/mod_watchdog.so
#LoadModule xml2enc_module modules/mod_xml2enc.so
LoadModule php7_module "C:/Program Files/Php/php719/php7apache2_4.dll"
AddType application/x-httpd-php .php .html .htm
PHPIniDir "C:/Program Files/Php/php719/"

<IfModule unixd_module>
#
# If you wish httpd to run as a different user or group, you must run
# httpd as root initially and it will switch.
#
# User/Group: The name (or #number) of the user/group to run httpd as.
# It is usually good practice to create a dedicated user and group for
# running httpd, as with most system services.
#
User daemon
Group daemon

</IfModule>
```

图 19.8　Apache2.4 整合 PHP 7 配置

```
LoadModule php7_module "C:/Program Files/Php/php719/php7apache2_4.dll"
```

```
AddType application/x-httpd-php .php .html .htm
PHPIniDir "C:/Program Files/Php/php719/"
```

将 PHP 解压文件中的 libssh2.dll、php_curl.dll、ssleay32.dll、libeay32.dll 放入 C:\
Windows\System32 文件夹,然后把 libssh2.dll 放入 Apache2.4 解压目录下的 bin 文件夹。

配置完成后重启 Apache 服务管理器,其下方的状态栏会显示 Apache/2.4.27(Win32)
OpenSSL/1.0.2l PHP/7.1.9,如图 19.9 所示(注意与前图 19.4 比较),这说明 PHP 已经
安装成功。

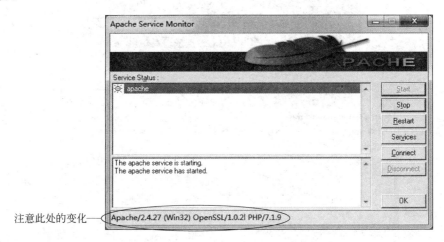

图 19.9　Apache 已支持 PHP

19.1.3　Eclipse 开发工具

PHP 的开发工具有很多种,本书选择 Eclipse 作为本系统的开发工具。

1. Eclipse 下载安装

Eclipse 下载地址为 https://www.eclipse.org/downloads/eclipse-packages/。Eclipse
官方针对不同平台的开发者提供了特定插件的打包版,本书选择 Eclipse for PHP
Developers(基于 Eclipse Oxygen 4.7)。下载得到的文件名为 eclipse-php-oxygen-R-
win32.zip,解压到 D:\eclipse 文件夹,双击其中 eclipse.exe 文件即可运行 Eclipse。

Eclipse 启动画面如图 19.10 所示。软件启动后会自动进行配置,并提示用户选择工作
空间,如图 19.11 所示,单击 Browse 按钮可修改 Eclipse 的工作空间。

本书开发使用的路径为 C:\Program Files\Php\Apache24\htdocs。单击 Launch 按
钮,进入 Eclipse 主界面,如图 19.12 所示。

2. PHP 项目的建立

(1)启动 Eclipse,选择 File→New→PHP Project 选项,如图 19.13 所示。

(2)在弹出的项目信息对话框的 Project name 栏中输入项目名 StuProject,如图 19.14
所示,所用 PHP 版本选 7.1(与本书安装的版本一致)。

(3)单击 Finish 按钮,Eclipse 会在 Apache 安装目录的 htdocs 文件夹下自动创建一个
名为 StuProject 的文件夹,并创建项目设置和缓存文件。

图 19.10 Eclipse 启动画面

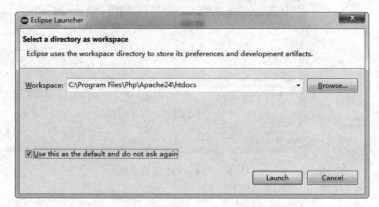

图 19.11 Eclipse 工作空间选择

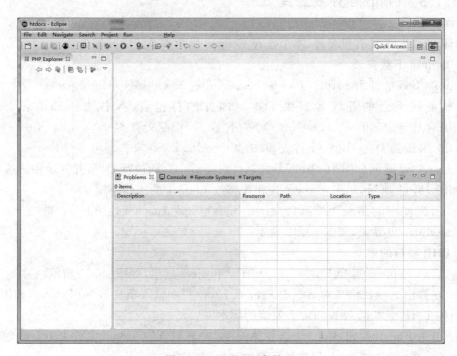

图 19.12 Eclipse 主界面

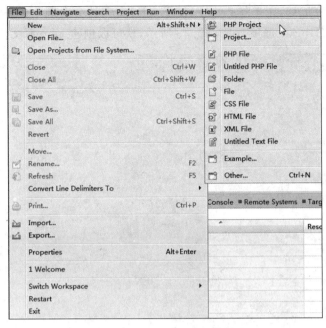

图 19.13 新建 PHP 项目

图 19.14 项目信息对话框

（4）项目创建完成后，在工作界面 PHP Explorer 区域会出现一个 StuProject 项目树，右击选择 New→PHP File 选项，如图 19.15 所示，就可以创建.php 源文件了。

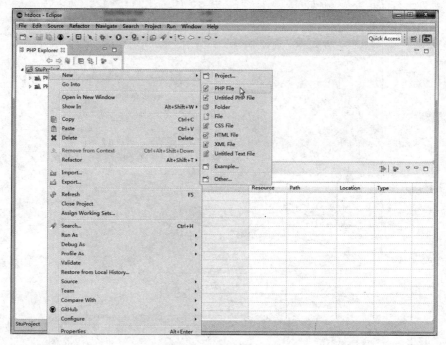

图 19.15   新建 PHP 源文件

3. PHP 项目的运行

创建的源文件默认文件名为 newfile.php，在其中输入 PHP 代码（如图 19.16 所示）。

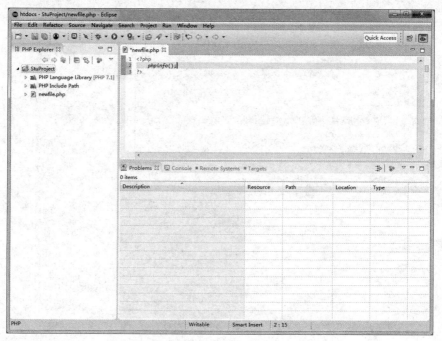

图 19.16   输入测试代码

```php
<?php
    phpinfo();
?>
```

接下来修改 PHP 的配置文件，打开 C:\Program Files\Php\php719 下的文件 php.ini，在其中找到如下一段内容：

```
; http://php.net/short-open-tag
short_open_tag=Off
```

将其中的 Off 改为 On，以使 PHP 能支持＜??＞和＜％％＞标记方式。确认修改后，保存配置文件，重启 Apache 服务。

单击工具栏 ⊙ ▾ 按钮右边的下箭头，选择 Run As→PHP Web Application 菜单命令运行程序，在中央主工作区就显示出 PHP 版本信息页，如图 19.17 所示。

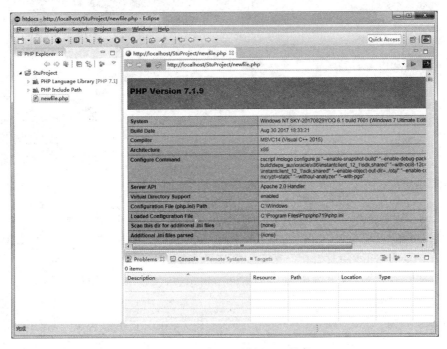

图 19.17　Eclipse 运行 PHP 程序

除了使用 Eclipse 在 IDE 中运行 PHP 程序外，还可以直接从浏览器运行。打开 IE，输入 http://localhost/StuProject/newfile.php 后回车，浏览器中也显示出 PHP 的版本信息页，如图 19.18 所示。

19.1.4　PHP 连接 Oracle 11g

1. 安装 Oracle Instant Client

由于 PHP 的 OCI8 扩展模块需要调用 Oracle 的底层 API(包含在 oci.dll 文件中)来工作，所以必须首先安装 Oracle 的客户端函数库。Oracle 官方以 Oracle Instant Client 客户

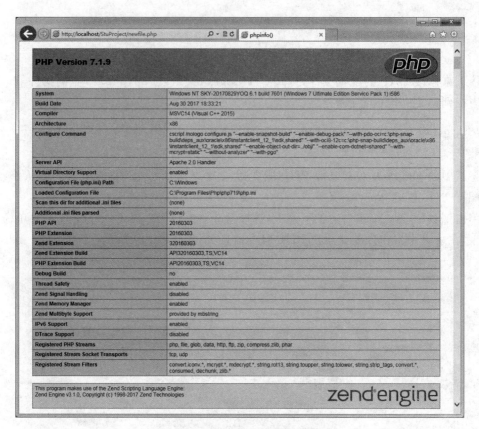

图 19.18　浏览器运行 PHP 程序

软件的形式提供该函数库,可以去官网下载,地址为 http://www. oracle. com/technetwork/topics/winsoft-085727. html,下载 Oracle 11g 对应版本的客户端得到压缩包 instantclient-basic-win32-11. 2. 0. 1. 0. zip,按以下步骤安装:

(1) 解压该软件包,这里解压到 C:\instantclient_11_2。

(2) 设置环境变量。

此处需要设置 TNS_ADMIN、NLS_LANG 和 Path 3 个环境变量。具体的设置步骤如下。

① 打开"环境变量"对话框。

右击桌面"计算机"图标,选择"属性",在弹出的"控制面板主页"中单击"高级系统设置"链接项,在弹出的"系统属性"对话框里单击"环境变量"按钮,弹出"环境变量"对话框,操作如图 19.19 所示。

② 新建系统变量(TNS_ADMIN、NLS_LANG)。

在"系统变量"列表下单击"新建"按钮,在弹出的对话框中输入变量名和变量值,如图 19.20 所示,单击"确定"按钮。

③ 设置 Path 变量。

在"系统变量"列表中找到名为 Path 的变量,单击"编辑"按钮,在"变量值"字符串中加入路径 C:\instantclient_11_2;,如图 19.20 所示,单击"确定"按钮。

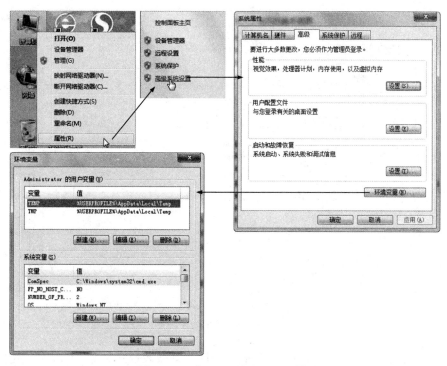

图 19.19　打开"环境变量"对话框

图 19.20　设置环境变量

（3）重启 Windows 7。这一步很重要,必须重启。

2. 安装 OCI8 扩展驱动

从网上下载 PHP 7.1 对应 Oracle 11g 的扩展库,下载地址为 http://pecl.php.net/package/oci8/2.1.7/windows,得到压缩包 php_oci8-2.1.7-7.1-ts-vc14-x86.zip,解压得到 php_oci8_11g.dll 并复制到 C:\Program Files\Php\php719\ext 下,再在配置文件 php.ini 中添加扩展库配置(如图 19.21 所示)。

```
extension=php_oci8_11g.dll
```

完成后重启 Apache,打开 IE,输入 http://localhost/StuProject/newfile.php 后回车,

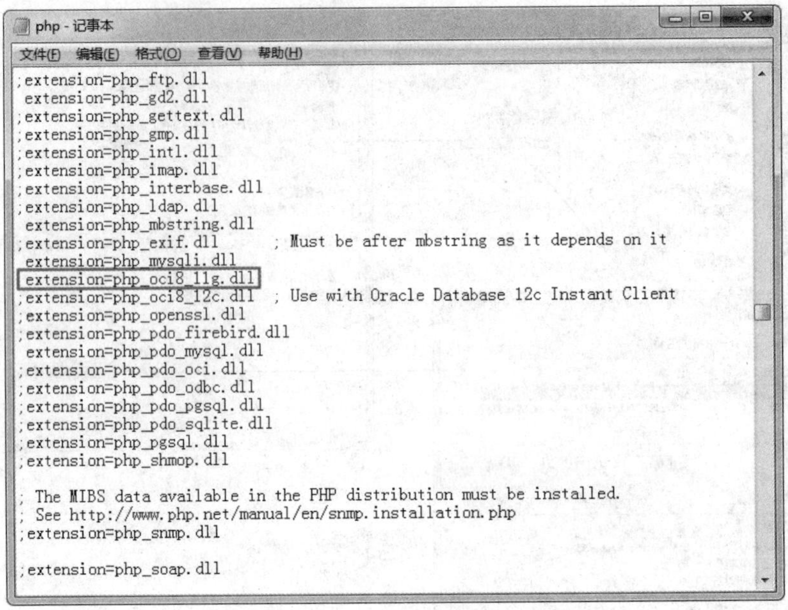

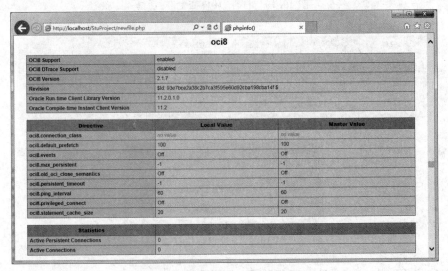

图 19.21　添加扩展库配置

若页面中包含如图 19.22 所示的内容,就表示扩展驱动安装成功。

图 19.22　Oracle 11g 扩展驱动安装成功

19.2　PHP 操作 Oracle 数据库

19.2.1　连接数据库

在 PHP 5.0 以后的版本中,连接 Oracle 数据库使用 oci_connect()函数,语法格式如下：

```
oci_connect("<用户名>","<密码>","<数据库实例名>")
```

说明：oci_connect()函数返回一个大多数 OCI 调用都需要的连接标志符。通过返回值可以判断是否已经成功连接数据库。例如，在 Apache 的 htdocs 目录下新建一个 test. php 文件，输入以下代码：

```
<?php
$conn=oci_connect("SCOTT", "Mm123456", "XSCJ", "utf8")or die("连接失败");
if($conn)
    echo "连接成功!";
?>
```

保存为 test. php 文件，在 IE 浏览器地址栏输入 http://localhost/test. php。按回车键，如果提示"连接成功!"，则表示 PHP 能正确连接 Oracle 数据库。

说明：SCOTT 是 Oracle 的用户名，密码是安装 Oracle 时设置的用户密码。

如果要关闭连接，则使用 oci_close()函数，例如：

```
oci_close($conn);
```

19.2.2　执行 PL/SQL 命令

在使用 PHP 执行 PL/SQL 命令时需要先使用 oci_parse()函数配置 SQL 语句，以备使用其他函数时执行，oci_parse()函数语法格式如下：

```
oci_parse($connection , $query)
```

其中，参数 $query 为要配置的 PL/SQL 语句，oci_parse()函数将在 $connection 上配置 $query 并返回一个语句标志符以用于其他函数。

语句配置完成后，使用 oci_execute()函数执行一条已经配置过的语句。语法格式如下：

```
bool oci_execute($statement [,$mode])
```

其中，参数 $statement 为已经解析过的语句标志符。如果函数运行成功则返回 True，否则返回 False。可选参数 $mode 默认为 OCI_COMMIT_ON_SUCCESS，表示语句执行将自动提交。如果不需要将语句自动提交，则需要把 $mode 设为 OCI_DEFAULT。

例如：

```
<?php
$conn=oci_connect("SCOTT", "Mm123456", "XSCJ", "utf8");
$sql="SELECT * FROM XSB";
$statement=oci_parse($conn,$sql);
if(oci_execute($statement))
    echo "查询语句运行成功";
oci_free_statement($statement);          //oci_free_statement()函数用于释放标识符
```

```
?>
```

在执行 oci_execute() 函数时指定了 OCI_DEFAULT 模式,则需要使用 oci_commit() 函数将正在运行的事务中所有未执行的语句进行提交处理,语法格式如下:

```
oci_commit($connection);
```

其中,参数 $ connection 是已经打开的数据库连接,该函数成功执行时返回 TRUE,失败时返回 FALSE。

19.2.3　访问数据

PHP 访问从 Oracle 数据库中返回的数据时经常使用到以下函数。

1. oci_fetch_row()函数

语法格式如下:

```
oci_fetch_row($statement)
```

该函数从指定的结果集中取得一行数据并作为数组返回。每个结果的列储存在一个数组的单元中,数组的键名默认以数字顺序分配,偏移量从 0 开始。依次调用 oci_fetch_row()函数将返回结果集中的下一行,如果没有更多行则返回 FALSE。

参数 $ statement 是由 oci_parse()函数创建并已经由 oci_execute()函数执行过的含有语句标志符的资源变量。

例如,要返回 XSCJ 数据库中女学生的信息,在 test.php 中输入如下代码:

```php
<?php
$conn=oci_connect("SCOTT", "Mm123456", "XSCJ", "utf8")or die('连接失败');
$sql="select * from XSB where XB='女'";               //定义 SQL 语句
$statement=oci_parse($conn,$sql);                    //配置 SQL 语句
oci_execute($statement);                             //执行 SQL 语句
echo "<table border=1>";                             //输出一个表格
echo "<tr><td>学号</td><td>姓名</td><td>总学分</td></tr>";
while($row=oci_fetch_row($statement))                //循环访问返回结果
{
    list($XH,$XM,$XB,$CSSJ,$ZY,$ZXF,$BZ)=$row;       //取得每个列上的值赋给变量
    echo "<tr><td>$XH</td><td>$XM</td><td>$ZXF</td></tr>";
}
echo "</table>";
?>
```

执行结果如图 19.23 所示。

2. oci_fetch_array()函数

语法格式如下:

```
oci_fetch_array($statement)
```

oci_fetch_array()函数是 oci_fetch_row()函数的扩展,除了将数据以数字作为键名存

图 19.23 查询学生信息

储在数组中外,还可使用字段名作为键名存储。

例如,要得到学号为 151101 的学生的姓名:

```php
<?php
$conn=oci_connect("SCOTT", "Mm123456", "XSCJ", "utf8")or die('连接失败');
$sql="select * from XSB where XH='151101'";
$statement=oci_parse($conn,$sql);
oci_execute($statement);
$row=oci_fetch_array($statement);
echo $row[1];                              //输出"王林"
echo "<br>";
echo $row['XM'];                           //输出"王林"
?>
```

3. oci_fetch_assoc()函数

语法格式如下:

```
oci_fetch_assoc($statement)
```

mysql_fetch_assoc()函数的作用也是获取结果集中的一行记录并保存到数组中,数组的键名为相应的字段名。

4. oci_fetch_object()函数

语法格式如下:

```
array oci_fetch_assoc(resource $statement)
```

使用 mysql_fetch_object()函数将从结果集中取出一行数据并保存为对象,使用字段名即可访问对象的属性。例如:

```php
<?php
$conn=oci_connect("SCOTT", "Mm123456", "XSCJ", "utf8")or die('连接失败');
$sql="select * from XSB where XH='151101'";
```

```
$statement=oci_parse($conn,$sql);
oci_execute($statement)or die("语句执行失败");
$row=oci_fetch_object($statement);
    echo "姓名:$row->XM<br>";                      //输出"王林"
    echo "专业:$row->ZY<br>";                      //输出"计算机"
?>
```

PHP 中还有其他操作 Oracle 数据库的函数,如 oci_num_rows()函数用于获取语句执行后受影响的行数,但要注意的是,本函数并不返回 SELECT 语句查询出来的记录数。

19.2.4　执行存储过程

在 PHP 中要执行 Oracle 存储过程,首先使用 oci_parse()函数配置执行存储过程的 PL/SQL 命令,然后使用 oci_bind_by_name()函数绑定 PHP 变量到存储过程的参数中,最后使用 oci_execute()函数执行语句。

oci_bind_by_name()函数的语法格式如下:

```
oci_bind_by_name($statement, $ph_name, $variable, $maxlength [,$type])
```

其中,参数 $statement 是已经使用 oci_parse()函数解析过的语句标志符。$ph_name 是一个字符串,是绑定到 Oracle 的位置标识符。$variable 是需要绑定的 PHP 变量。$maxlength 确定该绑定的最大长度,如果将设为－1,oci_bind_by_name()函数会用 $variable 变量的当前长度确定绑定的最大长度。$type 为可选参数,用于告诉 Oracle 要用什么样的描述符,如 OCI_B_BLOB 对应于 BLOB 类型。

例如,有如下存储过程:

```
CREATE OR REPLACE PROCEDURE showxs
       (num IN char, show OUT char)
AS
BEGIN
       SELECT XM INTO show
           FROM XSB
           WHERE XH=num AND ROWNUM=1;
END;
```

如果要在 PHP 中调用该存储过程并得到输出参数,可以使用如下代码:

```
<?php
$conn=oci_connect("SCOTT", "Mm123456", "XSCJ", "utf8")or die('连接失败');
//定义 PL/SQL 命令,加上冒号表示该参数是一个位置
$sql="BEGIN showxs(:number, :name); END;";
$statement=oci_parse($conn,$sql);
$number='151101';
//绑定变量$number 到位置 number 中,并设定绑定长度为 10
oci_bind_by_name($statement,':number',$number, 10);
oci_bind_by_name($statement,':name',$name, 10);
```

```
oci_execute($statement);                          //执行存储过程
echo $name;                                        //输出"王林"
?>
```

19.2.5　插入图片

使用 PHP 向 Oracle 插入图片,首先需要使用 oci_new_descriptor()函数初始化一个空的 LOB 描述符,语法格式如下:

```
oci_new_descriptor(resource $connection [, int $type])
```

该函数分配资源以保存描述符或 LOB 定位器,有效的 $type 值是 OCI_D_FILE、OCI_D_LOB 以及 OCI_D_ROWID。函数如果运行成功则返回一个 OCI-Lob 对象,否则返回 FASLE。

接着使用 oci_parse()函数配置 SQL 命令,在 SQL 命令中定位到表的 BLOB 的列中,再使用 oci_bind_by_name()函数绑定 oci_new_descriptor()返回的 OCI-Lob 变量到位置标识符中,例如:

```
$z_conn=oci_connect("SCOTT", "Mm123456", "XSCJ", "utf8");
$lob=oci_new_descriptor($conn,OCI_D_LOB);
$stmt=oci_parse($z_conn, "INSERT INTO XSZP(XH, ZP)
            VALUES(' 151101', EMPTY_BLOB())RETURNING ZP INTO :ZP");
oci_bind_by_name($stmt, ':ZP', $lob, -1, OCI_B_BLOB);
```

之后再使用 oci_execute()函数以 OCI_DEFAULT 模式执行 SQL 命令,接着使用 OCI-Lob 对象的 savefile()方法将图片文件保存到 BLOB 类型中,最后使用 oci_commit()函数提交事务。例如:

```
if($lob->savefile($filename))
    oci_commit($conn);
```

其中,$filename 参数为文件的物理文件名。

19.3　学生成绩管理系统的实现

本节主要介绍如何在 PHP 开发环境下实现学生成绩管理系统中的部分功能,开发脚本使用 PHP 语言,包括学生信息查询、学生信息管理和学生成绩录入 3 个部分。

19.3.1　主程序界面设计

1. 目的与要求

实现界面的布局、图片的显示和超链接。

2. 程序界面

主程序界面如图 19.24 所示。

3. 实现功能

在浏览器中输入 http://localhost/StuProject/main.html 访问主界面,单击主界面顶部的超链接,可以在页面中显示各个功能页面。

图 19.24　主程序界面

4. 实现过程

(1) 创建 main.html 文件,用于设计网页中主界面上的主体结构。

(2) 创建 top.html,用于显示主界面的顶部图片和超链接。

(3) 创建 fmain.html 页面,显示主界面的下边框架。

本系统用到的图片存放在 images 文件夹下。要使用这些图片可以将 images 文件夹复制到 StuProject 目录下。

5. 主要代码

(1) main.html 文件。main.html 文件是程序的主框架部分,框架主要分为两行,上边框显示学生成绩管理系统的超链接,下边框显示各个链接的页面。

代码如下:

```
<html>
<head>
<meta http-equiv="Content-type" content="text/html; charset=utf-8"/>
<title>学生成绩管理系统</title></head>
<frameset rows="140, * " border="0">
        <frame frameborder=0 src="top.html" name="top">
        <frame frameborder=0 src="fmain.html" name="frmmain ">
</frameset>
</html>
```

(2) top.html 文件。top.html 文件显示学生成绩管理系统的图片,并使用<map>标签在图片中设置各个超链接。注意,将超链接的 target 属性设置为 frmmain 框架的名称,单击超链接后功能页面在 frmmain 框架中显示。

代码如下所示。

```
<html>
<head>
<title>学生成绩管理系统</title>
</head>
<body bgcolor="D9DFAA">
    <center><img src="images/xscj.jpg" width="828" height="108" border="0"
    usemap="#Map" style="display:block;"/>
    </center>
    <!--名为 Map 的热点区域 -->
    <map name="Map" id="Map">
        <!--学生查询链接 -->
        <area shape="rect" coords="245,71,323,101" href="stu_query_frame.html"
        target="frmmain" />
        <!--学生管理链接 -->
        <area shape="rect" coords="323,71,400,101" href="stu_manage.php"
        target="frmmain" />
        <!--成绩管理链接 -->
        <area shape="rect" coords="400,71,477,101" href="cj_insert.php" target
        =
        "frmmain" />
    </map>
</body>
</html>
```

(3) fmain. html 文件。

```
<html>
< body bgcolor =" D9DFAA" topMargin =" 0" leftMargin =" 0" bottomMargin =" 0"
rightMargin="0">
</body>
</html>
```

19.3.2　学生信息查询

1. 目的与要求

实现对 Oracle 数据库的模糊查询和图片的显示。

2. 程序界面

学生信息查询的界面如图 19.25 所示。

3. 实现功能

可以满足简单查询的需要,若什么条件也不输入则显示所有记录。可以输入条件进行简单的模糊查询,各条件之间为“与”的关系。在查询的结果中,单击学号列的学号超链接可以查看此学生的备注和照片。

4. 实现过程

(1) 创建 stu_query_frame. html 文件,实现学生信息查询的主框架,分为两列,左边是

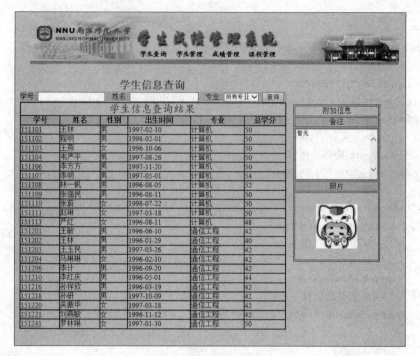

图 19.25 学生信息查询

学生信息查询界面,右边是学生的附加信息界面。

(2) 创建 stu_query. php 文件,在文件中创建一个查询表单,表单包括学号、姓名输入文本框 StuXH、StuXM 以及专业下拉列表 StuZY 和一个"查询"按钮,表单提交的地址是本页面。在本页面中处理提交的查询条件,根据查询条件将结果以表格形式显示。

(3) 创建 info. php 文件,根据学号超链接上给出的学号值显示学生的附加信息,如备注、照片。文件中处理照片时调用 showpicture. php 文件来显示。

(4) 创建显示相片页面 showpicture. php。以 GET 方法获取 info. php 页面中 img 控件 src 的 URL 中的学号值,查询学生照片表(XSZP),并输出照片。

5. 主要代码

(1) stu_query_frame. html 文件。stu_query_frame. html 文件规定了框架的左边部分为学生信息查询界面,由 stu_query. php 文件实现,右边为学生附加信息界面,由 info. php 文件实现。

代码如下:

```
<html>
<head>
<meta http-equiv="Content-type" content="text/html; charset=GB2312"/>
<title>学生信息查询</title></head>
<frameset cols="68%, *" border="0">
        <frame frameborder=0 src="stu_query.php" name="left" scrolling="no"
        noresize>
        <frame frameborder=0 src="info.php" name="right" scrolling="no" noresize>
```

```
</frameset>
</html>
```

（2）stu_query.php 文件。stu_query.php 文件生成了学生信息查询的界面，效果如图 19.25 所示。接收提交表单中的具体查询条件，根据查询条件在数据库中的 XSB 表中进行检索，并以表格的形式显示查询结果。将查询到的学号列设置为超链接，链接到 info.php 页面。当单击选中某个学生的学号时，info.php 页面则显示该学生的备注和照片。

代码如下：

```
<html><head><title>学生信息查询</title></head>
<body bgcolor="D9DFAA">
<table align="right" border="0" cellpadding="0" cellspacing="0">
<tr><td>
    <form action="stu_query.php" method="get" style="margin:0">
<table width="600" border="0" align="right" cellpadding="0" cellspacing="0">
<tr align="center"><td colspan="7"><font face="幼圆" size="5" color="#008000">
    <b>学生信息查询</b></font></tr>
<tr bgcolor="#CCCCCC">
    <td>学号:</td>
    <td><input name="StuXH" type="text"></td>
    <td>姓名:</td>
    <td><input name="StuXM" type="text" ></td>
    <td >专业:</td>
    <td><select name="StuZY">
        <option value="所有专业">所有专业</option>
        <option value="计算机">计算机</option>
        <option value="通信工程">通信工程</option>
        </select></td>
    <td><input type="submit" name="Query" value="查询"></td>
</tr>
</table>
</form>
</td></tr>
<?php
function getsql($StuNum,$StuNa,$Pro)                      //定义获取查询字符串的函数
{
    $sql="SELECTXH,XM,XB,TO_CHAR(CSSJ,'YYYY-MM-DD'),ZY,ZXFFROM XSB WHERE ";
    $note=0;
    if($StuNum)
    {
        $sql.="XH LIKE '%$StuNum%'";
        $note=1;
    }
    if($StuNa)
    {
```

```
        if($note==1)
            $sql=" AND XM LIKE '%$StuNa%'";
        else
            $sql.="XM LIKE '%$StuNa%'";
        $note=1;
    }
    if($Pro&&($Pro!="所有专业"))
    {
        if($note==1)
            $sql.=" AND ZY='$Pro'";
        else
        {
            $sql.="ZY='$Pro'";
            $note=1;
        }
    }
    if($note==0)
    {
        $sql="SELECTXH,XM,XB,TO_CHAR(CSSJ,'YYYY-MM-DD'),ZY,ZXFFROM XSB";
    }
    return $sql;
}
$StuNumber=@$_GET['StuXH'];                              //学号
$StuName=@$_GET['StuXM'];                                //姓名
$Project=@$_GET['StuZY'];                                //专业
$sql=getsql($StuNumber,$StuName,$Project);          //得到查询语句
$conn=oci_connect("SCOTT","Mm123456","XSCJ","utf8");    //连接数据库
$statement=oci_parse($conn,$sql);                      //配置 SQL 语句
oci_execute($statement);                               //执行 SQL 语句
if($new_row=oci_fetch_array($statement))              //如果结果不为空
{
?>
    <tr><td>
    <table width="600" border="1" align="right" cellpadding=0 cellspacing=0>
    <tr align="center"><td colspan="6"><font size=5 face="楷体" color=#0000FF
    > 学生信息查询结果</font></td></tr>
    <tr bgcolor="#CCCCCC">
    <th>学号</th><th>姓名</th><th>性别</th>
    <th>出生时间</th><th>专业</th><th>总学分</th></tr>
<?php
    //显示所有学生信息
    do
    {
        list($XH,$XM,$XB,$CSSJ,$ZY,$ZXF)=$new_row;
        //在学号列设置超链接
```

```
          echo "<tr><td><a href='info.php?id=$XH' target=right>$XH</a></td>";
          echo "<td>$XM</td>";
          echo "<td>$XB</td>";
          echo "<td>$CSSJ</td>";                              //输出出生日期
          echo "<td>$ZY</td>";                                //输出专业
          echo "<td>$ZXF</td>";                               //输出总学分
          echo "</tr>";
      }while($new_row=oci_fetch_array($statement));
      ?>
      </table></td></tr>
<?php
   }
   else
   {
       echo "<script>alert('无记录!');location.href='stu_query.php';
       </script>";
   }
   ?>
   </table>
   </body>
   </html>
```

（3）info.php 文件。代码如下：

```
<?php
$conn=oci_connect("SCOTT", "Mm123456", "XSCJ", "utf8"); //连接数据库
@$number=$_GET['id'];                                    //得到 StuQuery.php 链接中传来的值
$sql="SELECT BZ FROM XSB WHERE XH='$number'";            //查找备注
$smt=oci_parse($conn,$sql);
oci_execute($smt);                                       //执行 SQL 语句
$row=oci_fetch_array($smt);
$BZ=$row['BZ'];
?>
<html>
<head>
<title>备注和照片信息</title>
</head>
<body bgcolor="D9DFAA">
<br><br><br><table width="100" border="1">
<tr><td align="center">附加信息</td></tr>
<tr><td bgcolor="#CCCCCC" align="center">备注</td></tr>
<tr>
<td><textarea rows="7" name="StuBZ" ><?phpif($BZ)echo $BZ;else echo "暂无"; ?>
</textarea></td></tr>
<tr><td class="STYLE1" bgcolor="#CCCCCC" align="center">照片</td></tr>
<tr><td height="150" align="center">
```

```
    <?php
    //调用 showpicture.php 页面显示照片,time()函数用于生成时间戳
    echo "<img src='showpicture.php?num=$number&time=".time()."'>";
    ?>
</td></tr>
</table>
</body>
</html>
```

（4）showpicture.php 文件。代码如下：

```php
<?php
header('Content-type: image/gif');                    //输出 HTTP 头信息
$number=$_GET['num'];                                 //获取学号值
if($number)
{
    $conn=oci_connect("SCOTT", "Mm123456", "XSCJ", "utf8");//连接数据库
    $sql="SELECT ZP FROM XSZP WHRER XH='$number'";
    $smt=oci_parse($conn,$sql);
    oci_execute($smt);
    $row=oci_fetch_array($smt);
    $image=$row['ZP'];
    echo  $image;                                     //输出图片
}
?>
```

19.3.3　学生信息管理

1. 目的与要求

掌握对 Oracle 数据进行 SELECT、INSERT、UPDATE 和 DELETE 操作的方法。

2. 程序界面

学生信息管理的程序界面如图 19.26 所示。

3. 实现功能

单击页面顶部主菜单中的"学生管理"选项卡，显示如图 19.26 所示的学生管理界面。输入学号，单击"查询"按钮，可以查询学生的基本信息。在右侧的输入框中填入学生信息后，单击"更新"或"删除"按钮，可以添加、修改和删除学生信息。需要添加或修改照片时，输入学号，单击"浏览"按钮选择照片，单击"提交"按钮可将照片上传至数据库中。当删除一条学生记录时，触发器会自动到 CJB 表（成绩表）中删除此学生的选课记录，以保证数据的参照完整性。

4. 实现过程

创建 stu_manage.php 文件，在该页面中新建了一个表单，表单中包含功能选择和学生信息两个表格。功能选择表格包含了"查询""更新"和"删除"3 个提交按钮。学生信息表格包含了学号、姓名、性别、出生时间、专业、总学分、备注、照片等信息以及用于上传照片的

图 19.26　学生信息管理

<iframe>控件,控件中包含 upfile.php 页面。最终页面效果如图 19.26 所示。

5. 主要代码

stu_manage.php 文件实现学生管理页面布局和查询、更新、删除功能。在"学号"文本框中输入学生的学号后单击"查询"按钮,可以将数据提交到本页面,并将该学生的信息显示在页面的表单中。显示照片时将调用 showpicture.php 文件。

代码如下:

```php
<?php
    $conn=oci_connect("SCOTT", "Mm123456", "XSCJ", "utf8");
                                                        //连接数据库
?>
<html>
<head>
<meta http-equiv="Content-Type" content="text/html; charset=gb2312" />
<title>学生信息管理</title>
</head>
< body bgcolor =" D9DFAA"  topMargin =" 0"  leftMargin =" 0"  bottomMargin =" 0"
rightMargin="0">
<?php
//单击查询按钮
if(@$_POST['edit']=="查询")
{
    $R_Num =@$_POST['StuXH'];                        //获取学号值
    $r_sql="SELECT XH,XM,XB,TO_CHAR(CSSJ,'YYYY-MM-DD')AS CSSJ,ZY,ZXF,BZ
                FROM XSB WHERE XH='$R_Num'";          //查询用户输入的学号
    $r_smt=oci_parse($conn,$r_sql);
    oci_execute($r_smt);
    $row=oci_fetch_array($r_smt);
```

```
        if(($R_Num!==NULL)&&(!$row))                          //判断学号是否已经存在
            echo "<script>alert('没有该学生信息!')</script>";
    }
    ?>
    <form name="frm1" method="post" style="margin:0" enctype="multipart/form-data" >
    <table align="center">
     <tr><td><table border="1" width="170" cellspacing=0>
            <tr bgcolor="#CCCCCC"><td>功能选择</td></tr>
            <tr height="355"><td align="center" valign="top"><br>
                <Input name="edit" type="submit" value="查询" ><br><br>
                <Input name="edit" type="submit" value="更新"><br><br>
                <Input name="edit" type="submit" value="删除"><br><br>
            </td></tr></table>
        </td>
        <td><table border="1" width="650" cellspacing="0">
            <tr bgcolor="#CCCCCC"><td>学生信息</td></tr>
            <tr height="355"><td valign="top">
            <table height="300"><tr><td>学     号:</td>
            <td width="180"><Input name="StuXH" type="text" value="<?php echo @
            $row['XH']?>">
            <td rowspan="5" align="left">


    <?php
    //使用 img 控件显示照片,将$R_Num 的值传到 showpicture.php 页面
        <img src ="showpicture.php?num=<?php echo @$R_Num?>" width="130" height=
        "140">
    </td></tr>
        <tr><td>姓     名:</td>
            <td><Input name="StuXM" type="text" value="<?php echo @$row['XM']?>">
            </td></tr>
        <tr><td>专     业:</td>
        <td><select name="StuZY">
        <?php
        //初始化"专业"下拉框
        if(@$row['ZY']!=NULL)
            echo "<option>"+@$row['ZY']+"</option>";
        else
            echo "<option>请选择</option>";
        $spec_sql="SELECT DISTINCT ZY FROM XSB";
        $spec_smt=oci_parse($conn,$spec_sql);
        oci_execute($spec_smt);
        while($spec_row=oci_fetch_array($spec_smt))
        {
            $k=$spec_row['ZY'];
            if($k!=NULL)
```

```
            echo "<option value='$k'>$k</option>";
        }
      ?>
      </select></td></tr>
<tr><td>性     别:</td>
<?php      if(@$row['XB']=="女")
        { ?>
    <td><input type="radio" name="StuXB" value="男">男    
    <input type="radio" name="StuXB" value="女" checked="checked">女</td>
<?php      }
        else
        {?>
    <td><input type="radio" name="StuXB" value="男" checked="checked">
    男  
      
        <input type="radio" name="StuXB" value="女">女</td>
<?php      }?>
 </tr>
<tr><td>出生时间:</td>
<td><Input name="StuCSSJ" type="text"  value="<?php echo @$row['CSSJ']?>">
</td></tr>
<tr><td>总学分:</td>
<td><Input name="StuZXF" type="text"   value="<?php echo @$row['ZXF']?>"
readonly></td>
<td><input type="file" name="file"></td>
</tr>
<tr><td>备     注:</td>
<td><textarea rows="4" name="StuBZ" ><?php echo @$row['BZ']?></textarea></td>
</tr>
</table>
</td></tr>
</table></td></tr>
</table>
</form>
</body>
</html>
<?php
$StuXH=@$_POST["StuXH"];                        //学号
$StuXM=@$_POST["StuXM"];                        //姓名
$StuXB=@$_POST["StuXB"];                        //性别
$StuCSSJ=@$_POST["StuCSSJ"];                    //出生时间
$StuZY=@$_POST["StuZY"];                        //专业
$StuZXF=@$_POST["StuZXF"];                      //总学分
$StuBZ=@$_POST["StuBZ"];                        //备注
$tmp_file=@$_FILES["file"]["tmp_name"];         //文件被上传后在服务端存储临时文件
```

```php
//使用正则表达式简单验证日期的格式
$checkbirthday=preg_match('/^\d{4}-(0?\d|1?[012])-(0?\d|[12]\d|3[01])$/',
$StuCSSJ);
$s_sql="select * from XSB where XH='$StuXH'";        //查询学号
$s_smt=oci_parse($conn,$s_sql);
oci_execute($s_smt);

function insertzp($xh,$filename)                     //定义向 XSZP 表插入照片的函数
{
    $z_conn=oci_connect("SCOTT", "Mm123456", "XSCJ", "utf8");
                                                     //连接数据库
    $zpsmt=oci_parse($z_conn,"SELECT * FROM XSZP WHERE XH='$xh'");
    oci_execute($zpsmt);
    if($zorow=oci_fetch_array($zpsmt))               //如果存在照片则先删除
    {
        $dsmt=oci_parse($z_conn,"DELETE FROM XSZP WHERE XH='$xh'");
        oci_execute($dsmt);
    }
    $lob=oci_new_descriptor($z_conn,OCI_D_LOB);      //初始化 LOB 描述符
    $stmt=oci_parse($z_conn, "INSERT INTO XSZP(XH, ZP)
            VALUES($xh, EMPTY_BLOB())RETURNING ZP INTO :ZP");
    //绑定变量
    oci_bind_by_name($stmt, ':ZP', $lob, -1, OCI_B_BLOB);
    oci_execute($stmt,OCI_DEFAULT);                  //以 OCI_DEFAULT 模式执行语句
    if($lob->savefile($filename))                    //写入文件
        oci_commit($z_conn);                         //提交事务
    oci_close($z_conn);
}
//单击"更新"按钮
if(@$_POST["edit"]=="更新")
{
    if($StuXH==NULL||$StuXM==NULL||!is_numeric($StuZXF)||$checkbirthday==0)
    {
        echo "<script>alert('信息填写有误!');location.href='stu_manage.php';
        </script>";
        exit;
    }
    if($tmp_file)                                    //如果上传了照片
    {
        $type=@$_FILES['file']['type'];              //上传文件的格式
        $Psize=@$_FILES['file']['size'];             //图片的大小
        //判断图片格式
        if((($type!="image/gif")&&($type!="image/jpeg")
                &&($type!="image/pjpeg")&&($type!="image/bmp")))
        {
```

```php
            echo "<script>alert('照片格式不对!');location.href='AddStu.php';
            </script>";
            exit;
        }
        if($Psize>100000)                                   //照片大于100KB时不允许上传
        {
            echo "<script>alert('照片尺寸太大,无法上传!');location.href='AddStu
            .php';</script>";
            exit;
        }
    }
    $xssmt=oci_parse($conn,"SELECT * FROM XSB WHERE XH='$StuXH'");
    oci_execute($xssmt);
    $xsrow=oci_fetch_array($xssmt);
    if($xsrow)                                  //如果输入的学号已经存在则修改之
        $ut_sql="UPDATE XSB SET XM='$StuXM',XB='$StuXB',
                    CSSJ=TO_DATE('$StuCSSJ','YYYY-MM-DD'),ZY='$StuZY',
                        BZ='$StuBZ' WHERE XH='$StuXH'";
    else                                        //如果输入的学号不存在则添加之
        $ut_sql="INSERT INTO XSB(XH,XM,XB,CSSJ,ZY,ZXF,BZ)
                    VALUES('$StuXH','$StuXM','$StuXB',
                    TO_DATE('$StuCSSJ','YYYY-MM-DD'),'$StuZY',0,'$StuBZ')";
    $ut_smt=oci_parse($conn,$ut_sql);
    oci_execute($ut_smt);
    if($tmp_file)                               //如果用户选择了照片则调用insertzp函数
    insertzp($StuXH,$tmp_file);
    if(oci_num_rows($ut_smt)!=0)
        echo "<script>alert('修改成功!');location.href='stu_manage.php';</script>";
    else
        echo "<script>alert('修改失败!');location.href='stu_manage.php';</script>";
}
//单击"删除"按钮
if(@$_POST["edit"]=="删除")
{
    if($StuXH==NULL)
    {
        echo "<script>alert('请输入要删除的学号!');location.href='stu_manage.
        php';</script>";
    }
    else
    {
        $d_sql="DELETE FROM XSB WHERE XH='$StuXH'";          //查找该学生信息
        $d_smt=oci_parse($conn,$d_sql);
        oci_execute($d_smt);
```

```
        if(oci_num_rows($d_smt)==0)              //如果行数为 0 则表示学号不存在
            echo "<script>alert('学号不存在,无法删除!');</script>";
        else
            echo "<script>alert('删除学号".$StuXH."成功!');</script>";
    }
}
?>
```

19.3.4 学生成绩录入

1. 目的与要求
了解 PHP 中调用存储过程的方法。
2. 程序界面
学生信息查询的界面如图 19.27 所示。

图 19.27 学生成绩录入

3. 实现功能
用户选择课程名和学号,单击"查询"按钮,下方的表格中会列出该学生所选课程的成绩信息。如果未选该课程则成绩为空。在成绩文本框中插入新成绩或修改旧成绩,单击"更新"按钮可以向 CJB 表中插入一行新成绩或修改原来的成绩。单击"删除"按钮可以删除 CJB 表中对应的一行数据。

4. 实现过程
(1) 创建 cj_insert.php 文件,新建一个查询表单,表单包含课程名下拉框和学号下拉框,选择课程名和学号后单击查询按钮,将数据提交到 InsertScore.php 文件中处理。

(2) 创建 InsertScore.php 文件,新建一个表单,包含学号、姓名、课程号、课程名和成绩(只有成绩文本框可输入值)。根据 cj_insert.php 页面提交的课程名和学号在视图 XS_KC_CJ 中查询出对应的记录,并在表单中显示。单击"更新"按钮将值提交到本页面,根据学号、课程号和成绩调用存储过程 CJ_Data,更新 CJB 表中的成绩。单击"删除"按钮调用存储过程 CJ_Data,若成绩值为-1,表示删除该成绩记录。

5. 主要代码

(1) cj_insert. php 文件。

cj_insert. php 文件生成查询表单,其中课程名和专业下拉框中的选项都是通过 PHP 代码从数据库中检索得出。

代码如下:

```php
<?php
    $conn=oci_connect("SCOTT", "Mm123456", "XSCJ", "utf8");      //连接数据库
?>
<html>
<head>
<meta http-equiv="Content-type" content="text/html; charset=GB2312"/>
<title>学生成绩录入</title></head>
<body bgcolor="D9DFAA">
<div align="center"><font face="幼圆" size="5" color="#008000"><b>学生成绩录入
</b></font></div>
<form action="InsertScore.php" method="post" >
<table width="450" align="center">
<tr><td width="60" bgcolor="#CCCCCC">课程名:</td>
    <td width=50><select name="StuKCM">
                <option value="请选择">请选择</option>
<?php
    //初始化课程名
    $course_sql="SELECT KCM FROM KCB";
    $course_smt=oci_parse($conn,$course_sql);
    oci_execute($course_smt);
    while($course_row=oci_fetch_array($course_smt))
    {
        $k=$course_row['KCM'];
        if($k!=NULL)
            echo "<option value='$k'>$k</option>";
    }
?>
    </select></td>
    <td width="60" bgcolor="#CCCCCC">学号:</td>
    <td width=50><select name="StuXH">
                <option value="请选择">请选择</option>
<?php
    //初始化学号
    $num_sql="select XH from XSB";
    $num_smt=oci_parse($conn,$num_sql);
    oci_execute($num_smt);
    while($num_row=oci_fetch_array($num_smt))
    {
        $y=$num_row['XH'];
```

```
            if($y!=NULL)
                echo "<option value='$y'>$y</option>";
        }
    ?>
    </select></td>
    <td  width="60" align="center">
    <input type="submit" name="Query" value="查询"></td></tr>
</table>
</form>
</body>
</html>
```

(2) InsertScore. php 文件。

InsertScore. php 文件中由于单击"更新"和"删除"按钮都将调用存储过程 CJ_Data,调用的方法类似,仅参数不同。所以,将调用存储过程的操作定义为一个函数 call_proc()。

代码如下:

```
<?php
include "cj_insert.php";                              //包含 InsertScore.php 页面
$conn=oci_connect("SCOTT", "Mm123456", "XSCJ", "utf8");//连接数据库
?>
<html>
<head>
<meta http-equiv="Content-type" content="text/html; charset=GB2312"/>
</head>
<body bgcolor="D9DFAA">
<?php
    $StuXH=@$_POST["StuXH"];
    $StuKCM=@$_POST["StuKCM"];
    $sqlstr="SELECT * FROM XS_KC_CJ WHERE XH='$StuXH' AND KCM='$StuKCM'";
    $smt=oci_parse($conn,$sqlstr);
    oci_execute($smt);
    $row=oci_fetch_array($smt);
    $num=$row['XH'];
    $name=$row['XM'];
    $c_num=$row['KCH'];
    $c_name=$row['KCM'];
    $score=$row['CJ'];
?>
<form action="InsertScore.php" method="post" >
<table width="450" border="1" align="center"bgcolor="#CCCCCC" cellpadding="0"
cellspacing="0">
<tr><td width="60" align="center">学号:</td>
    <td><Input name="XH" type="text" value="<?php echo $num?>" readonly></td>
    <td  width="60" align="center">姓名:</td>
    <td><Input name="XM" type="text" value="<?php echo $name?>" readonly></td>
```

```
</tr>
<tr><td width="60" align="center">课程号:</td>
    <td><Input name="KCH" type="text" value="<?php echo $c_num?>" readonly></td>
    <td  width="60" align="center">课程名:</td>
    <td><Input name="KCM" type="text" value="<?php echo $c_name?>" readonly></td>
</tr>
<tr><td width="60"  align="center">成绩:</td>
    <td colspan="3"><Input name="CJ" type="text" value="<?php echo $score?>"
></td>
</tr>
<tr>
    <td colspan="4" align="center">
    <input type="submit" name="edit" value="更新">
    <input type="submit" name="edit" value="删除"></td>
</tr>
</table>
</form>
</body>
</html>
<?php
$XH=@$_POST['XH'];
$KCH=@$_POST['KCH'];
$CJ=@$_POST['CJ'];
//定义执行存储过程的函数 call_proc
function call_proc($num, $cnum, $point)
{
    $fconn=oci_connect("SCOTT", "Mm123456", "XSCJ", "utf8");
                                                    //连接数据库
    $sql="BEGIN CJ_Data(:in_xh, :in_kch, :in_cj); END;";
    $statement=oci_parse($fconn,$sql);
    //绑定变量
    oci_bind_by_name($statement, ':in_xh', $num, 10);
    oci_bind_by_name($statement, ':in_kch', $cnum, 10);
    oci_bind_by_name($statement, ':in_cj', $point,4);
    oci_execute($statement);                        //执行存储过程
}

if(@$_POST['edit']=="更新")
{
    if($XH!=null&&$KCH!=null&&is_numeric($CJ)==true)
    {
        call_proc($XH, $KCH, $CJ);                   //调用函数执行存储过程
        echo "<script>alert('更新成功!')</script>";
    }
    else
```

```
            echo "<script>alert('请输出正确的成绩信息!')</script>";
    }
    if(@$_POST['edit']=="删除")
    {
        if($XH!=null&&$KCH!=null)
        {
        call_proc($XH, $KCH, -1);                          //调用函数执行存储过程
        echo "<script>alert('删除成功!')</script>";
        }
        else
        echo "<script>alert('删除失败!')</script>";
    }
    ?>
```

至此,本系统预定设计的功能已经全部完成,读者可以根据需要对其他的一些功能自行
进行扩展。

Java EE(Struts 2)/Oracle 11g
学生成绩管理系统

自从 Java 成为甲骨文公司旗下产品[①]后，各类 Java Web 应用与 Oracle 的结合日益紧密。本实习用 Java EE 的 Struts 2 集成 Oracle 数据库，实现一个学生成绩管理系统。

20.1 认识 Struts 2

Struts 2 是 Java EE 平台上一个基于 MVC 架构的通用框架（软件）。

那么 MVC 又是什么呢？

现代的 Web 应用软件系统（除数据库外）大致都由三大模块构成：网页显示模块（称为视图 View）、功能处理模块（专业上称为模型 Model）、控制模块（控制器 Controller），简称 MVC。

在 Web 发展初期，程序员完全靠手工编程（通常用 Servlet 或 JSP）去分别实现上述 3 个模块，这种开发方式的效率很低，为简化编程，很多开源组织基于 MVC 思想开发了一些现成的软件框架。Struts 2 正是这样一个优秀的、可扩展的企业级开发框架，用它开发的 Web 应用系统的典型结构如图 20.1 所示。

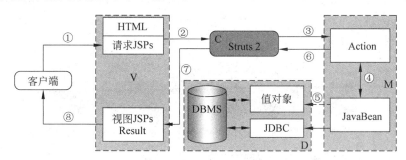

图 20.1 基于 Struts 2 的 Web 应用系统的典型结构

图中的虚线阴影框框出了服务器端软件的体系结构，读者能够很清楚地看出 M、V、C 三大块：位于中央上方的 Struts 2 和 Action 为 C（控制器）；左边 V（视图）模块包括 3 类页

---

① 注：2009 年 4 月 20 日，Oracle（甲骨文）公司以每股 9.5 美元（总价 74 亿美元）收购 Sun 公司。

面(呈现网页背景的 html、发起请求的 JSP 和用来显示结果的视图);由 JavaBean 类和值对象组成的 M(模型)于后台处理各种应用业务。任何一个具备信息存储和管理能力的 Web 系统都少不了数据库,本实习底层使用 JDBC 访问数据库。

基于 Struts 2 的 Web 系统的工作流程(已分步①~⑧在图 20.1 中标出),如下:

① 客户端通过网站主页链接到 JSP 请求页。

② JSP 请求页向 Struts 2 发出 actionURL 请求。

③ Struts 2 接受客户端的请求,找到该请求对应的 Action。

④ Action 调用相应的 JavaBean 实现特定的业务逻辑功能。

⑤ 如果需要,JavaBean 会通过值对象访问数据库系统。

⑥ Action 向 Struts 2 返回执行结果,同时指定将要用来展示给客户端的 JSP 视图。

⑦ Struts 2 根据 Action 的返回结果找到对应的 JSP 页面。

⑧ 在 Struts 2 的控制驱动下,服务器将这个视图网页发往客户端,展示在用户面前。

从以上一系列步骤可以看出:Struts 2 是整个 MVC 系统的核心控制中枢。

20.2 Java EE 开发平台搭建

本实习所搭建的 Java EE 平台采用最新的 Struts 2.5,相关的配套软件有 JDK 8、Tomcat 9 以及新版 MyEclipse 2017 集成开发工具,全部安装在 32 位 Windows 7 旗舰版操作系统上。

1. 安装软件

(1) 安装 JDK 8

Java EE 程序必须安装在 Java 运行环境中,这个环境最基础的部分是 JDK,它是 Java SE Development Kit(Java 标准开发工具包)的简称,一个完整的 JDK 包括了 JRE(Java 运行时环境)。Oracle 公司定期在其官网发布最新版的 JDK,并提供免费下载。

登录 Oracle 官方的 Java 下载页 http://www.oracle.com/technetwork/java/javase/downloads/index.html,下载得到安装可执行文件 jdk-8u131-windows-i586.exe,双击启动安装向导,如图 20.2 所示。

图 20.2 安装 JDK

　　单击"下一步"按钮,跟着向导的指引操作,安装过程非常简单(这里不展开),本书将 JDK 安装在默认目录 C:\Program Files\Java\jdk1.8.0_131 下。安装完后,向导会自动弹出"Java 安装"对话框接着安装其配套的 JRE,如图 20.3 所示。系统显示 JRE 会被安装到 C:\Program Files\Java\jre1.8.0_131,保持这个默认的路径,单击"下一步"按钮开始安装,直到完成。

图 20.3　安装 JRE

　　完成后还要通过设置系统环境变量,告诉 Windows 操作系统 JDK 的安装位置,具体设置方法如下:

　　① 打开"环境变量"对话框。

　　右击桌面上的"计算机"图标,选择"属性"选项,在弹出的控制面板主页中单击"高级系统设置"链接项,在弹出的"系统属性"对话框中单击"环境变量"按钮,弹出"环境变量"对话框,操作过程如图 20.4 所示。

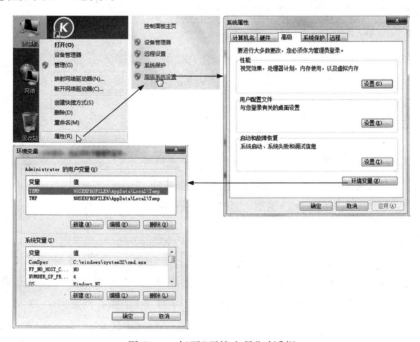

图 20.4　打开"环境变量"对话框

② 新建系统变量 JAVA_HOME。

在"系统变量"列表下单击"新建"按钮,弹出"新建系统变量"对话框。在"变量名"栏中输入 JAVA_HOME,在"变量值"栏中输入 JDK 安装路径 C:\Program Files\Java\jdk1.8.0_131,如图 20.5 所示,单击"确定"按钮。

③ 设置系统变量 Path。

在"系统变量"列表中找到名为 Path 的变量,单击"编辑"按钮,在"变量值"字符串中加入路径%JAVA_HOME%\bin;,如图 20.6 所示,单击"确定"按钮。

图 20.5　新建 JAVA_HOME 变量

图 20.6　编辑 Path 变量

单击"环境变量"对话框中的"确定"按钮,回到"系统属性"对话框,再次单击"确定"按钮,完成 JDK 环境变量的设置。

读者可以自己测试 JDK 安装是否成功。选择任务栏"开始"→"运行"命令,输入 cmd 并回车,进入命令行界面,输入 java -version,如果配置成功就会出现 Java 的版本信息,如图 20.7 所示。

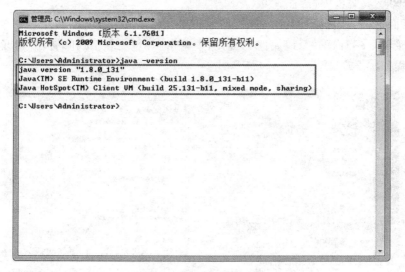

图 20.7　JDK 8 安装成功

(2) 安装 Tomcat 9

Tomcat 是著名的 Apache 软件基金会资助 Jakarta 的一个核心子项目,本质上是一个 Java Servlet 容器。它技术先进、性能稳定,而且免费开源,因而深受广大 Java 爱好者的喜爱并得到部分软件开发商的认可,成为目前最为流行的 Web 服务器之一。本实习采用最新的 Tomcat 9 作为承载 Java EE 应用的 Web 服务器。

登录 Tomcat 官方下载页 http://tomcat.apache.org/download-90.cgi,下载其安装版,

获得安装包文件 apache-tomcat-9.0.0.M20.exe，双击启动安装向导，单击 Next 按钮，在向导 License Agreement 页单击 I Agree 按钮同意许可协议条款，如图 20.8 所示。

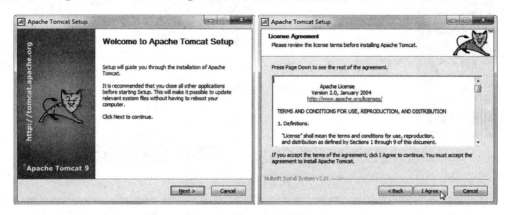

图 20.8　Tomcat 9 安装向导

跟着向导的指引操作，接下来两个页都取默认设置，连续两次单击 Next 按钮。

在 Java Virtual Machine 页，请读者留意一下路径栏里填写的要是自己计算机 JRE 的安装目录 C:\Program Files\Java\jre1.8.0_131，如图 20.9 所示。确认无误后单击 Next 按钮继续，直到完成。

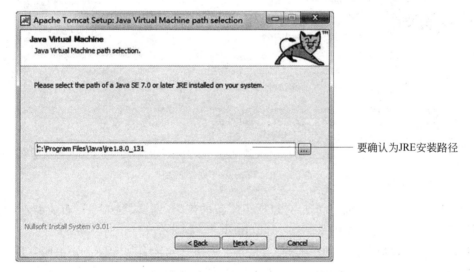

图 20.9　选择 Tomcat 所用 JRE 的路径

在安装完毕后，于向导的 Completing Apache Tomcat Setup 页勾选 Run Apache Tomcat 项，以保证 Tomcat 能自行启动，单击 Finish 按钮，在计算机桌面右下方任务栏上出现 Tomcat 的图标　，图标中央三角形为绿色表示启动成功，如图 20.10 所示。

打开浏览器，输入 http://localhost:8080 并回车，若呈现如图 20.11 所示的页面，则表明安装成功。

（3）安装 MyEclipse 2017

MyEclipse 企业级工作平台（MyEclipse Enterprise Workbench，MyEclipse）是功能丰

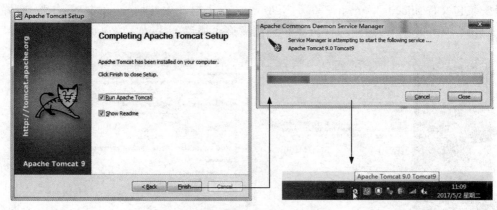

图 20.10　安装完初次启动 Tomcat

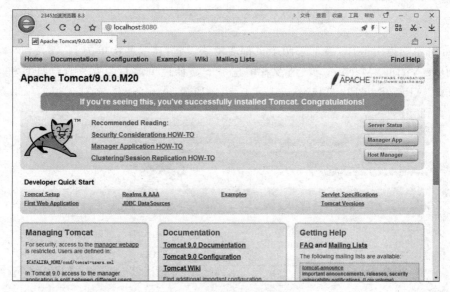

图 20.11　Tomcat 9 安装成功

富的 Java EE 集成开发环境(IDE),它包括了完备的编码、调试、测试和发布功能,本实习使用的是 MyEclipse 官方发布的最新版 MyEclipse 2017 CI 系列。

　　目前,由北京慧都科技有限公司与 Genuitec 公司合作运营 MyEclipse 中国官网的网址为 http://www.myeclipsecn.com/,专为国内用户提供 MyEclipse 软件的下载和技术支持服务,进入其下载主页,下载其离线版安装包,文件名为 myeclipse-2017-ci-4-offline-installer-windows.exe,双击执行离线安装程序,启动安装向导,单击 Next 按钮,如图 20.12 所示。

　　在向导 License 页勾选 I accept the terms of the license agreement 同意许可协议条款,单击 Next 按钮继续,接下来的每一步都采用默认设置(不再展开),直至最后安装完成,在 Installation 页确保已勾选了 Launch MyEclipse 2017 CI 选项,再单击 Finish 按钮结束安装过程,如图 20.13 所示。

　　安装一完成 MyEclipse 2017 就会启动,初启时会弹出 Eclipse Launcher 对话框要求用

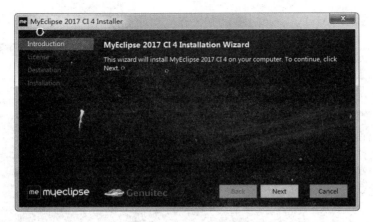

图 20.12　MyEclipse 2017 安装向导

图 20.13　安装过程中的几个操作

户选择一个工作区(Workspace),也就是用于存放用户项目(所开发的程序)的地方,这里取默认值即可,默认的工作区所在目录路径为 C:\Users\Administrator\Workspaces\MyEclipse 2017 CI,如图 20.14 所示,为避免每次启动都要选择工作区的麻烦,可勾选下方的 Use this as the default and do not ask again,单击 OK 按钮开始启动,出现启动画面。

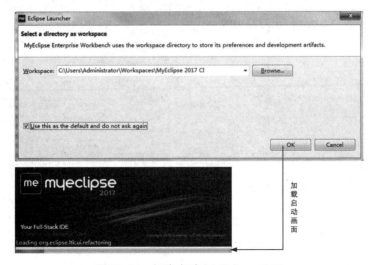

加载启动画面

图 20.14　初次启动 MyEclipse 2017

启动完成后出现 MyEclipse 2017 的开发环境初始界面,如图 20.15 所示。

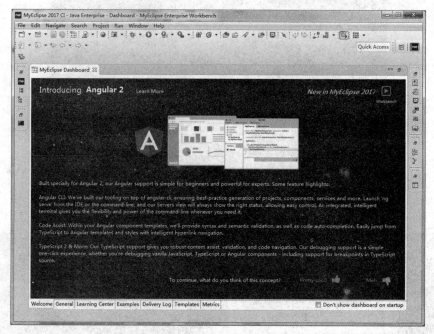

图 20.15　MyEclipse 2017 开发环境界面初态

2. 环境整合

(1) 配置 MyEclipse 所用的 JRE

在 MyEclipse 2017 中内嵌了 Java 编译器,但为了使用安装的最新 JDK,需要手动配置,具体操作步骤见图 20.16 中的①~⑩标注。

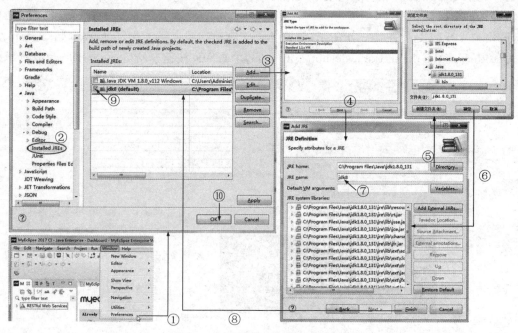

图 20.16　配置 MyEclipse 的 JRE

说明如下：

① 启动 MyEclipse 2017，选择菜单 Window→Preferences，弹出 Preferences 窗口。

② 展开窗口左侧的树状视图，选中 Java→Installed JREs 项，右区出现 Installed JRE 配置页。

③ 单击右侧 Add 按钮，弹出 Add JRE 对话框。

④ 在 Add JRE 对话框的 JRE Type 页，选择要配置的 JRE 类型为 Standard VM，单击 Next 按钮。

⑤ 在 Add JRE 对话框的 JRE Definition 页，单击 JRE home 栏右侧的 Directory 按钮，弹出"浏览文件夹"对话框。

⑥ 在"浏览文件夹"对话框中，选择安装 JDK 的根目录，单击"确定"按钮，可以看到 JRE 的系统库被加载进来。

⑦ 在 JRE name 栏中，将 JRE 的名称改为 jdk8。

⑧ 单击 Finish 按钮，回到 Preferences 窗口，可以看到在 Installed JREs 列表中多出了名为 jdk8 的一项，即为本实习所安装的最新 JDK。

⑨ 勾选项目 jdk8 之前的复选框，项目名后出现(default)，同时整个项的条目加黑，表示已将安装 JDK 的 JRE 设为 MyEclipse 2017 的默认 JRE 了。

⑩ 单击 Preferences 窗口底部的 OK 按钮，确认设置。

(2) 集成 MyEclipse 与 Tomcat

MyEclipse 2017 自带 MyEclipse Tomcat v8.5 服务运行时环境(即运行 Java EE 程序的 Web 服务器)，但本实习不用这个，而是使用我们安装的 Tomcat 9，需要将其整合到 MyEclipse 环境中来，具体操作步骤见图 20.17 中的①～⑩标注。

说明如下：

① 在 MyEclipse 2017 开发环境中，选择菜单 Window→Preferences，弹出 Preferences 窗口。

② 展开窗口左侧的树状视图，选中 Servers→Runtime Environments 项，右区出现 Server Runtime Environments 配置页。

③ 单击右侧 Add 按钮，弹出 New Server Runtime Environment 对话框，在列表中选 Tomcat→Apache Tomcat v9.0 项。

④ 勾选下方 Create a new local server 复选框。

⑤ 单击 Next 按钮，进入 Tomcat Server 页，配置服务器路径及 JRE。

⑥ 单击 Tomcat installation directory 栏右侧的 Browse 按钮，弹出"浏览文件夹"对话框。

⑦ 选择安装 Tomcat 9 的目录(笔者装在 C:\Program Files\Apache Software Foundation\Tomcat 9.0)，单击"确定"按钮。

⑧ 设置 Tomcat 9 所使用的 JRE，直接从 JRE 下拉列表中选择之前配置的 jdk8 即可。

⑨ 单击 Finish 按钮，回到 Preferences 窗口，可以看到在 Server runtime environments 列表中多出了名为 Apache Tomcat v9.0 的一项，即为先前安装的 Tomcat 9。单击 Preferences 窗口底部的 OK 按钮确认。

⑩ 回到 MyEclipse 2017 开发环境，此时若单击工具栏上复合按钮 右边的下箭头，会发现在最下面多出了个 Tomcat v9.0 Server at localhost 选项，这表示 Tomcat 已成功地整合到 MyEclipse 环境中了。

整合以后就可以通过 MyEclipse 环境来直接启动外部服务器 Tomcat，方法是：单击

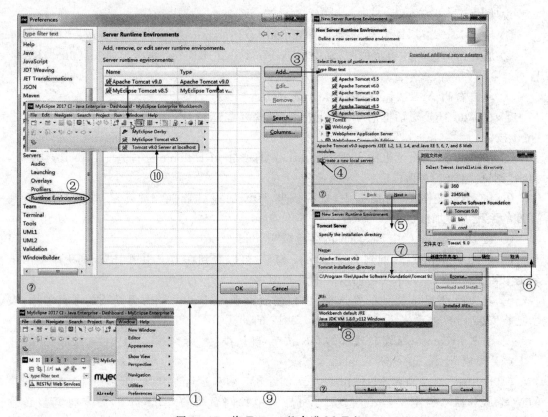

图 20.17　将 Tomcat 整合进 MyEclipse

MyEclipse 工具栏复合按钮 右边的下箭头，选择 Tomcat v9.0 Server at localhost→
Start 选项，单击后稍候片刻，在主界面下方的子窗口 Servers 页看到服务已开启，切换到
Console 页可查看 Tomcat 的启动信息，如图 20.18 所示。

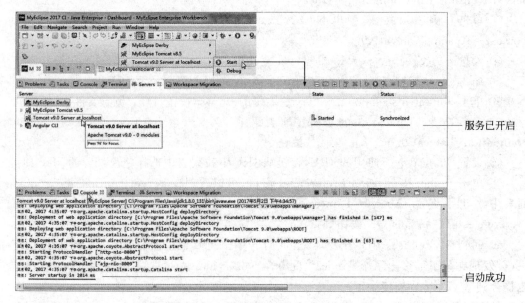

图 20.18　用 MyEclipse 启动 Tomcat

打开浏览器,输入 http://localhost:8080 回车,将出现与前图 20.11 一模一样的 Tomcat 首页,这说明 MyEclipse 已经与 Tomcat 紧密集成了。

启动服务器后,原先工具栏上 复合按钮的外观将会改变,呈现一个带有 Tom 猫 的图标(今后会一直维持这种状态),单击按钮右边下箭头,选择 Tomcat v9.0 Server at localhost→Stop,单击、待下方子窗口 Console 页出现如图 20.19 所示的信息,就表示服 务器已关停。

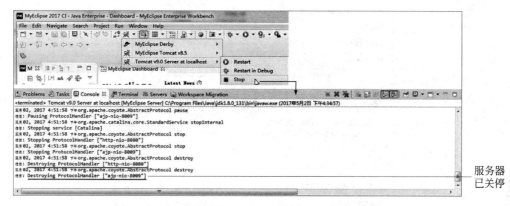

图 20.19　通过 MyEclipse 关停 Tomcat 服务器

3. 创建项目

启动 MyEclipse 2017,选择菜单 File→New→Web Project,出现 New Web Project 对话 框,如图 20.20 所示,填写 Project name 栏(项目名)为 struts2Oracle,在 Java EE version 下 拉列表中选择 JavaEE 7 - Web 3.1,Java version 下拉列表中选择 1.8,其余保持默认,单击 Next 按钮。

按照对话框向导的指引操作,在 Web Module 页中勾选 Generate web. xml deployment descriptor(自动生成项目的 web. xml 配置文件),在 Configure Project Libraries 页中勾选 JavaEE 7.0 Generic Library,同时取消选择 JSTL 1.2.2 Library,如图 20.21 所示。

配置完成后,单击 Finish 按钮,MyEclipse 会自动生成一个 Web(Java EE)项目。

4. 配置 Struts 2

登录 http://struts. apache. org/,下载 Struts 2,本实习使用的是 Struts 2.5.10.1,大部 分的时候,使用 Struts 2 的 Web 应用并不需要用到 Struts 2 的全部特性,故这里只下载其 最小核心依赖库(大小仅 4.16MB),将获得的文件 struts-2.5.10.1-min-lib. zip 解压缩,在 其目录 struts-2.5.10.1-min-lib\struts-2.5.10.1\lib 下看到有以下 8 个 jar 包。

(1) Struts 2 的 4 个基本类库。

```
struts2-core-2.5.10.1.jar
ognl-3.1.12.jar
log4j-api-2.7.jar
freemarker-2.3.23.jar
```

(2)附加的 4 个库。

```
commons-io-2.4.jar
```

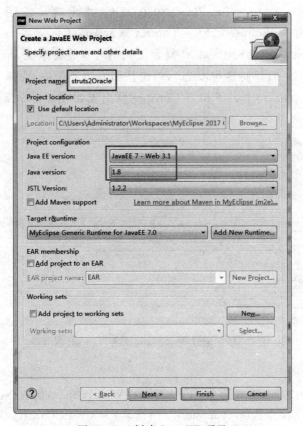

图 20.20　创建 Java EE 项目

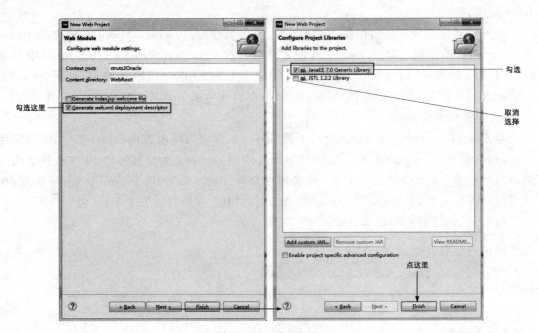

图 20.21　项目配置

```
commons-lang3-3.4.jar
javassist-3.20.0-GA.jar
commons-fileupload-1.3.2.jar
```

（3）数据库驱动①。

```
ojdbc7.jar
```

加上数据库驱动一共是 9 个 jar 包，将它们一起复制到项目的\WebRoot\WEB-INF\lib 路径下。在工作区视图中，右击项目名，从弹出菜单中选择 Refresh 刷新。打开项目树，看到其中多了一个 Web App Libraries 项，展开可看到这 9 个 jar 包，如图 20.22 所示，表明 Struts 2 加载成功了。

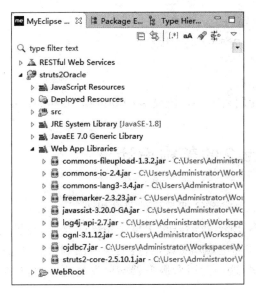

图 20.22　Struts 2 加载成功

修改 web. xml 文件：

```xml
<?xml version="1.0" encoding="UTF-8"?>
<web-app id="WebApp_9" version="2.4"
 xmlns="http://java.sun.com/xml/ns/j2ee"
 xmlns:xsi="http://www.w3.org/2001/XMLSchema-instance"
 xsi:schemaLocation="http://java.sun.com/xml/ns/j2ee http://java.sun.com/xml/
ns/j2ee/web-app_2_4.xsd">
    <filter>
        <filter-name>struts-prepare</filter-name>
        <filter-class>org.apache.struts2.dispatcher.filter.StrutsPrepareFilter
        </filter-class>
    </filter>
    <filter>
```

---

① 注：Oracle 的 JDBC 驱动 ojdbc7. jar 不是 Struts 2 类库固有的，属于第三方 jar 包，需要读者自行上网下载添加。

```
        <filter-name>struts-execute</filter-name>
        <filter-class>org.apache.struts2.dispatcher.filter.StrutsExecuteFilter
        </filter-class>
    </filter>
    <filter-mapping>
        <filter-name>struts-prepare</filter-name>
        <url-pattern>/*</url-pattern>
    </filter-mapping>
    <filter-mapping>
        <filter-name>struts-execute</filter-name>
        <url-pattern>/*</url-pattern>
    </filter-mapping>
    <welcome-file-list>
        <welcome-file>main.html</welcome-file>
    </welcome-file-list>
</web-app>
```

新版 Struts 2.5 的使用要求用户配置 struts-prepare 和 struts-execute 两个过滤器。

20.3 基于 Struts 2 的架构设计

本次实习要制作的学生成绩管理系统就是在以上基于 Struts 2 的 Java EE 平台基础上构建的,结合 20.1 节的图 20.1 我们画出了整个系统的设计详图(图 20.23)。

图的最左边是"学生信息一览"网页,右边复杂的结构流程图描述的是从用户单击功能链接到网页完全显示出来,这中间后台服务器端所发生的事情,对照前图 20.1 来看这幅图,就不难理解整个系统了。

下面对应 M、V、C 三大模块分别介绍图 20.23 中系统各部分的结构:

- V(视图):包括图左边挨着客户端网页从上到下 3 个框(静态 HTML 页面、请求 JSP 页面和响应 JSP 页面)。
- C(控制器):即中间 3 个框(web. xml、Struts 2、struts. xml)和右上方 Action,其中 web. xml 配置的是 Struts 2 过滤器,用于接收所有来自客户端的请求,进出 Struts 2 的信息都要经过过滤器,而 Struts 2 通过查找 struts. xml 定位请求要转发到 Action,同时根据 Action 的返回结果选择响应时要返回给客户的 JSP 页。
- M(模型):JavaBean 属于 MVC 体系中的模型,它们是一些用户自定义类的集合,这些类分别实现不同方面的业务逻辑功能。M 在实现业务逻辑时如果需要操作数据库,则通过一个专门用于连接数据库的 bean(本图中是 DBConn)类,然后通过一种称为"值对象"的标准 JavaBean 间接操作数据,至于为什么如此设计,后面 20.5 节会有论述。

为了帮助读者更好地理解这个系统,下面以某用户查看"学生信息一览"页面的过程为例,分步阐述该系统的一个典型工作流程(流程的每一步都在图 20.23 中用数字圆圈标出,读者可对照理解):

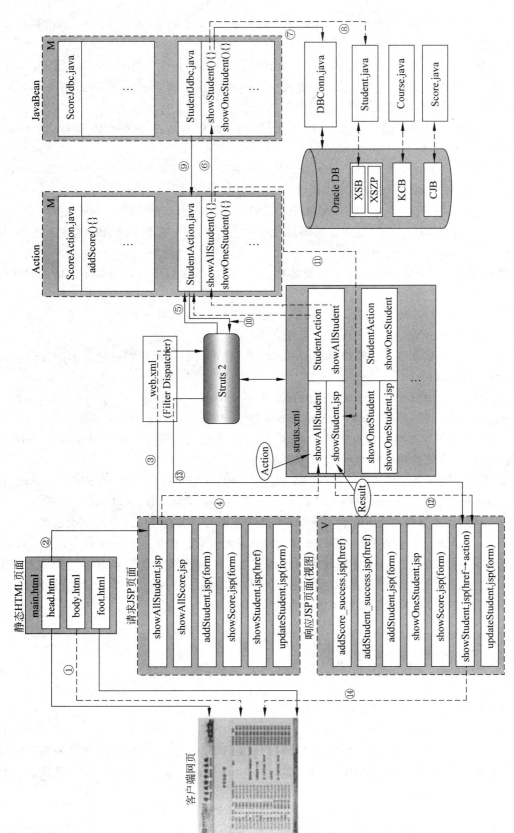

图 20.23　学生成绩管理系统设计详图

① 用户登录网站,系统向客户端网页框架中分别载入 head. html、body. html 和 foot. html 页面,于是用户看到屏幕上显示出系统首页。

② 用户单击主页头部图片热区"学生查询"链接,连到 showAllStudent. jsp 请求页。

③ showAllStudent. jsp 向 Struts 2 发出 actionURL 请求,要求执行名为 showAllStudent 的 Action,请求消息经过滤器到达 Struts 2 核心。

④ Struts 2 查询 struts. xml 表,根据请求的内容定位到名为 showAllStudent 的 action 控制块。

⑤ Struts 2 根据控制块信息,确定要将该请求转发到 StudentAction 类 showAllStudent() 方法,于是向类 StudentAction 转发该请求,并调用它的方法 showAllStudent()。

⑥ 类 StudentAction 调用 StudentJdbc 类的 showStudent()方法执行业务逻辑。

⑦ 类 StudentJdbc 在执行业务逻辑过程中通过 DBConn 类驱动 JDBC 连上 Oracle 数据库。

⑧ StudentJdbc 通过预先定义的值对象类 Student,操作 Oracle 中有关学生信息的数据结构。

⑨ StudentJdbc 执行完业务逻辑将结果返回给类 StudentAction。

⑩ 类 StudentAction 向 Struts 2 返回结果。

⑪ Struts 2 根据这个结果查询 struts. xml 表,确定将要返回给客户端显示的视图页名为 showStudent. jsp。

⑫ Struts 2 由视图名找到其对应的页面文件 showStudent. jsp。

⑬ Struts 2 将视图页 showStudent. jsp 发往客户端。

⑭ 客户端浏览器接收到页面 showStudent. jsp,将它载入网页主框架中显示,于是用户就在计算机屏幕上看到了"学生信息一览"网页。

细心的读者可能会注意到:图 20.23 的 V 部分有一些网页源文件(如 addStudent. jsp、updateStudent. jsp 等)同时出现在了"请求 JSP 页面"和"响应 JSP 页面"两个虚框中,这一点都不奇怪,因为这些页面上设计有表单,所以既能作为请求页接收用户提交的表单数据发给 Struts 2,同时又肩负着实时更新、显示执行结果的使命。图中这些文件名后用了(form)标明,form 是表单的意思,还有 href 表示页面链接……它们都是构成 Web 页的常见元素。

由表单、链接加上动画等各种特效,连同运行在服务端后台的 MVC 结构的软件系统,就组成了大家日常上网所看到的丰富多彩的 Web 网站。

20.4　设计系统主界面

1. 页面设计

系统的主界面分成 3 个部分(上、中、下)。这 3 个部分分别用 3 个 html 页面实现,为 head. html、body. html 和 foot. html。在 head. html 页面中使用了超链接,当单击某个链接时,在系统主界面显示相应的功能页面。这 3 个 html 页面由 main. html 页统一管理。

(1) head. html

```
<html>
```

```html
<body bgcolor="D9DFAA">
  <center><img src="image/xscj.jpg" width="828" height="108" border="0"
          usemap="#Map" style="display:block;"/>
  </center>
  <!--名为 Map 的热点区域 -->
  <map name="Map" id="Map">
      <!--学生查询链接 -->
          <area shape="rect" coords="245,71,323,101" href="showAllStudent.jsp
          " target="body" />
      <!--学生管理链接 -->
          <area shape="rect" coords="323,71,400,101" href="addStudent.jsp
          " target="body" />
      <!--成绩管理链接 -->
          <area shape="rect" coords="400,71,477,101" href="showAllScore.jsp"
          target="body" />
  </map>
  </body>
</html>
```

（2）body. html

```html
<html>
  <body bgcolor="D9DFAA">
    <center>
        <img src="image/bgpicture.jpg" width="750" height="502" border="0"/>
    </center>
  </body>
</html>
```

（3）foot. html

```html
<html>
  <body bgcolor="D9DFAA">
    <center>
      <img src="image/foot.gif" width="828" height="35" border="0"/>
    </center>
  </body>
</html>
```

（4）main. html

```html
<html>
<head>
<title>学生成绩管理系统</title>
</head>
    <frameset rows="15%,76.8%,8.2%" border="0">
        <frame src="head.html" name="head">
        <frame src="body.html" name="body">
```

```
          <frame src="foot.html" name="foot" scrolling="no">
     </frameset>
</html>
```

在上面的几个页面中需要使用图片,将存放图片的 image 文件夹复制到 WebRoot 目录下。

2. 项目部署

单击工具栏上的 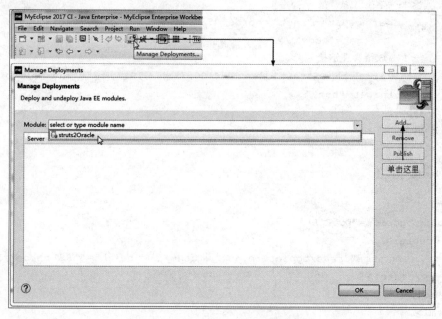(Manage Deployments)按钮,弹出 Manage Deployments 对话框,如图 20.24 所示,在 Module 栏下拉列表中选择本项目名 struts2Oracle,此时右侧 Add 按钮变为可用,单击该按钮。

图 20.24　选择要部署的项目模块

单击 Add 按钮后,弹出 Deploy modules 对话框,如图 20.25 所示。在 Deploy modules

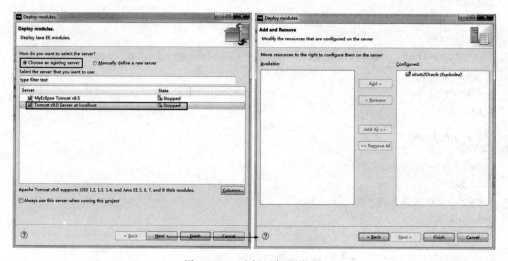

图 20.25　选择目标服务器

页选择项目要部署到的目标服务器,选中上方的 Choose an existing server 选项,在列表里选择服务器 Tomcat v9.0 Server at localhost;单击 Next 按钮进入 Add and Remove 页,在该页上添加/移除要配置到服务器的其他资源,由于本例仅一个单独的项目,并无额外的资源需要配置,故直接点底部的 Finish 按钮即可。

完成后回到 Manage Deployments 对话框,可以看到列表中多了一项 struts2OracleExploded,表明项目已成功地部署到 Tomcat 服务器上,如图 20.26 所示,单击 OK 按钮确认。

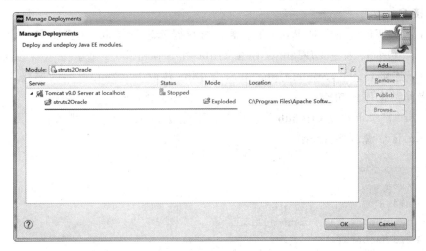

图 20.26　部署成功

启动 Tomcat 服务器,在浏览器输入 http://localhost:8080/struts2Oracle,出现如图 20.27 所示的首页。

图 20.27　学生成绩管理系统首页

　　首页背景为南京师范大学正门,图片名为 bgpicture.jpg,位于项目工程\WebRoot\image 目录下。

20.5　Java EE 应用访问 Oracle

1. 连接 Oracle

　　如果在 Java EE 应用中对 Web 服务器上的数据库进行访问,就要建立一个数据库连接。本例访问 Oracle 通过 DBConn、StudentJdbc 和 ScoreJdbc 3 个 Java 类来实现。其中,DBConn 用于连接 Oracle,StudentJdbc 和 ScoreJdbc 获取 DBConn 返回的连接对象并具体完成各种操作数据库的功能。

　　(1) 在 src 目录下建立 org.jdbc 包,在该包下建立 DBConn.java 源文件。

　　DBConn.java 源程序如下:

```
package org.jdbc;
import java.sql.*;
public class DBConn {
    private Connection conn=null;
    public DBConn(){
        this.conn=this.getConnection();              //获取数据库连接
    }
    /** 获取连接类*/
    public Connection getConnection(){
        try {
            /*下面是连接 Oracle 的代码*/
            /*加载 Oracle 的 jdbc 驱动程序*/
            Class.forName("oracle.jdbc.driver.OracleDriver");
            //连接到驱动程序系统中已经注册的驱动程序,将会被依次进行装载和连接
            //直到找到一个正确的驱动程序为止
            conn=DriverManager.getConnection("jdbc:oracle:thin:@localhost:1521:
            XSCJ","SCOTT","Mm123456");                //建立了到 Oracle 的连接
        } catch(Exception e){
            e.printStackTrace();
        }
        return conn;
    }
    public Connection getConn(){                      //返回一个 Connection
        return conn;
    }
}
```

　　说明:若需连接远程服务器,将 url 中的 localhost 改为远程服务器的 IP 地址即可。

　　(2) 在项目的 org.jdbc 包中创建 StudentJdbc.java 和 ScoreJdbc.java。其中,StudentJdbc 类实现学生信息的增加、删除、修改、查找功能,ScoreJdbc 类完成课程查询、添加成绩等

功能。

StudentJdbc.java 源程序如下：

```java
package org.jdbc;
import java.sql.*;
import java.util.ArrayList;
import java.util.List;
import org.vo.*;
public class StudentJdbc {
    private Connection conn=null;
    private PreparedStatement psmt=null;
    private ResultSet rs=null;
    public StudentJdbc(){}
    /** 获取数据库连接*/
    public Connection getConn(){
        try {
            if(this.conn ==null || this.conn.isClosed()){
                DBConn mc=new DBConn();                //创建数据库连接类
                this.conn=mc.getConn();                //获取 Connection 对象
            }
        } catch(SQLException e){
            e.printStackTrace();
        }
        return conn;
    }
    /** 添加学生*/
    public Student addStudent(Student student){   }
    /** 查询所有学生*/
    public List showStudent()throws SQLException {}
    /** 查询一个学生*/
    public Student showOneStudent(String xh){}
    /** 删除一个学生*/
    public void deleteStudent(String xh){}
    /** 更新一个学生*/
    public Student updateSaveStudent(Student student){}
}
```

类 StudentJdbc 中 操 作 数 据 库 的 方 法：addStudent（ ）、showStudent（ ）、showOneStudent()、deleteStudent()和 updateSaveStudent()的具体实现代码将在后文逐一给出。

ScoreJdbc.java 源程序如下：

```java
package org.jdbc;
import java.sql.*;
import java.util.*;
import org.vo.*;
```

```
public class ScoreJdbc {
    private Connection conn=null;
    private ResultSet rs=null;
    private PreparedStatement psmt=null;
    public ScoreJdbc(){ }
    public Connection getConn(){
        try {
            if(this.conn ==null || this.conn.isClosed()){
                DBConn mc=new DBConn();              //创建连接
                this.conn=mc.getConn();              //获取 Connection 对象
            }
        } catch(SQLException e){
            e.printStackTrace();
        }
        return conn;
    }
    /** 查询所有课程*/
    public List showCourse()throws SQLException {}
    /** 查询所有学生*/
    public List<Student>showStudent()throws SQLException {}
     /** 添加成绩*/
    public Score addScore(Score score){}
}
```

同理,以上方法 showCourse()、showStudent()和 addScore()的代码见后。

2. 定义值对象

从前面的图 20.1 和图 20.23 可以发现,模型 JavaBean 并不直接操作数据库,而是通过称为"值对象"的标准 bean 类,这是为了将 Oracle 中数据结构与业务逻辑分离。

本例针对数据库中学生、课程和成绩 3 个表分别定义 Student、Course 和 Score 3 个值对象。

(1) 建立 Student 值对象。

在项目的 src 目录下建立 org. vo 包,在 org. vo 包下建立 Student. java,用于创建 Student 的值对象。

Student. java 的源代码如下:

```
package org.vo;
import java.util.Date;
public class Student implements java.io.Serializable {
    private String xh;                              //学号
    private String xm;                              //姓名
    private String xb;                              //性别
    private Date cssj;                              //出生时间
    private String zy;                              //专业
    private int zxf;                                //总学分
    private String bz;                              //备注
```

```
    private byte[] zp;                                      //照片,字节数组
    public Student(){}
    public Student(String xm, String xb, Date cssj,String zy, int zxf, String bz,
    byte[] zp){
        this.xm=xm;                                         //给成员变量赋值
        this.xb=xb;
        this.zy=zy;
        this.cssj=cssj;
        this.zxf=zxf;
        this.bz=bz;
        this.zp=zp;
    }
    public String getXh(){                                  //获取学号的值
        return this.xh;
    }
    public void setXh(String xh){                           //给学号赋值
        this.xh=xh;
    }
    ...
}
```

说明：在 Student.java 文件中只写出 xh 的 get()和 set()方法,剩余的方法请参考本书附带的源代码。

（2）建立 Course 值对象。

在 org.vo 包下建立 Course.java,用于创建 Course 的值对象。

Course.java 的源程序如下：

```
package org.vo;
public class Course implements java.io.Serializable {
    private String kch;                                     //课程号
    private String kcm;                                     //课程名
    private int kkxq;                                       //开课学期
    private int xs;                                         //学时
    private int xf;                                         //学分
    public Course(){    }
    public Course(String kch,String kcm, int kkxq, int xs, int xf){
        this.kch=kch;
        this.kcm=kcm;
        this.kkxq=kkxq;
        this.xs=xs;
        this.xf=xf;
    }
    public String getKch(){
        return kch;
    }
```

```
        public void setKch(String kch){
            this.kch=kch;
        }
    }
```

说明：在 Course. java 文件中只写出 kch 的 get()和 set()方法,剩余的方法请参考本书附带的源代码。

(3) 建立 Score 值对象。

同理,在 org. vo 包下建立 Score.java,源程序如下：

```
package org.vo;
public class Score implements java.io.Serializable {
    private String xh;                              //学号
    private String kch;                             //课程号
    private int cj;                                 //成绩
    public Score(){ }
    public Score(String xh,String kch, int cj){
        this.xh=xh;
        this.kch=kch;
        this.cj=cj;
    }
    public String getXh()
    {    return xh;      }
    public void setXh(String xh)
    {    this.xh=xh;      }
    public String getKch()
    {    return kch;      }
    public void setKch(String kch)
    {    this.kch=kch;      }
    public int getCj()
    {    return cj;      }
    public void setCj(int cj)
    {    this.cj=cj;      }
}
```

经由以上这一系列定义之后,即使今后数据库中的记录结构发生改变(如为学生表增加新属性字段,只要修改学生表的值对象就可以了),模型部分的业务逻辑代码仍然可以保持不变,这样就提高了代码的重用性。

此外,由上面 Java EE 系统访问 Oracle 的过程可以看出：与 Oracle 相关的只是 jdbc 驱动 ojdbc7. jar 以及直接与这个驱动打交道的类 DBConn。如果把 Oracle 换成其他的数据库产品(如微软的 SQL Server、DB2、Informix 等),只要将 ojdbc7. jar 换成对应数据库的 jdbc 驱动,然后修改 DBConn. java 文件代码就行了,而软件其他部分的代码则完全不需要改动,系统的可移植性很好。

20.6　学生信息录入

要实现学生信息录入功能,需要完成以下步骤:

(1) 建立 JSP 文件。

在 WebRoot 目录下建立以下两个 JSP 文件。其中,addStudent.jsp 页面用于用户输入学生信息,addStudent_successs.jsp 用于用户添加学生信息成功时跳转的页面。

① addStudent.jsp 的源程序如下:

```jsp
<%@ page language="java" pageEncoding="utf-8"%>
<%@ taglib uri="/struts-tags" prefix="s"%>
<html>
  <body  bgcolor="D9DFAA"background="image/bgcolor1.jpg"
      style="background-repeat:no-repeat; background-position:center">
    <center>
      <h3>请填写新生资料</h3><hr>
        <s:form action="addStudent.action" method="post" enctype="multipart/
form-data" >
          <table border="1">
            <tr><s:textfield name="student.xh" label="学号"></s:textfield></tr>
            <tr><s:textfield name="student.xm" label="姓名"></s:textfield></tr>
            <tr><s:radio name="student.xb" value="男" list="{'男','女'}" label=
            "性别" /></tr>
            <tr><s:textfield name="student.zy" label="专业"></s:textfield></tr>
            <tr><s:textfield name="student.cssj" label="出生时间"></s:textfield></tr>
            <tr><s:textfield name="student.zxf" label="总学分"></s:textfield></tr>
            <tr><s:textarea name="student.bz" label="备注"></s:textarea></tr>
            <tr><s:file name="zpfile" label="照片"></s:file></tr>
          </table>
          <p>
          <input type="submit" value="添加"/>
          <input type="reset" value="重置"/>
        </s:form>
    </center>
  </body>
</html>
```

说明:在 addStudent.jsp 页面中需要上传图片信息,因此为表单元素的 enctype 属性设置 enctype="multipart/form-data",表示提交表单时,不再以字符串形式提交请求参数,而是以二进制编码的方式提交请求。action 属性指定了表单提交到的 addStudent.actionURL。在添加出生时间时应以 yyyy-MM-dd 格式。<s:textfield>和<s:textarea>标签都用于创建表单元素,用于输入数据。<s:file>标签常见文件选择对话框,用于上传文件内容,这里要上传的是图片信息。

<%@ taglib uri="/struts-tags" prefix="s" %>表示引用 Struts 2 的标签库。

② addStudent_success.jsp 的源程序如下:

```jsp
<%@ page language="java" pageEncoding="gb2312"%>
<html>
  <body bgcolor="D9DFAA">
   <center>
      <h1>欢迎使用学生成绩管理系统</h1><hr>
   </center>
   <center>
      <h3>学生信息添加成功!</h3>
      <a href="addStudent.jsp">继续添加新学生</a>
   </center>
  </body>
</html>
```

(2) 实现 Action。

在 src 目录下,创建 org. action 包,在该包下创建 StudentAction. java,源程序如下:

```java
package org.action;
import java.io.File;
import java.io.FileInputStream;
import com.opensymphony.xwork2.ActionContext;
import com.opensymphony.xwork2.ActionSupport;
import org.vo.*;
import org.apache.struts2.ServletActionContext;
import org.jdbc.*;
import java.sql.SQLException;
import java.util.List;
import java.util.Map;
import javax.servlet.ServletOutputStream;
import javax.servlet.http.HttpServletResponse;
public class StudentAction extends ActionSupport {
    private static final long serialVersionUID=1L;
    private Student student;
    private File zpfile;                                //定义文件类
    public File getZpfile(){
        return zpfile;
    }
    public void setZpfile(File zpfile){
        this.zpfile=zpfile;
    }
    public Student getStudent(){
        return student;
    }
    public void setStudent(Student student){
```

```
            this.student=student;
        }
        private List<Student>studentList;                    //定义 List 引用
        //添加学生信息
        public String execute()throws Exception {
            StudentJdbc studentJ=new StudentJdbc();
            student.setXh(student.getXh());                  //收集表单数据
            student.setXm(student.getXm());
            student.setXb(student.getXb());
            student.setCssj(student.getCssj());
            student.setZy(student.getZy());
            student.setZxf(student.getZxf());
            student.setBz(student.getBz());
            if(this.getZpfile()!=null){
                //创建文件输入流,用于读取图片内容
                FileInputStream fis=new FileInputStream(this.getZpfile());
                //创建字节类型的数组,用于存放图片的二进制数据
                byte[] buffer=new byte[fis.available()];
                fis.read(buffer);                            //将图片内容读入到字节数组中
                student.setZp(buffer);
            }
            studentJ.addStudent(student);                    //传给业务逻辑类
            return SUCCESS;
        }
    }
```

说明：上面的 Action 类定义一个 File 类的引用,通过文件输入流来获取图片的二进制信息,通过 setZp()方法赋值到 student 中。Struts 2 框架默认会执行 execute()方法,将表单中提交的数据收集起来传给业务逻辑类。

(3) 实现业务逻辑。

在 org.jdbc.StudentJdbc.java 中实现的 addStudent()方法如下：

```
/** 添加学生*/
public Student addStudent(Student student){
    String sql1="insert into XSB(xh,xm,xb,cssj,zy,zxf,bz)
    values(?,?,?,?,?,?,?)";
    String sql2="insert into XSZP(xh,zp)values(?,?)";
    try {
        psmt=this.getConn().prepareStatement(sql1);   //预编译语句
        psmt.setString(1, student.getXh());            //收集数据
        psmt.setString(2, student.getXm());
        psmt.setString(3, student.getXb());
        psmt.setTimestamp(4, new Timestamp(student.getCssj().getTime()));
                                                        //插入时间值
        psmt.setString(5, student.getZy());
```

```
                    psmt.setInt(6, student.getZxf());
                    psmt.setString(7, student.getBz());
                    psmt.execute();                          //执行语句
                    /** 添加学生照片*/
                    psmt=this.getConn().prepareStatement(sql2);
                    psmt.setString(1, student.getXh());
                    psmt.setBytes(2, student.getZp());
                    psmt.execute();
                } catch(Exception e){
                    e.printStackTrace();
                } finally {
                    try {
                        psmt.close();                        //关闭 PreparedStatement 对象
                    } catch(SQLException e){
                        e.printStackTrace();
                    }
                    try {
                        conn.close();                        //关闭 Connection 对象
                    } catch(SQLException e){
                        e.printStackTrace();
                    }
                }
                return student;                              //返回 Student 对象给 Action
    }
```

（4）配置 struts.xml。

Struts 2 的核心配置文件就是 struts.xml，该文件主要负责管理 Struts 2 框架中的诸多 Action 组件。Struts 2 会自动加载该文件。

在 src 目录下创建 struts.xml 文件，并加入下面的代码：

```xml
<?xml version="1.0" encoding="UTF-8" ?>
<!DOCTYPE struts PUBLIC
 "-//Apache Software Foundation//DTD Struts Configuration 2.5//EN"
 "http://struts.apache.org/dtds/struts-2.5.dtd">
<!--START SNIPPET: xworkSample -->
<struts>
    <package name="default" extends="struts-default">
      <!--添加学生信息 -->
      <action name="addStudent" class="org.action.StudentAction">
          <result name="success">addStudent_success.jsp</result>
          <result name="error">addStudent.jsp</result>
          <result name="input">addStudent.jsp</result>
      </action>
    </package>
</struts>
<!--END SNIPPET: xworkSample -->
```

　　说明：配置文件 struts. xml 中定义了 name 为 addStudent 的 Action。即当客户端发出 addStudent. actionURL 请求时，Struts 2 框架根据配置文件中的 Action 调用相应的 Action 类。这里是调用 org. action. StudentAction 类。该 Action 类中有一个 execute ( ) 方法，Struts 2 会默认调用 execute ( ) 方法处理用户请求，如果 execute ( ) 方法返回 success 字符串，请求被转发到 addStudent_success. jsp 页面；如果 execute ( ) 方法返回 error 字符串，则请求被转发到原来的页面。

　　（5）运行项目。

　　完成了上面的步骤之后，项目可以部署运行了。启动 Tomcat 服务器，在浏览器输入 http://localhost:8080/struts2Oracle，单击网页头部图片中的"学生管理"热区，出现学生信息录入即添加学生信息页面，如图 20.28 所示。填入相应信息后，单击"添加"按钮，如果学生信息添加成功，进入学生信息添加成功页面。单击"继续添加学生"超链接，回到添加学生信息页面，可以继续添加学生信息。

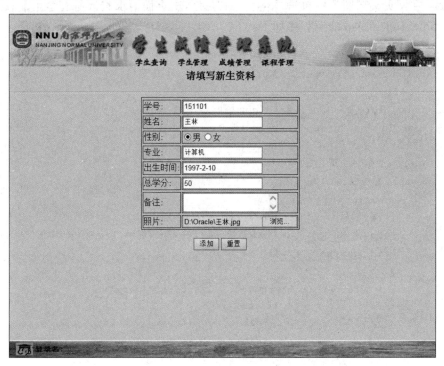

图 20.28　添加学生信息

20.7　学生信息查询、修改和删除

　　要了解学生信息时，需要查询数据库中所有的学生信息。要修改某个学生信息时，需要实现修改功能。若某个学生信息记录已过时，应该删除该学生信息，也就是要实现删除功能。

1．学生信息查询

（1）创建 JSP 页面。

在项目的 WebRoot 目录下建立两个 JSP 页面：showStudent.jsp 和 showAllStudent.jsp。

① showAllStudent.jsp 的源程序如下：

```
<%@page language="java" contentType="text/html; charset=utf-8" pageEncoding=
"utf-8"%>
<%@taglib prefix="s" uri="/struts-tags" %>
<html>
  <body>
    <s:action name="showAllStudent" executeResult="true"/>
  </body>
</html>
```

说明：在网页头部图片中单击"学生查询"热区，则页面请求查询所有学生信息。

② showStudent.jsp 的源程序如下：

```
<%@page language="java" pageEncoding="utf-8"%>
<%@taglib uri="/struts-tags" prefix="s"%>
<html>
  <body bgcolor="D9DFAA" background="image/bgcolor1.jpg"
      style="background-repeat:no-repeat;background-position:center">
    <center>
      <h2>学生信息一览</h2><hr>
      <table border="1">
        <tr align="center">
          <td>学号</td><td>姓名</td><td>性别</td><td>专业</td>
          <td>出生时间</td><td>总学分</td><td>备注</td><td>详细信息</td>
          <td colspan="2">操作</td>
        </tr>
        <s:iterator value="#request.studentList" var="xs">
        <tr>
        <td><s:property value="#xs.xh"/></td>
        <td><s:property value="#xs.xm"/></td>
        <td><s:property value="#xs.xb"/></td>
        <td><s:property value="#xs.zy"/></td>
        <td><s:date name="#xs.cssj" format="yyyy-MM-dd"/></td>
        <td><s:property value="#xs.zxf"/></td>
        <td><s:property value="#xs.bz"/></td>
        <td><a href="showOneStudent.action?student.xh=<s:property value=
"#xs.xh"/>">详细信息</a>
        </td>
        <td><a href="deleteStudent.action?student.xh=<s:property value=
"#xs.xh"/>" onClick=
                "if(!confirm('确定删除该信息吗？'))return false;else return
                true;">删除</a>
```

```
        </td>
        <td><a href="updateStudent.action?student.xh=<s:property value=
        "#xs.xh"/>">修改</a>
        </td>
      </tr>
    </s:iterator>
  </table>
  <p></p>
  </center>
 </body>
</html>
```

说明：在该页面中有 3 个超链接，分别用于查询某个学生的详细信息、删除学生信息、修改学生信息。页面中使用 iterator 标签，用于将存放在 Map 容器中的学生信息进行迭代输出。property 标签用于获取数据。＜s:property＞标签用于显示数据。

（2）实现 Action。

在 org. action 包中的 StudentAction. java 中添加如下代码：

```
/** 查询所有学生*/
public String showAllStudent(){
    Student student1=new Student();
    StudentJdbc studentJ=new StudentJdbc();
    try {
        studentList=studentJ.showStudent();      //查询所有的学生信息
    } catch(SQLException e){
        e.printStackTrace();
    }
    Map request= (Map)ActionContext.getContext().get("request");
                                                 //返回一个 Map 对象
    request.put("studentList", studentList);     //将查询的学生信息放到 Map 容器中
    return SUCCESS;
}
```

（3）实现业务逻辑。

在 org. jdbc. StudentJdbo. java 中加入如下代码：

```
/** 查询所有学生*/
public List showStudent()throws SQLException {
    String sql="select * from XSB";
    //创建一个 ArrayList 容器,将从数据库中查询的学生信息存放在容器中
    List studentList=new ArrayList();
    try {
        psmt=this.getConn().prepareStatement(sql);
        rs=psmt.executeQuery();                      //执行语句,返回所查询的学生信息
        //读取 ResultSet 中的数据,放入到 ArrayList 中
        while(rs.next()){
```

```
                Student student=new Student();
                student.setXh(rs.getString("xh"));     //给 student 对象赋值
                student.setXm(rs.getString("xm"));
                student.setXb(rs.getString("xb"));
                student.setCssj(rs.getDate("cssj"));
                student.setZy(rs.getString("zy"));
                student.setZxf(rs.getInt("zxf"));
                student.setBz(rs.getString("bz"));
                studentList.add(student);                //将 student 对象放入到 ArrayList 中
            }
            return studentList;                          //返回给控制器
        } catch(Exception e){
            e.printStackTrace();
        } finally {
            try {
                if(rs !=null){
                    rs.close();
                    rs=null;
                }
                if(psmt !=null){
                    psmt.close();
                    psmt=null;
                }
                if(conn !=null){
                    conn.close();
                    conn=null;
                }
            } catch(SQLException e){
                e.printStackTrace();
            }
        }
        return studentList;
    }
```

(4) 配置 struts. xml。

在 struts. xml 中加入以下代码：

```
<!--查询所有学生   -->
<action name="showAllStudent" class="org.action.StudentAction" method=
"showAllStudent">
    <result name="success">showStudent.jsp</result>
</action>
```

说明：当用户进入项目的主页面，单击网页头部图片中的"学生查询"热区时，客户端网页链接到 showAllStudent. jsp 请求页，由该请求页发出 showAllStudent. actionURL 请求。Struts 2 根据 struts. xml 的配置文件找到相应的 Action。根据 Action 的配置文件的 class

和 method，调用相应的方法。

(5) 运行项目。

重新部署项目，启动服务器。打开浏览器，在地址栏中输入 http://localhost:8080/struts2Oracle，单击网页头部图片中的“学生查询”热区，所有的学生信息都能查询出来，如图 20.29 所示。

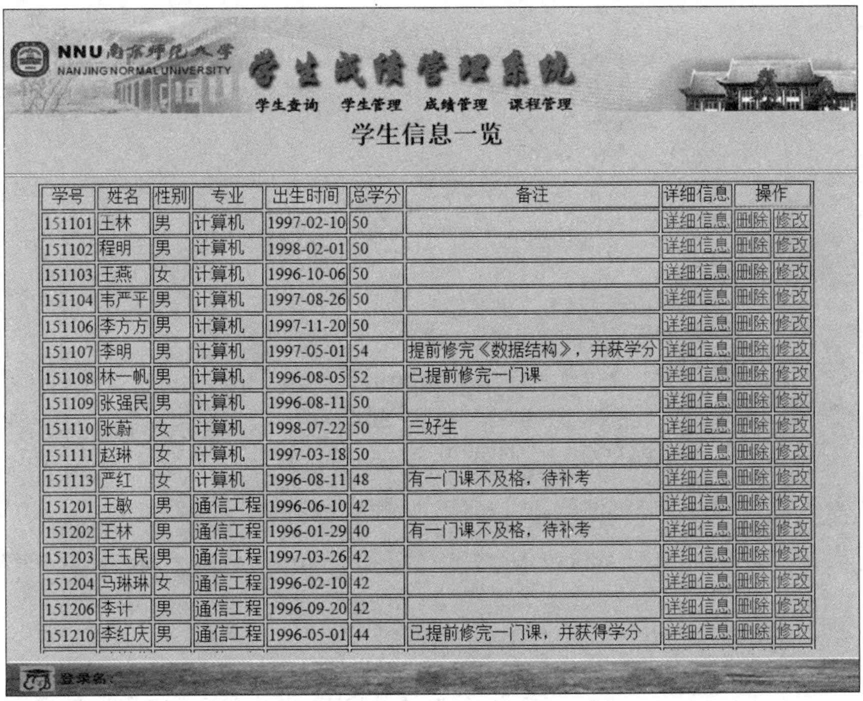

学号	姓名	性别	专业	出生时间	总学分	备注	详细信息	操作	
151101	王林	男	计算机	1997-02-10	50		详细信息	删除	修改
151102	程明	男	计算机	1998-02-01	50		详细信息	删除	修改
151103	王燕	女	计算机	1996-10-06	50		详细信息	删除	修改
151104	韦严平	男	计算机	1997-08-26	50		详细信息	删除	修改
151106	李方方	男	计算机	1997-11-20	50		详细信息	删除	修改
151107	李明	男	计算机	1997-05-01	54	提前修完《数据结构》，并获学分	详细信息	删除	修改
151108	林一帆	男	计算机	1996-08-05	52	已提前修完一门课	详细信息	删除	修改
151109	张强民	男	计算机	1996-08-11	50		详细信息	删除	修改
151110	张蔚	女	计算机	1998-07-22	50	三好生	详细信息	删除	修改
151111	赵琳	女	计算机	1997-03-18	50		详细信息	删除	修改
151113	严红	女	计算机	1996-08-11	48	有一门课不及格，待补考	详细信息	删除	修改
151201	王敏	男	通信工程	1996-06-10	42		详细信息	删除	修改
151202	王林	男	通信工程	1996-01-29	40	有一门课不及格，待补考	详细信息	删除	修改
151203	王玉民	男	通信工程	1997-03-26	42		详细信息	删除	修改
151204	马琳琳	女	通信工程	1996-02-10	42		详细信息	删除	修改
151206	李计	男	通信工程	1996-09-20	42		详细信息	删除	修改
151210	李红庆	男	通信工程	1996-05-01	44	已提前修完一门课，并获得学分	详细信息	删除	修改

图 20.29 学生信息查询

2. 学生详细信息查询

(1) 创建显示学生详细信息的 JSP 页面。

showOneStuent.jsp 的源程序如下：

```
<%@page language="java"  pageEncoding="utf-8"%>
<%@taglib uri="/struts-tags" prefix="s" %>
<html>
  <body bgcolor="D9DFAA" background="image/bgcolor1.jpg"
        style="background-repeat:no-repeat;background-position:center">
    <center>
      <h3>该学生信息</h3><hr>
      <s:set var="xs" value="#request.student1"></s:set>
        <table border="1">
          <tr>
            <td>
              <table border="0">
                <tr>
                  <td>学号:</td>
```

```
                                   <td width="200"><s:property value="#xs.xh"/></td>
                          </tr>
                          <tr>
                            <td>姓名:</td>
                            <td width="100"><s:property value="#xs.xm"/></td>
                          </tr>
                          <tr>
                            <td>性别:</td>
                            <td width="100"><s:property value="#xs.xb"/></td>
                          </tr>
                          <tr>
                            <td>专业:</td>
                            <td width="100"><s:property value="#xs.zy"/></td>
                          </tr>
                          <tr>
                            <td>出生时间:</td>
                            <td width="100"><s:date name="#xs.cssj" format="yyyy-MM-
                            dd"/></td>
                          </tr>
                          <tr>
                            <td>总学分:</td>
                            <td width="100"><s:property value="#xs.zxf"/></td>
                          </tr>
                          <tr>
                            <td>备注:</td>
                            <td width="100"><s:property value="#xs.bz"/></td>
                          </tr>
                        </table>
                    </td>
                    <td>
                        <table>
                          <tr>
                            <td align="center">照片</td>
                          </tr>
                          <tr>
                            <td width="100"><img src="getImage.action?student.xh=<s:
                            property
                                        value="#xs.xh"/>" width="150">
                            </td>
                          </tr>
                        </table>
                    </td>
                </tr>
            </table>
            <input type="button" value="返回" onClick="javaScript:history.back()" />
```

```
    </center>
   </body>
</html>
```

说明：在该 JSP 页面中，需要处理显示图片信息，这个需要通过 img 标签从数据库中将图片通过输入流读取出来。

（2）实现 Action。

在 org. action. StudentAction 类中加入以下代码：

```
/** 查询一个学生信息*/
public String showOneStudent()throws Exception{
    Student student1=new Student();
    StudentJdbc studentJ=new StudentJdbc();
    student1=studentJ.showOneStudent(student.getXh());
                                                //查询一个学生信息
    Map request=(Map)ActionContext.getContext().get("request");
    request.put("student1", student1);          //将查询的学生信息放到 Map 容器中
    return SUCCESS;
}
/** 获取图片信息*/
public String getImage()throws Exception {
    HttpServletResponse response=ServletActionContext.getResponse();
    Student student1=new Student();
    StudentJdbc studentJ=new StudentJdbc();
    String xh=student.getXh();
    student1=studentJ.showOneStudent(xh);       //查询一个学生信息
    byte[] img=student1.getZp();                //获取照片信息
    response.setContentType("image/jpeg");      //指定 HTTP 响应的编码
    ServletOutputStream os=response.getOutputStream();
                                                //返回一个输出流
    if(img !=null && img.length !=0){
        for(int i=0; i<img.length; i++){
            os.write(img[i]);                   //向流中写入数据
        }
    }
    return NONE;
}
```

（3）实现业务逻辑。

```
/** 查询一个学生*/
public Student showOneStudent(String xh){
    ResultSet rs=null;
    String sql1="select * from XSB where xh="+xh;
    String sql2="select zp from XSZP where xh="+xh;
    Student student=new Student();
    try {
```

```
            psmt=this.getConn().prepareStatement(sql1);
            rs=psmt.executeQuery();
            /** 查询一个学生*/
            while(rs.next()){
                student.setXh(rs.getString("xh"));
                student.setXm(rs.getString("xm"));
                student.setXb(rs.getString("xb"));
                student.setCssj(rs.getDate("cssj"));
                student.setZy(rs.getString("zy"));
                student.setZxf(rs.getInt("zxf"));
                student.setBz(rs.getString("bz"));
            }
            psmt=this.getConn().prepareStatement(sql2);
            rs=psmt.executeQuery();
            while(rs.next())
            {
                student.setZp(rs.getBytes("zp"));
            }
        } catch(Exception e){
            e.printStackTrace();
        } finally {
            try {
            psmt.close();
            } catch(SQLException e){
                e.printStackTrace();
            }
            try {
                conn.close();
            } catch(SQLException e){
                e.printStackTrace();
            }
        }
    }
    return student;
}
```

(4) 配置 struts.xml。

在 struts.xml 文件中加入如下代码：

```
<!--查询一个学生 -->
<action name="showOneStudent" class="org.action.StudentAction" method=
"showOneStudent">
    <result name="success">showOneStudent.jsp</result>
</action>
<action name="getImage" class="org.action.StudentAction" method="getImage"/>
```

当客户端发出 showOneStudent. action 请求时,Struts 2 根据 struts. xml 中的配置文件寻找 showOneStudent 的 Action。找到后,调用 org. action. StudentActon 类的 showOneStudent() 方法。同样,客户端发出 getImage. action 请求时,调用 org. action. StudentAction 的 getImage() 方法获取图片内容。

（5）运行项目。

重新部署项目,启动 Tomcat 服务器。打开浏览器,在地址栏中输入 http://localhost: 8080/struts2Oracle。单击网页头图片中的"学生查询"热区,所有学生信息都被查询出来。这时,可以单击"详细信息"链接,查看学生的详细信息。例如单击学号为 151101 学生的详细信息时,该学生的详细信息显示在页面中,如图 20.30 所示。

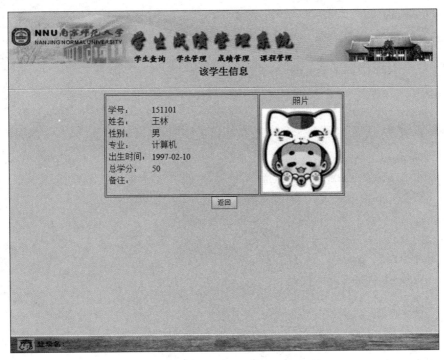

图 20.30　学生的详细信息

3. 删除学生信息

实现删除学生信息功能比较简单,不需要创建 JSP 页面,只需实现相应的业务逻辑即可。

（1）实现 Action。

在 org. action. StudentAction 类中加入以下代码:

```
/** 删除一个学生信息*/
public String deleteStudent()throws Exception {
    Student student1=new Student();
    StudentJdbc studentJ=new StudentJdbc();
    studentJ.deleteStudent(student.getXh());      //删除指定的学生信息
    return SUCCESS;
}
```

（2）实现业务逻辑。

在 org.jdbc.StudentJdbc 类中实现以下方法：

```
/** 删除一个学生*/
public void deleteStudent(String xh){
    String sql="delete from XSB where xh="+xh;
    try {
        psmt=this.getConn().prepareStatement(sql);
        psmt.execute();                          //将该学生的信息从数据库中删除
    } catch(Exception e){
        e.printStackTrace();
    } finally {
        try {
            psmt.close();
        } catch(SQLException e){
            e.printStackTrace();
        }
        try {
            conn.close();
        } catch(SQLException e){
            e.printStackTrace();
        }
    }
}
```

（3）配置 struts.xml。

在 struts.xml 中加入以下代码：

```
<!--删除学生 -->
<action name="deleteStudent" class="org.action.StudentAction" method=
"deleteStudent">
    <result name="success">showAllStudent.jsp</result>
</action>
```

说明：当客户端发出 deleteStudent.action 请求时，Struts 2 根据该配置文件调用 org.action.StudentAction 类中的 deleteStudent()方法删除指定学生信息。

（4）运行项目。

部署项目后，启动 Tomcat 服务器。打开浏览器，在地址栏中输入 http://localhost：8080/struts2Oracle，单击"学生查询"热区，将所有的学生信息都查询出来。若要删除某一个学生信息时，单击"删除"链接，出现对话框，单击"确定"按钮，该学生信息将被删除，这时会自动调用 XS_DELETE 触发器，同步删除 CJB 中该学生的成绩记录。若单击"取消"按钮，该学生信息则不被删除。

4. 修改学生信息

如果某个学生信息需要做出调整，可在查询得到的"学生信息一览"页面上单击相应学生记录后面的"修改"链接，完成学生信息的更新。

（1）创建 JSP 页面。

updateStudent.jsp 的源程序如下：

```
<%@page language="java" pageEncoding="utf-8"%>
<%@taglib uri="/struts-tags" prefix="s"%>
<html>
  <body bgcolor="D9DFAA" background="image/bgcolor1.jpg"
        style="background-repeat:no-repeat;background-position:center">
  <center>
    <h3>该学生信息</h3><hr>
    <s:set var="xs" value="#request.student1"></s:set>
    <s:form action="updateSaveStudent.action" method="post" enctype="multipart/
    form-data" >
    <table border="1" width="400">
        <tr>
            <td>学号:</td>
            <td><input type="text" name=
            "student.xh" value="<s:property value="#xs.xh"/>" readonly/>
            </td>
        </tr>
        <tr>
            <td>姓名:</td>
            <td><input type="text" name="student.xm" value="<s:property value=
            "#xs.xm"/>"/>
            </td>
        </tr>
        <tr>
        <s:radio list="{'男','女'}" value="#xs.xb" label="性别" name="student.
        xb"></s:radio>
        </tr>
        <tr>
            <td>专业:</td>
                <td><input type="text" name="student.zy" value="<s:property
                value="#xs.zy"/>"/>
                </td>
        </tr>
        <tr>
            <td>出生时间:</td>
            <td><input type="text" name="student.cssj" value="<s:date name="#xs.
            cssj"
                    format="yyyy-MM-dd"/>"/>
            </td>
        </tr>
        <tr>
            <td>总学分:</td>
```

```
        <td><input type="text" name="student.zxf" value="<s:property value=
        "#xs.zxf"/>"/>
        </td>
    </tr>
    <tr>
        <td>备注:</td>
        <td><input type="text" name="student.bz" value="<s:property value=
        "#xs.bz"/>"/>
        </td>
    </tr>
    <tr>
        <td>照片</td>
        <td><input type="file" name="zpfile" value=""/></td>
    </tr>
    </table>
    <p>
    <input type="submit" value="修改"/>
    <input type="button" value="返回" onclick="javascript:history.back();"/>
    </s:form>
  </center>
  </body>
</html>
```

说明：该页面将从数据库中查询出来的某个学生信息进行前端显示。

（2）实现 Action。

```
/** 更新一个学生信息*/
public String updateSaveStudent()throws Exception {
    StudentJdbc studentJ=new StudentJdbc();
    student.setXh(student.getXh());                //收集表单数据
    student.setXm(student.getXm());
    student.setXb(student.getXb());
    student.setCssj(student.getCssj());
    student.setZy(student.getZy());
    student.setZxf(student.getZxf());
    student.setBz(student.getBz());
    if(this.getZpfile()!=null){
        //创建文件输入流用于读取照片信息
        FileInputStream fis=new FileInputStream(this.getZpfile());
        byte[] buffer=new byte[fis.available()];    //创建字节数组,存放照片的二进制数据
        fis.read(buffer);
        student.setZp(buffer);
    }
    studentJ.updateSaveStudent(student);            //更新学生信息
    return SUCCESS;
}
```

（3）实现业务逻辑。

```
/** 更新一个学生*/
public Student updateSaveStudent(Student student){
    String sql1="update XSB set xh=?,xm=?,xb=?,cssj=?,zy=?,zxf=?,bz=? where xh
    ="+student.getXh();
    String sql2="update XSZP set xh=?,zp=? where xh="+student.getXh();
    try {
        psmt=this.getConn().prepareStatement(sql1);
        psmt.setString(1, student.getXh());
        psmt.setString(2, student.getXm());
        psmt.setString(3, student.getXb());
        System.out.println(student.getCssj());
        psmt.setTimestamp(4, new Timestamp(student.getCssj().getTime()));
        psmt.setString(5, student.getZy());
        psmt.setInt(6, student.getZxf());
        psmt.setString(7, student.getBz());
        psmt.execute();                           //更新学生基本信息
        psmt=this.getConn().prepareStatement(sql2);
        psmt.setString(1, student.getXh());
        psmt.setBytes(2, student.getZp());
        psmt.execute();                           //更新学生照片信息
        }catch(Exception e){
            e.printStackTrace();
        } finally {
            try {
                psmt.close();
            } catch(SQLException e){
                e.printStackTrace();
            }
            try {
                conn.close();
            } catch(SQLException e){
                e.printStackTrace();
            }
        }
        return student;                           //返回给控制器
    }
```

（4）配置 struts.xml。

在 struts.xml 中加入以下代码：

```
<!--查询要更新的学生信息 -->
<action name="updateStudent" class="org.action.StudentAction" method=
"showOneStudent">
```

```
    <result name="success">updateStudent.jsp</result>
</action>
<!--更新学生信息 -->
<action name="updateSaveStudent" class="org.action.StudentAction" method=
"updateSaveStudent">
    <result name="success">showAllStudent.jsp</result>
</action>
```

说明：当客户端发出 updateStudent.action 请求时，Struts 2 根据配置文件调用 org. action.StudentAction 类的 showOneStudent()方法，将需要修改的学生信息查询出来。当客户端发出 updateSaveStudent.action 请求时，会调用 org.action.StudentAction 类的 updateSaveStudent()方法，将已经修改的学生信息保存到数据库中。

（5）运行项目。

部署项目，启动 Tomcat 服务器，打开浏览器，输入主页网址，单击"学生查询"热区，所有的学生信息都查询出来。若要更新某一个学生信息时，单击"修改"链接。例如，要修改学号为 151101 的学生信息时，单击该学生记录后面的"修改"链接，出现如图 20.31 所示的页面，该学生的信息被查询出来。这时就可以修改学生的信息了，再单击"修改"按钮，该学生的信息修改成功。

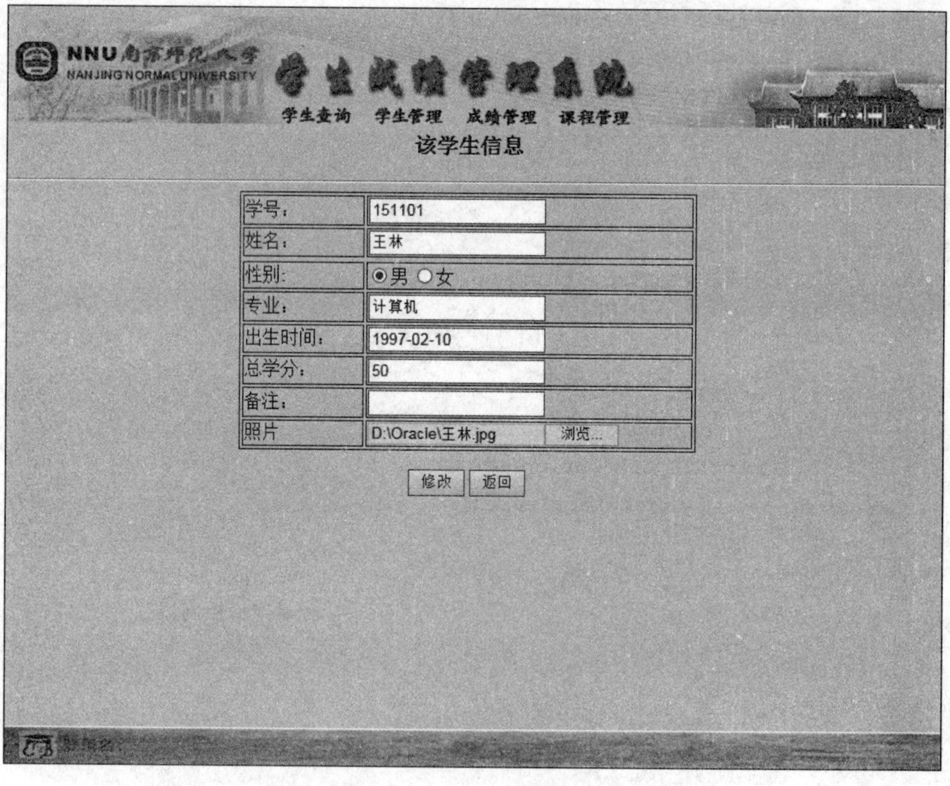

图 20.31　修改学生信息

20.8   学生成绩录入

实现学生成绩的录入,首先要将学生信息和课程信息查询出来。这里将从数据库中查询出来的学生信息和课程信息以列表框显示,供用户选择要添加的学生名和课程名。

(1) 建立 JSP 文件。

创建查询学生信息 showAllScore.jsp、成绩录入 showScore.jsp 页面以及添加学生成绩成功页面 addScore_success.jsp。

① showAllScore.jsp 的源程序如下:

```
<%@page language="java" contentType="text/html; charset=utf-8"  pageEncoding=
"utf-8"%>
<%@taglib prefix="s" uri="/struts-tags" %>
<html>
<body>
    <s:action name="showAllScore" executeResult="true"/>
</body>
</html>
```

说明:当用户单击网页头部图片热区的"成绩管理"链接时,实际上客户端就发出了showAllScore.action 的请求,用于把学生信息和课程信息查询出来。

② showScore.jsp 的源程序如下:

```
<%@page language="java"  pageEncoding="utf-8"%>
<%@taglib uri="/struts-tags" prefix="s"%>
<html>
  <body bgcolor="D9DFAA" background="image/bgcolor1.jpg"
      style="background-repeat:no-repeat;background-position:center">
    <center>
     <h3>录入学生成绩</h3><hr>
    <s:form action="addScore" method="post">
     <table border="1" cellspacing="1" cellpadding="8" width="400">
      <tr>
        <td width="100">请选择学生:</td>
        <td>
          <select name="score.xh">
            <s:iterator var="xs" value="#request.studentList">
              <option value="<s:property value="#xs.xh"/>"><s:property
              value="#xs.xm" />
              </option>
            </s:iterator>
          </select>
        </td>
      </tr>
```

```
        <tr>
          <td width="100">请选择课程:</td>
          <td>
            <select name="score.kch">
              <s:iterator var="kc" value="#request.courseList">
                <option value="<s:property value="#kc.kch"/>"><s:
                property value="#kc.kcm" />
                </option>
              </s:iterator>
            </select>
          </td>
        </tr>
        <tr>
          <s:textfield label="成绩" name="score.cj" value="" size="14"></s:
          textfield>
        </tr>
      </table>
      <input type="submit" value="录入" />
      <input type="reset" value="重置" />
    </s:form>
  </center>
</body>
</html>
```

说明：该页面用于显示学生信息和课程信息。

③ addScore_success.jsp 的源程序如下：

```
<%@page language="java" contentType="text/html; charset=utf-8" pageEncoding=
"utf-8"%>
<html>
  <body bgcolor="D9DFAA">
    <center>
      <h1>欢迎使用学生成绩管理系统</h1><hr>
    </center>
    <center>
      <h3>学生成绩录入成功!</h3>
      <a href="showAllScore.jsp">继续录入学生成绩</a>
    </center>
  </body>
</html>
```

(2) 实现 Action。

在项目的 org. action 包中创建 ScoreAction. java，源程序如下：

```
package org.action;
import java.sql.SQLException;
import java.util.*;
```

```
import org.vo.*;
import org.jdbc.*;
import com.opensymphony.xwork2.ActionContext;
import com.opensymphony.xwork2.ActionSupport;
public class ScoreAction extends ActionSupport {
    private Student student;
    private Course course;
    private List<Course>courseList;
    private List<Student>studentList;
    private List<Score>scoreList;
    private Score score;
    public Score getScore(){
        return score;
    }
    public void setScore(Score score){
        this.score=score;
    }
    public String execute()throws Exception {
        return SUCCESS;
    }
    /** 添加学生成绩*/
    public String addScore()throws Exception{
        ScoreJdbc scoreJ=new ScoreJdbc();
        score.setXh(score.getXh());            //收集表单数据
        score.setKch(score.getKch());
        score.setCj(score.getCj());
        scoreJ.addScore(score);                //传给业务逻辑
        return SUCCESS;
    }
     /** 查询所有学生和课程信息*/
    public String showAllScore()throws SQLException {
        ScoreJdbc scoreJ=new ScoreJdbc();
        courseList=scoreJ.showCourse();        //查询所有的课程信息
        studentList=scoreJ.showStudent();      //查询所有的学生信息
        Map request= (Map)ActionContext.getContext().get("request");
        request.put("courseList", courseList); //将课程信息放入到 Map 中
        request.put("studentList", studentList);  //将学生信息放入到 Map 中
        return SUCCESS;
    }
}
```

说明：showAllScore()方法用于查询所有学生信息和课程信息，并把这些信息存放到 Map 容器中。

（3）实现业务逻辑。

在 ScoreJdbc.java 中编写方法代码如下：

```
/** 查询所有课程*/
public List showCourse()throws SQLException {
    String sql="select * from KCB";
    List<Course>courseList=new ArrayList<Course>();
    try {
        psmt=this.getConn().prepareStatement(sql);
        rs=psmt.executeQuery();
        /* 读出所有课程号和课程名放入 studentLis 中 */
        while(rs.next()){
            Course course=new Course();
            course.setKch(rs.getString("kch"));
            course.setKcm(rs.getString("kcm"));
            courseList.add(course);                //将课程信息加入到 ArrayList 容器中
        }
        return courseList;                         //返回给控制器
    } catch(Exception e){
        e.printStackTrace();
    } finally {
        try {
            psmt.close();
        } catch(SQLException e){
            e.printStackTrace();
        }
        try {
            conn.close();
        } catch(SQLException e){
            e.printStackTrace();
        }
    }
    return courseList;
}
/** 查询所有学生*/
public List<Student>showStudent()throws SQLException {
    String sql="select * from XSB";
    List<Student>studentList=new ArrayList<Student>();
    try {
        psmt=this.getConn().prepareStatement(sql);
        rs=psmt.executeQuery();
        /* 读出所有学生学号和姓名放入 studentLis 中 */
        while(rs.next()){
            Student student=new Student();
            student.setXh(rs.getString("xh"));
            student.setXm(rs.getString("xm"));
            studentList.add(student);
        }
```

```
            return studentList;                        //返回给控制器
        } catch(Exception e){
            e.printStackTrace();
        } finally {
            try {
                psmt.close();
            } catch(SQLException e){
                e.printStackTrace();
            }
            try {
                conn.close();
            } catch(SQLException e){
                e.printStackTrace();
            }
        }
        return studentList;
    }
    /** 添加成绩*/
    public Score addScore(Score score){
        CallableStatement stmt=null;
        try {
            conn=this.getConn();
            stmt=conn.prepareCall("{call CJ_Data(?,?,?)}");
                                                    //为调用 CJ_Data 存储过程准备
            stmt.setString(1, score.getXh());       //输入存储过程的第 1 个参数
            stmt.setString(2, score.getKch());      //输入存储过程的第 2 个参数
            stmt.setInt(3, score.getCj());          //输入存储过程的第 3 个参数
            stmt.executeUpdate();                   //调用 CJ_Data 存储过程执行语句
        } catch(Exception e){
            e.printStackTrace();
        } finally {
            try {
                stmt.close();
            } catch(SQLException e){
                e.printStackTrace();
            }
            try {
                conn.close();
            } catch(SQLException e){
                e.printStackTrace();
            }
        }
        return score;
    }
```

说明：在 ScoreJdbc.java 中，需要查询学生信息和课程信息，将查询出来的学生信息和

课程信息存放到 ArrayList 容器中,并将其返回给控制器。在该类的 addScore()方法中调用了存储过程 CJ_Data()。该存储过程用于同步修改 XSB 表中的总学分记录。如果该门课程的成绩≥60,则该学生总学分(ZXF)加上该课程的学分,否则减去该课程的学分。

(4) 配置 struts. xml。

在 struts. xml 中加入以下代码:

```xml
<!--查询学生和课程信息-->
<action name="showAllScore" class="org.action.ScoreAction" method=
"showAllScore">
    <result name="success">showScore.jsp</result>
</action>
<!--添加学生成绩-->
<action name="addScore" class="org.action.ScoreAction" method="addScore">
    <result name="success">addScore_success.jsp</result>
</action>
```

说明:当客户端发出 showAllScore. action 请求时,Struts 2 根据配置文件调用 org. action. ScoreAction 类的 showAllScore()方法,将学生信息和课程信息查询出来。当客户端发出 addScore. action 请求时,Struts 2 根据配置文件调用 org. action. ScoreAction 类的 addScore()方法,将学生成绩添加到数据库中。

(5) 运行项目。

部署项目,启动 Tomcat 服务器。打开浏览器,在地址栏中输入 http://localhost:8080/struts2Oracle,单击"成绩管理"热区,所有的学生信息都查询出来,如图 20.32 所示。在学生姓名列表框中选择要添加的姓名,在课程名列表框中选择要添加的课程名,在成绩文本框中输入该学生这门课的成绩,单击"录入"按钮,学生成绩成功添加。若该学生的成绩达到或超过 60 分则同步修改 XSB 中的总学分值。之后,跳转到成绩成功添加页面,也可单击链接继续录入学生成绩。

图 20.32　录入学生成绩

XSCJ 数据库样本数据　　　附录 A

表 A.1　学生信息表（XSB）样本数据

学　号	姓　名	性别	出生时间	专业	总学分	备　　注
151101	王林	男	1997-2-10	计算机	50	
151102	程明	男	1998-2-1	计算机	50	
151103	王燕	女	1996-10-6	计算机	50	
151104	韦严平	男	1997-8-26	计算机	50	
151106	李方方	男	1997-11-20	计算机	50	
151107	李明	男	1997-5-1	计算机	54	提前修完"数据结构"，并获学分
151108	林一帆	男	1996-8-5	计算机	52	已提前修完一门课
151109	张强民	男	1996-8-11	计算机	50	
151110	张蔚	女	1998-7-22	计算机	50	三好生
151111	赵琳	女	1997-3-18	计算机	50	
151113	严红	女	1996-8-11	计算机	48	有一门课不及格，待补考
151201	王敏	男	1996-6-10	通信工程	42	
151202	王林	男	1996-1-29	通信工程	40	有一门课不及格，待补考
151203	王玉民	男	1997-3-26	通信工程	42	
151204	马琳琳	女	1996-2-10	通信工程	42	
151206	李计	男	1996-9-20	通信工程	42	
151210	李红庆	男	1996-5-1	通信工程	44	已提前修完一门课，并获得学分
151216	孙祥欣	男	1996-3-19	通信工程	42	
151218	孙研	男	1997-10-9	通信工程	42	
151220	吴薇华	女	1997-3-18	通信工程	42	
151221	刘燕敏	女	1996-11-12	通信工程	42	
151241	罗林琳	女	1997-1-30	通信工程	50	转专业学习

表 A.2　课程表（KCB）样本数据

课程号	课　程　名	开课学期	学时	学分
101	计算机基础	1	80	5
102	程序设计与语言	2	68	4
206	离散数学	4	68	4
208	数据结构	5	68	4
210	计算机原理	5	85	5
209	操作系统	6	68	4

续表

课程号	课 程 名	开课学期	学时	学分
212	数据库原理	7	68	4
301	计算机网络	7	51	3
302	软件工程	7	51	3

表 A.3　成绩表(CJB)样本数据

学　号	课程号	成绩	学　号	课程号	成绩	学　号	课程号	成绩
151101	101	80	151107	101	78	151111	206	76
151101	102	78	151107	102	80	151113	101	63
151101	206	76	151107	206	68	151113	102	79
151103	101	62	151108	101	85	151113	206	60
151103	102	70	151108	102	64	151201	101	80
151103	206	81	151108	206	87	151202	101	65
151104	101	90	151109	101	66	151203	101	87
151104	102	84	151109	102	83	151204	101	91
151104	206	65	151109	206	70	151210	101	76
151102	102	78	151110	101	95	151216	101	81
151102	206	78	151110	102	90	151218	101	70
151106	101	65	151110	206	89	151220	101	82
151106	102	71	151111	101	91	151221	101	76
151106	206	80	151111	102	70	151241	101	90